材料试验设计

杨华明 李传常 李晓玉 刘赛男 编

电子工业出版社

Publishing House of Electronics Industry

北京·BEIJING

内 容 简 介

材料试验设计是材料、冶金、机械、矿物加工等工科类领域必备的研究手段，在化工、电子、建工建材、石油、交通、电力等领域有重要应用。全书共9章，第1章介绍了试验设计的概念和意义，试验的指标、因素与水平，试验设计的基本原则；第2章介绍了试验误差的来源及分析，包括误差的分类及表示方法、测量精度及误差的传递和分配；第3章主要介绍试验结果的处理和试验报告的编写；第4章介绍了方差分析，包括单因素方差分析、两因素不重复试验的方差分析及两因素等重复试验的方差分析；第5章介绍了回归设计与回归分析，包括回归模型的建立、一元线性回归分析及多元线性回归分析；第6章重点讨论单因素试验设计与分析，包括单因素试验设计的基本方法及在材料科学与工程中的实际应用；第7章主要介绍多因素试验设计与分析，包括多因素试验设计概述、分类及在材料科学与工程中的实际应用；第8章主要介绍正交设计，包括其原理、基本步骤及正交试验结果分析；第9章介绍均匀设计，包括均匀设计的基本思想、试验的安排、均匀设计的分析、均匀设计表的构造及均匀设计在材料学科中的实际应用。

本书可作为材料工程、机械工程、冶金工程、化学工程、矿物资源工程等专业的高年级本科生和研究生的教材或参考书，以及材料、冶金、机械等工科相关领域技术人员的参考书。

未经许可，不得以任何方式复制或抄袭本书之部分或全部内容。
版权所有，侵权必究。

图书在版编目（CIP）数据

材料试验设计 / 杨华明等编. —北京：电子工业出版社，2020.9
ISBN 978-7-121-14150-8

Ⅰ. ①材… Ⅱ. ①杨… Ⅲ. ①材料试验－设计－高等学校－教材 Ⅳ. ①TU502

中国版本图书馆 CIP 数据核字（2019）第 053393 号

责任编辑：刘小琳　　文字编辑：崔彤
印　　刷：涿州市般润文化传播有限公司
装　　订：涿州市般润文化传播有限公司
出版发行：电子工业出版社
　　　　　北京市海淀区万寿路 173 信箱　邮编 100036
开　　本：787×1 092　1/16　印张：25.25　字数：502 千字
版　　次：2020 年 9 月第 1 版
印　　次：2024 年 1 月第 4 次印刷
定　　价：109.00 元

凡所购买电子工业出版社图书有缺损问题，请向购买书店调换。若书店售缺，请与本社发行部联系，联系及邮购电话：（010）88254888，88258888。
质量投诉请发邮件至 zlts@phei.com.cn，盗版侵权举报请发邮件至 dbqq@phei.com.cn。
本书咨询联系方式：liuxl@phei.com.cn，（010）88254538。

前言

材料工业是国民经济的基础产业，新材料是材料工业发展的先导，是重要的战略性新兴产业。在材料的科学研究与实际生产及应用中，需要进行大量的试验，以达到高质、优产、低消耗；特别是新材料试验，未知的东西很多，要通过试验来摸索工艺条件或配方。试验设计得好，会事半功倍，反之会事倍功半，甚至劳而无功。20 世纪 20 年代，英国著名统计学家费雪（R. A. Fisher）为满足作物育种的研究需求，提出基于概率论和数理统计的随机试验设计技术及方差分析等一系列推断统计理论和方法。随着试验设计理论和方法的迅速发展，统计学家们发现了很多非常有效的试验设计技术。20 世纪 50 年代，日本统计学家田口玄一将试验设计中应用最广的正交设计表格化，并用于工业过程的优化，为试验设计的广泛使用做出了众所周知的贡献。我国数学家华罗庚教授积极倡导和普及"优选法"，数学家王元和方开泰教授于 1978 年首先提出了"均匀设计"。这些试验设计的理论和方法在材料工业中获得了广泛的应用。本书立足材料科学研究中试验设计的方法与数据分析，重点介绍试验设计在材料科学中的应用，共分 9 章。

本书可作为材料、矿业、冶金、化工、环境、能源及机械类专业的本科生和研究生的教材或参考书，也可作为高等院校相关专业本科生毕业论文和研究生试验设计的指导用书，以及材料、冶金、矿业、能源等工科相关领域技术人员的参考书。

本书在编写过程中，力求文字精练、通俗易懂，尽量做到理论联系实际，使内容丰富、新颖、由浅入深；在突出理论知识的同时，注重实践性和实用性；在时效性方面，尽量反映材料试验设计中的新理论和新方法，体现新材料、新业态。

本书由杨华明教授统筹规划，由杨华明、李传常、李晓玉、刘赛男共同编写。第1章由杨华明、李传常编写，第2章、第3章由李传常编写，第4章、第5章、第9章由李晓玉编写，第6章、第7章、第8章由刘赛男编写。全书由李传常统稿，由杨华明最后审核定稿。本书编写过程中参阅了有关著作、教材、论文和资料，在此向相关文献的作者表示诚挚的谢意！电子工业出版社为本书的出版做了大量的工作，在此表示感谢！

由于编者水平有限，加之时间仓促，错误和不当之处在所难免，敬请读者批评指正。

编　者
2019年3月20日

目 录

第1章　试验设计简介 ·· 001
　1.1　试验设计的概念与意义 ··· 001
　1.2　试验设计的指标、因素与水平 ·· 002
　　1.2.1　试验指标 ··· 002
　　1.2.2　试验因素 ··· 003
　　1.2.3　试验水平 ··· 004
　1.3　试验设计的基本原则 ·· 005
　　1.3.1　随机化原则 ·· 005
　　1.3.2　重复原则 ··· 005
　　1.3.3　局部控制原则 ··· 006
　本章习题 ·· 007

第2章　试验误差分析 ·· 008
　2.1　概述 ··· 008
　2.2　误差的分类及表示方法 ··· 009
　　2.2.1　误差的分类 ·· 009
　　2.2.2　误差的表示方法 ·· 009
　2.3　过失误差 ··· 011
　　2.3.1　过失误差的来源 ·· 011
　　2.3.2　过失误差的识别与处理 ··· 012
　2.4　随机误差 ··· 016
　　2.4.1　随机误差的来源 ·· 016

- 2.4.2 随机误差的识别与处理 017
- 2.5 系统误差 023
  - 2.5.1 系统误差的来源 023
  - 2.5.2 系统误差的识别与处理 024
- 2.6 测量精度 032
- 2.7 误差的传递与分配 033
  - 2.7.1 误差传递规律 034
  - 2.7.2 误差传递公式的应用 038
  - 2.7.3 误差的分配与应用 040
- 本章习题 044

第3章 试验数据处理 045

- 3.1 概述 045
- 3.2 参数估计 045
  - 3.2.1 点估计 046
  - 3.2.2 区间估计 047
- 3.3 假设检验 049
  - 3.3.1 概述 049
  - 3.3.2 一个正态总体的假设检验 053
  - 3.3.3 两个正态总体的假设检验 056
- 3.4 方差分析 063
  - 3.4.1 概述 063
  - 3.4.2 单因子试验设计及其方差分析 063
  - 3.4.3 两因子试验设计及其方差分析 084
- 3.5 回归分析 091
  - 3.5.1 概述 092
  - 3.5.2 最小二乘法原理 092
  - 3.5.3 直线的回归 094
  - 3.5.4 多元回归 097
- 3.6 试验数据处理常用软件 098
  - 3.6.1 SPSS for Windows 软件 099

3.6.2　SAS 软件 ··· 099
　　3.6.3　Excel 软件 ··· 101
　　3.6.4　DPS 软件 ··· 101
　　3.6.5　MATLAB 软件 ··· 102
　　3.6.6　Origin 软件 ·· 103
　3.7　试验报告的编写 ·· 103
　　3.7.1　试验报告的分类 ··· 104
　　3.7.2　试验报告的特点 ··· 104
　　3.7.3　试验报告的结构 ··· 104
　本章习题 ··· 106

第4章　方差分析 ··· 108

　4.1　单因素方差分析 ·· 110
　　4.1.1　单因素方差分析简介 ··· 110
　　4.1.2　单因素方差分析的数学模型 ·· 110
　　4.1.3　单因素方差分析过程 ··· 111
　　4.1.4　单因素方差分析应用示例 ·· 113
　4.2　两因素不重复试验的方差分析 ·· 114
　　4.2.1　两因素不重复试验数据的描述 ·· 115
　　4.2.2　平方和及其自由度的分解 ·· 116
　　4.2.3　两因素不重复试验的方差分析程序 ··· 119
　4.3　两因素等重复试验的方差分析 ·· 120
　　4.3.1　交互作用的概念 ··· 121
　　4.3.2　考虑交互作用的方差分析 ·· 122
　　4.3.3　交互效应及因素效应的显著性检验 ··· 123
　　4.3.4　应用举例 ··· 128
　本章习题 ··· 128

第5章　方差回归分析 ·· 131

　5.1　概述 ··· 131
　　5.2　回归模型的建立方法 ·· 132

5.2.1　回归模型的一般形式 ································· 132
　　5.2.2　回归模型的建立过程 ································· 132
5.3　回归分析的主要内容及分类 ································· 137
　　5.3.1　回归分析的定义和特点 ······························· 137
　　5.3.2　回归分析的主要内容 ································· 141
　　5.3.3　回归分析的分类 ····································· 144
5.4　一元线性回归分析 ··· 147
　　5.4.1　一元线性回归方程的建立 ····························· 150
　　5.4.2　一元线性回归方程的显著性检验 ······················· 160
　　5.4.3　一元线性回归分析的具体应用 ························· 169
5.5　多元线性回归分析 ··· 179
　　5.5.1　多元线性回归方程的建立 ····························· 181
　　5.5.2　多元线性回归方程的显著性检验 ······················· 193
　　5.5.3　多元线性回归分析中各因素的重要性判断 ··············· 199
　　5.5.4　多元线性回归分析的具体应用 ························· 204
本章习题 ··· 217

第6章　单因素试验设计 ··· 220

6.1　单因素试验设计概念 ··· 220
6.2　均分法 ··· 221
6.3　对分法 ··· 223
6.4　黄金分割法 ··· 225
　　6.4.1　黄金分割常数 ······································· 225
　　6.4.2　黄金分割法试验 ····································· 226
6.5　分数法 ··· 229
6.6　抛物线法 ··· 233
6.7　分批试验法 ··· 234
　　6.7.1　均分分批试验法 ····································· 234
　　6.7.2　比例分割分批试验法 ································· 236
6.8　各种单因素优选法比较 ······································· 236
6.9　单因素试验在材料科学与工程中的应用 ························· 237
本章习题 ··· 238

第 7 章　多因素试验设计······241

7.1　多因素试验设计概述与原则······241
7.1.1　多因素试验设计概述······241
7.1.2　多因素试验设计原则······242

7.2　两因素试验设计方法······244
7.2.1　对分法······245
7.2.2　从好点出发法······246
7.2.3　平行线法······247
7.2.4　两因素盲人爬山法······249

7.3　多因素试验设计方法······249
7.3.1　随机试验法······249
7.3.2　因素轮换法······252
7.3.3　拉丁方试验法······253

本章习题······256

第 8 章　正交试验设计······259

8.1　正交试验简介······259
8.1.1　正交表概述······259
8.1.2　正交试验设计的基本步骤······261
8.1.3　正交试验设计原理······264
8.1.4　正交试验结果的直观分析······265
8.1.5　考虑交互作用的正交试验设计······267
8.1.6　方差分析法······270

8.2　多指标试验······272
8.2.1　综合平衡法······272
8.2.2　综合评分法······274
8.2.3　水平不等的正交试验设计······276

8.3　混杂与混杂技巧······283

8.4　重复试验与重复取样的正交试验方差分析······284
8.4.1　重复试验的方差分析······284
8.4.2　重复取样的方差分析······287

8.5 直和法 ... 289
8.6 直积法 ... 294
8.7 正交试验设计的实际应用 ... 299
本章习题 ... 305

第9章 均匀设计 ... 312

9.1 均匀设计简介 ... 312
9.2 均匀设计的基本思想 ... 313
9.3 试验的安排 ... 318
9.4 均匀设计的分析 ... 325
    9.4.1 直接分析法 ... 325
    9.4.2 最小二乘回归分析法 ... 326
    9.4.3 偏最小二乘回归分析法 ... 327
9.5 均匀设计表的构造 ... 330
    9.5.1 均匀设计表的结构 ... 335
    9.5.2 同余运算规则 ... 335
    9.5.3 构造均匀设计表的规则 ... 336
9.6 应用均匀设计表的注意事项 ... 338
    9.6.1 如何确定各因素的考察范围 ... 341
    9.6.2 如何使水平少的因素与水平多的因素相适应 ... 343
    9.6.3 划分因素水平时要注意的问题 ... 344
    9.6.4 没有电子计算机时应用均匀设计考察工艺条件 ... 345
    9.6.5 试验次数为奇数时的均匀试验设计表的问题 ... 346
9.7 均匀设计表的使用表的产生 ... 347
    9.7.1 均匀设计中安排因素的限制 ... 347
    9.7.2 Un（nm）使用表的布点原则 ... 347
    9.7.3 水平数为素数时使用表的产生 ... 348
    9.7.4 水平数为非素数时使用表的产生 ... 349
    9.7.5 如何选择均匀设计表及安排试验方案 ... 351
9.8 配方均匀设计 ... 353
    9.8.1 配方均匀设计过程 ... 353

  9.8.2 有约束的配方均匀设计 ································· 355
9.9 均匀设计在材料科学与工程中的应用 ························· 358
  9.9.1 均匀设计在混凝土胶凝材料强度确定中的应用 ··········· 359
  9.9.2 均匀设计在新型摩阻材料研制中的应用 ················· 362
  9.9.3 均匀设计在新型胶凝材料配比确定中的应用 ············· 366
  9.9.4 均匀设计在泡沫轻质材料研制中的应用 ················· 368
  9.9.5 超声速电弧喷涂 Ti-Al 合金涂层结合强度与其
     工艺参数之间的关系 ································· 369
  9.9.6 均匀设计在其他领域中的应用 ························· 370

附录 ··· 373

参考文献 ··· 385

第 1 章

试验设计简介

1.1 试验设计的概念与意义

试验设计是以概率论与数理统计为理论基础，经济地、科学地安排试验，正确地分析试验结果，尽快获得优化方案的一项科学技术。但要设计出一个好的试验方案，除了具备概率论与数理统计知识外，还应有较深、较广的专业技术知识和丰富的实际经验，只有三者紧密结合起来，才能取得良好的结果。

试验是研究者在实际研究领域进行的，通常要发现关于一个特定过程或系统的某些问题。所研究的过程或系统可以用如图 1-1 所示的模型来表示。通常可以形象地将过程看作机器、方法、人，以及其他资源的一种组合，它把一些输入（经常是一种物质）转变为有一个或多个可观察响应的一种输出。过程的一些变量 $x_1, x_2, \cdots, x_p$ 是可控制的，另一些变量 $z_1, z_2, \cdots, z_v$ 是不可控制的。试验的目的包括：

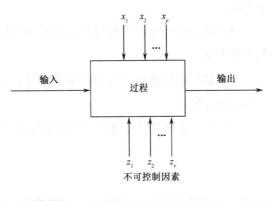

图 1-1 过程或系统的一般模型

（1）确定哪些变量对响应 y 具有影响；

（2）确定有影响的 x 设置在何处可使 y 总是接近于所希望的额定值；

(3)确定有影响的 x 设置在何处使得 y 的变异性较小;

(4)确定有影响的 x 设置在何处使得不可控制的变量 $z_1, z_2, \cdots, z_v$ 的效应最小。

试验设计方法在工序开发及为改善性能的工序故障分析中起了重要的作用。多数情况的目的是去开发一种稳健的工序,即一种受外部变异性来源影响较小的工序。

试验设计涉及的内容十分丰富。目前,国内外广泛采用的是正交试验设计法。正交试验设计法又称正交试验法、正交设计法或正交法,是一种安排和分析多因素试验的科学方法,它是以人们的生活实践经验、有关的专业知识和概率论与数理统计为基础,利用一套根据数学上的"正交性"原理而编制并已标准化的表格——正交表,来科学地安排试验方案和对试验结果进行计算、分析,找出最优或较优的生产条件或工艺条件的数学方法。简言之,它是一种使用正交表安排试验并对结果进行统计分析,迅速找出优化方案的科学方法。

实践表明,试验设计可以帮助我们有效地解决以下问题。

(1)科学地、合理地安排试验,减少试验次数,缩短试验周期,提高经济效益,尤其当因素、水平较多时效果更为显著。

(2)在产品设计和制造中,影响指标值的因素往往很多,试验设计可使我们在众多的因素中分清主次,找出影响指标的主要因素。

(3)通过试验设计可了解各因素之间的交互作用。

(4)通过正交试验设计的方差分析,可以分析试验误差的大小,从而提高试验的精密度;同时,能预估试验指标值及其波动范围,即确定目标值的期望值及其置信区间。

(5)通过试验设计能尽快地找到要求的设计参数和生产工艺条件,即迅速地找到优化方案。

(6)试验设计通过对试验结果的计算、分析,可以找出为达到最优化方案进一步试验的方向。

(7)正交试验设计是进行信噪比试验设计和三次设计的得力工具。

1.2 试验设计的指标、因素与水平

1.2.1 试验指标

在试验设计中,试验指标用来衡量试验结果的好坏或处理效应的高低,以及试

验中具体测定的性状或观测的项目；或根据试验与数据处理的目的而选定用于考察或衡量其效果的特性值。试验指标可以是数量指标、质量指标、成本指标、效率指标等。

试验指标可分为两大类，一类是定量指标，也称数量指标，它是在试验中能够直接得到具体数值的指标，如金属材料的屈服强度、抗拉强度、断后伸长率等由理化指标计算得到的特征值；另一类是定性指标，或称非数量指标，它是在试验中不能得到具体数值的指标。

根据试验目的的不同，试验指标可以是一个，也可以同时是两个或两个以上，前者称为单考察指标试验设计，后者称为多考察试验设计。例如，在研究多孔材料基体的孔径、比表面积对复合储热材料储热容量的影响时，可选用储热容量为试验指标；在研究复合储热材料储热性能与不同支撑基体的关系时，可同时选用储热容量和导热系数作为试验指标，最终考虑确定哪种支撑基体更合适。

【例 1.1】采用高岭土原矿制备聚合氯化铝需要考察：① 焙烧温度和时间；② 酸溶浓度和酸溶比；③ 酸溶温度和时间；④ 激发剂用量对氧化铝溶出率的影响。试验因素与水平如表 1-1 所示，该项目组的试验设计，氧化铝的溶出率即高岭土制备聚合氯化铝的试验指标。

表 1-1 试验因素与水平

水平	试验因素						
	激发剂用量/g	焙烧温度/℃	焙烧时间/h	酸溶浓度/%	酸溶比	酸溶时间/h	酸溶温度/℃
1	2.0	700	1.0	15	1:5.6	1.0	80
2	3.0	750	1.5	20	1:5.8	1.5	90
3	4.0	800	2.0	25	1:6.0	2.0	100

1.2.2 试验因素

在试验中，影响试验考察指标的量称为试验因素。试验因素也是我们所说的作用因素，即自变量，例如，在【例 1.1】中的焙烧温度和时间、酸溶浓度和酸溶比、酸溶温度和时间、激发剂用量等。在试验设计时，试验因素（输入变量）有两种：一种是在试验时，可以人为进行控制的可控因素；另一种是人为无法控制的随机因素。

可控因素是在试验过程中，我们可以设置和保持其在一个希望水平上的因子，它应具有以下特征：① 根据经验和以往数据可以确信其对试验指标有重要影响；② 在试验过程中可以比较容易地进行人为改变。可控因子对 y 的影响越大，则潜在的改善机会越大。

随机因素是在试验过程中可使试验结果发生偏差,且无法对其进行控制的因子。它具有以下特征:① 使试验结果偏离目标;② 无法或很难人为控制。当试验中存在随机因素时有两种方法可以进行改善:① 首先确认此因素对试验指标的影响程度,如影响大,则需要对其进行中和(直接控制或降低其对试验指标的影响);② 通过重复精确试验来确定可控因素的最佳水平,当可控因素的水平足够好时,即可得到可靠的设计。

1.2.3 试验水平

在试验设计中,所选定因素的状态和条件的变化,可能引起指标特性值的变化,我们将各因素变化的各种状态和条件,即每个因素要比较的具体状态和条件称为水平。试验中需要考虑某因素的状态为几种,则称该因素为几水平因素。例如,在高岭土原矿制备聚合氯化铝的试验中,高岭土的焙烧温度700 ℃、750 ℃、800 ℃三种状态,则试验因素为三水平因素。在数学上又称位级,并应注意以下几点。

(1) 水平宜取三水平为宜。这是因为三水平因素的试验结果分析的效应图分布多数呈二次函数,二次曲线有利于呈现试验趋势的结果。二水平因素的试验结果效应图分布是线性的,只能得到因素水平的效果趋向,很难区分最佳区域,这对整个试验分析是不利的。在充分发挥专业技术的情况下,确定了因素水平值,就可能取在最佳区域内或接近最佳区域,按这样的因素水平试验的效率会高些;当技术程度较低时,因素水平可能取不到最佳区域附近,则需要把水平区间拉开,尽可能使最佳区域能包含在拉开的水平区间内。然后通过1~2次的试验逐次缩小水平区,求出其最佳条件。当对所求的最佳条件可靠性不太满意时,还可以做第三次最佳条件的验证试验,通过寻找和计算,求出二次函数的最大值。

(2) 水平应是等间隔的原则。这是为了便于效应曲线的计算分析。水平的间隔宽度是由技术水平和技术知识范围所决定的。水平的等间隔一般取算术等间隔值。在某些特殊的场合下也可以取对数等间隔值。由于技术上的限制,在取等间隔区间时可能有差值,可以把这个差值尽可能取小一些(一般不超过20%的间隔值)。

(3) 水平的通用符号。在试验中,一般用"+""-"号或"1""2""3"…来表示因素的不同水平。当因素只有高低两个水平时,用"+"代表高,"-"代表低;当因素有3个及以上的水平时,用"1""2""3"来依次表示从低到高的水平。值得注意的是,在同一试验表中,只能出现同类符号,如"+""-"或"1""2""3",而不能混用。

1.3 试验设计的基本原则

试验设计的三个基本原则是随机化原则、重复原则和局部控制原则。通常，人们把这三个原则称为费歇三原则。

1.3.1 随机化原则

随机化是试验设计使用统计方法的基石，它的意思是，试验材料的分配和试验中各次试验进行的顺序都是随机的。统计方法要求观测值（或误差）是独立分布的随机变量。随机化通常能使这一假定有效，把试验进行适当的随机化同时有助于平均掉可能出现的外来因子的效应。在科学试验中，往往人为地有次序安排试验而引起系统性误差，从而混淆了对效应作用有无的判断。一旦有这种系统性误差混入，就不能通过任何数据处理的方法来消除，有时不能对试验做出正确的判断而导致试验失败。因此，为了正确估计试验误差，可采用随机排列的方法将系统性误差转变为偶然误差。

【例1.2】三个样品 A_1、A_2、A_3 重复四次的方案设计，如表 1-2 所示。显然，只有方案 3 才符合随机化原则。

表 1-2 重复排列设计方案

方案	排列方式											
1	A_1	A_1	A_1	A_1	A_2	A_2	A_2	A_2	A_3	A_3	A_3	A_3
2	A_1	A_2	A_3	A_1	A_2	A_3	A_1	A_2	A_3	A_1	A_2	A_3
3	A_2	A_1	A_2	A_3	A_1	A_2	A_3	A_3	A_2	A_1	A_3	A_1

1.3.2 重复原则

重复是指在试验中将同一试验处理设置在两个或两个以上的试验单位上。同一试验处理设置的试验单位数称为重复数。

重复的作用主要如下。① 可用重复试验的结果估计误差。只有将观察所得试验结果与误差进行比较，才能得出客观而正确的结论。例如，在测试两种配料耐火砖抗强度试验中，只有当平均抗强度的差别超过误差所容许的差别时，才能断言两种配料的抗强度不同。② 用样本均值估计因子效应（如配料引起的抗强度）时，重复可以降低试验误差，提高试验的精确性。例如，设样本为 $y_1, y_2, \cdots, y_n$，$V(y_i) = \sigma^2$，$i = 1, 2, \cdots, n$，则 $V(\bar{y}) = \dfrac{\sigma^2}{n}$，其中 $\bar{y} = \dfrac{1}{n}\sum\limits_{i=1}^{n} y_i$。由此可见，一个观测的方差较大，若干个观察的均值方差会大大减小，因此适当增大重复次数可以减小试验误差。

把每种试验条件进行多次试验，称为多次重复试验。在实际工作中，若只做一次重复试验就下结论，那么这个结论往往是片面的。采用多次重复的目的在于减小误差。因此，只要条件允许，应尽量避免在整个试验中只重复一次的做法。

必须注意，强调试验的重复，并非盲目地追求反复试验。没有正确的试验设计方法为指导，再多次的重复也无助于减小试验误差，反而造成人力、物力、财力、时间的大量浪费。与此相反，在正确的试验设计方案指导下的重复，正是做好试验工作所必需的手段。

1.3.3 局部控制原则

局部控制原则又称为分层原则，它是指将试验对象按照某种分类标准或某种水平加以分组。在同一组内的试验尽量保持受同样的影响，以尽量减少组内的变化，并使组与组间的变化大些。在试验设计中，这种组称为区组（层）。因此，在一个区组内，试验条件比较相似。由于区组内（或层内）变化较小，抽样的样本数较少，而试验精度却较高，误差必然较小。这种把比较的水平设置在差异较小的区组内，以便减小试验误差的原则称为局部控制原则。

实施局部控制时的区组如何划分，应根据具体情况确定。如果日期（时间）变动会影响试验结果，就可以把试验日期（时间）划分为区组；如果试验空间会影响试验结果，就可以把空间划分为区组；如果全部试验用几台同型号的仪器或设备，考虑仪器或设备间差异的影响，可把仪器或设备划为区组；如果若干操作人员做全面试验，考虑他们的技术操作、固有习惯等方面的差异，可把操作人员划分为区组，等等。前面提到重复试验可以减小随机误差，但随着重复的增多，试验规模加大，试验所占的时空范围变大，试验条件的差异也随之加大，这又会增大试验误差，为了解决这一矛盾，可以将时空按重复数分为几个区组，实施局部控制。

本章习题

1-1 试验设计与数据处理的意义是什么？
1-2 正确理解试验因素、因素水平、试验指标等有关概念，并举例说明。

第2章

试验误差分析

任何试验数据都存在误差,不同时期人们研究误差的内容虽然不同,但误差始终客观存在。为了提高试验结果的准确度,必须尽可能减小误差,因此,有必要对各种误差产生的原因、出现的规律进行分析总结,以寻求改善方法。本章重点讲述了过失误差、随机误差、系统误差产生的原因,以及识别与处理的方法,同时讲述了测量精度和误差的传递与分配。

2.1 概述

在科学研究和各个行业的生产活动中,通常需要经过试验研究来找到所要研究对象存在的各种规律,并通过对规律的总结研究达到指导生产和科研的目的,特别是对新材料的开发,更需要大量的试验数据作为支撑,进而摸索开发出性能最优的材料。在试验过程中,由于试验方法的不完善、试验仪器精度的限制、科研人员自身能力的不足等方面的原因,试验数据总是客观存在一些误差。为了保证最终结果的准确性,首先应该评判原始试验数据的可靠性,也就是对试验数据进行误差分析。误差分析是指对误差在完成系统功能时,对所要求目标产生偏离的原因、后果及发生在系统的哪个阶段进行分析,把误差减小到最小。误差与准确是一对相反的概念,可以用误差来表示试验数据的准确程度。

误差自始至终存在于一切科学试验过程中,研究误差的目的,不是要消除它,也不是使它小到不能再小,而是随着科学水平的提高和人们经验、技巧、专业知识的增加,将误差控制在一定范围内,在这个范围内得到更接近真实值的最佳测量结果。

误差始终存在，只有认清误差的规律，才能充分地利用数据的有效信息，正确地处理数据，得出在一定条件下更接近真实值的最佳测量结果。通过误差分析，可以更加合理地设计仪器或者选用仪器，合理设计试验过程，更恰当地使用测量条件或方法。测量结果的质量或水平要以误差表述，误差越小，质量越高。在实际工作中经常会发生误差不符合要求而使仪器退货的情况，正确合理评价测量结果的误差是至关重要的一方面。

2.2 误差的分类及表示方法

2.2.1 误差的分类

测量误差是指对一个量进行测量后，所得到的测量结果与被测量的真值之间的差异，简称误差。误差的定义式为

$$误差 = 测量值 - 真值$$

真值是指一个物理量在一定条件下所呈现的客观大小或真实数值，又称为理论值或定义值。真值一般分为理论真值、约定真值、相对真值。理论真值仅存在于纯理论之中，如等边三角形的各角都相等，并且每个角都等于 60°；约定真值一般指由国家设立尽可能维持不变的实物标准或基准，以法令的形式指定其所体现的数值，如规定阿伏伽德罗常数近似值为 $N_A = 6.022\,136\,7 \times 10^{23}\,\text{mol}^{-1}$；相对真值是指用更高精度的仪器或量具测量得到的数值代替真值。

根据误差的表示形式，误差可分为绝对误差、相对误差、引用误差；根据误差性质或产生的原因，可分为过失误差（mistake error）、随机误差（random error）、系统误差（systematic error）；按误差的数值（包括大小及符号）对测量结果的影响，可分为确定性误差和不确定性误差。

2.2.2 误差的表示方法

1. 绝对误差

某物理量值与其真值之差称为绝对误差，它是测量值偏离真值大小的反映，有时又称为真误差。绝对误差有确定的大小和计量单位，有可能是正值或负值。绝对

误差适用于单次测量结果的误差计算及同一量级的同种量的测量结果的误差比较。

$$绝对误差 = 测量值 - 真值$$

测量值加上修正值后，就可以消除误差的影响。在精密计量中，常常用加上修正值的方法来保证量值的准确性。

【例2.1】某机械加工车间加工一批直径为 40 mm 的轴，抽检两根轴的直径，测得结果分别为 39.9 mm 和 39.8 mm，则两根轴的绝对误差分别为

$$\delta_1 = 39.9 \text{ mm} - 40 \text{ mm} = -0.1 \text{ mm}$$

$$\delta_2 = 39.8 \text{ mm} - 40 \text{ mm} = -0.2 \text{ mm}$$

显然，第一根轴的绝对值误差比第二根轴的绝对误差小，第一根的加工准确度高。

2. 相对误差

绝对误差与真值的比值所表示的误差大小称为相对误差或误差率，相对误差是一个无单位的数。

$$相对误差 = \frac{绝对误差}{真值}$$

由于真值在大多数情况下不能确定，因此一般用约定真值代替。对于相同的被测量，绝对误差可以评定其测量精度的高低，但对于不同的被测量及不同的物理量，绝对误差就难以评定其测量精度的高低，这时就需要用到相对误差。

【例2.2】洲际弹道导弹与优秀射手的几项指标比较见表2-1，评价射击精度的高低。

表2-1 洲际弹道导弹与优秀射手的几项指标

射击者	射程	最大偏移	绝对误差
洲际弹道导弹	15 000 km	300 m	300 m
优秀射手	100 m	直径 2 cm 靶心内	1 cm

【解】从绝对误差来看，300 m 远大于 1 cm。但是由于射程不一样，所以不能说优秀射手的精度比洲际弹道导弹高。此时，用绝对误差就难以评定两种方法射击精度的高低，必须采用相对误差。洲际弹道导弹和优秀射手射击的相对误差分别为 r_1 和 r_2。

$$r_1 = \frac{300}{15\,000 \times 10^3} \times 100\% = 0.002\%$$

$$r_2 = \frac{1}{100 \times 10^2} \times 100\% = 0.01\%$$

由于 $r_1 < r_2$，显然洲际弹道导弹的射击精度更高。

3. 引用误差

引用误差是一种仪器仪表的示值相对误差,是相对误差的一种简便、实用的形式,可以用来描述某些测量仪器的准确度高低,在多挡或连续刻度的仪表中得到广泛的应用。为了减少误差计算中的麻烦并方便划分仪表正确度等级,一律取仪表的量程或测量范围上限值作为误差计算的分母(基准值),而一律取仪表量程范围内可能出现的最大绝对误差值作为分子。定义引用误差为

$$引用误差 = \frac{最大绝对误差}{仪表量程} \times 100\% \qquad (2\text{-}1)$$

【例 2.3】量程 5 安培(A)的电流表,检测时得到的全量程内最大示值误差为 0.005A,试确定该电流表的准确度等级。

【解】根据检定规程,电流表、电压表等电工类仪表的准确度一般可分为 0.05、0.1、0.2、0.3、0.5、1.0、1.5、2.0、2.5、3.0、10、20 共 12 个等级。

测量仪器的误差一般指测量仪器的示值误差,依据式(2-1)可得

$$引用误差 = \frac{0.005}{5} \times 100\% = 0.1\%$$

因此,该电流表的准确度等级为 0.1 级。

2.3 过失误差

显然超出规定条件下对测量结果的预期,与事实不符的误差称为过失误差,又称粗大误差。过失误差的出现会使数据的测量值与真实值之间出现显著的差异,但并不能说明含有显著差异的测量值就是过失误差所导致的,需要按数理统计中的相关判断准则来决定取舍。

2.3.1 过失误差的来源

过失误差没有明显的规律和特性,产生的原因是多方面的,大致可归纳为以下几类。

1) 主观原因

由于试验人员自身的主观因素（如工作责任心不强、缺乏经验或操作失误等）造成试验结果与预期相偏离的情况。例如，产生了错误读数或记录，混淆了图像的对应关系等。主观原因是产生过失误差的主要来源。

2) 客观原因

过失误差也可由试验外在环境条件的意外改变（如机械冲击、外界振动）而产生，一般发生于测量精度较高的仪器或环境条件要求较严格的试验中。

3) 试验仪器的意外故障

在试验开始前，需要仔细检查相关仪器的工作状态是否正常以避免由试验仪器意外故障而导致过失误差的产生。

2.3.2 过失误差的识别与处理

在试验中，通常会出现少数几个差异较大的试验数据或偏差较大的试验结果，它们往往是由过失误差引起的，也可能是新现象的发生。因此，过失误差的识别与处理需要慎重考虑。

对于偏差较大的异常数据（又称异常值，exceptional data）或试验结果的检验处理一般遵循以下原则。

（1）对于试验过程中发现的异常数据或现象，应立即停止试验，分析原因，及时纠正。

（2）对于试验结束后发现的异常数据或结果，先尝试寻找产生的原因，再考虑数据或结果的取舍。如果无法确定产生差异的原因，则需要对数据进行统计处理以鉴别是否由过失误差引起。常用的统计方法有 3S 准则（Paǔta 准则）、格拉布斯（Grubbs）准则、狄克逊（Dixon）准则、汤普逊（Thompson）准则等。

下面介绍三种用于判别过失误差的准则。

1. 3S 准则（Paǔta 准则）

对于一组给定数据，3S 准则以其标准偏差 S 的 3 倍为极限取舍标准，即残余误差 $|v_i|$（数据 x_i 与试验数据组的算术平均值 $\bar{x}$ 的偏差）大于 3 倍的标准误差的值被认定为含有过失误差，该数据将予以剔除，即

$$|v_i| > 3S \tag{2-2}$$

把可疑值舍弃后再重新算出除去这个值的其他测量值的平均值和标准偏差，然

后继续使用判别依据判断，直到所有残差均满足 $|v_i| \leq 3S$。

需要指出的是，该准则适用于数据测量次数 $n > 10$ 或预先经大量重复测量已统计出其标准误差 S 的情况。当数据测量次数 $n \leq 10$ 时，残差 $|v_i| < 3S$ 恒成立，无法对异常值进行鉴别。因为一般情况下测量次数较少，所以 $3S$ 准则实际使用的可靠性并不高；但其使用简便，因此在要求不高的场合经常使用。

【例 2.4】重复测量某原件尺寸 12 次，测量结果如表 2-2 所示，试用 $3S$ 准则判别测量列中是否有含过失误差的异常值。

表 2-2 测量结果及相关统计量

n	x_i	v_i	v_i^2
1	25.307	−0.002	0.000 004
2	25.324	0.015	0.000 225
3	25.300	−0.009	0.000 081
4	25.259	−0.014	0.000 196
5	25.293	−0.016	0.000 256
6	25.294	−0.015	0.000 225
7	25.314	0.005	0.000 025
8	25.341	0.032	0.001 024
9	25.315	0.006	0.000 036
10	25.314	0.005	0.000 025
11	25.299	−0.010	0.000 100
12	25.303	−0.006	0.000 036
Σ	303.663	−0.009	0.004 466

【解】由表 2-2 得

$$\bar{x} = \frac{1}{n}\sum_{i=1}^{n} x_i = 25.305\,25$$

$$S = \sqrt{\frac{\sum_{i=1}^{n} v_i^2}{n-1}} = \sqrt{\frac{0.004\,466}{12-1}} = 0.020$$

$$3S = 3 \times 0.020 = 0.060$$

第 8 次测得值的残余误差最大，根据 $3S$ 准则，有

$$|v_8| = 0.032 < 3S = 0.060$$

故可认为这些测量值不含过失误差。

2. 格拉布斯（Grubbs）准则

当采用格拉布斯准则检验可疑数据 x_i 时，若满足

$$g(i) = \frac{|\bar{x} - x_i|}{S} > G(n, \alpha) \tag{2-3}$$

数据 x_i 应当被剔除。其中，$G(n,\alpha)$ 称为格拉布斯检验临界值，它与试验次数 n 及给定的显著性水平有关，常用的显著性水平与相应的格拉布斯检验临界值见附表1。

【例2.5】测定某混合物中物质的含量，8次平行测定数据为10.29、10.33、10.38、10.40、10.43、10.46、10.52、10.82（%），试用格拉布斯准则检验是否有数据应被剔除（$\alpha = 0.05$）。

【解】查表得 $G(8, 0.05) = 2.032$，该组数据的算术平均值

$$\bar{x} = \frac{\sum_{i=1}^{n} x_i}{n} = 10.45$$

观察数据列得知，10.82 的偏差最大，故先检验该数。

（1）检验 10.82。

计算包括 10.82 在内的标准偏差

$$S = \sqrt{\frac{\sum_{i=1}^{n} v_i^2}{n-1}} = 0.16$$

则

$$g(8) = \frac{|\bar{x} - x_8|}{S} = \frac{10.82 - 10.45}{0.16} = 2.313 > G(8, 0.05) = 2.032$$

故 10.82 应当被剔除。

（2）检验 10.52。

计算包括 10.52 在内的 7 组数据的算术平均值和标准偏差

$$\bar{x}' = \frac{\sum_{i=1}^{n} x_i}{n} = 10.40$$

$$S' = \sqrt{\frac{\sum_{i=1}^{n} v_i^2}{n-1}} = 0.078$$

查表得 $G(7, 0.05) = 1.938$，则

$$g(7) = \frac{|\bar{x}' - x_8|}{S'} = \frac{10.52 - 10.40}{0.078} = 1.538 < G(7, 0.05) = 1.938$$

故 10.52 不含过失误差，无须剔除。剩余数据的偏差都比 10.52 小，都可保留。

3. 狄克逊（Dixson）准则

用狄克逊准则检验可疑数据应遵循以下步骤。

（1）将测量数据 $x_1, x_2, \cdots, x_n$ 从小到大排列成顺序统计量 $x_{(i)}$；

（2）计算最小值 $x_{(1)}$ 和最大值 $x_{(n)}$ 的统计量（见附表 A-2）；

（3）选定显著性水平 α，查附表 A-2 得各统计量的临界值 $D(n,\alpha)$；

（4）判断统计值 $D_{ij} > D(n,\alpha)$ 或 $\left(D'_{ij} < D(n,\alpha)\right)$，则认为 $x_{(1)}$（或 $x_{(n)}$）含过失误差，剔除。

需要注意的是，若按上述步骤判别出测量列中含过失误差的数据为两个或两个以上，应先剔除含有最大过失误差的测量值，然后重新计算剩余测量列的统计量进行判别，依次进行直到所有测量值均不含过失误差为止。

狄克逊准则采用极差比的方法，无须计算 $\bar{x}$ 和 S，避免了烦琐的计算环节。

【例 2.6】 一次试验中 10 次等精度测量数据从小到大排列如下：100.47、100.54、100.60、100.65、100.73、100.77、100.82、100.90、101.01、101.40，使用狄克逊准则判别其中是否有含过失误差的异常值。

【解】 数据排序完成，对两侧数据进行判别。

（1）判别最小值 $x_{(1)} = 100.47$。

$n=10$，统计量

$$r_{11} = \frac{x_{(1)} - x_{(2)}}{x_{(1)} - x_{(n-1)}} = \frac{100.47 - 100.54}{100.47 - 101.01} = 0.13$$

查附表 A-2 得 $D(10, 0.05) = 0.447$，故

$$r_{11} = 0.13 < D(10, 0.05) = 0.447$$

因此 $x_{(1)}$ 不含过失误差。

（2）判别最大值 $x_{(10)} = 101.40$。

$n=10$，统计量

$$r'_{11} = \frac{x_{(n)} - x_9}{x_{(n)} - x_{(2)}} = \frac{101.40 - 101.01}{101.40 - 100.54} = 0.45$$

因为

$$r'_{11} = 0.45 < D(10, 0.05) = 0.447$$

故 $x_{(10)}$ 也不含过失误差。由于 $x_{(1)}$ 和 $x_{(10)}$ 都不含过失误差，所以测量列中数据均不含过失误差。

以上介绍的 3 种检验准则各有特点，在实际使用时需要辨别使用条件，使异常

值的判别更加方便。当试验数据较多时，使用 3S 准则最为简便；当试验数据较少时，3S 准则不能使用，此时格拉布斯准则和狄克逊准则都能适用。总之，试验数据越丰富，可疑数据被误判的可能性越小，准则使用的准确性越高。

2.4 随机误差

当对同一量值进行多次等精度的重复测量时，被测量以不可预知的方式变化，会得到一系列不同的测量值，每个测量值都含有误差，误差有时大有时小，有时正有时负，没有确定的规律。但就误差的总体而言，却完全遵循概率统计的规律。这类误差称为随机误差。

若测量列中不包含系统误差和过失误差，设被测量值的真值为 X_0，一系列测得值为 x_i，则测量列中的随机误差 δ_i 为

$$\delta_i = x_i - X_0 \tag{2-4}$$

式中，$i = 1, 2, \cdots, n$。

在测量过程中，随机误差既不可避免，也不可完全消除，为了减小测量过程的随机误差，首先要知道随机误差产生的原因，然后具体分析和处理随机误差。

2.4.1 随机误差的来源

随机误差是由很多暂时未能掌握或不能控制的微小因素构成的，主要有以下几个方面。

1. 测量装置误差

测量装置误差主要包括标准量具误差、仪器误差和附件误差。比如标准砝码、标准电阻等，它们本身的数值不可避免地都存在误差。仪器内部零部件制造不精密、变形、老化、配合的不稳定性及仪器内部噪声、振动等都会引起误差。例如，轴和轴承之间的油膜不均匀会给圆周分度测量带来随机误差。

2. 测量环境误差

测量环境误差是由于各种环境因素与规定的标准不一致而造成的误差，如温度、湿度、大气压力的微小变化所带来的误差。通常测量仪器在规定的工作条件下所具

有的误差称为基本误差，超出此条件的误差称为附加误差。最常见的如试验过程中温度的波动、电压的起伏和外界的振动等。

3. 测量人员误差

测量人员误差是由于测量者主观因素，如生理与心理状况变化、技术的熟练程度等引起的误差，如操作人员对测量装置的调整、操作不当造成的瞄准、读数不稳定等。这些因素的出现与否，以及这些因素对结果的影响都难以预测和控制。

2.4.2 随机误差的识别与处理

从统计意义来看，虽然某个随机误差的出现没有规律性，也不能用试验的方法消除。但是，如果进行大量的重复试验，就可能发现它在一定程度上遵循某种统计规律。这样就可以运用概率与统计的方法对随机误差的总体趋势及其分布进行估计，并采取相应的措施减小其影响。测量中不包括系统误差，服从正态分布的随机误差均具有以下四个特征。

（1）对称性：绝对值相等的正误差与负误差出现的次数基本相等。

（2）单峰性：绝对值小的误差比绝对值大的误差出现的次数多。

（3）有界性：在一定的测量条件下，误差的绝对值不会超过一定限度。

（4）抵偿性：随机误差的算术平均值随测量次数的增加越来越小。

抵偿性是随机误差最本质的统计特性，对于有限次测量，随机误差的算术平均值是一个有限小的量，当测量次数无限增大时，它趋于零。

服从正态分布的随机误差的分布密度 $f(x)$ 为

$$f(x)=\frac{1}{\sigma\sqrt{2\pi}}\exp\left[-\frac{(x-\mu)^2}{2\sigma^2}\right]$$

式中，μ 为总体 X 分布的数学期望，若不计系统误差，则 $\delta = x - \mu$；σ 为总体 X 分布的标准差，也是随机误差 δ 分布的标准差；通过图 2-1 可以看出，σ 越大，测量的数据越分散。正态分布积分表见附表 A-3。

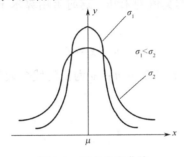

图 2-1　正态分布曲线

1. 算术平均值

通过对随机误差特征的分析，可知通过多次测量求平均值的方法，能够使随机误差相互抵消，能最大限度地减小随机误差的影响，所得结果最合理。因此，通常以全部测得值的算术平均值作为最后测量结果。

设 $x_1, x_2, \cdots, x_n$ 为 n 次测量所得的值，则算术平均值为

$$\bar{x} = \frac{x_1 + x_2 + \cdots + x_n}{n} = \frac{\sum_{i=1}^{n} x_i}{n}$$

由概率论的大数定律可知，若测量次数无限增加，则算术平均值 $\bar{x}$ 必然趋近真值 X_0。

由式（2-4）求和，得

$$\delta_1 + \delta_2 + \cdots + \delta_n = (x_1 + x_2 + \cdots + x_n) - nX_0$$

即

$$\sum_{i=1}^{n} \delta_i = \sum_{i=1}^{n} x_i - nX_0$$

$$X_0 = \frac{\sum_{i=1}^{n} x_i}{n} - \frac{\sum_{i=1}^{n} \delta_i}{n}$$

根据正态分布随机误差的抵偿性可知，当 $n \to \infty$ 时，有

$$\lim_{n \to \infty} \frac{\sum_{i=1}^{n} \delta_i}{n} = 0$$

所以

$$\bar{x} = \frac{\sum_{i=1}^{n} x_i}{n} \to X_0$$

如果对某一量进行无限多次的测量，则其受随机误差的影响很小，但是实际上都是有限次测量，因此只能把算术平均值近似地作为被测量的真值。

一般情况下，被测量的真值为未知，这时可用算术平均值代替被测量的真值进行计算，则有以下公式

$$v_i = x_i - \bar{x}$$

式中，x_i 为第 i 个测得值，$i = 1, 2, \cdots, n$；v_i 为 x_i 的残余误差，简称残差。

残差具有以下性质。

(1) $\sum_{i=1}^{n} v_i = \sum_{i=1}^{n} x_i - n\bar{x} = \sum_{i=1}^{n} x_i - n\left(\dfrac{\sum_{i=1}^{n} x_i}{n}\right) = 0$。

(2) 残差的平方和最小，即 $\sum_{i=1}^{n} v_i^2 = \min$。

2. 测量的标准差

标准差作为衡量随机误差的关键指标，表征的是随机误差绝对值的统计均值。标准差的全称为标准偏差，简称标准差，用符号 σ 表示。

1) 单次测量的标准差

标准差 σ 不是测量列中任何一个具体测得值的随机误差，σ 的大小只说明在一定条件下等精度测量列随机误差的概率分布情况。在该条件下，任何一次测得值的随机误差 δ 一般都与 σ 不相同。在不同条件下，对同一被测量进行两个系列的等精度测量，其标准差也不相同。

在等精度测量列中，单次测量的标准偏差定义为

$$\sigma = \sqrt{\dfrac{\sum_{i=1}^{n} \delta_i^2}{n}}$$

由于真差 δ_i 未知，所以不能按照定义求得 σ 值，故实际测量时常用残余误差 v_i 代替真值，根据贝塞尔公式（Bessel）求得 σ 的估计值为

$$\sigma = \sqrt{\dfrac{\sum_{i=1}^{n} v_i^2}{n-1}}$$

2) 算术平均值标准差

如果在相同条件下对同一量值进行多组重复的系列测量，每一系列测量都有一个算术平均值。由于随机误差的存在，各个测量列的算术平均值也不相同，它们围绕被测量的真值有一定的分散，此分散说明了算术平均值的不可靠性，而算术平均值的标准差则是表征同一被测量的各个独立测量列算术平均值分散性的参数，可作为算术平均值不可靠性的评定标准。

已知算术平均值为

$$\bar{x} = \dfrac{\bar{x}_1 + \bar{x}_2 + \cdots + \bar{x}_n}{n}$$

取方差

$$D(\bar{x}) = \dfrac{1}{n^2}[D(x_1) + D(x_2) + \cdots + D(x_n)]$$

因为
$$D(x_1) = D(x_2) = \cdots = D(x_n) = D(x) = \sigma^2$$
故
$$D(\bar{x}) = \frac{1}{n}D(x)$$
即
$$\sigma_{\bar{x}}^2 = \frac{\sigma^2}{n}$$
所以其值可按下式计算
$$\sigma_{\bar{x}} = \frac{\sigma}{\sqrt{n}}$$

可见，算术平均值的标准差为单次测量标准差的 $1/\sqrt{n}$，当测量次数 n 增加时，算术平均值更加接近真值。统计结果表明：当 σ 一定，且 $n>10$ 时，精度的提高已非常缓慢，而且测量次数的增加也难以保证测量条件的恒定，从而带来新的误差。因此，通常情况下取 $n \leqslant 10$ 较为合适。

【例 2.7】用游标卡尺对某个尺寸测量 10 次，假定已消除系统误差和过失误差，得到以下数据（单位：mm）。

75.01、75.04、75.07、75.00、75.03、75.09、75.06、75.02、75.05、75.08

求算术平均值及其标准差。

【解】算术平均值的求解过程如表 2-3 所示，表中的 $\sum\limits_{i=1}^{10} v_i$ 主要是用于验证算术平均值的计算结果是否正确，理论情况下应该等于零。

表 2-3 算术平均值的求解

序 号	l_i/mm	v_i/mm	v_i^2/mm^2
1	75.01	−0.035	0.001 225
2	75.04	−0.005	0.000 025
3	75.07	+0.025	0.000 625
4	75.00	−0.045	0.002 025
5	75.03	−0.015	0.000 225
6	75.09	+0.045	0.002 025
7	75.06	+0.015	0.000 225
8	75.02	−0.025	0.000 625
9	75.05	+0.005	0.000 025
10	75.08	+0.035	0.001 225
	$\bar{l} = 75.045$	$\sum\limits_{i=1}^{10} v_i = 0$	$\sum\limits_{i=1}^{10} v_i^2 = 0.008\ 25$

从表中可以得到单次测量的标准差

$$\sigma = \sqrt{\frac{\sum_{i=1}^{n} v_i^2}{n-1}} = \sqrt{0.00825/9} = 0.0303 \text{ mm}$$

则算术平均值的标准差为

$$\sigma_{\bar{x}} = \frac{\sigma}{\sqrt{n}} = 0.009 \text{ mm}$$

3. 测量的极限误差

从理论上来说，随机误差的正态分布曲线永远不会与横坐标相交。如何确定一组数据的随机误差分布曲线上的最大误差范围，是值得研究的。测量的极限误差是极端误差，测量结果的误差不超过该极端误差的概率为 P，并且 $1-P$ 可以忽略不计。

1) 单次测量的极限误差

随机误差在 $\pm \delta$ 内的概率为

$$P(\pm \delta) = \frac{1}{\sigma \sqrt{2\pi}} \int_{-\delta}^{\delta} e^{-\frac{\delta^2}{2\sigma^2}} dt = \frac{2}{\sqrt{2\pi}} \int_{0}^{t} e^{-\frac{t^2}{2}} dt = 2\Phi(t)$$

式中，$t = \delta/\sigma$，$\Phi(t)$ 称为正态概率积分。

如果随机误差在 $\pm t\sigma$ 范围内出现的概率为 $2\Phi(t)$，则超出的概率为 $\alpha = 1 - 2\Phi(t)$，表 2-4 给出了几个不同 t 值下超出和不超出 $|\delta|$ 的概率情况。

表 2-4 不同 t 值下超出和不超出 $|\delta|$ 的概率情况

t	$\|\delta\| = t\sigma$	不超出的概率 P	超出的概率 α	测量次数	超出误差数
0.67	0.67σ	0.4972	0.5028	2	1
1	1σ	0.6826	0.3174	3	1
2	2σ	0.9544	0.0456	22	1
3	3σ	0.9973	0.0027	370	1
4	4σ	0.9999	0.0001	15626	1

由表 2-4 可以看出，随着 t 的增大，超出 $|\delta|$ 的概率快速衰减，当 $t=3$ 时，在 370 次测量中只有一次误差绝对值超出设定的误差限值。在一般测量中，测量次数很少超过几十次，因此可以认为绝对值大于 3σ 的误差是不可能出现的，通常把这个误差称为单次测量的极限误差，即

$$\delta_{\text{lim}x} = \pm 3\sigma$$

在实际测量时，可取其他 t 值表示单次测量的极限误差，通常取 2～3，此时单次测量的极限误差可表示为

$$\delta_{\text{lim}x} = \pm t\sigma$$

若已知测量的标准差 σ，依据选定的概率 P 选定置信系数 t，则可按上式求得单次测量的极限误差。

2) 算术平均值的极限误差

测量列的算术平均值与被测量的真值之差称为算术平均值误差 $\delta_{\bar{x}}$，即

$$\delta_{\bar{x}} = \bar{x} - X_0$$

当多个测量列的算术平均值误差 $\delta_{\bar{x}_i}(i=1,2,\cdots,n)$ 为正态分布时，根据概率论知识可得测量列算术平均值的极限误差为

$$\delta_{\lim \bar{x}} = \pm t\sigma_{\bar{x}}$$

式中，t 为置信系数；$\sigma_{\bar{x}}$ 为算术平均值的标准差。

当测量列的测量次数较少时，应该按 t 分布计算测量列算术平均值的极限误差，即

$$\delta_{\lim \bar{x}} = \pm t_\alpha \sigma_{\bar{x}}$$

式中，t_α 为置信系数，它由置信概率 $P=1-\alpha$ 和自由度 $v=n-1$ 来确定，见附表 A-4；α 为超出极限误差的概率；$\sigma_{\bar{x}}$ 为 n 次测量算术平均值的标准差。

【例 2.8】对某长度量进行测量，测得以下数据（单位：mm）。

802.40、802.50、802.38、802.48、802.42、802.46、802.39、802.47、802.43、802.44

求算术平均值及其极限误差。

【解】按照算术平均值的定义可得

$$\bar{x} = \frac{\sum_{i=1}^{10} x_i}{10} = 802.44$$

单次测量结果的标准差

$$\sigma = \sqrt{\frac{\sum_{i=1}^{10}(x_i - \bar{x})^2}{10-1}} = 0.040$$

算术平均值的标准差

$$\sigma_{\bar{x}} = \frac{\sigma}{\sqrt{n}} = 0.013$$

因测量次数较少，应按 t 分布测量列算术平均值的极限误差。$v=n-1=9$，取显著性水平 $\alpha=0.05$，查附表 A-4 得 $t_\alpha=2.26$，算术平均值的极限误差为

$$\delta_{\lim \bar{x}} = \pm t_\alpha \sigma_{\bar{x}} = \pm 0.013 \times 2.26 = \pm 0.029$$

最终测量结果通常用算术平均值及其极限误差来表示，即

$$X = \bar{x} \pm \delta_{\lim \bar{x}} = (802.44 \pm 0.0029)\,\text{mm}$$

2.5 系统误差

在规定的试验条件下，由于个别或某些因素的作用而使试验结果、数据等形成的误差称作系统误差。系统误差的大小和正负值在同一试验条件下是恒定的，或随着条件的变化而按照某一确定的规律改变。国家计量技术规范《通用计量术语及定义》（JJF-1001—1998）中，系统误差定义为在重复性的条件下对同一被测量进行无限多次测量所得结果的平均值与被测量的真值之差。当试验条件确定后，系统误差的值确定为客观上的恒定值。由于无法达到无限次测量，因此实际测量结果与系统误差都为近似的估计值。

系统误差可按对误差的掌握程度分类，系统误差的符号和绝对值已确定的称为已定系统误差；其符号或绝对值未明确的称作未定系统误差。

2.5.1 系统误差的来源

根据试验所涉及的因素来看，系统误差的产生主要是由固定不变的或按确定规律变化的因素所造成的，而这些因素往往在试验中是可以被掌握的，大致分为以下四个方面。

1. 测量装置因素

由于仪器设备设计原理或构造上的缺陷，试验结果会产生系统误差。诸如标尺的刻度安装有偏差、天平臂长不完全对等、仪器导轨存在误差等因素都属于测量装置方面的因素。

2. 环境因素

环境因素主要指温度、湿度、气压等条件在测量过程中按一定规律变化从而导致的系统误差。例如，由于温度变化而造成的测量仪器零点漂移现象。

3. 测量方法因素

测量方法因素指试验中采用近似的测量方法或近似的计算方法等引起系统误差。例如，绘制曲线时采用折线替代。

4. 主观因素

主观因素主要指测量人员方面的因素。个人不正确的测量习惯（估读量筒数值时偏上/下读数）而引起系统误差，以及动态测量中记录信号值有略微的滞后现象都属于主观因素。

2.5.2 系统误差的识别与处理

系统误差在测量数据中不易被发现，且多次重复测量也不能减小其对测量结果的影响，其出现看似有"规律"的变化，但实际研究起来却比随机误差要复杂很多。系统误差的处理没有统一的定型公式和方法，处理结果的好与坏取决于测量人员的技术水平和专业知识。因此，了解系统误差识别与处理的专业知识，学习和掌握系统误差的辨识、减小与消除的方法对于测量人员尤为重要。

1. 系统误差的识别

1）试验比对法

试验比对就是在不同条件下进行多次测量以改变系统误差产生的条件为前提来发现系统误差。试验比对法适用于试验中不变的、测量列内的系统误差的辨别。

2）残余误差估计法

残余误差估计法适用于试验中规律变化的系统误差的识别，其原理是根据测量列中各个残余误差的大小与正负号的变化规律，由误差数据或曲线直接判断有无系统误差。

若残余误差在正负号上大致相同，大小无明显变化规律 [见图 2-2（a）]，则无法由残余误差判断是否存在系统误差；若残余误差数值有规律地递增或递减，且符号有明显变化 [见图 2-2（b）]，则可根据残余误差判断该测量列中存在系统误差。

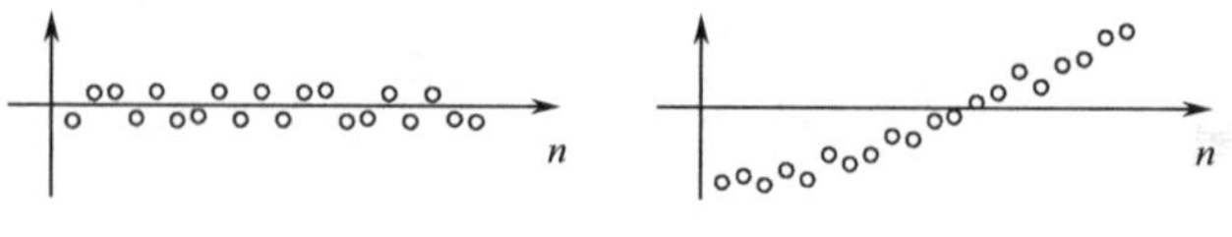

图 2-2 残余误差估计法

【例 2.9】 等精度测量某长度 10 次的测量值及相关计算值如表 2-5 所示，试根据残余误差法判断测量列中有无系统误差。

表 2-5 等精度测量结果及相关统计值

n	x_i	v_i	$\sum_i v_i$	v_i^2
1	101.05	0.45		0.202 5
2	100.90	0.30		0.090 0
3	100.90	0.30	1.15	0.090 0
4	100.70	0.10		0.010 0
5	100.60	0.00		0.000 0
6	100.50	−0.10		0.010 0
7	100.40	−0.20		0.040 0
8	100.30	−0.30	−1.15	0.090 0
9	100.35	−0.25		0.062 5
10	100.30	−0.30		0.090 0
Σ	1 006.00	0.00	0.00	0.685 0

【解】计算得

$$\bar{x} = \frac{1}{n}\sum_{i=1}^{n} x_i = 100.06, \quad s = \sqrt{\frac{\sum_{i=1}^{n} v_i^2}{n-1}} = \sqrt{\frac{0.685\,0}{10-1}} = 0.276$$

由表 2-5 可知，残余误差 v_i 的符号由正变负，误差值由大到小呈规律变化，因此根据残余误差估计法可知，测量列中存在系统误差。

3) 残余误差校核法

(1) 测量列内线性系统误差的识别——马利科夫准则。

将测量列中前 k 个残余误差相加，后 $n-k$ 个残余误差相加（当 n 为偶数时，取 $k=n/2$；当 n 为奇数时，取 $k=(n+1)/2$，两者相减

$$\Delta = \sum_{i=1}^{k} v_i - \sum_{j=k+1}^{n} v_j \tag{2-5}$$

若 Δ 显著不为 0，则可认为该测量列中存在线性系统误差。

【例 2.10】对【例 2.9】中的测量列数据，试用马利科夫准则识别是否存在线性系统误差。

【解】易得 $n=10$，$k=5$，则

$$\Delta = \sum_{i=1}^{k} v_i - \sum_{j=k+1}^{n} v_j = 1.15 - (-1.15) = 2.3$$

故测量列中存在线性系统误差。

（2）测量列内周期性系统误差的识别——阿卑-赫梅特准则。

周期性系统误差指在整个测量过程中，按周期性规律变化的系统误差，令

$$u = \left| \sum_{i=1}^{n-1} v_i v_{i+1} \right| \tag{2-6}$$

当一组等精度测量列数据按先后顺序排列为 $v_1, v_2, \cdots, v_i$ 时，若存在周期性系统误差，则相邻两数的差值 $v_i - v_{i+1}$ 的符号也将出现周期性变化。因此，当令 $u > \sqrt{n-1}s^2$ 时，可认为该测量列中存在周期性系统误差。

【例2.11】对某部件一点的温度进行等精度测量，得如下测量列（单位：cm）。
120.14、120.16、120.22、120.25、120.23、120.14、120.15、120.21、120.24、120.26
试用阿卑-赫梅特准则辨别测量列中是否存在周期性系统误差。

【解】① 测量列的算术平均值

$$\bar{x} = \frac{1}{10} \sum_{i=1}^{10} x_i = 120.20$$

② 测量列数据对应的方差及 $v_i v_{i+1}$ 等统计量如表2-6所示。

表2-6　测量列数据对应的方差及 $v_i v_{i+1}$

x_i	v_i	$v_i v_{i+1}$
120.14	−0.06	0.002 4
120.16	−0.04	−0.000 8
120.22	0.02	0.001 0
120.25	0.05	0.001 5
120.23	−0.03	−0.001 8
120.14	−0.06	0.003 0
120.15	−0.05	−0.000 5
120.21	0.01	0.000 4
120.24	0.04	0.002 4
120.26	0.06	—

③ 统计量

$$u = \left| \sum_{i=1}^{n-1} v_i v_{i+1} \right| = 0.007\,6 > \sqrt{n-1}s^2 = 0.006\,8$$

故该测量列中存在周期性系统误差。

4）标准差比较法

对于同一等精度测量列，可以采用不同的计算公式比较所得标准差以识别系统误差。

贝塞尔公式

$$s_0 = \sqrt{\frac{\sum_{i=1}^{n} v_i^2}{n-1}} \tag{2-7}$$

别捷尔斯公式

$$s_0' = 1.253 \frac{\sum_{i=1}^{n} |v_i|}{\sqrt{n(n-1)}} \tag{2-8}$$

令

$$\Delta = \frac{s_0'}{s_0} - 1 \tag{2-9}$$

若 $|\Delta| \geq \frac{2}{\sqrt{n-1}}$，则可认为可疑测量列中存在系统误差。

5) t 检验法

t 检验法可以用于识别测量列间成对数据的系统误差，条件是两组测得值均服从正态分布。记两组独立测得的数据为 $x_i(i=1,2,\cdots,n_x)$ 和 $y_i(i=1,2,\cdots,n_y)$。

令统计量

$$t = \frac{\bar{d} - d_0}{s_d} \sqrt{n} \tag{2-10}$$

式中，$\bar{d}$ 是成对测定值之差的算术平均值，d_0 可取零或给定值，即

$$\bar{d} = \frac{1}{n} \sum_{i=1}^{n} (x_i - \bar{x}) = \frac{1}{n} \sum_{i=1}^{n} d_i \tag{2-11}$$

s_d 为 n 对试验值差值的样本标准差，由式（2-10）给出，即

$$s_d = \sqrt{\frac{\sum_{i=1}^{n} (d_i - \bar{d})^2}{n-1}} = \sqrt{\frac{\sum_{i=1}^{n} d_i^2 - \left(\sum_{i=1}^{n} d_i\right)^2 / n}{n-1}} \tag{2-12}$$

上述 t 值服从自由度为 $df = n-1$ 的 t 分布，令 α 为显著度，若 $|t| > t_{\frac{\alpha}{2}}$，则两组数据存在系统误差；反之，则不存在。

【例 2.12】采用两种不同方法对某一数值进行测量，测得数据如下：

方法 1：44、45、50、55、48、49、53、42

方法 2：48、51、53、57、56、41、47、50

试分析两种方法测得的数据是否存在系统误差（$\alpha = 0.05$）。

【解】① 统计值 d_i 依次为：-4、-6、-3、-2、-8、8、6、-8，则

$$\bar{d} = \frac{1}{n}\sum_{i=1}^{n} d_i = -2.125, \quad s_d = \sqrt{\frac{\sum_{i=1}^{n}(d_i - \bar{d})^2}{n-1}} = 6.058$$

② 假设两测量列间无系统误差，令 $d_0 = 0$，则

$$t = \frac{\bar{d} - d_0}{s_d}\sqrt{n} = \frac{(-2.125 - 0)\times\sqrt{8}}{6.058} = -0.0992$$

③ 由 $df = 8 - 1 = 7$，$\alpha = 0.05$，查附表 A-4 得 $t_{0.05}(7) = 2.36$，则 $|t| = 0.0992 < t_{0.05}(7) = 2.36$，故这两种方法所得测量列间无系统误差。

6）秩和检验法

秩和检验法对测量列不做服从正态分布的要求，计算较为简便，并可用于测量列数目不对等的情况，可检验数据或试验方法间是否存在系统误差、不同方法是否等效等。

假设在条件相同情况下的相互独立的两组数据：$x_i(i = 1, 2, \cdots, n_x)$，$y_i(i = 1, 2, \cdots, n_y)$。$n_x$、$n_y$ 分别为两组数据的个数，假定 $n_x \leq n_y$，秩和检验法步骤如下：

（1）将这两组数据共 $n_x + n_y$ 个数混合，按从小到大依次排列，其中每个测量值在该序列中的次序称为该测量值的秩（rank）；当几个数据相等时，它们的秩相等并等于相应几个秩的算术平均值。

（2）将属于第一组数据的秩相加，并记为 R_1，称为第一组数据的秩和（rank sum）；

（3）对于给定的显著性水平 α，结合 n_x、n_y，由秩和临界值表（附表 A-5）查得 R_1 的下限 T_1 与上限 T_2。若 $R_1 < T_1$ 或 $R_1 > T_2$，则认为两种数据有显著差异；反正，则无显著差异。

【例 2.13】现有同条件下的两组测量值分别为

A：8.6、10.0、9.9、8.8、9.1、9.1，

B：8.7、8.4、9.2、8.9、7.4、8.0、7.3、8.1、6.8。

已知 A 组测量值无系统误差，试用秩和检验法判断 B 组测量值有无系统误差，并说明理由（$\alpha = 0.05$）。

【解】① 求出 B 组各值的秩，如表 2-7 所示。

表 2-7 B 组各值的秩

秩	1	2	3	4	5	6	7	8	9	10	11.5	11.5	13	14	15
A							8.6		8.8		9.1	9.1		9.9	10.0
B	6.8	7.3	7.4	8.0	8.1	8.4		8.7		8.9			9.2		

② 求秩和

$$n_A = 6,\ n_B = 9,\ n_x + n_y = 15$$

$$R_1 = 7 + 9 + 11.5 + 11.5 + 14 + 15 = 68$$

③ 对于 $\alpha = 0.05$，查秩和临界值表（附表 A-5）得到下限 $T_1 = 33$，上限 $T_2 = 63$。$R_1 > T_2$，故两组测量列间存在显著差异，B 组测量值有系统误差。

2. 系统误差的处理

在试验中一旦发现系统误差的存在，必须要对其产生原因做进一步分析，进而针对系统误差的不同产生因素，选择不同的减小和消除系统误差的方法。下面介绍在处理系统误差时几种较为基本的处理措施。

1) 从装置、环境等因素根源上消除系统误差

从系统误差的产生根源上消除系统误差是最为根本的方法，它对试验人员的专业技能和知识水平要求较高，需要从试验装置、环境条件等客观因素中寻找产生系统误差的源头，并在测量前加以处理以避免系统误差的产生。例如，选取精确度较高的仪器设备以减小仪器的基本误差；在试验开始前对设备进行正确调零、预热等预操作；选择外界条件较为稳定时进行试验防止环境条件引起系统误差；等等。

2) 采用修正法

修正法即将实际测得值与修正值相加（或减）以得到不包含系统误差的测量结果。由于修正值本身也包含一定误差，因此该方法不能将全部系统误差修正，对于残留的系统误差一般按随机误差加以处理。

3) 从测量方法上改进

（1）不变系统误差的处理。

交换法：将试验中某些影响误差产生的因素交换，以达到相反的影响效果消除系统误差。

【例 2.14】如图 2-3 所示，由于天平两臂 l_1 与 l_2 长度不等，尽管砝码重量标准，却不能得到准确的结果，下面以该问题为例，使用交换法来消除这种不变系统误差。

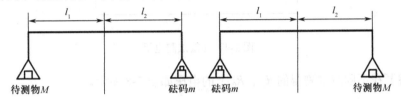

图 2-3 交换法测待测物质量

【解】① 测量 M 的表达式

$$M = \frac{l_2}{l_1} m \tag{2-13}$$

② 将待测物与砝码交换，则

$$M = \frac{l_1}{l_2} m' \tag{2-14}$$

将式（2-13）与式（2-14）相乘，得 $M = \sqrt{m\,m'}$，当 $l_1 \approx l_2$ 时，进行如下变换

$$\sqrt{m\,m'} = m\sqrt{\frac{m'}{m}} = m\left(1 + \frac{m'-m}{m}\right)^{1/2} \approx m\left(1 + \frac{m'-m}{2m}\right) = \frac{m+m'}{2} \tag{2-15}$$

因此，待测物的质量近似为

$$M = \frac{m+m'}{2} \tag{2-16}$$

此时待测物的质量不再受臂长不等所产生的不变系统误差的影响。

替代法：替代法一般需进行两次测量，第一次测量使待测量与系统达到平衡后，立即用已知标准量替代待测量。若装置仍可平衡，则待测量与已知标准量等价；若不能平衡，则调整后，通过公式计算待测量。

$$待测量=标准量+差值$$

（2）变化系统误差的处理。

对称法：对称法可有效消除线性系统误差。利用线性系统误差在相同时间间隔内产生的误差增量相等的特点，设计对称测量，取对称点两次读数的算术平均值作为测量值即可。

【例 2.15】如图 2-4 所示，在采用补偿法测电阻时，使用同一个电位差计分别测量 R_x、R_0 上的电压降。假设回路电流 I 随时间线性减小，为消除系统误差，试采用对称法进行测量。

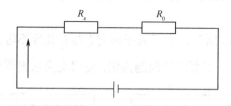

图 2-4 补偿法测电阻

【解】在不同时刻测得的 R_x、R_0 上的电压如表 2-8 所示。

表 2-8 不同时刻测得的 R_x、R_0 上的电压

t	t_1	t_2	t_3
R_x	$u_{x_1} = I_1 R_x$		$u_{x_3} = I_3 R_x$
R_0		$u_0 = I_2 R_0$	

则
$$\frac{1}{2}(u_{x_1} + u_{x_3}) = \frac{1}{2}(I_1 + I_3) R_x \tag{2-17}$$

取 $t_2 - t_1 = t_3 - t_2$，则
$$I_2 - I_1 = I_3 - I_2 \tag{2-18}$$

即
$$I_2 = \frac{1}{2}(I_1 + I_3) \tag{2-19}$$

由式（2-17）和式（2-19）得
$$\frac{1}{2}(u_{x_1} + u_{x_3}) = I_2 R_x \tag{2-20}$$

由 $u_0 = I_2 R_0$ 代入式（2-20）得
$$R_x = \frac{R_0}{2u_0}(u_{x_1} + u_{x_3})$$

即测得的 R_x 不再受线性系统误差 I 的影响。

半周期偶数测量法：半周期偶数测量法可用于消除周期性变化的系统误差。原理即当系统误差为周期性变化时，测量间隔取为半个周期，再取两次测量的平均值为最终测量值便消除了周期性变化的系统误差的影响。

周期性系统误差表示为
$$\Delta = \alpha \sin(\omega t + \varphi)$$

当 $t = t_0$ 时
$$\Delta_0 = \alpha \sin(\omega t_0 + \varphi)$$

当 $t = t_0 + \frac{T}{2}\left(T = \frac{2\pi}{\omega}\right)$ 时
$$\begin{aligned}\Delta_1 &= \alpha \sin(\omega t + \varphi) \\ &= \alpha \sin\left(\omega t_0 + \varphi + \frac{\omega T}{2}\right) \\ &= \alpha \sin(\omega t_0 + \varphi + \pi) \\ &= -\alpha \sin(\omega t_0 + \varphi) \\ &= -\Delta_0\end{aligned}$$

故周期性变化的系统误差可由半周期偶数测量法有效消除。

2.6 测量精度

测量精度是反映结果与真值接近程度的量,因此它与测量误差的大小相对应,并可用测量误差的大小来直接表示其高低。以下是有关测量精度的三个概念。

1. 精密度

精密度(precision)用于表征随机误差大小的程度。它表示在一定的试验条件下,多次试验结果的一致度。试验结果分散程度越小,则精密度越高。因此,对于无系统误差的试验,可通过增加试验次数的方式达到提高精密度的目的。

试验精密度高低的判断可用极差($\Delta = x_{\max} - x_{\min}$)、标准差$\left(\sigma = \sqrt{\dfrac{\sum_{i=1}^{n}(x_i - \bar{x})^2}{n}} \right)$或方差($\sigma^2$)等参数来描述。

2. 正确度

正确度(trueness)表示测量结果中系统误差大小的程度。它是大量测量结果的算术平均值与真值或参照值间的符合程度,是在一定试验条件下所有系统误差的综合。

由于系统误差与随机误差间没有必然联系,因此试验中正确度高并不意味着精密度也高;反之亦然。精密度与正确度的关系大致如图 2-5 所示。

(a) 精密度不好,正确度不好 (b) 精密度好,正确度不好 (c) 精密度不好,正确度好 (d) 精密度好,正确度好

图 2-5 精密度与正确度的关系

3. 准确度

准确度(accuracy)表示试验结果与真值或标准值的一致度,它反映的是系统误差和随机误差的综合影响程度。

【例 2.16】 三个试验的测量结果服从正态分布,并对应于同一个真值,如图 2-6 所示。假设三个试验均无系统误差,试从试验的精密度、正确度和准确度对试验结果加以分析,并排序。

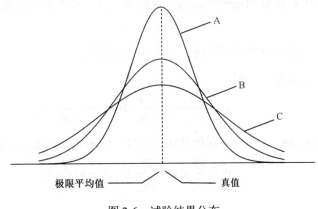

图 2-6 试验结果分布

【解】 ① 由精密度对应的试验数据分散程度(随机误差大小)看,试验 A、B、C 的精密度依次降低;

② 由于无系统误差,三组试验的极限平均值(试验次数无穷多时测量值的算术平均值)均接近真值,因此试验 A、B、C 的正确度相等;

③ 故将精密度与正确度综合来评估试验的准确度,则三组试验的准确度由高到低依次为 A、B、C。

2.7 误差的传递与分配

有些试验数据是由间接测量值按一定的函数关系计算得出的间接测量值。由于直接测量值有误差,所以间接测量值不可避免地也有误差。根据直接测量值的误差来计算间接测量值的误差就是误差传递问题。

如大直径的测量,很难直接测得直径,可以通过测量周长后除以圆周率求出。当测量周长时,测得值都是含有误差的,根据周长的误差来计算直径的误差就是误差传递问题。

2.7.1 误差传递规律

1. 系统误差的传递

在间接测量中，函数的主要形式为初等函数，且一般为多元函数，其表达式为

$$y = f(x_1, x_2, \cdots, x_n)$$

式中，$x_1, x_2, \cdots, x_n$ 为各个直接测量值；y 为间接测量值。

对上式进行全微分，可得

$$\mathrm{d}y = \frac{\partial f}{\partial x_1}\mathrm{d}x_1 + \frac{\partial f}{\partial x_2}\mathrm{d}x_2 + \cdots + \frac{\partial f}{\partial x_n}\mathrm{d}x_n \tag{2-21}$$

如果用 $\Delta y, \Delta x_1, \Delta x_2, \cdots, \Delta x_n$ 分别代替式（2-21）中的 $\mathrm{d}y, \mathrm{d}x_1, \mathrm{d}x_2, \cdots, \mathrm{d}x_n$，则有

$$\Delta y = \frac{\partial f}{\partial x_1}\Delta x_1 + \frac{\partial f}{\partial x_2}\Delta x_2 + \cdots + \frac{\partial f}{\partial x_n}\Delta x_n \tag{2-22}$$

或

$$\Delta y = \sum_{i=1}^{n}\left(\frac{\partial f}{\partial x_i}\Delta x_i\right) \tag{2-23}$$

式中，$\frac{\partial f}{\partial x_i}(i=1,2,\cdots,n)$ 为各间接测量值的误差传递系数。

式（2-22）和式（2-23）为函数系统误差的公式。

若函数形式为线性公式 $y = a_1 x_1 + a_2 x_2 + \cdots + a_n x_n$，则函数系统误差公式为

$$\Delta y = a_1 \Delta x_1 + a_2 \Delta x_2 + \cdots + a_n \Delta x_n$$

式中，各误差传递系数 a_i 为不等于 1 的常数。

若 $a_i = 1$，则有

$$\Delta y = x_1 + x_2 + \cdots + x_n$$

这种情况如同把多个长度组合成一个尺度一样，各长度在测量时都有系统误差，在组合后的总尺寸中，其系统误差可以用各长度的系统误差相加得到。它表明间接测量值的误差是各个直接测量值的各项分误差之和，而分误差的大小取决于直接测量值的误差（Δx_i）和误差传递系数 $\left(\dfrac{\partial f}{\partial x_i}\right)$，所以函数或间接测量值的绝对误差为

$$\Delta y = \sum_{i=1}^{n}\left|\frac{\partial f}{\partial x_i}\Delta x_i\right|$$

相对误差的计算公式为

$$\frac{\Delta y}{y} = \sum_{i=1}^{n}\left|\frac{\partial f}{\partial x_i}\Delta x_i\right|$$

式中，Δx_i 为直接测量值的绝对误差；Δy 为间接测量值的绝对误差。

考虑误差实际上有正负抵消的可能，所以上两式中各分误差都取绝对值，此时函数的误差最大。

间接测量值的真值可以表示为

$$y_t = y \pm \Delta y$$

或

$$y_t = y\left(1 \pm \frac{\Delta y}{y}\right)$$

【例 2.17】求解三角函数形式的系统误差公式。

【解】在角度测量中，经常遇到分别以 $\sin\varphi = f(x_1, x_2, \cdots, x_n)$、$\cos\varphi = f(x_1, x_2, \cdots, x_n)$ 等形式出现的函数关系。若三角函数形式为

$$\sin\varphi = f(x_1, x_2, \cdots, x_n)$$

可得三角函数的系统误差为

$$\Delta\sin\varphi = \frac{\partial f}{\partial x_1}\Delta x_1 + \frac{\partial f}{\partial x_2}\Delta x_2 + \cdots + \frac{\partial f}{\partial x_n}\Delta x_n$$

在角度测量中需要的误差不是三角函数的误差，而是所求角度的误差，因此需要进一步求解。

对正弦函数微分得 $d(\sin\varphi) = \cos\varphi d\varphi$，用系统误差代替其中相应的微分量，则有

$$\Delta\varphi = \frac{\Delta\sin\varphi}{\cos\varphi}$$

因而，角度误差的系统误差表示为

$$\Delta\varphi = \frac{1}{\cos\varphi}\sum_{i=1}^{n}\frac{\partial f}{\partial x_i}\Delta x_i$$

【例 2.18】用弓高弦长法间接测量大工件直径 D。如图 2-7 所示，车间工人量得弓高 $h = 50$ mm，弦长 $l = 500$ mm，工厂检验部门用高准确度等级的卡尺量得弓高 $h = 50.1$ mm，弦长 $l = 499$ mm，问该工件的系统误差，并求修正后的测量结果。

【解】建立间接测量大工件直径的函数模型

$$D = \frac{l^2}{4h} + h$$

若不考虑测量值的系统误差，可求出在 $h = 50$ mm、$l = 499$ mm 处的直径测量值

$$D_0 = \frac{l^2}{4h} + h = 1300 \text{ mm}$$

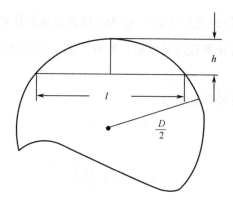

图2-7 弓高弦长法间接测量大工件直径

车间工人测量弓高h、弦长l的系统误差

$$\Delta h = 50 - 50.1 = -0.1 \text{ mm}, \quad \Delta l = 500 - 499 = 1 \text{ mm}$$

则根据式（2-22）可得直径的系统误差为

$$\Delta D = \frac{\partial f}{\partial l}\Delta l + \frac{\partial f}{\partial h}\Delta h$$

各项误差传递系数为

$$\frac{\partial f}{\partial l} = \frac{l}{2h} = \frac{500}{2 \times 50} = 5, \quad \frac{\partial f}{\partial h} = -\left(\frac{l^2}{4h^2} - 1\right) = -\left(\frac{500^2}{4 \times 50^2} - 1\right) = -24$$

故该工件直径在该测量点处的系统误差为

$$\Delta D = 5 \times 1 - 24 \times (-0.1) = 7.4 \text{ mm}$$

修正后的测量结果：$D = D_0 - \Delta D = 1300 - 7.4 = 1292.6 \text{ mm}$

2. 随机误差的传递

在间接测量中，要对相关量进行直接测量，为提高测量精度，对这些量进行等精度的多次重复测量，求得随机误差的分布。如果想要得知间接测量值的随机分布，需要进行随机误差的计算。对于函数的随机误差，也可用函数的标准差和极限误差来评定。

对n个变量各测量N次，其函数的随机误差与各变量的随机误差关系推导得

$$\sum_{i=1}^{n} dy_i^2 = \left(\frac{\partial f}{\partial x_1}\right)^2 \left(\delta x_{11}^2 + \delta x_{12}^2 + \cdots + \delta x_{1N}^2\right) + \left(\frac{\partial f}{\partial x_2}\right)^2 \left(\delta x_{21}^2 + \delta x_{22}^2 + \cdots + \delta x_{2N}^2\right) + \cdots +$$

$$\left(\frac{\partial f}{\partial x_n}\right)^2 \left(\delta x_{n1}^2 + \delta x_{n2}^2 + \cdots + \delta x_{nN}^2\right) + 2\sum_{1 \leq i < j}^{n} \sum_{m=1}^{N} \left(\frac{\partial f}{\partial x_i}\frac{\partial f}{\partial x_j} \delta x_{im} \delta x_{jm}\right)$$

两边除以 N 得到标准差的表达式

$$\sigma_y^2 = \left(\frac{\partial f}{\partial x_1}\right)^2 \sigma_{x1}^2 + \left(\frac{\partial f}{\partial x_2}\right)^2 \sigma_{x2}^2 + \cdots + \left(\frac{\partial f}{\partial x_n}\right)^2 \sigma_{xn}^2 + 2 \sum_{1 \leqslant i < j}^{N} \left(\frac{\partial f}{\partial x_i} \frac{\partial f}{\partial x_j} \frac{\sum_{m=1}^{N} \delta x_{im} \delta x_{jm}}{N} \right)$$

定义 $k_{ij} = \dfrac{\sum_{m=1}^{N} \delta x_{im} \delta x_{jm}}{N}$，$\rho_{ij} = \dfrac{k_{ij}}{\sigma_{xi} \sigma_{xj}}$，则函数随机误差的计算公式为

$$\sigma_y^2 = \left(\frac{\partial f}{\partial x_1}\right)^2 \sigma_{x1}^2 + \left(\frac{\partial f}{\partial x_2}\right)^2 \sigma_{x2}^2 + \cdots + \left(\frac{\partial f}{\partial x_n}\right)^2 \sigma_{xn}^2 + 2 \sum_{1 \leqslant i < j}^{N} \left(\frac{\partial f}{\partial x_i} \frac{\partial f}{\partial x_j} \rho_{ij} \sigma_{xi} \sigma_{xj} \right) \quad (2\text{-}24)$$

即

$$\sigma_y = \sqrt{\sum_{i=1}^{n} \left(\frac{\partial f}{\partial x_i}\right)^2 \sigma_{xi}^2 + 2 \sum_{1 \leqslant i < j}^{N} \left(\frac{\partial f}{\partial x_i} \frac{\partial f}{\partial x_j} \rho_{ij} \sigma_{xi} \sigma_{xj} \right)} \quad (2\text{-}25)$$

式中，ρ_{ij} 为第 i 个测量值和第 j 个测量值之间的误差相关系数；$\dfrac{\partial f}{\partial x_i}$（$i=1,2,\cdots,n$）为各个测量值的误差传递系数。

（1）若 $\rho_{ij}=1$，且 $\dfrac{\partial f}{\partial x_i}$ 与 $\dfrac{\partial f}{\partial x_j}$ 同号，或 $\rho_{ij}=-1$ 且 $\dfrac{\partial f}{\partial x_i}$ 与 $\dfrac{\partial f}{\partial x_j}$ 异号时，$\sigma_y = \left|\sum_{i=1}^{n} \dfrac{\partial f}{\partial x_i} \sigma_{xi}\right|$。此时，各误差间是线性关系，不具有补偿性。

（2）若 $\rho_{ij}=0$，有

$$\sigma_y = \sqrt{\sum_{i=1}^{n} \left(\frac{\partial f}{\partial x_i}\right)^2 \sigma_{xi}^2}$$

各单项随机误差的极限误差为

$$\delta_i = \pm t_i \sigma_i, \ i=1,2,\cdots,n \quad (2\text{-}26)$$

式中，σ_i 为各单项随机误差的标准差；t_i 为各单项极限误差的置信系数。

对总的极限误差，则有

$$\delta = \pm t\sigma \quad (2\text{-}27)$$

式中，σ 为总的标准差，t 为总极限误差的置信系数。

将式（2-26）及式（2-27）代入式（2-25），得到一般的极限误差公式为

$$\sigma_y = \pm t \sqrt{\sum_{i=1}^{n} \left(\frac{\partial f}{\partial x_i} \frac{\delta_i}{t_i}\right)^2 + 2 \sum_{1 \leqslant i < j}^{N} \left(\frac{\partial f}{\partial x_i} \frac{\partial f}{\partial x_j} \rho_{ij} \frac{\delta_i}{t_i} \frac{\delta_j}{t_j} \right)} \quad (2\text{-}28)$$

式（2-28）中的各个置信系数，不仅与置信概率有关，而且与随机误差的分布有

关。对于相同分布的误差，选定相同的置信概率，其相应的各个置信系数相同；对于不同分布的误差，即使选定相同的置信系数，其相应的各个置信系数也不相同。因此，置信系数一般不相同。当各单项随机误差均服从正态分布且取同一置信概率时，即 $t_1 = t_2 = \cdots = t_n$，则式（2-28）可简化为

$$\delta = \pm \sqrt{\sum_{i=1}^{n}\left(\frac{\partial f}{\partial x_i}\right)^2 \delta_i^2 + 2\sum_{1\leqslant i<j}^{N}\left(\frac{\partial f}{\partial x_i}\frac{\partial f}{\partial x_j}\rho_{ij}\,\delta_i\delta_j\right)} \quad (2\text{-}29)$$

一般情况下，$\rho_{ij} = 0$，则式（2-29）还可以进一步简化为

$$\delta = \pm \sqrt{\sum_{i=1}^{n}\left(\frac{\partial f}{\partial x_i}\right)^2 \delta_i^2} \quad (2\text{-}30)$$

式（2-30）具有非常简单的形式，由于各单项误差大多服从正态分布或假设近似服从正态分布，而且因为它们之间通常不相关，所以式（2-30）是较为广泛应用的公式。

【例 2.19】用弓高弦长法间接测量大工件直径（见图 2-7），车间工人量得弓高 $h = 50$ mm，弦长 $l = 500$ mm，工厂检验部门用高准确度等级的卡尺量得弓高 $h = 50.1$ mm，弦长 $l = 499$ mm。已知弓高和弦长测量的标准差分别为 $\sigma_h = 0.005$ mm 和 $\sigma_l = 0.01$ mm，求该工件直径的标准差，并求修正后的测量结果。

【解】根据式（2-24），有

$$\sigma_D^2 = \left(\frac{\partial f}{\partial l}\right)^2 \sigma_l^2 + \left(\frac{\partial f}{\partial h}\right)^2 \sigma_h^2 = 5^2 \times 0.01^2 + 24^2 \times 0.005^2 = 169 \times 10^{-4}\ \text{mm}$$

所以

$$\sigma_D = 0.13\ \text{mm}$$

根据【例 2.18】的系统误差计算结果，可得修正后的测量结果为

$$D = D_0 - \Delta D = 1292.6\ \text{mm},\quad \sigma_D = 0.13\ \text{mm}$$

随后，可根据置信概率的要求求得置信区间。

2.7.2 误差传递公式的应用

虽然误差不可避免，但可以将间接测量值或函数的误差控制在一定范围内，可以根据误差传递的公式反过来计算直接测量值的误差限，然后根据这个误差限来选择合适的测量仪器或方法，以保证试验结果的误差能满足任务的要求。通过误差传递公式可以看出，间接测量的误差是各个直接测量误差的各项分误差之和。分误差

的大小取决于误差传递系数 $\left(\dfrac{\partial f}{\partial x_i}\right)$ 和直接测量误差的乘积，所以可以通过各分误差的大小来判断误差的主要来源。

【例 2.20】 已知 $Z = a + b - \dfrac{1}{3}c$，其中，$a = \bar{a} \pm \Delta a$，$b = \bar{b} \pm \Delta b$，$c = \bar{c} \pm \Delta c$，求 Z 的平均值和误差传递公式。

【解】
$$\bar{Z} = \bar{a} + \bar{b} - \dfrac{1}{3}\bar{c}$$

分别对各个直接量求一阶偏导数，可得
$$\dfrac{\partial Z}{\partial a} = 1,\ \dfrac{\partial Z}{\partial b} = 1,\ \dfrac{\partial Z}{\partial c} = -\dfrac{1}{3}$$

求得误差传递公式
$$\Delta Z = \left|\dfrac{\partial Z}{\partial a}\right|\Delta a + \left|\dfrac{\partial Z}{\partial b}\right|\Delta b + \left|\dfrac{\partial Z}{\partial c}\right|\Delta c = \Delta a + \Delta b + \dfrac{1}{3}\Delta c$$

【例 2.21】 一组等精度测量值 $x_1, x_2, \cdots, x_n$，它们的算术平均值为 $\bar{x}$，试推导出 $\bar{x}$ 标准误差的表达式。

【解】 由算术平均值的定义知
$$\bar{x} = \dfrac{\bar{x}_1 + \bar{x}_2 + \cdots + \bar{x}_n}{n}$$

误差传递系数为
$$\dfrac{\partial x}{\partial x_i} = \dfrac{1}{n}\ (i = 1, 2, \cdots, n)$$

算术平均值的绝对误差为
$$\Delta\bar{x} = \sum_{i=1}^{n}\left|\dfrac{1}{n}\Delta x_i\right|$$

算术平均值的标准误差为
$$\sigma_{\bar{x}} = \sqrt{\sum_{i=1}^{n}\left(\dfrac{1}{n}\right)^2 \sigma_{xi}^2}$$

由于是等精度测量，它们的标准误差相同，即 $\sigma_i = \sigma$，所以算术平均值的标准误差为
$$\sigma_{\bar{x}} = \dfrac{\sigma}{\sqrt{n}}$$

【例 2.22】 测量流体内部某处的静压强 p，计算公式为
$$p = p_a + \rho g h$$

式中，p_a 为液面上方的大气压，单位 Pa；ρ 为液体的密度，单位 kg/m³；g 为重

力加速度，取 9.81 m/s²；h 为测压点距液面的距离，单位 m。已知某次测量中，$h = (0.020 \pm 0.001)$ m，$\rho = (1.00 \pm 0.005) \times 10^3$ kg/m³，$p_a = (0.987 \pm 0.002) \times 10^5$ Pa。求 p 的最大绝对误差、最大相对误差。

【解】各变量的绝对误差为

$$\Delta p_a = 0.002 \times 10^5 \text{ Pa}, \quad \Delta \rho = 0.005 \times 10^3 \text{ kg/m}^3, \quad \Delta h = 0.001 \text{ m}$$

各变量的误差传递系数为

$$\frac{\partial p}{\partial p_a} = 1$$

$$\frac{\partial p}{\partial \rho} = gh = 9.81 \times 0.020 = 0.20$$

$$\frac{\partial p}{\partial h} = \rho g = 1.00 \times 10^3 \times 9.81 = 9.81 \times 10^3$$

根据误差传递公式，最大绝对误差为

$$\Delta p = \left| \frac{\partial p}{\partial p_a} \Delta p_a \right| + \left| \frac{\partial p}{\partial \rho} \Delta \rho \right| + \left| \frac{\partial p}{\partial h} \Delta h \right|$$

$$= 1 \times 0.002 \times 10^5 + 0.20 \times 0.005 \times 10^3 + 9.81 \times 10^3 \times 0.001$$

$$= 2 \times 10^2 \text{ Pa}$$

又有

$$p = p_a + \rho g h = 0.987 \times 10^5 + 1.00 \times 10^3 \times 9.81 \times 0.020 = 9.9 \times 10^4 \text{ Pa}$$

最大相对误差为

$$\frac{\Delta p}{p} = \frac{2 \times 10^2}{9.9 \times 10^4} = 0.2\%$$

所以真值为

$$p_t = (9.9 \pm 0.02) \times 10^4 \text{ Pa}$$

也可以表示为

$$p = 9.9(1 \pm 0.002) \times 10^4 \text{ Pa}$$

2.7.3 误差的分配与应用

任何测量过程均包含多项误差，测量结果的总误差由各单项误差的综合影响确定。在实际应用过程中，如果给定测量结果允许的总误差，要求确定各单项误差，则应该根据给定的测量总误差的允差，合理进行误差分配，确定各单项误差。例如，用弓高弦长法测量大直径 D，若已经给定直径的允许极限误差 δ，需要确定弓高 h 和

弦长 l 的极限误差，就是误差分配的问题。或者是在仪器设计中，给定仪器总的精度指标，要求设计构成仪器各部分的分项误差，这也是误差分配所要研究的内容。

对于已定系统误差，可以通过事先修正法来消除，故不必考虑各个测量值已定系统误差的影响，只需要研究随机误差和未定系统误差的分配问题。现假设各误差因素皆为随机误差，且互不相关，有

$$\sigma_y = \sqrt{\left(\frac{\partial f}{\partial x_1}\right)^2 \sigma_{x1}^2 + \left(\frac{\partial f}{\partial x_2}\right)^2 \sigma_{x2}^2 + \cdots + \left(\frac{\partial f}{\partial x_n}\right)^2 \sigma_{xn}^2}$$
$$= \sqrt{a_1^2 \sigma_1^2 + a_2^2 \sigma_2^2 + \cdots + a_n^2 \sigma_n^2}$$
$$= \sqrt{\sigma_{y1}^2 + \sigma_{y2}^2 + \cdots + \sigma_{yn}^2}$$

式中，σ_{yi} 为函数的分项误差，$\sigma_{yi} = \frac{\partial f}{\partial x_i} \sigma_{xi} = a_i \sigma_i$。

若给定 σ_y，需要确定 σ_{yi} 或相应的 σ_i，应使其满足

$$\sqrt{\sigma_{y1}^2 + \sigma_{y2}^2 + \cdots + \sigma_{yn}^2} \leqslant \sigma_y \tag{2-31}$$

显然，式（2-31）没有唯一解，可以用适当的方式找出合理的一种或几种解。

1. 微小误差取舍原则

测量过程中包含多种误差，往往有的误差对测量结果总误差的影响较小，当这种误差数值小到一定程度后，在计算测量结果总误差时其可不予考虑，这种误差称为微小误差。

若已知测量结果的总标准差为

$$\sigma = \sqrt{\sigma_1^2 + \sigma_2^2 + \cdots + \sigma_{k-1}^2 + \sigma_k^2 + \sigma_{k+1}^2 + \cdots + \sigma_n^2} \tag{2-32}$$

式中，$\sigma_i (i=1,2,\cdots,n)$ 表示各部分误差。

将其中的某项误差分量 σ_k 取出后，得

$$\sigma' = \sqrt{\sigma_1^2 + \sigma_2^2 + \cdots + \sigma_{k-1}^2 + \sigma_{k+1}^2 + \cdots + \sigma_n^2} \tag{2-33}$$

若有

$$\sigma \approx \sigma'$$

则称 σ_k 为微小误差，在计算测量结果总误差时可以舍去。

根据有效数字运算准则，对一般精度的测量，测量误差的有效数字取一位。在此情况下，若将某项误差舍去后，满足

$$\sigma - \sigma' \leqslant (0.05 \sim 0.1)\sigma \tag{2-34}$$

则对测量结果的误差计算没有影响。

将式（2-32）和式（2-33）代入式（2-34），整理得

$$\sigma_k \leqslant (0.3 \sim 0.4)\sigma$$

因此，满足条件只需要取

$$\sigma_k \leqslant \frac{1}{3}\sigma$$

对于比较精密的测量，误差的有效数字可取二位，则有

$$\sigma - \sigma' \leqslant (0.005 \sim 0.01)\sigma$$

同理得

$$\sigma_k \leqslant (0.1 \sim 0.14)\sigma$$

满足条件需要取

$$\sigma_k \leqslant \frac{1}{10}\sigma$$

因此，对于随机误差和未给定系统误差，微小误差取舍准则是：被舍去的误差必须小于或等于测量结果总标准差的 1/3～1/10。当各个误差大小相差比较悬殊，且小误差项的数目又不多时，若测量结果总标准差取一位有效数字，被舍去误差须小于总误差的 1/3；若总标准差取二位有效数字时，被舍去误差须小于总误差的 1/10。

2. 按等作用原则分配误差

等作用原则认为各个分误差对函数误差的影响相等，即

$$\sigma_{y1} = \sigma_{y2} = \cdots = \sigma_{yn} = \frac{\sigma_y}{\sqrt{n}}$$

由此可得

$$\sigma_i = \frac{\sigma_y}{\sqrt{n}} \frac{1}{a_i} \tag{2-35}$$

用极限误差可表示为

$$\delta_i = \frac{\delta_y}{\sqrt{n}} \frac{1}{a_i} \tag{2-36}$$

式中，σ_y 为函数的总极限误差；δ_i 为各单项误差的极限误差。

如果各个测量值的误差满足式（2-35）、式（2-36），则所得的函数误差不会超过允许的给定值。按等作用原则分配误差时需要注意，当有的误差已经确定不能改变时，应该从给定的允许误差中将其除掉，再对其余误差进行分配。

3. 按等可能性调整误差

按等作用原则分配误差可能会出现不合理的情况，这是因为对各个误差平均分配，

对于其中一些测量误差的需求比较容易实现，而对于另一些测量值则可能难以满足要求，若要保证它的测量精度，就必须增加测量次数或者使用高准确度的仪器。

此外，当各个分误差一定时，相应测量值的误差与其传递系数成反比。所以，即使各个分误差相等，其相应测量值的误差也并不一定相等。

由于上述原因的存在，对按等作用原则分配的误差，需要根据具体情况具体分析进行调整。对容易实现的分误差尽可能缩小，难以实现的分误差适当扩大。

4. 验算调整后的总误差

误差按照等作用原则分配，再经过合理调整后，应按照合成公式计算实际总误差，如果超出给定的允许范围，应该选择可能缩小的误差再缩小。若实际总误差较小，则可以适当扩大难以实现误差项的误差。

误差分配问题在实际工作中十分有用，可用来对测试方法或测量装置进行合理设计，分析测量方法是否合理，也可用来比较各种测量方法或装置的优缺点。

【例 2.23】 根据欧姆定律间接测量电流，$I = V/R$，现测得电压 $V = 16\,\text{V}$，电阻 $R = 4\,\Omega$，要使得电流测得值的标准差不大于 0.02 A，问 R、V 的测量值标准偏差应为多少？

【解】 电流的合成标准差为

$$\sigma_I = \sqrt{\left(\frac{\partial I}{\partial R}\right)^2 \sigma_R^2 + \left(\frac{\partial I}{\partial V}\right)^2 \sigma_V^2} = \sqrt{\left(-\frac{V}{R^2}\right)^2 \sigma_R^2 + \left(\frac{1}{R}\right)^2 \sigma_V^2}$$

根据题目要求，有

$$\sigma_I = \sqrt{\left(-\frac{V}{R^2}\right)^2 \sigma_R^2 + \left(\frac{1}{R}\right)^2 \sigma_V^2} \leqslant 0.02$$

式中有两个待定数 σ_V、σ_R，只有一个方程，人为地引进等作用假设，即

$$\left(-\frac{V}{R^2}\right)^2 \sigma_R^2 = \left(\frac{1}{R}\right)^2 \sigma_V^2$$

从而有

$$\sqrt{\frac{2\sigma_V^2}{R^2}} \leqslant 0.02, \quad \sqrt{\frac{2V^2 \sigma_R^2}{R^4}} \leqslant 0.02$$

计算得

$$\sigma_R \leqslant \frac{0.02 R^2}{\sqrt{2} V} = 0.014\,\Omega$$

$$\sigma_V \leqslant \frac{0.02 R}{\sqrt{2}} = 0.057\,\text{V}$$

满足上述条件，能保证 $\sigma_I \leqslant 0.02$ A 。但是实际情况常常不能保证等作用条件的成立，还需要对仪器设备和技术条件等进一步适当调整，再进行验算。

例如，测电阻达不到 0.014 Ω 的要求，而测电压远比 0.057 V 小，假设可达 0.04 V，那么电阻的误差可以放宽到

$$\sigma_R = \frac{R^2}{U} \times \left[\sigma_I^2 - \left(\frac{\sigma_U^2}{R^2} \right) \right]^{\frac{1}{2}} \leqslant 0.017 \, \Omega$$

对于特别重要的试验，误差限制得严一些，留有安全系数，以较大概率确保质量。

本章习题

2-1 误差的表示方法有哪些？它们有什么不同？

2-2 过失误差的产生原因有哪些？

2-3 判别过失误差的 $3S$ 准则有什么缺陷？

2-4 随机误差产生的原因有哪些？

2-5 随机误差的抵偿性有何意义？

2-6 对某量具重量测量 5 次，测得数据（单位：mm）分别为 25.0015、25.0016、25.0018、25.0015、25.0011。若测量值服从正态分布，试以 99% 的置信概率确定测量结果。

2-7 对某量进行 8 次测量，测得数据（单位：mm）分别为 30.806、30.832、30.848、30.827、30.837、30.843、30.859、30.845。试求算术平均值及其极限误差。

2-8 系统误差的产生原因有哪些？

2-9 测量列间系统误差的识别方法包括 t 检验法、秩和检验法，它们各有什么特点？如何选用？

2-10 对一物理量进行 10 次等精度测量,测得数据依次为 14.7、15.0、15.2、14.8、15.5、14.6、14.9、14.8、15.1、15.0。试判断该测量列中是否存在系统误差。

2-11 与测量精度相关的精密度、正确度和准确度分别反映了测量中的哪些误差的影响？

2-12 误差传递系数如何得到？

2-13 试结合实例说明误差分配的步骤。

2-14 按公式 $V = \pi r^2 h$ 求圆柱体体积，若已知 r 约为 2 cm，h 约为 20 cm，要使体积的相对误差等于 1%，试问 r 和 h 测量时误差应为多少？

第 3 章

试验数据处理

3.1 概述

数据处理是数理统计学中的一部分重要内容，它主要研究试验测量或观察数据分析计算的处理方法，从而得出可靠和规律性的结果，并依据这个规律和结果对工业生产、农业生产、天气、地震等进行预报和控制，进而掌握客观事物的发展规律。同时，材料试验数据处理是整理试验数据、精准评价试验结果的关键。

数据处理的具体方法包括以下几种。

(1) 参数估计：主要对某些重要参数表进行点估计和区间估计。

(2) 假设检验：判断各种数据处理结果的可靠性程度。

(3) 方差分析：分析各影响因子对考察指标影响的显著性程度。

(4) 回归分析：分析如何获得反映事物客观规律的数学表达式。

3.2 参数估计

由中心极限定理和大数定理可知，只要抽样为大样本，无论总体是否服从正态分布，其样本平均数都近似服从 $N(\mu, \sigma_{\bar{y}}^2)$ 的正态分布，故在给定某一概率水准 α（置信

度 $p=1-\alpha$）下，有

$$p\left(\bar{y}-u_{\alpha/2}\sigma_{\bar{y}} \leqslant \mu \leqslant \bar{y}+u_{\alpha/2}\sigma_{\bar{y}}\right)=1-\alpha$$

式中，$u_{\alpha/2}$ 为正态分布下置信度 $p=1-\alpha$ 时的 u 临界值。

结果表明：尽管只知样本均数 $\bar{y}$ 而未知总体均数 μ，但可知区间 $\left(\bar{y}-u_{\alpha/2}\sigma_{\bar{y}}, \bar{y}+u_{\alpha/2}\sigma_{\bar{y}}\right)$ 包含在内的可靠程度为 $1-\alpha$，因而将其称为 μ 的 $1-\alpha$ 置信区间（confidence interval）。其中，$\bar{y}-u_{\alpha/2}\sigma_{\bar{y}}$ 称为 μ 的 $1-\alpha$ 置信区间的下限，记为 "L_L"；$\bar{y}+u_{\alpha/2}\sigma_{\bar{y}}$ 称为 μ 的 $1-\alpha$ 置信区间的上限，记为 "L_H"。

区间 (L_L, L_H) 称为采样样本均数 $\bar{y}$ 对总体均数 μ 的置信度为 $p=1-\alpha$ 的区间估计（interval estimation）。

$L=\bar{y}\pm u_{\alpha/2}\sigma_{\bar{y}}$ 称为采用样本均数 $\bar{y}$ 对总体均数 μ 的置信度为 $p=1-\alpha$ 的点估计（point estimation）。

参数估计按其估计方式的不同可分为两类：点估计与区间估计。所谓点估计，就是以一个统计量的值作为母体参数的估计值。所谓区间估计，则是估计母体参数以某一概率包含在一个什么样的区间中。

3.2.1 点估计

将样本统计量直接作为总体相应参数的估计值。

点估计只给出了未知参数估计值的大小，没有考虑试验误差的影响，也没有指出估计的可靠程度。

主要介绍以下两种构造点估计常用的方法。

方法 1：矩法，即用样本矩估计总体矩。

（1）用样本均数估计总体均数：$\hat{\mu}=\dfrac{1}{n}(y_1+y_2+\cdots+y_n)=\bar{y}$。

（2）用样本方差估计总体方差：$\hat{\sigma}^2=\dfrac{1}{n}\left[(x_1-\bar{x})^2+(x_2-\bar{x})^2+\cdots+(x_n-\bar{x})^2\right]=S^2$。

（3）用相关系数 ρ 的估计：$\rho(\xi,\eta)=\dfrac{\mathrm{Cov}(\xi,\eta)}{\sqrt{V(\xi)V(\eta)}}$（试验数据的整理与分析）。

其中，$V(\xi)$ 与 $V(\eta)$ 可分别用相对应的子样方差来估计，而协变方差 $\mathrm{Cov}(\xi,\eta)$ 按定义为

$$\int_{-\infty}^{+\infty}\int_{-\infty}^{+\infty}\left[x-\mathrm{E}(\xi)\right]\left[y-\mathrm{E}(\eta)\right]p(x,y)\mathrm{d}x\mathrm{d}y$$

可以设想用以下表达式来估计

$$\frac{1}{n}\sum_{i=1}^{n}(x_i-\bar{x})(y_i-\bar{y})$$

这样，可构造 $\rho(\xi,\eta)$ 的估计量为

$$\hat{\rho}=\frac{\dfrac{1}{n}\sum_{i=1}^{n}(x_i-\bar{x})(y_i-\bar{y})}{S_xS_y}=r$$

此等式的右部即子样相关系数。因此，可以用子样相关系数 r 作为母体相关系数的估计量。

再把上面所得的结果归纳为如下描述。

设母体平均为 μ，母体方差为 σ^2，自母体中抽取的随机子样为 $(x_1,x_2,\cdots,x_n)$，则 μ 与 σ^2 的估计量分别为

$$\hat{\mu}=\bar{x}=\frac{1}{n}(x_1+x_2+\cdots+x_n)$$

$$\hat{\sigma}^2=S^2=\frac{1}{n}\left[(x_1-\bar{x})^2+(x_2-\bar{x})^2+\cdots+(x_n-\bar{x})^2\right]$$

设二元分布母体的母体相关系数为 ρ，自母体中随机抽取的子样为 $(x_1,y_1),(x_2,y_2),\cdots,(x_n,y_n)$，则 ρ 的估计量为

$$\hat{\rho}=r=\frac{\dfrac{1}{n}\sum_{i=1}^{n}(x_i-\bar{x})(y_i-\bar{y})}{S_xS_y}$$

其中

$$\bar{x}=\frac{1}{n}\sum_{i=1}^{n}x_i,\quad \bar{y}=\frac{1}{n}\sum_{i=1}^{n}y_i,\quad S_x=\sqrt{\frac{1}{n}\sum_{i=1}^{n}(x_i-\bar{x})^2},\quad S_y=\sqrt{\frac{1}{n}\sum_{i=1}^{n}(y_i-\bar{y})^2}$$

方法 2：极大似然法，于 1912 年由英国统计学家 R. A. Fisher 提出，利用样本分布密度构造似然函数，从而求出参数的最大似然估计。

（1）用样本均数估计总体均数：$\hat{\mu}=\bar{y}$。

（2）$\hat{\sigma}^2=\dfrac{n-1}{n}S^2$。

显然，均值 μ 的矩估计量与极大似然估计量一致，而 σ^2 的极大似然估计量与矩估计量不同，多了一个系数 $(n-1)/n$。当样本容量 n 较大时，两者相差甚微，而 S^2 是总体方差的无偏估计量，这就是为何用 $\dfrac{1}{n-1}\sum_{i=1}^{n}(y_i-\bar{y})^2$ 表示样本方差。

3.2.2 区间估计

区间估计能够在一定概率保证下指出总体参数的可能范围。其中，所给出的可能

范围称为置信区间（confidence interval），所给出的概率保证称为置信度或置信概率（confidence probability）。

1. 一个正态总体的区间估计

（1）总体均数 μ 的区间估计。

σ^2 已知：μ 的 $100(1-\alpha)\%$ 的置信区间为

$$\left[\bar{y} \pm u_{\alpha/2} \cdot \frac{\sigma}{\sqrt{n}}\right]$$

σ^2 未知：对大样本，μ 的 $100(1-\alpha)\%$ 的置信区间为

$$\left[\bar{y} \pm u_{\alpha/2} \cdot \frac{S}{\sqrt{n}}\right]$$

对小样本，μ 的 $100(1-\alpha)\%$ 的置信区间为

$$\left[\bar{y} \pm t_{\alpha/2,\,n-1} \cdot \frac{S}{\sqrt{n}}\right]$$

（2）方差 σ^2 的区间估计。

σ^2 的 $100(1-\alpha)\%$ 的置信区间为

$$\left[\frac{(n-1)S^2}{X^2_{\alpha/2,(n-1)}},\frac{(n-1)S^2}{X^2_{1-\alpha/2,(n-1)}}\right]$$

2. 两个正态总体的区间估计

（1）总体均数差 $\mu_\mathrm{I} - \mu_\mathrm{II}$ 的区间估计。

σ_I^2 与 σ_II^2 已知：$\mu_\mathrm{I} - \mu_\mathrm{II}$ 的 $100(1-\alpha)\%$ 的置信区间为

$$\left[\bar{y}_\mathrm{I} - \bar{y}_\mathrm{II} \pm u_{\alpha/2} \cdot \sqrt{\frac{\sigma_\mathrm{I}^2}{n_1} + \frac{\sigma_\mathrm{II}^2}{n_2}}\right]$$

σ_I^2 与 σ_II^2 未知：对大样本（n_1、n_2 很大），$\mu_\mathrm{I} - \mu_\mathrm{II}$ 的 $100(1-\alpha)\%$ 的置信区间为

$$\left[\bar{y}_\mathrm{I} - \bar{y}_\mathrm{II} \pm u_{\alpha/2} \cdot \sqrt{\frac{S_\mathrm{I}^2}{n_1} + \frac{S_\mathrm{II}^2}{n_2}}\right]$$

对小样本（n_1、n_2 不是很大，且 $n_1 \neq n_2$），$\mu_\mathrm{I} - \mu_\mathrm{II}$ 的 $100(1-\alpha)\%$ 的置信区间为

$$\left[\bar{y}_\mathrm{I} - \bar{y}_\mathrm{II} \pm t_{\alpha/2,(n_1+n_2-2)} \cdot \sqrt{\frac{(n_1-1)S_\mathrm{I}^2 + (n_2-1)S_\mathrm{II}^2}{n_1+n_2-2}\left(\frac{1}{n_1}+\frac{1}{n_2}\right)}\right]$$

简记为

$$\left[\bar{y}_\mathrm{I} - \bar{y}_\mathrm{II} \pm t_{\alpha/2,(n_1+n_2-2)} \cdot S_{\bar{y}_\mathrm{I}-\bar{y}_\mathrm{II}}\right]$$

(2) 方差比 $\sigma_{\mathrm{I}}^2/\sigma_{\mathrm{II}}^2$ 的区间估计。

$\sigma_{\mathrm{I}}^2/\sigma_{\mathrm{II}}^2$ 的 $100(1-\alpha)\%$ 的置信区间为

$$\left[\frac{S_{\mathrm{I}}^2}{S_{\mathrm{II}}^2}\cdot\frac{1}{F_{\alpha/2,(n_1-1,n_2-1)}},\ \frac{S_{\mathrm{I}}^2}{S_{\mathrm{II}}^2}\cdot\frac{1}{F_{1-\alpha/2,(n_1-1,n_2-1)}}\right]$$

3.3 假设检验

3.3.1 概述

1. 意义

【**例3.1**】随机各抽取 10 个甲加工件和乙加工件,测得寿命(年)如下。

甲加工件 (y_{I}):11、11、9、12、10、13、13、8、10、13。

乙加工件 (y_{II}):8、11、12、10、9、8、8、9、10、7。

甲加工件的产胶量的均数 $\bar{y}_{\mathrm{I}}=11$,标准差 $S_{\mathrm{I}}=1.760$。

乙加工件的产胶量的均数 $\bar{y}_{\mathrm{II}}=9.2$,标准差 $S_{\mathrm{II}}=1.549$。

能否仅凭这两个样本均数之差 $\bar{y}_{\mathrm{I}}-\bar{y}_{\mathrm{II}}=1.8$,立刻得出甲加工件与乙加工件两种寿命不同的结论呢?

统计学认为:立刻得出的结论是不可靠的。若再分别随机抽测 10 个甲加工件和 10 个乙加工件的寿命,又可得到两个样本资料。因抽样误差的随机性,这两个样本均数就不一定是 11 和 9.2,其均数之差也就未必是 1.8 了。

造成上述差异可能的原因包括两个方面:一是确实由品系造成,即因甲加工件与乙加工件品质不同所致;二是试验误差(或抽样误差)造成。

对两个样本的比较,必须判断样本间差异是抽样误差造成的,还是本质不同所致。如何区分两类性质的差异,怎样通过样本来推断总体,这正是显著性检验要解决的问题。

两个总体间差异的比较可以采用以下两种方法进行。

方法 1:研究总体,即由总体中的所有个体数据计算出总体参数进行比较。这种研究总体的方法是很准确的,但通常是不可能进行的,因为总体往往是无限总体,或者是包含个体很多的有限总体。

方法 2：研究局部样本，通过所抽取样本研究其所代表的总体。例如，设甲加工件寿命的总体均数为 μ_I，乙加工件寿命的总体均数为 μ_{II}，试验研究的目的，就是要给 μ_I、μ_{II} 是否相同做出判断。由于总体均数 μ_I、μ_{II} 未知，在进行显著性检验时只能以样本均数 $\bar{y}_I$、$\bar{y}_{II}$ 作为检验对象，更确切地说，是以 $\bar{y}_I - \bar{y}_{II}$ 作为检验对象。

为什么可以用样本均数作为检验对象呢？这是由样本均数所具有的以下三个特征决定的。

（1）离均差的平方和最小。因样本均数与样本各个观测值最接近，算数平均数是资料的代表数。

（2）样本均数是总体均数的无偏估计值，即 $E(\bar{y}) = \mu$。

（3）根据统计学中心极限定理，样本均数服从或逼近正态分布。

因此，以样本均数作为检验对象，由两个样本均数差异的大小推断样本所属总体均数是否相同是有依据的。

2. 基本思路

（1）假设检验的根据——小概率原理。

统计学上，把小概率事件在一次试验中看成实际不可能发生的事件称为"小概率事件实际不可能性原理"，简称"小概率原理"。

小概率事件虽然不是不可能事件，但在一次试验中出现的可能性很小，不出现的可能性很大，以至于实际上可以看成不可能发生的。

小概率原理是统计学上进行假设检验（显著性检验）的基本依据。

通常，概率为 0.05、0.01 或 0.001 的事件称为"小概率事件"。

【例3.2】 设箱子中有红球、蓝球共 100 个，但不知红球、蓝球到底各有多少个。现提出无效假设 H_0："箱子中有 99 个蓝球"（或"箱子中不只 1 个红球"作为备择假设 H_A），暂时设 H_0 正确，那么从箱子中任抽 1 球，得红球的概率为 0.01，是一个小概率事件。进行随机抽球 1 次，若抽到红球，则自然会使人对 H_0 的正确性产生怀疑，从而否定 H_0 而接受 H_A，也就是说，箱子中不应该"不只 1 个红球"。

（2）假设检验的思想方法——概率反证法。

当要判断无效假设 H_0 是否成立时，先假设无效假设 H_0 成立，然后根据成立的条件进行推导和运算。若最后导致小概率事件发生，即出现了不合理的结果，此时拒绝无效假设 H_0，否则接受无效假设 H_0。

3. 步骤

【第一步】 根据研究目的，对试验样本所在总体先进行无效假设 H_0（与备择假设 H_A）。

H_0 代表无效假设、原假设、零假设（null hypothesis），是被检验的假设，通过检验可能被接受，也可能被否定。

H_A 代表备择假设（alternative hypothesis），是与 H_0 对应的假设，是只有在无效假设 H_0 被否定后才可接受的假设，无充分理由是不能轻率接受的。

【第二步】在无效假设 H_0 成立的前提下，营造适合的统计量，并研究试验所得统计量的抽样分布，计算无效假设正确的概率。

【第三步】据"小概率事件实际不可能性原理"否定或接受无效假设 H_0，并得出判断。

当试验表面效应是试验误差的概率小于 0.05、0.01 或 0.001 时，可以认为在一次试验中试验表面效应是试验误差实际上是不可能的，因而否定原先所做的无效假设 H_0，接受备择假设 H_A，即认为试验的处理效应是存在的。

当试验表面效应是试验误差的概率大于 0.05、0.01 或 0.001 时，则说明无效假设成立的可能性大，不能被否定，因而也就不能接受备择假设。

4. 两类错误

第一类错误（Ⅰ型错误或 α 型错误）：无效假设应成立，却否定了它，犯了"弃真"错误，即把非真实差异错判为真实差异，即 $H_0(\mu_1 = \mu_2)$ 为真，却接受 $H_A(\mu_1 \neq \mu_2)$。

第二类错误（Ⅱ型错误或 β 型错误）：无效假设不成立，却接受了它，犯了"存伪"错误，即把真实差异错判为非真实差异，即 $H_A(\mu_1 \neq \mu_2)$ 为真，却未能否定 $H_0(\mu_1 = \mu_2)$。

第一类错误只有在否定 H_0 时才会发生，而第二类错误只有在接受 H_0 时才会发生，两者不会同时发生。

在样本容量相同条件下，若犯第一类错误的概率减小，则犯第二类错误的概率会增加；反之，若犯第二类错误的概率减小，则犯第一类错误的概率就会增加。

如将检验水准 α 从 0.05 提高到 0.01，因分位数（$u_{\alpha/2}$ 或 $t_{\alpha/2, n-1}$）提高而导致统计量（u 或 t）更难大于该分位数，就更容易接受 H_0，因此犯第一类错误的概率就减小，相应地增加了犯第二类错误的概率。所以，检验水准 α 的选取，也并非越高越好，应根据实际要求而定。

5. 双侧检验与单侧（右/左）检验

（1）双侧检验：利用两尾概率进行的检验，如图 3-1 所示。

（2）单侧检验：利用一尾概率进行的检验，如图 3-2 所示。

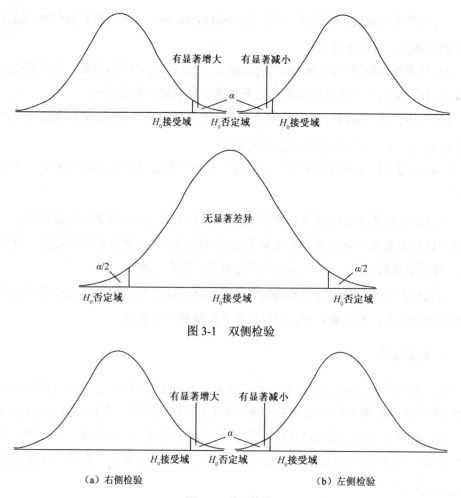

图 3-1 双侧检验

图 3-2 单侧检验

若对同一资料进行单侧检验也进行双侧检验,那么在水平上单侧检验显著,只相当于双侧检验在水平上显著。双侧检验显著,单侧检验一定显著;但单侧检验显著,双侧检验未必显著。所以,同一资料双侧检验与单侧检验所得的结论不一定相同。

选用单侧检验还是双侧检验应根据专业知识及问题的要求在试验设计时就确定。一般若事先不知道所比较的两个处理效果谁好谁坏,分析的目的在于推断两个处理效果有无差别,则选用双侧检验;若根据理论知识或实践经验判断甲处理的效果不会比乙处理的效果差(或好),分析的目的在于推断甲处理是否比乙处理好(或差),则用单侧检验。一般情况下,如没有特殊说明均指双侧检验。

6. 显著性检验应注意的问题

(1)要有严密合格的试验或抽样设计,且处理间要有可比性。

(2)选用的显著性检验方法应符合其应用条件。

(3) 要正确理解差异显著或极显著的统计意义。

(4) 合理建立统计假设，正确营造出检验统计量。

(5) 结论不能绝对化。

3.3.2 一个正态总体的假设检验

设一个总体 $Y \sim N(\mu_0, \sigma_0^2)$，$\mu_0$ 与 σ_0^2 均为已知，$Y_1, Y_2, \cdots, Y_n$ 是 Y 的样本，$y_1, y_2, \cdots, y_n$ 是 Y 的样本值。

(1) 检验无效假设 H_0：$\mu = \mu_0$，采用双侧检验。

【第一步】假定无效假设 H_0：$\mu = \mu_0$ 成立，并计算统计量 $u = \dfrac{\bar{y} - \mu_0}{\sigma_0/\sqrt{n}}$。

【第二步】对给定显著性检验水准 α，查附表 A-6，得 $u_{\alpha/2}$。

【第三步】若 $|u| > u_{\alpha/2}$，拒绝 H_0（接受 H_A：$\mu \neq \mu_0$），即有 $100(1-\alpha)\%$ 把握认为有（极）显著差异性；若 $|u| \leqslant u_{\alpha/2}$，接受 H_0（拒绝 H_A：$\mu \neq \mu_0$），即有 $100(1-\alpha)\%$ 把握认为无差异显著性。

(2) 检验无效假设 H_0：$\mu \leqslant \mu_0$，采用右侧检验（适用于 $u > 0$）。

总的检验过程与（1）相似，不同的是查附表 A-6，得 u_α，然后按以下判断规则：若 $u \leqslant u_\alpha$，无显著增大；若 $u > u_\alpha$，有显著增大。

(3) 检验无效假设 H_0：$\mu \geqslant \mu_0$，采用左侧检验（适用于 $u < 0$）。

总的检验过程与（1）相似，不同的是查附表 A-6，得 u_α，然后按以下判断规则：若 $|u| \leqslant u_\alpha$，无显著减小；若 $|u| > u_\alpha$，有显著减小。

【例 3.3】某地小麦株产 $Y \sim N(\mu_0, \sigma_0^2)$，$\mu_0 = 33.5g$，$\sigma_0 = 1.6g$。今从国外引进一高产品种，在 8 个小区种植，得株产 (y, g)：35.6、37.6、33.4、35.1、32.7、36.8、35.9、34.6。问新引进品种与该地原有品种在株产上有无显著差异？若有显著差异，是否显著高于该地原有品种？（取 $\alpha = 0.01$）

【解】(1) 新引进品种与该地原有品种在株产上有无显著差异？

① 假定无效假设 H_0：$\mu = \mu_0$ 成立（而备择假设 H_A：$\mu \neq \mu_0$）。

计算统计量：$u = \dfrac{\bar{y} - \mu_0}{\sigma_0/\sqrt{n}} = \dfrac{35.2 - 33.5}{1.6/\sqrt{8}} = 3.005$，其中

$$\bar{y} = \sum_{i=1}^{n} y_i = (35.6 + 37.6 + \cdots + 34.6)/8 = 35.2$$

② 对给定显著性检验水准 $\alpha = 0.01$，查附表 A-6 标准正态分布双侧分位数表得 $u_{\alpha/2} = u_{0.01/2} = 2.576$。

③ 判断：因 $u=3.005>u_{\alpha/2}=2.576$，故拒绝 H_0，即有99%把握认为新引进品种的株产与该地原有品种有显著差异。

(2) 若有显著差异，是否显著高于该地原有品种？

① 假定 H_0：$\mu \leqslant \mu_0$ 成立，而 H_A：$\mu > \mu_0$（因引进新品种的目的 $\mu > \mu_0$），计算统计量（与问题一完全相同）。

② 对给定的 $\alpha=0.01$，查附表 A-6 标准正态分布表（右侧）得 $u_\alpha = u_{0.01} = 2.326$。

③ 判断：因 $u=3.005>u_\alpha=2.326$，故拒绝 H_0，即有99%把握认为新引进品种的株产显著高于该地原有品种。

【推论】若 H_A：$\mu \neq \mu_0$ 成立，则根据样本表现，H_A：$\mu > \mu_0$ 一定成立，因为检验统计量完全相同，而始终有 $u_{\alpha/2}$（双侧）$> u_\alpha$（单侧）。

设一个总体 $Y \sim N(\mu_0, \sigma_0^2)$，$\mu_0$ 已知而 σ^2 未知，$Y_1, Y_2, \cdots, Y_n$ 是 Y 的样本，$y_1, y_2, \cdots, y_n$ 是 Y 的样本值。

(1) 检验无效假设 H_0：$\mu = \mu_0$，采用双侧检验。

【第一步】假定无效假设 H_0：$\mu = \mu_0$ 成立，并计算统计量 $t = \dfrac{\bar{y} - \mu_0}{S/\sqrt{n}}$。

【第二步】对给定显著性检验水准 α，查附表 A-4 的 t 分布表，得 $t_{\alpha/2,(n-1)}$。

【第三步】判断：若 $|t| > t_{\alpha/2(n-1)}$，则拒绝 H_0（接受 H_A：$\mu \neq \mu_0$），即有 $100(1-\alpha)\%$ 把握认为有（极）显著差异；若 $|t| \leqslant t_{\alpha/2(n-1)}$，则接受 H_0，即有 $100(1-\alpha)\%$ 把握认为无差异显著性。

(2) 检验无效假设 H_0：$\mu \leqslant \mu_0$ 采用右侧检验（适用于 $t>0$）。

总的检验过程与（1）相似，不同的是查附表 A-4 的 t 分布表，得 $t_{\alpha,(n-1)}$，然后按以下判断规则：若 $t \leqslant t_{\alpha,n-1}$，无显著增大；若 $t > t_{\alpha,n-1}$，有显著增大。

(3) 检验无效假设 H_0：$\mu \geqslant \mu_0$，采用右侧检验（适用于 $t<0$）。

总的检验过程与（1）相似，不同的是查附表 A-4 的 t 分布表，得 $t_{\alpha,(n-1)}$，然后按以下判断规则：若 $|t| \leqslant t_{\alpha,n-1}$，无显著减小；若 $|t| > t_{\alpha,n-1}$，有显著减小。

【例3.4】某地小麦株产 $Y \sim N(\mu_0, \sigma^2)$，$\mu_0 = 33.5\,g$，$\sigma$ 未知。现从国外引进一高产品种，在8个小区种植，得株产 (y,g)：35.6、37.6、33.4、35.1、32.7、36.8、35.9、34.6。问新引进品种与该地原有品种在株产上有无显著差异？若有显著差异，是否显著高于该地原有品种？（取 $\alpha = 0.05$）

【解】(1) 新引进品种与该地原有品种在株产上有无显著差异？

① 假定无效假设 H_0：$\mu = \mu_0$ 成立（而备择假设 H_A：$\mu \neq \mu_0$）。

计算统计量：$t = \dfrac{\bar{y} - \mu_0}{S/\sqrt{n}} = \dfrac{35.2 - 33.5}{1.64/\sqrt{8}} = 2.932$。其中

$$\bar{y} = \sum_{i=1}^{n} y_i / n = (35.6 + 37.6 + \cdots + 34.6)/8 = 35.2$$

$$S = \sqrt{\dfrac{\sum_{i=1}^{n}(y_i - \bar{y})^2}{n-1}}$$

$$= \sqrt{\dfrac{\sum_{i=1}^{n} y_i^2 - \left(\sum_{i=1}^{n} y_i\right)^2 / n}{n-1}}$$

$$= \sqrt{\dfrac{(35.6^2 + 37.6^2 + \cdots + 34.6^2) - (35.6 + 37.6 + \cdots + 34.6)^2 / 8}{8-1}}$$

$$= 1.64$$

② 对给定 $\alpha = 0.05$，查 t 分布表（双侧）得：$t_{\alpha/2,(n-1)} = t_{0.05/2,7} = 2.365$。

③ 判断：因 $t = 2.932 > t_{\alpha/2,(n-1)} = 2.365$，拒绝 H_0，即有 95% 把握认为新引进品种与该地原有品种在株产上有显著差异。

（2）若有显著差异，其株产是否显著高于该地原有品种？

① 假定 H_0：$\mu \leqslant \mu_0$ 成立，而 H_A：$\mu > \mu_0$（因引进新品种的目的 $\mu > \mu_0$），计算统计量（与问题一完全相同）。

② 对给定的 $\alpha = 0.05$，查 t 分布表（右侧）得：$t_{\alpha,(n-1)} = t_{0.05,7} = 1.895$。

③ 判断：因 $t = 2.932 > t_{\alpha,(n-1)} = 1.895$，故拒绝 H_0，即有 95% 的把握认为新引进品种的株产显著高于该地原有品种。

设一个总体 $Y \sim N(\mu, \sigma_0^2)$，$\sigma_0^2$ 已知而 μ 未知，$Y_1, Y_2, \cdots, Y_n$ 是 Y 的样本，$y_1, y_2, \cdots, y_n$ 是 Y 的样本值。

（1）检验无效假设 H_0：$\sigma^2 = \sigma_0^2$，采用双侧检验。

【第一步】假定无效假设 H_0：$\sigma^2 = \sigma_0^2$ 成立，并计算统计量 $X^2 = \dfrac{(n-1)S^2}{\sigma_0^2}$。

【第二步】对给定显著性检验水准 α，查附表 A-8，得 $X^2_{1-\alpha/2,(n-1)}$ 及 $X^2_{\alpha/2,(n-1)}$。

【第三步】判断：若 $X^2 < X^2_{1-\alpha/2,(n-1)}$ 或 $X^2 > X^2_{\alpha/2,(n-1)}$，则拒绝 H_0，即有 $100(1-\alpha)\%$ 把握认为总体方差并不是所给出的方差；若 $X^2_{1-\alpha/2,(n-1)} \leqslant X^2 \leqslant X^2_{\alpha/2,(n-1)}$，则接受 H_0，即有 $100(1-\alpha)\%$ 把握认为总体方差正好是所给出的方差。

（2）检验无效假设 H_0：$\sigma^2 \leqslant \sigma_0^2$，采用右侧检验。

总的检验过程与（1）相似，不同的是查附表 A-8，得 $X^2_{\alpha,(n-1)}$，然后按以下判断规则：若 $X^2 \leq X^2_{\alpha,(n-1)}$，无显著增大；若 $X^2 > X^2_{\alpha,(n-1)}$，有显著增大。

（3）检验无效假设 H_0：$\sigma^2 \geq \sigma_0^2$，采用左侧检验。

总的检验过程与（1）相似，不同的是查附表 A-8，得 $X^2_{1-\alpha,(n-1)}$，然后按以下判断规则：若 $X^2 \leq X^2_{1-\alpha,(n-1)}$，无显著减小；若 $X^2 > X^2_{1-\alpha,n-1}$，有显著减小。

【例 3.5】 正常情况下，某厂生产的尼龙纤度 $Y \sim N(\mu, 0.048^2)$。某日随机抽取 5 根纤维，测得其纤度（y）分别为 1.32、1.36、1.55、1.44、1.40。试问：能否认为这一天尼龙纤度的标准差 $\sigma = 0.048$？（取 $\alpha = 0.1$）

【解】（1）假定无效假设 H_0：$\sigma^2 = 0.048^2$ 成立。

计算统计量 $X^2 = \dfrac{(n-1)S^2}{\sigma_0^2} = \dfrac{(5-1) \times 0.00775}{0.048^2} = 13.51$。其中

$$\bar{y} = \sum_{i=1}^n y_i / n = (1.32 + 1.36 + \cdots + 1.40)/5 = 1.414$$

$$\begin{aligned}
S^2 &= \sum_{i=1}^n (y_i - \bar{y})^2 / (n-1) \\
&= \left[(1.32-1.414)^2 + (1.36-1.414)^2 + \cdots + (1.40-1.414)^2\right]/(5-1) \\
&= 0.00775
\end{aligned}$$

（2）对给定的 $\alpha = 0.1$，查附表 A-8，得

$$X^2_{1-\alpha/2,(n-1)} = X^2_{1-0.1/2,(5-1)} = X^2_{0.95,4} = 0.711$$

$$X^2_{\alpha/2,(n-1)} = X^2_{0.1/2,(5-1)} = X^2_{0.05,4} = 9.488$$

（3）判断：因 $X^2 > X^2_{\alpha/2,(n-1)}$，故拒绝 H_0，即有 90%的把握认为这一天尼龙纤度的标准差 σ 并不等于 0.048。

3.3.3 两个正态总体的假设检验

设某一总体 $Y_\mathrm{I} \sim N(\mu_\mathrm{I}, \sigma_\mathrm{I}^2)$，$Y_{\mathrm{I}_1}, Y_{\mathrm{I}_2}, \cdots, Y_{\mathrm{I}_n}$ 是 Y_I 的样本，$y_{\mathrm{I}_1}, y_{\mathrm{I}_2}, \cdots, y_{\mathrm{I}_n}$ 是 Y_I 的样本值；另一总体 $Y_\mathrm{II} \sim N(\mu_\mathrm{II}, \sigma_\mathrm{II}^2)$，$Y_{\mathrm{II}_1}, Y_{\mathrm{II}_2}, \cdots, Y_{\mathrm{II}_m}$ 是 Y_II 的样本，$y_{\mathrm{II}_1}, y_{\mathrm{II}_2}, \cdots, y_{\mathrm{II}_m}$ 是 Y_II 的样本值。已知 σ_I^2、σ_II^2、Y_I 与 Y_II 相互独立。

（1）检验无效假设 H_0：$\mu_\mathrm{I} = \mu_\mathrm{II}$，采用双侧检验。

【第一步】假定无效假设 H_0: $\mu_\mathrm{I} = \mu_\mathrm{II}$ 成立，计算统计量

$$U = \frac{(\bar{y}_\mathrm{I} - \bar{y}_\mathrm{II}) - (\mu_\mathrm{I} - \mu_\mathrm{II})}{\sqrt{\dfrac{\sigma_\mathrm{I}^2}{n_1} + \dfrac{\sigma_\mathrm{II}^2}{n_2}}} = \frac{(\bar{y}_\mathrm{I} - \bar{y}_\mathrm{II})}{\sqrt{\dfrac{\sigma_\mathrm{I}^2}{n_1} + \dfrac{\sigma_\mathrm{II}^2}{n_2}}}$$

【第二步】对给定的显著性检验水准 α，查附表 A-6，得 $u_{\alpha/2}$。

【第三步】判断：若 $|U| > u_{\alpha/2}$，拒绝 H_0，即有 $100(1-\alpha)\%$ 把握认为两总体之间有（极）显著差异；若 $|U| \leq u_{\alpha/2}$，接受 H_0，即有 $100(1-\alpha)\%$ 把握认为两总体之间无显著差异。

（2）检验无效假设 H_0: $\mu_\mathrm{I} \leq \mu_\mathrm{II}$，采用右侧检验（适用于 $U > 0$）。

总的检验过程与（1）相似，不同的是查附表 A-6，得 u_α，然后按以下判断规则：若 $U \leq u_\alpha$，无显著增大；若 $U > u_\alpha$，有显著增大。

（3）检验无效假设 H_0: $\mu_\mathrm{I} \geq \mu_\mathrm{II}$，采用左侧检验（适用于 $U < 0$）。

总的检验过程与（1）相似，不同的是查附表 A-6，得 u_α，然后按以下判断规则：若 $|U| \leq u_\alpha$，无显著增大；若 $|U| > u_\alpha$，有显著增大。

【例3.6】甲、乙两台车床加工同一种工件，现要测量工件的同轴度，设甲加工件同轴度 $Y_\mathrm{I} \sim N(\mu_\mathrm{I}, 0.025^2)$，乙加工件同轴度 $Y_\mathrm{II} \sim N(\mu_\mathrm{II}, 0.06^2)$。今从甲、乙两台车床加工件中分别测量 $n_1 = 200$ 个，$n_2 = 150$ 个，并求得 $\bar{y}_\mathrm{I} = 0.081$，$\bar{y}_\mathrm{II} = 0.060$。试问：这两台车床加工件的同轴度是否有显著差异？（取 $\alpha = 0.05$）

【解】（1）假定无效假设 H_0: $\mu_\mathrm{I} = \mu_\mathrm{II}$ 成立。

计算统计量 $U = \dfrac{(\bar{y}_\mathrm{I} - \bar{y}_\mathrm{II})}{\sqrt{\dfrac{\sigma_\mathrm{I}^2}{n_1} + \dfrac{\sigma_\mathrm{II}^2}{n_2}}} = \dfrac{0.081 - 0.060}{\sqrt{\dfrac{0.025^2}{200} + \dfrac{0.06^2}{150}}} = 3.92$。

（2）对给定的 $\alpha = 0.05$，查附表 A-6，得 $u_{\alpha/2} = u_{0.05/2} = 1.96$。

（3）判断：因 $U = 3.92 > u_{\alpha/2} = 1.96$，故拒绝 H_0，即有 95% 把握认为这两台车床加工件的同轴度有显著差异。

设某一总体 $Y_\mathrm{I} \sim N(\mu_\mathrm{I}, \sigma_\mathrm{I}^2)$，$Y_{\mathrm{I}_1}, Y_{\mathrm{I}_2}, \cdots, Y_{\mathrm{I}_n}$ 是 Y_I 的样本，$y_{\mathrm{I}_1}, y_{\mathrm{I}_2}, \cdots, y_{\mathrm{I}_n}$ 是 Y_I 的样本值；另一总体 $Y_\mathrm{II} \sim N(\mu_\mathrm{II}, \sigma_\mathrm{II}^2)$，$Y_{\mathrm{II}_1}, Y_{\mathrm{II}_2}, \cdots, Y_{\mathrm{II}_m}$ 是 Y_II 的样本，$y_{\mathrm{II}_1}, y_{\mathrm{II}_2}, \cdots, y_{\mathrm{II}_m}$ 是 Y_II 的样本值。σ_I^2、σ_II^2 未知，但 $\sigma_\mathrm{I}^2 = \sigma_\mathrm{II}^2$，$Y_\mathrm{I}$ 与 Y_II 相互独立。

【情形一】成组法——非配对设计两样本均数的差异显著性检验。

表 3-1 为非配对设计资料的一般形式。

表 3-1 非配对设计资料的一般形式

处理	观测值 y_{ij}	样本含量	样本均数	总体均数
I	$y_{I_1}, y_{I_2}, \cdots, y_{I_{n_1}}$	n_1	$\bar{y}_I = \sum y_{I_j}/n_1$	μ_I
II	$y_{II_1}, y_{II_2}, \cdots, y_{II_{n_2}}$	n_2	$\bar{y}_{II} = \sum y_{II_j}/n_2$	μ_{II}

（1）检验无效假设 H_0：$\mu_I = \mu_{II}$，采用双侧检验。

【第一步】假定无效假设 H_0：$\mu_I = \mu_{II}$ 成立，计算统计量

$$T = \frac{(\bar{y}_I - \bar{y}_{II})}{\sqrt{\dfrac{(n_1-1)S_I^2 + (n_2-1)S_{II}^2}{n_1+n_2-1}\left(\dfrac{1}{n_1}+\dfrac{1}{n_2}\right)}}$$

简记为 $T = \dfrac{(\bar{y}_I - \bar{y}_{II})}{S_{\bar{y}_I - \bar{y}_{II}}}$。其中，$S_I^2 = \dfrac{1}{n_1-1}\sum\limits_{i=1}^{n_1}(y_{I_i} - \bar{y}_I)^2$，$S_{II}^2 = \dfrac{1}{n_2-1}\sum\limits_{i=1}^{n_2}(y_{II_i} - \bar{y}_{II})^2$。

【第二步】对给定显著性检验水准 α，查附表 A-7，得 $t_{\alpha/2,(n_1+n_2-2)}$。

【第三步】判断：若 $|T| > t_{\alpha/2,(n_1+n_2-2)}$，拒绝 H_0，即有 $100(1-\alpha)\%$ 把握认为有（极）显著差异；若 $|T| \leq t_{\alpha/2,(n_1+n_2-2)}$，接受 H_0，即有 $100(1-\alpha)\%$ 把握认为无显著差异。

（2）检验无效假设 H_0：$\mu_I \leq \mu_{II}$，采用右侧检验（适用于 $T > 0$）。

总的检验过程与（1）相似，不同的是查附表 A-7 t 分布单侧分位数表，得 $t_{\alpha,(n_1+n_2-2)}$，然后按以下判断规则：若 $T \leq t_{\alpha,(n_1+n_2-2)}$，无显著增大；若 $T > t_{\alpha,(n_1+n_2-2)}$，有显著增大。

（3）检验无效假设 H_0：$\mu_I \geq \mu_{II}$，采用左侧检验（适用于 $T < 0$）。

总的检验过程与（1）相似，不同的是查附表 A-7 t 分布单侧分位数表，得 $t_{\alpha,(n_1+n_2-2)}$，然后按以下判断规则：若 $|T| \leq t_{\alpha,(n_1+n_2-2)}$，无显著减小；若 $|T| > t_{\alpha,(n_1+n_2-2)}$，有显著减小。

【例 3.7】在某厂生产工件的工艺过程中，要考察温度对工件强度的影响，为了比较 70℃与 80℃的影响有无显著性差异，在这两种温度下分别做 8 次重复试验，所得工件强度如下。

70℃时的工件强度（y_I）：20.5、18.8、19.8、20.9、21.5、19.5、21.0、21.2。

80℃时的工件强度（y_{II}）：17.7、20.3、20.0、18.8、19.0、20.1、20.2、19.1。

据以往经验，可认为工件强度服从正态分布，且在不同温度下的方差相同，取 $\alpha = 0.05$。

【解】（1）假定无效假设 H_0：$\mu_I = \mu_{II}$ 成立。

计算统计量 $T = \dfrac{(\bar{y}_I - \bar{y}_{II})}{S_{\bar{y}_I - \bar{y}_{II}}} = \dfrac{20.4 - 19.4}{0.462\,9} = 2.160$。其中

$$\bar{y}_{\mathrm{I}} = \sum_{i=1}^{n_1} y_{\mathrm{I}_i}/n_1 = (20.5+18.8+\cdots+21.2)/8 = 20.4$$

$$\bar{y}_{\mathrm{II}} = \sum_{i=1}^{n_2} y_{\mathrm{II}_i}/n_2 = (17.7+20.3+\cdots+19.1)/8 = 19.4$$

$$S_{\mathrm{I}}^2 = \frac{1}{n_1-1}\sum_{i=1}^{n_1}\left(y_{\mathrm{I}_i}-\bar{y}_{\mathrm{I}}\right)^2$$

$$= \frac{1}{8-1}\left[(20.5-20.4)^2+(18.8-20.4)^2+\cdots+(21.2-20.4)^2\right] = 0.885\,7$$

$$S_{\mathrm{II}}^2 = \frac{1}{n_2-1}\sum_{i=1}^{n_2}\left(y_{\mathrm{II}_i}-\bar{y}_{\mathrm{II}}\right)^2$$

$$= \frac{1}{8-1}\left[(17.7-19.4)^2+(20.3-19.4)^2+\cdots+(19.1-19.4)^2\right] = 0.828\,6$$

$$S_{\bar{y}_{\mathrm{I}}-\bar{y}_{\mathrm{II}}} = \sqrt{\frac{(n_1-1)S_{\mathrm{I}}^2+(n_2-1)S_{\mathrm{II}}^2}{n_1+n_2-2}\left(\frac{1}{n_1}+\frac{1}{n_2}\right)}$$

$$= \sqrt{\frac{(8-1)\times 0.885\,7+(8-1)\times 0.828\,6}{8+8-2}\left(\frac{1}{8}+\frac{1}{8}\right)} = \sqrt{0.214\,3} = 0.462\,9$$

(2) 对给定的 $\alpha = 0.05$，查附表 A-7 t 分布双侧分位数表，得 $t_{0.05/2,(8+8-2)} = 2.145$。

(3) 判断：因 $T = 2.16 > t_{0.05/2,(8+8-2)} = 2.145$，故拒绝 H_0，即有 95%的把握认为 70℃与 80℃下工件强度有显著差异。

【情形二】成对法——配对设计两样本均数得差异显著性检验。

表 3-2 为配对设计试验资料的一般形式。

表 3-2 配对设计试验资料的一般形式

处理	观测值 y_{ij}			样本含量	样本平均数	总体均数
I	y_{I_1}	y_{I_2}	... y_{I_n}	n	$\bar{y}_{\mathrm{I}} = \sum y_{\mathrm{I}_j}/n$	μ_{I}
II	y_{II_1}	y_{II_2}	... y_{II_n}	n	$\bar{y}_{\mathrm{II}} = \sum y_{\mathrm{II}_j}/n$	μ_{II}
$d_j = y_{\mathrm{I}_j}-y_{\mathrm{II}_j}$	d_1	d_2	... d_n	n	$\bar{d} = \bar{y}_{\mathrm{I}}-\bar{y}_{\mathrm{II}}$	$\mu_d = \mu_{\mathrm{I}}-\mu_{\mathrm{II}}$

(1) 检验无效假设 H_0：$\mu_{\mathrm{I}} = \mu_{\mathrm{II}}$，采用双侧检验。

【第一步】假定无效假设 H_0：$\mu_d = 0$（$\mu_{\mathrm{I}} = \mu_{\mathrm{II}}$）成立，计算统计量 $t = \dfrac{\bar{d}}{S_{\bar{d}}}$，其中

$$\bar{d} = \sum_{j=1}^{n} d_j/n, \quad d_j = y_{\mathrm{I}_j}-y_{\mathrm{II}_j}\,(j=1,2,\cdots,n)$$

$$S_{\bar{d}} = \frac{S_d}{\sqrt{n}}$$

$$= \sqrt{\frac{\sum_{j=1}^{n}(d_j-\bar{d})^2}{n(n-1)}} = \sqrt{\frac{\sum_{j=1}^{n}d_j^2 - \left(\sum_{j=1}^{n}d_j\right)^2/n}{n(n-1)}}$$

【第二步】对给定显著性检验水准 α，查附表 A-7 t 分布双侧分位数表，得 $t_{\alpha/2,(n-1)}$。

【第三步】判断：若 $|t| \leq t_{\alpha/2,(n-1)}$，接受 H_0：$\mu_I = \mu_{II}$，表明有 $100(1-\alpha)\%$ 把握认为两处理均数无显著差异；若 $|t| > t_{\alpha/2,(n-1)}$，拒绝 H_0：$\mu_I = \mu_{II}$，表明有 $100(1-\alpha)\%$ 把握认为两处理均数有（极）显著差异。

（2）检验无效假设 H_0：$\mu_I \leq \mu_{II}$，采用右侧检验（适用于 $\bar{d} > 0$）。

总的检验过程与（1）相似，不同的是查附表 A-7 t 分布单侧分位数表，得 $t_{\alpha,(n-1)}$，然后按以下判断规则：若 $t < t_{\alpha,(n-1)}$，无显著增大；若 $t > t_{\alpha,(n-1)}$，有显著增大。

（3）检验无效假设 H_0：$\mu_I \geq \mu_{II}$，采用左侧检验（适用于 $\bar{d} < 0$）。

总的检验过程与（1）相似，不同的是查附表 A-7 t 分布单侧分位数表，得 $t_{\alpha,(n-1)}$，然后按以下判断规则：若 $|t| < t_{\alpha,(n-1)}$，无显著减小；若 $|t| > t_{\alpha,(n-1)}$，有显著减小。

【例 3.8】为测定甲、乙两种病毒对橡胶树的致病力，取 8 株橡胶树，每株皆半叶接种甲病毒，另半叶接种乙病毒，分别以叶面出现枯斑数多少作为致病力强弱的指标，试验结果如表 3-3 所示。试检验两种病毒致病力的差异显著性，取 $\alpha = 0.05$。

表 3-3 试验结果

株号 (j)	1	2	3	4	5	6	7	8
y_{I_j}（甲病毒）	9	17	31	18	7	8	20	10
y_{II_j}（乙病毒）	10	11	18	14	6	7	17	5
$d_j = y_{I_j} - y_{II_j}$	-1	6	13	4	1	1	3	5

【解】（1）进行无效假设 H_0：$\mu_d = 0$（或备择假设 H_A：$\mu_d \neq 0$）成立。

计算统计量：$t = \dfrac{\bar{d}}{S_{\bar{d}}} = \dfrac{\bar{d}}{S_d/\sqrt{n}} = \dfrac{4}{4.31/\sqrt{8}} = 2.625$，其中

$$\bar{d} = \sum d_j / n = (-1 + 6 + \cdots + 5)/8 = 32/8 = 4$$

$$S_d = \sqrt{\frac{\sum d_j^2 - (\sum d_j)^2/n}{n-1}} = \sqrt{\frac{[(-1)^2 + 6^2 + \cdots + 5^2] - 32^2/8}{8-1}} = 4.31$$

（2）对给定的 $\alpha = 0.05$，查附表 A-7 t 分布双侧分位数表，得 $t_{0.05/2,(8-1)} = t_{0.05/2,7} = 2.365$。

（3）判断：因 $t=2.625>t_{0.05/2,(8-1)}=2.365$，故拒绝 H_0，即有 95%的把握认为甲乙两种病毒致病力有显著差异。

其实，在双侧假设 H_0 被否定后，根据单侧假设两者必取其一的原则，因 $d>0$，故可以判断甲病毒的致病力比乙病毒强。

【总结 1】成组法与成对法的比较。

（1）在进行试验设计时，如将两处理完全随机排列，而处理间（组间）的各供试单位彼此独立，无论两个样本的容量是否相同，所获数据均为成组数据。

（2）在科学研究中，为减小试验误差，提高试验结果的精确度，在比较两个样本（或处理效应）差异是否显著时，经常采用对比设计，即将性质相同的两个供试单位配成一对，并设有多个配对，然后对每个配对的两个供试单位分别随机地给予不同处理，以这种设计方法获得的数据称为成对数据。

（3）与成组资料相比较，成对比较的优点：① 成对法因加强试验条件的控制，每对观察值所处的试验条件一致性较强，所得观察值的可比性提高，故随机误差减小，可发现较小的真实差异；② 成对法不受两个样本的总体方差 $\sigma_I^2 \neq \sigma_{II}^2$ 的干扰，分析时无须考虑 σ_I^2 和 σ_{II}^2 是否相等。

需要指出的是，成组资料的样本容量即使相等，即 $n_1 = n_2$，也不能采用成对资料的分析方法，因为成组资料的每个观察值都是独立的，没有配对的基础。

设某一总体 $Y_I \sim N(\mu_I, \sigma_I^2)$，$Y_{I_1}, Y_{I_2}, \cdots, Y_{I_{n_1}}$ 是 Y_I 的样本，$y_{I_1}, y_{I_2}, \cdots, y_{I_{n_1}}$ 是 Y_I 的样本值；另一总体 $Y_{II} \sim N(\mu_{II}, \sigma_{II}^2)$，$Y_{II_1}, Y_{II_2}, \cdots, Y_{II_{n_2}}$ 是 Y_{II} 的样本，$y_{II_1}, y_{II_2}, \cdots, y_{II_{n_2}}$ 是 Y_{II} 的样本值。μ_I、μ_{II} 未知，且 Y_I 与 Y_{II} 相互独立。

（1）检验无效假设 H_0：$\sigma_I^2 = \sigma_{II}^2$，采用双侧检验。

【第一步】假定无效假设 H_0：$\sigma_I^2 = \sigma_{II}^2$ 成立，计算统计量 $F = \dfrac{S_I^2/\sigma_I^2}{S_{II}^2/\sigma_{II}^2} = \dfrac{S_I^2}{S_{II}^2}$。

【第二步】对给定显著性检验水准 α，查附表 A-9 得

$$F_{\alpha/2,(n_1-1,n_2-1)}, F_{1-\alpha/2,(n_1-1,n_2-1)}\left(=\dfrac{1}{F_{\alpha/2,(n_2-1,n_1-1)}}\right)$$

【第三步】判断：若 $F>F_{\alpha/2,(n_1-1,n_2-1)}$ 或 $F<F_{1-\alpha/2,(n_1-1,n_2-1)}$，拒绝 H_0，即有 $100(1-\alpha)\%$ 的把握认为两总体方差有（极）显著差异；若 $F_{1-\alpha/2,(n_1-1,n_2-1)} \leq F \leq F_{\alpha/2,(n_1-1,n_2-1)}$，接受 H_0，即有 $100(1-\alpha)\%$ 的把握认为两总体方差没有（极）显著差异。

（2）检验无效假设 H_0：$\sigma_I^2 \leq \sigma_{II}^2$，采用右侧检验（适用于 $F>1$）。

总的检验过程与（1）相似，不同的是查附表 A-9 得 $F_{\alpha,(n_1-1,n_2-1)}$，然后按以下判断规则：若 $F \leq F_{\alpha,(n_1-1,n_2-1)}$，无显著增大；若 $F>F_{\alpha,(n_1-1,n_2-1)}$，有显著增大。

(3) 检验无效假设 H_0：$\sigma_I^2 \geqslant \sigma_{II}^2$，采用左侧检验（适用于 $F<1$）。

总的检验过程与（1）相似，不同的是查附表 A-9 得 $F_{1-\alpha,(n_1-1,n_2-1)}$，然后按以下判断规则：若 $F \geqslant F_{1-\alpha,(n_1-1,n_2-1)}$，无显著减小；若 $F < F_{1-\alpha,(n_1-1,n_2-1)}$，有显著减小。

【例 3.9】用原子吸收光谱法（新法）和 EDTA（旧法）测定某废水中 Al^{3+} 的含量（%），试验结果如下。

新法 (y_I)：0.163、0.175、0.159、0.168、0.169、0.161、0.166、0.179、0.174、0.173。

旧法 (y_{II})：0.153、0.181、0.165、0.155、0.156、0.161、0.176、0.174、0.164、0.183、0.179。

问：两种方法的精密度是否有显著差异？新法是否比旧法精密度有显著提高？

【解】（1）两种方法的精密度显著差异，采用 F 双侧检验。

① 进行无效检验 H_0：$\sigma_I^2 = \sigma_{II}^2$（备择假设 H_A：$\sigma_I^2 \neq \sigma_{II}^2$）成立。

根据给出的相关数据，可分别算出新法与旧法的样本方差

$$S_I^2 = 4.29 \times 10^{-5},\ S_{II}^2 = 1.23 \times 10^{-4}$$

计算统计量：$F = S_I^2/S_{II}^2 = 4.29 \times 10^{-5}/1.23 \times 10^{-4} = 0.350$。

② 查附表 A-9 及进行相关计算，得 $F_{0.025(9,10)} = 3.779$，$F_{0.975(9,10)} = 0.252$。

③ 判断：因 $F_{0.975(9,10)} < F < F_{0.025(9,10)}$，接受 H_0，故有 95%把握认为两种方法的方差无显著差异，即两种方法的精密度是一致的。

(2) 新法是否比旧法的精密度有显著提高，即只要检验新法比旧法的方差有显著减小就可以，采用 F 左侧检验（因 $F<1$）。

查附表 A-9 并进行相关计算，得 $F_{0.95(9,10)} = 0.319$。

因 $F_{0.95(9,10)} = F$，故新法比旧法的方差没有显著减小，即新法比旧法的精密度无显著提高。

【总结 2】区间估计与假设检验的比较。

(1) 主要区别：① 参数估计以样本资料估计总体参数的真值，假设检验以样本资料检验对总体参数的先验假设是否成立；② 区间估计求得的是以样本估计值为中心的双侧置信区间，假设检验既有双侧检验，又有单侧检验；③ 区间估计立足于大概率，假设检验立足于小概率。

(2) 主要联系：① 都根据样本信息推断总体参数；② 都以抽样分布为理论依据，都是建立在概率论基础之上的推断；③ 二者可相互转换，形成对偶性。

总之，区间估计与假设检验两者表示结果的形式不同，但本质是一样的。

3.4 方差分析

3.4.1 概述

1. t 检验法的适应性及局限性

检验法适用于样本均数与总体均数及两样本均数之间的差异显著性检验,但在科学研究和生产实践中,经常会遇到比较多个处理优劣的问题,即需要进行多个均数之间的差异显著性检验。这时,若仍采用检验法就不适宜了,主要存在以下问题。

(1) 检验过程烦琐;

(2) 无统一的试验误差,误差估计的精确性和检验的灵敏性低;

(3) 推断的可靠性低,检验的 I 型 ("弃真") 错误率大。

2. 方差分析法的引入

方差分析 (analysis of variance) 是英国统计学家 R. A. Fisher 在 1923 年提出的,其主要内容是将 n 个处理的观测值作为一个整体看待,把观测值总变异的偏差平方和及其自由度分解为相应于不同变异来源的偏差平方和及其自由度,进而获得不同变异来源总体方差估计值;通过计算这些总体方差估计值的适当比值,采用检验法,检验各样本所属总体均数是否相等而做出显著性判断。

方差分析实质上是关于观测值变异原因的数量分析,它在科学试验研究和实际生产实践中得到了十分广泛的应用,特别适合于三个或三个以上处理的正态总体的有关参数估计和均值比较。

3. 完全随机设计

完全随机含有两层意思:一是试验处理中试验顺序的随机安排;二是试验材料的随机分组。

3.4.2 单因子试验设计及其方差分析

1. 完全随机设计

1) 线性模型与基本假定

设单一因子 A,取 a 种水平 (有 a 个处理),每个处理均重复观察 k 次,具体试验设计安排、观察结果及相关数据（包括观察值和及其均数）计算的模式如表 3-4 所示。

表 3-4　试验相关数据

因子 A（处理）	重复观测值(y_{ij})					y_{i*}	y_{**}	$\bar{y}_{i*}$	$\bar{y}_{**}$
	1	2	...	j	...	k			
A_1	y_{11}	y_{12}	...	y_{1j}	...	y_{1k}	y_{1*}		$\bar{y}_{1*}$	
A_2	y_{21}	y_{22}	...	y_{2j}	...	y_{2k}	y_{2*}		$\bar{y}_{2*}$	
⋮	⋮	⋮	...	⋮	...	⋮	⋮		⋮	
A_i	y_{i1}	y_{i2}	...	y_{ij}	...	y_{ik}	y_{i*}		$\bar{y}_{i*}$	
⋮	⋮	⋮	...	⋮	...	⋮	⋮		⋮	
A_a	y_{a1}	y_{a2}	...	y_{aj}	...	y_{ak}	y_{a*}		$\bar{y}_{a*}$	

y_{ij} 表示第 i 个处理的第 j 个观测值（$i=1,2,\cdots,a$；$j=1,2,\cdots,k$）；$y_{i*}=\sum_{j=1}^{k}y_{ij}$ 表示第 i 个处理 k 个观测值之和；$\bar{y}_{i*}=\sum_{j=1}^{k}y_{ij}/a$ 表示第 i 个处理的平均数；$y_{**}=\sum_{i=1}^{a}\sum_{j=1}^{k}y_{ij}=\sum_{i=1}^{a}y_i$ 表示全部观测值的总和；$\bar{y}_{**}=\sum_{i=1}^{a}\sum_{j=1}^{k}y_{ij}/(a\times k)$ 表示全部观测值的总平均数。

在单因子完全随机重复试验中，第 i 个处理的第 j 个观测值可表示为

$$y_{ij}=\mu+\alpha_i+\varepsilon_{ij}$$

式中，μ 为全部试验观测值总体的平均数，$\mu=\sum_{i=1}^{a}\mu_i/a$；$\alpha_i$ 为第 i 个处理效应，表示处理 i 对试验结果产生的影响，$\sum_{i=1}^{a}\alpha_i=0$；ε_{ij} 是试验误差，相互独立，且服从正态分布 $N(0,\sigma^2)$。

2）总偏方平方和与总自由度及其分解

（1）总偏差平方和及其分解。

用于反映全部观测值总变异的总偏差平方和是各观测值 y_{ij} 与总均数 $\bar{y}_{**}$ 的离均差平方和，即

$$\text{SS}_\text{T}=\sum_{i=1}^{a}\sum_{j=1}^{k}(y_{ij}-\bar{y}_{**})^2$$

进一步展开，有

$$\text{SS}_\text{T}=\sum_{i=1}^{a}\sum_{j=1}^{k}(y_{ij}-\bar{y}_{**})^2=\sum_{i=1}^{a}\sum_{j=1}^{k}\left[(\bar{y}_{i*}-\bar{y}_{**})+(y_{ij}-\bar{y}_{i*})\right]^2$$

$$=\sum_{i=1}^{a}\sum_{j=1}^{k}\left[(\bar{y}_{i*}-\bar{y}_{**})^2+2\times(\bar{y}_{i*}-\bar{y}_{**})\times(y_{ij}-\bar{y}_{i*})+(y_{ij}-\bar{y}_{i*})\right]$$

$$= k\sum_{i=1}^{a}\left(\overline{y}_{i*} - \overline{y}_{**}\right)^2 + 2\times\sum_{i=1}^{a}\left[\left(\overline{y}_{i*} - \overline{y}_{**}\right)\times\sum_{j=1}^{k}\left(y_{ij} - \overline{y}_{i*}\right)\right] + \sum_{i=1}^{a}\sum_{j=1}^{k}\left(y_{ij} - \overline{y}_{i*}\right)^2$$

$$= k\sum_{i=1}^{a}\left(\overline{y}_{i*} - \overline{y}_{**}\right)^2 + \sum_{i=1}^{a}\sum_{j=1}^{k}\left(y_{ij} - \overline{y}_{i*}\right)^2$$

式中，$k\sum_{i=1}^{a}\left(\overline{y}_{i*} - \overline{y}_{**}\right)^2$ 为各处理均数 $\overline{y}_{i*}$ 与总均数 $\overline{y}_{**}$ 的离均差平方和与重复数 k 的乘积，反映重复 k 次的处理间变异，称为"处理间偏差平方和"(SS_t)；$\sum_{i=1}^{a}\sum_{j=1}^{k}\left(y_{ij} - \overline{y}_{i*}\right)^2$ 为各处理内偏差平方和之和，反映各处理内的差异，即误差，称为"处理内偏差平方和"或"误差平方和"SS_e，即

$$SS_T = SS_t + SS_e$$

因此，上述公式可简化表示为以下形式。

总偏差平方和：$SS_T = \sum_{i=1}^{a}\sum_{j=1}^{k}y_{ij}^2 - CT$，其中 $CT = \left(\sum_{i=1}^{a}\sum_{j=1}^{k}y_{ij}\right)^2 / N = y_{**}^2 / (a\times k)$ 称为"矫正数"。

处理间偏差平方和：$SS_t = \sum_{i=1}^{a}y_{i*}^2 / k - CT$

处理内偏差（误差）平方和：$SS_e = SS_T - SS_t$

（2）总自由度及其分解。

总自由度：$df_T = a\times k - 1 = N - 1$

处理间自由度：$df_t = a - 1$

处理内（误差）自由度：$df_e = df_T - df_t = a\times(k-1)$

（3）均方及其计算。

总均方：$MS_T = SS_T / df_T$

处理间均方：$MS_t = SS_t / df_t$

处理内（误差）均方：$MS_e = SS_e / df_e$

3）列方差分析

列方差分析如表 3-5 所示。

表 3-5 列方差分析

变异来源	平方和 SS	自由度 df	均方 MS	F 值	$F_{0.05}$	$F_{0.01}$
处理间（因子 A）	$SS_t = \sum_{i=1}^{a} y_{i*}^2 / k - CT$	$df_t = a - 1$	$MS_t = SS_t / df_t$	MS_t / MS_e		
误差	$SS_e = SS_T - SS_t$	$df_e = a\times(k-1)$	$MS_e = SS_e / df_e$			
总变异	$SS_T = \sum_{i=1}^{a}\sum_{j=1}^{k} y_{ij}^2 - CT$	$df_T = a\times k - 1$	$MS_T = SS_T / df_T$			

4) 检验方法（F 检验）

采用 F 值出现概率的大小推断两个总体方差是否相等。

(1) 进行无效假设 H_0：$\mu_1 = \mu_2 = \cdots = \mu_a$（或 H_0：$\sigma^2 = 0$）[或备择假设 H_A：各 μ_i 不全相等（或 H_A：$\sigma^2 \neq 0$）]。

(2) 计算统计量 $F = \mathrm{MS}_t / \mathrm{MS}_e$。

(3) 查附表 A-9，得 $F_{\alpha,(\mathrm{df}_t,\mathrm{df}_e)}$。

(4) 判断：若 $F > F_{\alpha(\mathrm{df}_t,\mathrm{df}_e)}$，拒绝 H_0；若 $F \leqslant F_{\alpha(\mathrm{df}_t,\mathrm{df}_e)}$，接受 H_0。具体情况见以下表述。

若 $F \leqslant F_{0.05(\mathrm{df}_t,\mathrm{df}_e)}$，即 $p \geqslant 0.05$，接受 H_0，统计学上，把这一检验结果表述为：各处理间差异不显著，在 F 值的右上方标记 "ns"，或不进行任何标记。

若 $F_{0.05(\mathrm{df}_t,\mathrm{df}_e)} < F \leqslant F_{0.01(\mathrm{df}_t,\mathrm{df}_e)}$，即 $0.01 \leqslant p < 0.05$，拒绝 H_0，而接受 H_A，统计学上把这一检验结果表述为：各处理间差异达到显著，在 F 值的右上方标记 "*"。

若 $F > F_{0.01(\mathrm{df}_t,\mathrm{df}_e)}$，即 $p < 0.01$，高度拒绝 H_0（接受 H_A），统计学上把这一检验结果表述为：各处理间差异达到极显著，在 F 值的右上方标记 "**"。

5) 方差分析的基本步骤

【第一步】相关数据计算，包括数据求和、各项偏差平方和及其自由度等。

【第二步】列方差分析表，进行 F 检验，推断显著性。

【第三步】若检验结果显著，再进行"多重比较"，确定不同水平彼此之间的差异显著性。

6) 方差分析的应用条件

一是各观测值相互独立，并服从正态分布；二是各组总体方差相等，即方差齐性。

【例 3.10】男衬衣制造商欲了解所有人造纤维的拉力强度 $\left(y / \mathrm{kgf} \cdot \mathrm{cm}^{-2}\right)$，认为人造纤维中棉花百分率 $[A(x,\%)]$ 是其影响的主因子。今取 5 种棉花百分率（5 种处理），分别为 15%、20%、25%、30%、35%，且每种处理均取 5 个观察值，按随机办法取得先后顺序，测试结果如表 3-6 所示。

表 3-6 测试结果

试验号（i）	棉花百分率 $A(x_i)$/%	重复观察值[人造纤维的拉力强度 $y_{ij}/\mathrm{kgf} \cdot \mathrm{cm}^{-2}$]				
		1	2	3	4	5
1	15	7	7	15	11	9
2	20	12	17	12	18	18
3	25	14	18	18	19	19
4	30	19	25	22	19	23
5	35	7	10	15	15	11

（1）试推断人造纤维中棉花百分率是否对其拉力强度有显著影响。

（2）试估计当置信度为 95%时，棉花百分率为 30%的均数（μ_i）及棉花百分率为 20%与棉花百分率为 30%两均数之差（$\mu_i - \mu_{i'}$）的置信区间。

（3）采用"多重比较"，对不同棉花百分率彼此之间的差异进行显著性检验。

（4）配合反应曲线，试建立人造纤维中棉花百分率与其拉力强度的数学模型。

【解】（1）推断人造纤维中棉花百分率是否对其拉力强度有显著影响。

相关数据计算（包括观察总值、平均值）如表 3-7 所示。

表 3-7 数据计算

试验号(i)	棉花百分率 (x_i)/%	重复观察值[人造纤维的拉力强度 y_{ij}/kgf·cm^{-2}]					y_{i*}	y_{**}	$\bar{y}_{i*}$	$\bar{y}_{**}$
		1	2	3	4	5				
1	15	7	7	15	11	9	49		9.8	
2	20	12	17	12	18	18	77		15.4	
3	25	14	18	18	19	19	88	376	17.6	15.04
4	30	19	25	22	19	23	108		21.6	
5	35	7	10	15	15	11	54		10.8	

各偏差平方和与其自由度计算如下所示。

$$\text{CT} = y_{**}^2/(a \times k) = 376^2/(5 \times 5) = 5\,655.04$$

$$\text{SS}_T = \sum_{i=1}^{a}\sum_{j=1}^{k} y_{ij}^2 - \text{CT} = (7^2 + 7^2 + \cdots + 11^2) - 5\,655.04 = 636.96$$

$$\text{df}_T = a \times k - 1 = 5 \times 5 - 1 = 24$$

$$\text{SS}_t = \sum_{i=1}^{a} y_{i*}^2/k - \text{CT}$$

$$= (49^2 + 77^2 + 88^2 + 108^2 + 54^2)/5 - 5\,655.04 = 475.76$$

$$\text{df}_t = a - 1 = 5 - 1 = 4$$

$$\text{SS}_e = \text{SS}_T - \text{SS}_t = 636.96 - 475.76 = 161.20$$

$$\text{df}_e = \text{df}_T - \text{df}_t = 24 - 4 = 20,\ \text{或}\ \text{df}_e = a \times (k-1) = 5 \times (5-1) = 20$$

列出方差分析表，进行 F 检验，如表 3-8 所示。

表 3-8 方差分析与 F 检验

变异来源	SS	df	MS	F	$F_{0.05}$	$F_{0.01}$
处理间（棉花百分率 A）	475.76	4	118.94	14.76	2.87	4.43
误差	161.20	20	8.06			
总变异	639.96	24				

结果表明：处理间的影响达到极显著，即有 99% 把握认为人造纤维中棉花百分率对其拉力强度有极显著影响。

（2）试估计当置信度为 95% 时，棉花百分率为 30% 的均数（μ_i）及棉花百分率为 20% 与棉花百分率为 30% 两均数之差（$\mu_i - \mu_{i'}$）的置信区间。

首先进行模型参数估计。

总平均：$\hat{\mu} = \bar{y}_{**}$。

处理效应：$\bar{\tau}_i = \bar{y}_{i*} - \bar{y}_{**}$。

第 i 个处理均数 μ_i 的 $100(1-\alpha)\%$ 置信区间：$\bar{y}_{i*} \pm t_{\alpha/2, a\times(k-1)} \sqrt{MS_e / k}$。

任意两个处理均数之差（$\mu_i - \mu_{i'}$）的 $100(1-\alpha)\%$ 置信区间：$\bar{y}_{i*} - \bar{y}_{i'*} \pm t_{\alpha/2, a\times(k-1)} \sqrt{2MS_e / k}$。

查附表 A-7 知，$t_{\alpha/2, a\times(k-1)} = t_{0.05/2, 5\times(5-1)} = t_{0.05(双侧), 20} = 2.086$。

当置信度为 95% 时，棉花百分率为 30% 的均数（μ_i）的置信区间：$[21.60 \pm 2.086 \times \sqrt{8.06/5}]$，即 $[21.60 \pm 2.65]$ 或 $[18.95, 24.25]$。

当置信度为 95% 时，棉花百分率 20% 与棉花百分率 30% 两均数之差（$\mu_i - \mu_{i'}$）的置信区间：$[(15.40 - 21.60) \pm 2.086 \times \sqrt{2 \times 8.06/5}]$，即 $[-6.20 \pm 3.75]$ 或 $[-9.95, -2.45]$。

（3）采用新复极差法进行"多重比较"，进行不同棉花百分率彼此之间的差异性检验。

对不同试验号，按所得均数 $\bar{y}_{i*}$ 的大小顺序，依次由上至下顺序排列，具体多重比较设计如表 3-9 所示。

表 3-9 多重比较设计

试验号（i）	$\bar{y}_{i*}$	$\bar{y}_{i*} - 9.8$	$\bar{y}_{i*} - 10.8$	$\bar{y}_{i*} - 15.4$	$\bar{y}_{i*} - 17.6$
4	21.6	11.8	10.8	6.2	4.0
3	17.6	7.8	6.8	2.2	
2	15.4	5.6	4.6		
5	10.8	1.0			
1	9.8				

根据 $MS_e = 8.06$，$k = 5$，得样本标准误差：$S_{\bar{y}} = \sqrt{MS_e / k} = \sqrt{8.06/5} = 1.27$。

并根据 $df_e = 20$，秩次距 $k = 2, 3, 4, 5$，查出 $\alpha = 0.05$ 和 $\alpha = 0.01$ 的各临界 SSR 值，并乘以样本标准误差（1.27），即各最小显著极差 LSR，相关试验结果如表 3-10 所示。

表 3-10 试验结果

df_e	秩次距 k	$SSR_{0.05}$	$SSR_{0.01}$	$LSR_{0.05}$	$LSR_{0.01}$
20	2	2.95	4.02	3.75	5.10
	3	3.10	4.22	3.94	5.36
	4	3.18	4.33	4.04	5.50
	5	3.25	4.40	4.13	5.59

将表中的差数与表中相应的最小显著极差比较并标记检验结果,如表 3-11 所示。

表 3-11 检验结果

试验号(i)	$\bar{y}_{i*}$	$\bar{y}_{i*}-9.8$	$\bar{y}_{i*}-10.8$	$\bar{y}_{i*}-15.4$	$\bar{y}_{i*}-17.6$
4	21.6	11.8**	10.8**	6.2**	4.0*
3	17.6	7.8**	6.8**	2.2	
2	15.4	5.6**	4.6*		
5	10.8	1.0			
1	9.8				

结果表明:除试验号 3 与试验号 2、试验号 5 与试验号 1 外,其他各试验号(处理)彼此之间的差异均达到(极)显著。

(4)配合反应曲线,建立纤维棉花百分率与衬衣拉力强度的数学模型。

根据处理数,选取合适的正交多项式系数,并进行相关数据计算,如表 3-12 所示。

表 3-12 相关数据计算

试验号(i)	棉花百分率 $A(x_i)$/%	观察值和 y_{i*}	正交对比系数 C_{ij}			
			一次	二次	三次	四次
1	15	49	−2	2	−1	1
2	20	77	−1	−1	2	−4
3	25	88	0	−2	0	6
4	30	108	1	−1	−2	−4
5	35	54	2	2	1	1
正交对比系数平方和 $Q_C = \sum_{i=1}^{a} C_{ij}^2$			10	14	10	70
常数值 λ_j			1	1	5/6	35/12
效应 $E = \sum_{i=1}^{a} C_{ij} y_{i*}$			41	−155	−57	−109
平方和 $SS = E^2/(k \times Q_C)$			33.62	343.21	64.98	33.95
模型参数 $\alpha_j = E/(k \times Q_C)$			0.820 0	−2.214 3	−1.140 0	−0.311 4

列拓展的方差分析如表 3-13 所示。

表 3-13 列拓展的方差分析

变异来源	SS	df	MS	F	$F_{0.05}$	$F_{0.01}$
处理间（棉花百分率 A）	475.76	4	118.94	14.76**	2.87	4.43
一次	33.62	1	33.62	4.17	4.35	8.10
二次	343.21	1	343.21	42.58**		
三次	64.98	1	64.98	8.06*		
四次	33.95	1	33.95	4.21		
误差	161.20	20	8.06			
总变异	639.96	24				

拓展的方差分析结果表明，虽然四次、一次效应并未达到显著，但鉴于二次、三次效应已经分别达到极显著、显著，故应将衬衣拉力强度 (y) 与人造纤维中棉花百分率 (x) 的关系配合成三次多项式曲线方程

$$y = \alpha_0 p_0(x) + \alpha_1 p_1(x) + \alpha_2 p_2(x) + \alpha_3 p_3(x) + \varepsilon$$

这里，$p_u(x)$ 是 u 次正交多项式，其中

$$p_0(x) = 1$$

$$p_1(x) = \lambda_1 \left[\frac{x - \bar{x}}{d} \right]$$

$$p_2(x) = \lambda_2 \left[\left(\frac{x - \bar{x}}{d} \right)^2 - \frac{m^2 - 1}{12} \right]$$

$$p_3(x) = \lambda_3 \left[\left(\frac{x - \bar{x}}{d} \right)^3 - \left(\frac{x - \bar{x}}{d} \right) \left(\frac{3m^2 - 7}{20} \right) \right]$$

$$p_4(x) = \lambda_4 \left[\left(\frac{x - \bar{x}}{d} \right)^4 - \left(\frac{x - \bar{x}}{d} \right)^2 \left(\frac{3m - 13}{14} \right) + \frac{3(m^2 - 1)(m^2 - m)}{560} \right]$$

$$\vdots$$

这里，d 为 x 的水平间距；m 为水平数；λ_i 为多项式所固有的常数值；α 为正交多项式中模型参数估计，且有

$$\hat{\alpha}_0 = \bar{y}_{**}$$

$$\bar{\alpha}_j = \frac{\sum_{i=1}^{a} C_{ij} y_{i*}}{k \sum_{i=1}^{a} C_{ij}^2} = \alpha_j$$

针对本例，$m = 5$，$\bar{x} = (15 + 35)/2 = 25$，$d = 5$，将相关数据代入，有

$$\hat{y} = 15.04 + 0.820\,0 \times 1 \times \left(\frac{x-25}{5}\right) - 2.214\,3 \times 1 \times \left[\left(\frac{x-25}{5}\right)^2 - \frac{5^2-1}{12}\right] -$$
$$1.140\,0 \times \frac{5}{6} \times \left[\left(\frac{x-25}{5}\right)^3 - \left(\frac{x-25}{5}\right)\left(\frac{3\times 5^2 - 7}{20}\right)\right]$$

整理得
$$\hat{y} = 64.593\,6 - 9.010\,0x + 0.481\,4x^2 - 0.007\,6x^3$$

因此，配合成衬衣拉力强度 y 与棉花百分率 x 关系的曲线方程
$$\hat{y} = 64.593\,6 - 9.010\,0x + 0.481\,4x^2 - 0.007\,6x^3$$

据此方程，可预测在 15%～35% 内的任意棉花百分率的纤维拉力强度。如当棉花百分率 $x = 30\%$ 时的纤维拉力强度的预测值为
$$\hat{y} = 64.593\,6 - 9.010\,0 \times 30 + 0.481\,4 \times 30^2 - 0.007\,6 \times 30^3 = 22.35\,\text{kgf/cm}^2$$

实际（平均）为 $21.6\,\text{kgf/cm}^2$。两者有一定的接近程度，表明预测估计具有一定的价值。

设单一因子 A 的处理数为 a，各处理重复数分别为 $k_1, k_2, \cdots, k_a$，则

试验观测值总数：$N = \sum k_i$

矫正数：$\text{CT} = y_{**}^2 / N$

总偏差平方和：$\text{SS}_\text{T} = \sum_{i=1}^{a}\sum_{j=1}^{k_i} y_{ij}^2 - \text{CT}$

总自由度：$\text{df}_\text{T} = N - 1$

处理偏差平方和：$\text{SS}_\text{t} = \sum_{i=1}^{a} y_{i*}^2 / k_i - \text{CT}$

处理自由度：$\text{df}_\text{t} = a - 1$

误差平方和：$\text{SS}_\text{e} = \text{SS}_\text{T} - \text{SS}_\text{t}$

误差自由度：$\text{df}_\text{e} = \text{df}_\text{T} - \text{df}_\text{t} = N - a$

【例 3.11】 五种不同配方（五个处理）橡胶材料的拉伸强度试验结果如表 3-14 所示，试比较不同配方之间对拉伸强度有无差异显著性。

表 3-14 五种不同配方橡胶材料的拉伸强度试验结果

试验号（i）	配方（B）	重复观察值 y_{ij}（拉伸强度/MPa）					
		1	2	3	4	5	6
1	B_1	21.5	19.5	20.0	22.0	18.0	20.0
2	B_2	16.0	18.5	17.0	15.5	20.0	16.0
3	B_3	19.0	17.5	20.0	18.0	17.0	
4	B_4	21.0	18.5	19.0	20.0		
5	B_5	15.5	18.0	17.0	16.0		

【解】相关数据求和，如表 3-15 所示。

表 3-15 相关数据求和

试验号 (i)	配方 (B)	重复观察值 y_{ij}（拉伸强度/MPa）						k_i	N	y_{i*}	y_{**}	$\bar{y}_{i*}$	$\bar{y}_{**}$
		1	2	3	4	5	6						
1	B_1	21.5	19.5	20.0	22.0	18.0	20.0	6	25	121.0	460.5	20.2	18.42
2	B_2	16.0	18.5	17.0	15.5	20.0	16.0	6		103.0		17.2	
3	B_3	19.0	17.5	20.0	18.0	17.0		5		91.5		18.3	
4	B_4	21.0	18.5	19.0	20.0			4		78.5		19.6	
5	B_5	15.5	18.0	17.0	16.0			4		66.5		16.6	

计算各偏差平方和与其自由度

$$\mathrm{CT} = y_{**}^2 / N = 460.5^2 / 25 = 8\,482.21$$

$$\mathrm{SS_T} = \sum_{i=1}^{a}\sum_{j=1}^{k_i} y_{ij}^2 - \mathrm{CT} = (21.5^2 + 19.5^2 + \cdots + 16.0^2) - 8\,482.41 = 85.34$$

$$\mathrm{df_T} = N - 1 = 25 - 1 = 24$$

$$\mathrm{SS_t} = \sum_{i=1}^{a} y_{i*}^2 / k_i - \mathrm{CT} = \begin{pmatrix} 121.0^2/6 + 103.0^2/6 + 91.5^2/5 + 78.8^2/ \\ 4 + 66.5^2/4 \end{pmatrix} - 8\,482.41 = 46.50$$

$$\mathrm{df_t} = a - 1 = 5 - 1 = 4$$

$$\mathrm{SS_e} = \mathrm{SS_T} - \mathrm{SS_t} = 85.34 - 46.50 = 38.84$$

$$\mathrm{df_e} = \mathrm{df_T} - \mathrm{df_t} = 24 - 4 = 20$$

列出方差分析表，进行 F 检验，如表 3-16 所示。

表 3-16 方差分析与 F 检验

变异来源	SS	df	MS	F	$F_{0.05}$	$F_{0.01}$
处理间（配方）	46.50	4	11.63	5.99	2.87	4.43
误差	38.84	20	1.94			
总变异	85.34	24				

结果表明：配方间的影响达到极显著，即有 99% 把握认为配方对所得橡胶材料的拉伸强度有极显著的影响。

采用新复极差法作多重比较，进一步检验各配方之间差异显著性。

【第一步】对不同配方号，按所得均数 $\bar{y}_{i*}$ 的大小顺序，依次由上至下顺序排列，具体多重比较数据如表 3-17 所示。

表 3-17 多重比较数据

配方（B）	$\bar{y}_{i*}$	$\bar{y}_{i*}-16.6$	$\bar{y}_{i*}-17.2$	$\bar{y}_{i*}-18.3$	$\bar{y}_{i*}-19.6$
B_1	20.2	3.6	3.0	1.9	0.6
B_2	19.6	3.0	2.4	1.3	
B_3	18.3	1.7	1.1		
B_4	17.2	0.6			
B_5	16.6				

【第二步】因各处理重复数不等，应先计算出平均重复次数 k_0 来代替标准误 $S_{\bar{y}}=\sqrt{MS_e/k}$ 中的 k。

针对此例

$$k_0 = \frac{1}{a-1}\left[\sum k_i - \frac{\sum k_i^2}{\sum k_i}\right] = \frac{1}{5-1}\left[25 - \frac{6^2+6^2+5^2+4^2+4^2}{6+6+5+4+4}\right] = 4.96$$

因此，标准误为

$$S_{\bar{y}} = \sqrt{MS_e/k} = \sqrt{1.94/4.96} = 0.625$$

并根据 $df_e = 20$，秩次距 $k = 2,3,4,5$，查出 $\alpha = 0.05$ 与 $\alpha = 0.01$ 的临界 SSR 值，再乘以 0.625，即得各最小显极差 LSR，所得结果如表 3-18 所示。

表 3-18 各最小显极差结果

df_e	秩次距 k	$SSR_{0.05}$	$SSR_{0.01}$	$LSR_{0.05}$	$LSR_{0.01}$
20	2	2.95	4.02	1.844	2.513
	3	3.10	4.22	1.938	2.638
	4	3.18	4.33	1.988	2.706
	5	3.25	4.40	2.031	2.750

【第三步】将差数与相应的最小显著极差比较并标记检验结果，如表 3-19 所示。

表 3-19 比较与检验结果

配方（B）	$\bar{y}_{i*}$	$\bar{y}_{i*}-16.6$	$\bar{y}_{i*}-17.2$	$\bar{y}_{i*}-18.3$	$\bar{y}_{i*}-19.6$
B_1	20.2	3.6**	3.0**	1.9	0.6
B_2	19.6	3.0**	2.4*	1.3	
B_3	18.3	1.7	1.1		
B_4	17.2	0.6			
B_5	16.6				

结果表明：B_1、B_4 得平均拉伸强度极显著或显著高于 B_2、B_5 得平均拉伸强度，其余不同配方彼此之间得差异并没有达到显著。

2. 随机区组设计

1) 数据模式

设单一因子 A 有 a 个处理，q 个区组，共有 $a \times q$ 个观察值，其数据模式如表 3-20 所示。

表 3-20 因子 A 数据模式

因子 A（处理）	区组观测值 (y_{ij})					
	I	II	⋯	j	⋯	q
1	y_{11}	y_{12}	⋯	y_{1j}	⋯	y_{1q}
2	y_{21}	y_{22}	⋯	y_{2j}	⋯	y_{2q}
⋮	⋮	⋮	⋯	⋮	⋯	⋮
i	y_{i1}	y_{i2}	⋯	y_{ij}	⋯	y_{iq}
⋮	⋮	⋮	⋯	⋮	⋯	⋮
a	y_{a1}	y_{a2}	⋯	y_{aj}	⋯	y_{aq}

2) 数学模型

单因子随机区组试验中，每一区组观察值 y_{ij} 的数学模型可表示为 $y_{ij} = \mu + \alpha_i + \beta_j + \varepsilon_{ij}$，其中 μ 为全部试验观测值总体的平均数，$\mu = \sum_{i=1}^{a} \mu_i / a$；$\alpha_i$ 为第 i 个处理效应，表示处理 i 对试验结果产生的影响，$\sum_{i=1}^{a} \alpha_i = 0$；$\beta_j$ 为第 j 个区组效应，表示区组 j 对试验结果产生的影响，$\sum_{j=1}^{q} \beta_i = 0$；$\varepsilon_{ij}$ 是试验误差，相互独立，且服从正态分布 $N(0, \sigma^2)$。

3) 总变异分解

随机区组设计的方差分析关键仍在于总变异分解，因随机区组设计可将区组间变异从完全随机设计的组内变异中分离出来以反映不同区组对结果的影响，故随机区组设计全部测量值总变异(T)相应地分成处理(t)、区组(q)与误差(e)三个部分，即有

$$SS_T = SS_t + SS_q + SS_e$$
$$df_T = df_t + df_q + df_e$$

相关数据计算如表 3-21 所示。

表 3-21 相关数据计算

处理	重复观测值(y_{ij})					y_{i*}	$\bar{y}_{i*}$	处理平方之和 $\left(\sum_{j=1}^{q} y_{ij}^2\right)$	处理和之平方 $\left(y_{i*}^2\right)$
	I	II	⋯	j	⋯	q			
1	y_{11}	y_{12}	⋯	y_{1j}	⋯	y_{1q}	y_{1*}	$\bar{y}_{1*}$	$\sum_{j=1}^{q} y_{1j}^2$	y_{1*}^2
2	y_{21}	y_{22}	⋯	y_{2j}	⋯	y_{2q}	y_{2*}	$\bar{y}_{2*}$	$\sum_{j=1}^{q} y_{2j}^2$	y_{2*}^2
⋮	⋮	⋮	⋯	⋮	⋯	⋮	⋮	⋮	⋮	⋮
i	y_{i1}	y_{i2}	⋯	y_{ij}	⋯	y_{iq}	y_{i*}	$\bar{y}_{i*}$	$\sum_{j=1}^{q} y_{ij}^2$	y_{i*}^2
⋮	⋮	⋮	⋯	⋮	⋯	⋮	⋮	⋮	⋮	⋮
a	y_{a1}	y_{a2}	⋯	y_{aj}	⋯	y_{aq}	y_{a*}	$\bar{y}_{a*}$	$\sum_{j=1}^{q} y_{aj}^2$	y_{a*}^2
y_{*j}	y_{*1}	y_{*2}	⋯	y_{*j}	⋯	y_{*q}	y_{**}	$\bar{y}_{**}$	$\sum_{i=1}^{a}\sum_{j=1}^{q} y_{ij}^2$	$\sum_{i=1}^{a} y_{i*}^2$
y_{*j}^2	y_{*1}^2	y_{*2}^2	⋯	y_{*j}^2	⋯	y_{*q}^2	—	—		$\sum_{j=1}^{q} y_{*j}^2$

(1) 总变异：反映全部试验数据间大小不等的状况。

$$SS_T = \sum_{i=1}^{a}\sum_{j=1}^{q} y_{ij}^2 - CT$$

其中

$$CT = \left(\sum_{i=1}^{a}\sum_{j=1}^{q} y_{ij}\right)^2 / N = y_{**}^2 / (a \times q)$$

$$df_T = a \times q - 1$$

(2) 处理组间变异：各处理组间测量值的均数大小不等。

$$SS_t = \sum_{i=1}^{a} y_{i*}^2 / q - CT$$

$$df_t = a - 1$$

(3) 区组间变异：各区组间测量值的均数大小不等。

$$SS_q = \sum_{j=1}^{q} y_{*j}^2 / a - CT$$

$$df_q = q - 1$$

(4) 误差变异：反映随机误差产生的变异。

$$SS_e = SS_T - SS_t - SS_q$$

$$df_e = df_T - df_t - df_q = (a-1) \times (q-1)$$

4) 列方差分析

列方差分析如表 3-22 所示。

表 3-22 列方差分析

变异来源	SS	df	MS	F	$F_{0.05}$	$F_{0.01}$
区组	$SS_q = \sum_{j=1}^{q} y_{\cdot j}^2 / a - CT$	$df_q = q-1$	$MS_q = \dfrac{SS_q}{df_q}$	MS_q/MS_e		
处理间（因子A）	$SS_t = \sum_{i=1}^{a} y_{i\cdot}^2 / q - CT$	$df_t = a-1$	$MS_t = \dfrac{SS_t}{df_t}$	MS_t/MS_e		
误差	$SS_e = SS_T - SS_t - SS_q$	$df_e = (a-1)\times(q-1)$	$MS_e = \dfrac{SS_e}{df_e}$			
总变异	$SS_T = \sum_{i=1}^{a}\sum_{j=1}^{q} y_{ij}^2 - CT$	$df_T = a\times q - 1$				

【例 3.12】研究甲、乙、丙三种改性剂对高聚物性能的影响，假定原料批次也设置为影响因子，以区组加以考虑。拟用 6 批原料，每批 3 份（500g/份），随机安排试验，研究甲、乙、丙三种改性剂对高聚物拉伸强度的影响，结果如表 3-23 所示。

（1）不同改性剂之间对高聚物拉伸强度提高是否相同？

（2）不同原料批次之间对高聚物拉伸强度提高是否相同？

表 3-23 三种改性剂对高聚物拉伸强度的影响

处理（改性剂）	区组（原料批次号）观察值（y_{ij}）					
	I	II	III	IV	V	VI
甲	64	53	71	41	50	42
乙	65	54	68	46	58	40
丙	73	59	79	38	65	46

【解】建立检验假设

H_0：$\mu_{甲} = \mu_{乙} = \mu_{丙}$（三种改性剂对高聚物拉伸强度提高作用相同）

H_A：$\mu_{甲}$、$\mu_{乙}$、$\mu_{丙}$不全相等（三种改性剂对高聚物拉伸强度提高作用不全相同）

H_0：$\mu_1 = \mu_2 = \cdots = \mu_6$（原料批次对高聚物拉伸强度提高无影响）

H_A：$\mu_1, \mu_2, \cdots, \mu_6$不全相等（原料批次对高聚物拉伸强度提高有影响）

数据求和，如表 3-24 所示。

表 3-24 数据求和

处理（改性剂）	区组（原料批次号）观察值（y_{ij}）						$y_{i\cdot}$	$\sum_{j=1}^{q} y_{ij}^2$	$\sum_{i=1}^{a}\sum_{j=1}^{q} y_{ij}^2$
	I	II	III	IV	V	VI			
甲	64	53	71	41	50	42	321	17 891	59 572
乙	65	54	68	46	58	40	331	18 845	
丙	73	59	79	38	65	46	360	228 36	
$y_{\cdot j}$	202	166	218	125	173	128	1012($y_{\cdot\cdot}$)		

计算各偏差平方和与其自由度

$$CT = y_{**}^2/(a \times q) = 1012^2/(3 \times 6) = 56896.89$$

$$SS_T = \sum_{i=1}^{a}\sum_{j=1}^{q} y_{ij}^2 - CT = 59572 - 56896.89 = 2675.111$$

$$df_T = a \times q - 1 = 3 \times 6 - 1 = 17$$

$$SS_t = \sum_{i=1}^{a} y_{i*}^2/q - CT = (321^2 + 331^2 + 360^2)/6 - 56896.89 = 136.778$$

$$df_t = a - 1 = 3 - 1 = 2$$

$$SS_q = \sum_{j=1}^{q} y_{*j}^2/a - CT = (202^2 + 166^2 + \cdots + 128^2)/3 - 56896.89 = 2377.111$$

$$df_q = q - 1 = 6 - 1 = 5$$

$$SS_e = SS_T - SS_t - SS_q = 2675.111 - 136.778 - 2377.111 = 161.222$$

$$df_e = (a-1) \times (q-1) = (3-1) \times (6-1) = 10$$

列方差分析如表 3-25 所示。

表 3-25 列方差分析

变异来源	SS	df	MS	F	$F_{0.05}$	$F_{0.01}$
区组（原料批次）间	2 377.111	5	475.422	29.49**	3.33	5.64
处理组（改性剂种类）间	136.778	2	68.389	4.24*	4.10	7.56
误差	161.222	10	16.122			
总变异	2 675.111	17				

处理因子查附表 A-9，$F_{0.05,(2,10)} = 4.10$，因 $F = 4.24 > F_{0.05,(2,10)} = 4.10$，故 $p < 0.05$。

【推断】按 $\alpha = 0.05$ 检验水准，拒绝 H_0（即接受 H_A）差别有统计学意义，可认为改性剂种类对高聚物拉伸强度提高有显著影响。

区组因子查附表 A-9，$F_{0.01,(5,10)} = 5.64$，因 $F = 29.49 > F_{0.01,(5,10)} = 5.64$，故 $p < 0.01$。

【推断】按 $\alpha = 0.01$ 检验水准，高度拒绝 H_0（即高度接受 H_A），差别有统计学意义，可认为原料批次对高聚物拉伸强度提高有极显著影响。

值得注意的是，若不把批次设计看成是完全随机区组化设计，而是当作完全随机单因子设计，其方差分析如表 3-26 所示。

表 3-26 方差分析

变异来源	SS	df	MS	F	$F_{0.05}$	$F_{0.01}$
处理组（改性剂）间	136.778	2	68.389	0.404 2	3.49	5.95
误差	2 538.22	15	169.215			
总变异	2 675.111	17				

结果表明：改性剂种类对高聚物拉伸强度提高并无显著影响。这一结论与事实并不相符，因而是不正确的。

采用完全随机区组试验设计，减少了干扰成分，使得3种改性剂间的高聚物拉伸强度提高差异能够充分显示出来。

3. 拉丁方设计

完全随机设计只涉及一个处理因子，随机区组设计涉及一个处理因子和一个区组因子。若试验涉及一个处理因子和两个控制因子，且每个因子的水平数相等，此时可采用拉丁方设计来安排试验，将两个控制因子分别安排在拉丁方的行和列上。

p阶拉丁方是由p个拉丁字母排成的$p \times p$方阵，每行或每列中每个字母都只出现一次。下面给出了几个拉丁方设计。

（1）3×3

A	B	C
C	A	B
B	C	A

（2）4×4

A	B	C	D
D	A	B	C
C	D	A	B
B	C	D	A

（3）5×5

A	B	C	D	E
E	A	B	C	D
D	E	A	B	C
C	D	E	A	B
B	C	D	E	A

应用时，根据水平数p来选定拉丁方大小。

拉丁方设计是在随机区组设计基础上发展的，可多安排一个已知的对试验结果有影响的非处理因子来提高效率。

拉丁方设计的要求：一定是p因子，且p因子水平数相等；行间、列间、处理间均无交互作用；各行、列处理的方差齐。

拉丁方设计的优点：可同时研究p个因子，减少试验次数；从组内变异中不但分离出行区组变异,而且还分离出列区组变异,使误差变异进一步减小,因而精确度高,适用有两种较明显误差的试验。

拉丁方设计的缺点:要求处理组数与所要控制的$(p-1)$个因子水平数相等(即处理数=横行数=直行数=重复数);试验空间很难伸缩,且一般试验不容易满足此条件,而且数据缺失会增加统计分析的难度。(一般处理数只限于5~8个。整个试验操作要在短期内完成,工作不好安排。)

【例3.13】 研究 A、B、C、D 四种改性剂,以及甲、乙、丙、丁四种制备方法对高聚物性能的影响。拟用四批原料,每批四份(500g/份),每份高聚物随机搭配一种改性剂、随机采用一种制备方法,研究改性结果,试验结果如表 3-27 所示。

(1)改性剂种类是否影响高聚物撕裂强度?
(2)制备方法是否影响高聚物撕裂强度?
(3)不同原料批次对高聚物改性效果是否相同?

表 3-27 试验结果

原料批次	制备方法			
	甲	乙	丙	丁
1	80(D)	70(B)	51(C)	48(A)
2	47(A)	75(C)	78(D)	45(B)
3	48(B)	80(D)	47(A)	52(C)
4	46(C)	81(A)	49(B)	77(D)

【解】 建立检验假设

$H_{处理0}$:$\mu_A = \mu_B = \mu_C = \mu_D$,即不同改性剂种类对高聚物撕裂强度提高相同

$H_{处理A}$:μ_A、μ_B、μ_C、μ_D 不全相等,即不同改性剂种类对高聚物撕裂强度提高不全相同

$H_{行0}$:$\mu_1 = \mu_2 = \mu_3 = \mu_4$,即不同原料批次对高聚物撕裂强度提高相同

$H_{行A}$:μ_1、μ_2、μ_3、μ_4 不全相等,即不同原料批次对高聚物撕裂强度提高不全相同

$H_{列0}$:$\mu_甲 = \mu_乙 = \mu_丙 = \mu_丁$,即不同制备方法对高聚物撕裂强度提高相同

$H_{列A}$:$\mu_甲$、$\mu_乙$、$\mu_丙$、$\mu_丁$ 不全相等,即不同制备方法对高聚物撕裂强度提高不全相同

数据求和,如表 3-28 所示。

表 3-28 数据求和

原料批次	制备方法				$y_{i\bullet}$（横行）
	甲	乙	丙	丁	
1	80（D）	70（B）	51（C）	48（A）	249
2	47（A）	75（C）	78（D）	45（B）	245
3	48（B）	80（D）	47（A）	52（C）	227
4	46（C）	81（A）	49（B）	77（D）	253
$y_{\bullet j}$（直列）	221	306	225	222	
处理和（改性剂种类）$\sum y_{ij}$	A	B	C	D	$974(y_{\bullet\bullet})$
	223	212	224	315	
各种类平方之和 $\sum y_{ij}^2$	$\sum A^2$	$\sum B^2$	$\sum C^2$	$\sum D^2$	$62\,772\left(\sum_{i=1}^{p}\sum_{j=1}^{p}y_{ij}^2\right)$
	13 283	11 630	13 046	24 813	

计算各偏差平方和与其自由度

$$CT = y_{\bullet\bullet}^2/(p\times p) = 974^2/(4\times 4) = 59\,292.25$$

$$SS_T = \sum_{i=1}^{p}\sum_{j=1}^{p}y_{ij}^2 - CT = 62\,772 - 59\,292.25 = 3\,479.75$$

$$df_T = p\times p - 1 = 4\times 4 - 1 = 15$$

$$SS_t = \sum_{k=A}^{D}y_{\bullet\bullet k}^2/p - CT = (223^2 + 212^2 + 224^2 + 315^2)/4 - 59\,292.25 = 1\,726.25$$

$$df_t = p - 1 = 4 - 1 = 3$$

$$SS_{横行} = \sum_{i=1}^{p}y_{i\bullet}^2/p - CT = (249^2 + 245^2 + 227^2 + 253^2)/4 - 59\,292.25 = 98.75$$

$$df_{横行} = p - 1 = 4 - 1 = 3$$

$$SS_{直列} = \sum_{j=1}^{p}y_{\bullet j}^2/p - CT = (221^2 + 306^2 + 225^2 + 222^2)/4 - 59\,292.25 = 1\,304.25$$

$$df_{直列} = p - 1 = 4 - 1 = 3$$

$$SS_e = SS_T - SS_t - SS_{横行} - SS_{直列} = 3\,479.75 - 1\,726.25 - 98.75 - 1\,304.25 = 350.5$$

$$df_e = df_T - df_t - df_{横行} - df_{直列} = 15 - 3 - 3 - 3 = 6$$

列方差分析如表 3-29 所示。

表 3-29 列方差分析

变异来源	SS	df	MS	F	$F_{0.05}$	$F_{0.01}$
处理间（改性剂种类）	1 726.25	3	575.417	9.85**	4.76	9.78
行区组（原料批次）	98.75	3	32.917	0.56	4.76	9.78
列区组（制备方法）	1 304.25	3	434.750	7.44*	4.76	9.78
误差	350.50	6	58.417			
总变异	3 479.75	15				

对改性剂种类：由 $\mathrm{df}_{处理}=3$，$\mathrm{df}_{误差}=6$，查附表 A-9，$F_{0.05,(3,6)}=4.76$，$F_{0.01,(3,6)}=9.78$，得 $p<0.01$，按 $\alpha=0.01$ 检验水准，高度拒绝 $H_{处理0}$（高度接受 $H_{处理A}$），差别有统计学意义，可认为改性剂种类对高聚物撕裂强度有极显著影响。

对原料批次：由 $\mathrm{df}_{行}=3$，$\mathrm{df}_{误差}=6$，查附表 A-9，$F_{0.05,(3,6)}=4.76$，$F_{0.01,(3,6)}=9.78$，得 $p>0.05$，按 $\alpha=0.05$ 检验水准，无法拒绝 $H_{行0}$（应该接受 $H_{行A}$），差别无统计学意义，尚不能认为原料批次对高聚物撕裂强度造成影响。

对制备方法：由 $\mathrm{df}_{列}=3$，$\mathrm{df}_{误差}=6$，查附表 A-9，$F_{0.05,(3,6)}=4.76$，$F_{0.01,(3,6)}=9.78$，得 $p<0.05$，按 $\alpha=0.05$ 检验水准，拒绝 $H_{列0}$（接受 $H_{列A}$），差别有统计学意义，可认为制备方法会显著影响高聚物撕裂强度。

4. 希腊拉丁方设计

在一个 $p\times p$ 的拉丁方（采用拉丁字母表示）上重叠第二个 $p\times p$ 拉丁方（采用希腊字母表示），若这两个拉丁方中，每一个拉丁字母与每一个希腊字母当且仅当相遇一次，则这两个拉丁方是正交的，由这两个拉丁方所确定的设计称为希腊拉丁方设计。其特点有：可以控制用于 3 个方面的外部变异，即区组的 3 个方向控制；可容纳 4 个因子（即横行、直列、拉丁字母、希腊字母），每一个因子有 p 种水平，共有 p^2 个试验单元；除 $p=6$ 之外，所有 $p\geq3$ 的希腊拉丁方均存在。

以 4×4 希腊拉丁方设计为例，其数据模式及其相关数据计算见表 3-30，方差分析见表 3-31，其中 $\mathrm{CT}=y_{****}^2/(p\times p)$。

表 3-30 4×4 希腊拉丁方设计数据模式及其相关数据计算

横行	直列				y_{i***}（横行）
	1	2	3	4	
1	A_α	B_β	C_γ	D_δ	y_{1***}
2	B_β	A_γ	D_β	C_α	y_{2***}
3	C_γ	D_α	A_δ	B_γ	y_{3***}
4	D_δ	C_δ	B_α	A_β	y_{4***}
y_{**l*}（直列）	y_{***1}	y_{***2}	y_{***3}	y_{***4}	y_{****}
y_{*j**}（处理-拉丁字母）	y_{*A**}	y_{*B**}	y_{*C**}	y_{*D**}	
y_{**k*}（处理-希腊字母）	$y_{**\alpha*}$	$y_{**\beta*}$	$y_{**\gamma*}$	$y_{**\delta*}$	

表 3-31 4×4 希腊拉丁方设计方差分析

变异来源	SS	df	MS	F	$F_{0.05}$	$F_{0.01}$
拉丁字母处理	$SS_{拉丁} = \sum_{j=1}^{p} y_{\bullet j \bullet \bullet}^2 / p - CT$	$df_{拉丁} = p-1$	$MS_{拉丁} = \dfrac{SS_{拉丁}}{df_{拉丁}}$	$\dfrac{MS_{拉丁}}{MS_e}$		
希腊字母处理	$SS_{希腊} = \sum_{k=1}^{p} y_{\bullet \bullet k \bullet}^2 / p - CT$	$df_{希腊} = p-1$	$MS_{希腊} = \dfrac{SS_{希腊}}{df_{希腊}}$	$\dfrac{MS_{希腊}}{MS_e}$		
横行	$SS_{横行} = \sum_{i=1}^{p} y_{i \bullet \bullet \bullet}^2 / p - CT$	$df_{横行} = p-1$	$MS_{横行} = \dfrac{SS_{横行}}{df_{横行}}$	$\dfrac{MS_{横行}}{MS_e}$		
直列	$SS_{直列} = \sum_{l=1}^{p} y_{\bullet \bullet \bullet l}^2 / p - CT$	$df_{直列} = p-1$	$MS_{直列} = \dfrac{SS_{直列}}{df_{直列}}$	$\dfrac{MS_{直列}}{MS_e}$		
误差	$SS_e = SS_T - SS_{拉丁} - SS_{希腊} - SS_{横行} - SS_{直列}$	$df_e = (p-1) \times (p-1)$	$MS_e = \dfrac{SS_e}{df_e}$			
总变异	$SS_T = \sum_{i=1}^{p}\sum_{j=1}^{p}\sum_{k=1}^{p}\sum_{l=1}^{p} y_{ijkl}^2 - CT$	$df_T = p^2 - 1$				

【例 3.14】炸药试验。在拉丁方设计基础上增加一个测定装配的因子,也有五种水平,以 α、β、γ、δ、ε 表示。具体希腊拉丁方设计及其结果如表 3-32 所示。试进行方差分析。

表 3-32 希腊拉丁方设计及其结果

原料批次	操作员				
	1	2	3	4	5
1	$A_\alpha = 24$	$B_\gamma = 20$	$C_\varepsilon = 19$	$D_\beta = 24$	$E_\delta = 24$
2	$B_\beta = 17$	$C_\delta = 24$	$D_\alpha = 30$	$E_\gamma = 27$	$A_\varepsilon = 36$
3	$C_\gamma = 18$	$D_\varepsilon = 38$	$E_\beta = 26$	$A_\delta = 27$	$B_\alpha = 21$
4	$D_\delta = 26$	$E_\alpha = 31$	$A_\gamma = 26$	$B_\varepsilon = 23$	$C_\beta = 22$
5	$E_\varepsilon = 22$	$A_\beta = 30$	$B_\delta = 20$	$C_\alpha = 29$	$D_\gamma = 31$

【解】数据求和,如表 3-33 所示。

表 3-33 数据求和

原料批次	操作员					$y_{i\bullet\bullet\bullet}$(横行)
	1	2	3	4	5	
1	$A_\alpha = 24$	$B_\gamma = 20$	$C_\varepsilon = 19$	$D_\beta = 24$	$E_\delta = 24$	111
2	$B_\beta = 17$	$C_\delta = 24$	$D_\alpha = 30$	$E_\gamma = 27$	$A_\varepsilon = 36$	134
3	$C_\gamma = 18$	$D_\varepsilon = 38$	$E_\beta = 26$	$A_\delta = 27$	$B_\alpha = 21$	130
4	$D_\delta = 26$	$E_\alpha = 31$	$A_\gamma = 26$	$B_\varepsilon = 23$	$C_\beta = 22$	128
5	$E_\varepsilon = 22$	$A_\beta = 30$	$B_\delta = 20$	$C_\alpha = 29$	$D_\gamma = 31$	132
$y_{\bullet\bullet\bullet l}$(直列)	107	143	121	130	134	635 ($y_{\bullet\bullet\bullet\bullet}$)
处理-拉丁字母 $y_{\bullet j\bullet\bullet}$	143	101	112	149	130	
处理-希腊字母 $y_{\bullet\bullet k\bullet}$	135	119	122	121	138	

计算各偏差平方和与其自由度

$$\mathrm{CT} = y_{****}^2/(p \times p) = 635^2/(5 \times 5) = 16129$$

$$\mathrm{SS}_T = \sum_{i=1}^{p}\sum_{j=1}^{p}\sum_{k=1}^{p}\sum_{l=1}^{p} y_{ijkl}^2 - \mathrm{CT} = (24^2 + 20^2 + \cdots + 31^2) - 16129 = 676$$

$$\mathrm{df}_T = p \times p - 1 = 5 \times 5 - 1 = 24$$

$$\mathrm{SS}_{拉丁} = \sum_{j=1}^{p} y_{*j**}^2/p - \mathrm{CT} = (143^2 + 101^2 + \cdots + 130^2)/5 - 16129 = 330$$

$$\mathrm{df}_{拉丁} = p - 1 = 5 - 1 = 4$$

$$\mathrm{SS}_{希腊} = \sum_{k=1}^{p} y_{**k*}^2/p - \mathrm{CT} = (135^2 + 119^2 + \cdots + 138^2)/5 - 16129 = 62$$

$$\mathrm{df}_{希腊} = p - 1 = 5 - 1 = 4$$

$$\mathrm{SS}_{横行} = \sum_{i=1}^{p} y_{i***}^2/p - \mathrm{CT} = (111^2 + 134^2 + \cdots + 132^2)/5 - 16129 = 68$$

$$\mathrm{df}_{横行} = p - 1 = 5 - 1 = 4$$

$$\mathrm{SS}_{直列} = \sum_{l=1}^{p} y_{***l}^2/p - \mathrm{CT} = (107^2 + 143^2 + \cdots + 134^2)/5 - 16129 = 150$$

$$\mathrm{df}_{直列} = p - 1 = 5 - 1 = 4$$

$$\mathrm{SS}_e = \mathrm{SS}_T - \mathrm{SS}_{拉丁} - \mathrm{SS}_{希腊} - \mathrm{SS}_{横行} - \mathrm{SS}_{直列} = 66$$

$$\mathrm{df}_e = \mathrm{df}_T - \mathrm{df}_{拉丁} - \mathrm{df}_{希腊} - \mathrm{df}_{横行} - \mathrm{df}_{直列} = 24 - 4 - 4 - 4 - 4 = 8$$

列方差分析如表 3-34 所示。

表 3-34 列方差分析

变异来源	SS	df	MS	F	$F_{0.05}$	$F_{0.01}$
成分（处理-拉丁）	330	4	82.5	10**	3.84	7.01
测验装配（处理-希腊）	62	4	15.5	1.878 788	3.84	7.01
原料（横行）	68	4	17	2.060 606	3.84	7.01
操作员（直列）	150	4	37.5	4.545 455*	3.84	7.01
误差	66	8	8.25			
总变异	676	24				

结果表明：混合成分及操作员对炸药的爆炸力有（极）显著的影响，而测验装配及原料批次则对炸药的爆炸力无显著影响。

对比前例，同等条件下，希腊拉丁方设计因分离出测验装配所引起的变异，试验误差将减小。然而，试验误差减少的同时，其自由度也相应减少（从 $\mathrm{df}_e = 12$ 减少到 $\mathrm{df}_e = 8$）。因而，估计误差的自由度减少，测验的灵敏度也相应降低。

3.4.3 两因子试验设计及其方差分析

1. 完全随机设计

【情形一】两因子无重复观测试验资料的方差分析

1) 试验数据模型

两因子完全随机试验中,设 A 因子有 a 种水平,B 因子有 b 种水平,共有 $a \times b$ 种完全组合,即有 $a \times b$ 个处理。不考虑重复观察,其试验方案设计及结果如表 3-35 所示。

表 3-35 试验方案设计及结果

因子 A	因子 B	观察值(y_{ih})	y_{i*}	y_{*h}	$\bar{y}_{i*}$	$\bar{y}_{*h}$
A_1	B_1	y_{11}	y_{11}	y_{*1}	$\bar{y}_{1*}$	y_{*1}
	B_2	y_{12}		y_{*2}		y_{*2}
	⋮	⋮		⋮		⋮
	B_h	y_{1h}		y_{*h}		y_{*h}
	⋮	⋮		⋮		⋮
	B_b	y_{1b}		y_{*b}		y_{*b}
A_2	B_1	y_{21}	y_2	—	$\bar{y}_{2*}$	
	B_2	y_{22}				
	⋮	⋮				
	B_h	y_{2h}				
	⋮	⋮				
	B_b	y_{2b}				
⋮	B_1		⋮		⋮	
	B_2	y_{i1}				
	⋮	y_{i2}				
A_i	B_h	⋮	y_{ia}		$\bar{y}_{i*}$	
	⋮	y_{ih}				
	B_b	⋮				
	B_1	y_{ib}		—		
⋮	⋮	⋮	⋮		⋮	
A_a	B_1	y_{a1}	y_a		$\bar{y}_{a*}$	
	B_2	y_{a1}				
	⋮	⋮				
	B_h	y_{ah}				
	⋮	⋮				
	B_b	y_{ab}				
总计			y_{**}		$\bar{y}_{**}$	

表 3-35 中, $y_{i*} = \sum_{j=1}^{b} y_{ih}$, $\bar{y}_{i*} = \sum_{h=1}^{b} y_{ih}/b$, $y_{*h} = \sum_{i=1}^{a} y_{ih}$, $\bar{y}_{*h} = \sum_{i=1}^{a} y_{ih}/a$, $y_{**} = \sum_{i=1}^{a}\sum_{j=1}^{b} y_{ih}$,

$$\bar{y}_{**} = \sum_{i=1}^{a}\sum_{h=1}^{b} y_{ih}/(a\times b)。$$

2) 数学模型

两因子无重复观测试验中,任一试验结果 y_{ih} 的数学模型可表示为

$$y_{ih} = \mu + \alpha_i + \beta_h + \varepsilon_{ih} \quad (i=1,2,\cdots,a;\ h=1,2,\cdots,b)$$

其中,μ 为总体均数;α_i、β_h 分别为 A_i、B_h 的效应($\alpha_i = \mu_i - \mu$,$\beta_h = \mu_h - \mu$,μ_i、μ_h 分别为 A_i、B_h 观测值总体均数),$\sum \alpha_i = 0$,$\sum \beta_h = 0$;ε_{ih} 为随机误差,相互独立,且服从 $N(0, \sigma^2)$。

3) 列方差分析

列方差分析如表 3-36 所示。

表 3-36 列方差分析

变异来源	SS	df	MS	F	$F_{0.05}$	$F_{0.01}$
因子(A)	$SS_A = \sum_{i=1}^{a} y_{i*}^2/b - CT$	$df_A = a-1$	$MS_A = \dfrac{SS_A}{df_A}$	$\dfrac{MS_A}{MS_e}$		
因子(B)	$SS_B = \sum_{h=1}^{b} y_{*h}^2/a - CT$	$df_B = b-1$	$MS_B = \dfrac{SS_B}{df_B}$	$\dfrac{MS_B}{MS_e}$		
误差(e)	$SS_e = SS_T - SS_A - SS_B$	$df_e = (a-1)\times(b-1)$	$MS_e = \dfrac{SS_e}{df_e}$			
总变异	$SS_T = \sum_{i=1}^{a}\sum_{h=1}^{b} y_{ih}^2 - CT$	$df_T = a\times b - 1$				

注:$CT = y_{**}^2/(a\times b)$。

两因子无重复观测值试验只适用于两个因子间无交互作用的情形。

若两因子间有交互作用,则每个水平组合中只设一个试验单位(观察单位)的试验设计是不正确或不完善的。因为此种情况下,式中 SS_e、df_e 实际上是 A、B 两因子交互作用平方和与自由度,所算得的 MS_e 是交互作用均方,主要反映由交互作用引起的变异。这时若仍按情形一所用方法进行方差分析,因误差均方值大(包含交互作用在内),有可能掩盖试验因子的显著性,从而增大犯 II 型(存伪)错误的概率。

因每个水平组合只有一个观测值,故无法估计真正的试验误差,也不可能对因子之间的交互作用进行研究。

进行两因子或多因子试验时,一般应设置重复,以便正确估计试验误差。

进行两因子或多因子试验时,除了研究每一因子对试验指标的影响外,往往更希望研究因子与因子之间的交互作用。

【**例 3.15**】化学生产中杂质的出现与压力及温度两个因子有关。为确认压力与温度之间是否存在交互作用,采用无重复的两因子完全随机试验,方案设计及结果如

表 3-37 所示，试加以分析。

表 3-37 方案设计及结果

温度（A/℃）	压力（B/MPa）	观察值（y_{ih}）
100	25	5
	30	4
	35	6
	40	3
	45	5
125	25	3
	30	1
	35	4
	40	2
	45	3
150	25	1
	30	1
	35	3
	40	1
	45	2

【解】数据求和，如表 3-38 所示。

表 3-38 数据求和

温度（A/℃）	压力（B/MPa）	观察值（y_{ih}）	$y_{i\cdot}$	$y_{\cdot h}$	$y_{\cdot\cdot}$
100	25	5		9	
	30	4		6	
	35	6	23	13	
	40	3		6	
	45	5		10	
125	25	3			
	30	1			
	35	4	13		44
	40	2			
	45	3			
150	25	1		—	
	30	1			
	35	3	8		
	40	1			
	45	2			

计算各偏差平方和与其自由度

$$CT = y_{**}^2/(a \times b) = 44^2/(3 \times 5) = 129.07$$

$$SS_T = \sum_{i=1}^{a}\sum_{j=1}^{b} y_{i*}^2 - CT = (5^2 + 4^2 + \cdots + 2^2) - 129.07 = 166 - 129.07 = 36.93$$

$$df_T = a \times b - 1 = 3 \times 5 - 1 = 14$$

$$SS_A = \sum_{i=1}^{a} y_{i*}^2/b - CT = (23^2 + 13^2 + 8^2)/5 - 129.07 = 23.33$$

$$df_A = a - 1 = 3 - 1 = 2$$

$$SS_B = \sum_{h=1}^{b} y_{*h}^2/a - CT = (9^2 + 6^2 + 13^2 + 6^2 + 10^2)/3 - 129.07 = 11.60$$

$$df_B = b - 1 = 5 - 1 = 4$$

$$SS_e = SS_T - SS_A - SS_B = 36.93 - 23.33 - 11.60 = 2.00$$

$$SS_N = \frac{\left[\sum_{i=1}^{a}\sum_{h=1}^{b}(y_{ih} \times y_{i*} \times y_{*h}) - y_{**} \times (SS_A + SS_B + C)\right]^2}{a \times b \times SS_A \times SS_B}$$

$$= \frac{[7\,236 - 44 \times (23.33 + 11.60 + 129.07)]^2}{3 \times 5 \times 23.33 \times 11.60} = 0.098\,5$$

其中，$\sum_{i=1}^{3}\sum_{h=1}^{5}(y_{ih} \times y_{i*} \times y_{*h}) = 5 \times 23 \times 9 + 4 \times 23 \times 6 + \cdots + 2 \times 8 \times 10 = 7\,236$，$df_N = 1$，$SS_{e*} = SS_e - SS_N = 2.00 - 0.098\,5 = 1.901\,5$，$df_{e*} = (a-1)(b-1) - 1 = (3-1) \times (5-1) - 1 = 7$。

列方差分析如表 3-39 所示。

表 3-39 列方差分析

变异来源	SS	df	MS	F	$F_{0.05}$	$F_{0.01}$
温度（A）	23.333 3	2	11.666 7	42.949 1**	4.71	9.55
压力（B）	11.600 0	4	2.900 0	10.675 9**	4.12	7.85
非可加性	0.098 5	1	0.098 5	0.362 7	5.59	12.25
新误差 e*	1.901 5	7	0.271 6			
总变异	36.933 3	14				

结果表明：温度与压力之间并不存在交互作用，而温度与压力对杂质的影响均达到极显著。

特别注意的是，每单元一个观察值的两因子试验模型，看上去与单因子随机区组化试验模型颇为相似。然而，导出这两个模型的试验状态截然不同。每单元一个观察值的两因子试验模型，即 $a \times b$ 个处理组合按随机顺序实施。单因子随机区组化试验模型，虽有 b 个区组，但供试因子 a 种水平中的任一种水平仅仅在区组内实行随机。

这两种试验模型的资料收集及其方差分析与结果解释是完全不同的。

【情形二】两因子有重复观测试验资料的方差分析

1）试验数据模式

两因子完全随机试验中，设 A 因子有 a 种水平，B 因子有 b 种水平，含有 $a\times b$ 种完全组合，即有 $a\times b$ 个处理。每一处理均重复观察 k 次，其试验方案设计及结果、相关计算如表 3-40 所示。

表 3-40 试验方案设计及结果、相关计算

因子 A	因子 B	重复观察值 (y_{ihj})					y_{ij*}	y_{i**}	y_{*h*}	$\bar{y}_{ij*}$	$\bar{y}_{i**}$	$\bar{y}_{*h*}$
		1	2	...	j	...	k					
A_1	B_1	y_{111}	y_{112}	...	y_{11j}	...	y_{11k}	y_{11*}		y_{*1*}	$\bar{y}_{11*}$		$\bar{y}_{*1*}$
	B_2	y_{121}	y_{122}	...	y_{12j}	...	y_{12k}	y_{12*}		y_{*2*}	$\bar{y}_{12*}$		$\bar{y}_{*2*}$
	⋮	⋮	⋮	...	⋮	...	⋮	⋮	y_{1**}	⋮	⋮	$\bar{y}_{1**}$	⋮
	B_h	y_{1h1}	y_{1h2}	...	y_{1hj}	...	y_{1hk}	y_{1h*}		y_{*h*}	$\bar{y}_{1j*}$		$\bar{y}_{*h*}$
	⋮	⋮	⋮	...	⋮	...	⋮	⋮		⋮	⋮		⋮
	B_b	y_{1b1}	y_{1b2}	...	y_{1bj}	...	y_{1bk}	y_{1b*}		y_{*b*}	$\bar{y}_{1b*}$		$\bar{y}_{*b*}$
A_2	B_1	y_{211}	y_{212}	...	y_{21j}	...	y_{21k}	y_{21*}			$\bar{y}_{21*}$		
	B_2	y_{221}	y_{222}	...	y_{22j}	...	y_{22k}	y_{22*}			$\bar{y}_{22*}$		
	⋮	⋮	⋮	...	⋮	...	⋮	⋮	y_{2**}		⋮	$\bar{y}_{2**}$	
	B_h	y_{2h1}	y_{2h2}	...	y_{2hj}	...	y_{2hk}	y_{2h*}			$\bar{y}_{2j*}$		
	⋮	⋮	⋮	...	⋮	...	⋮	⋮			⋮		
	B_b	y_{2b1}	y_{2b2}	...	y_{2bj}	...	y_{2bk}	y_{2b*}			$\bar{y}_{2b*}$		
⋮	⋮	⋮	⋮	...	⋮	...	⋮	⋮	⋮		⋮	⋮	
A_i	B_1	y_{i11}	y_{i12}	...	y_{i1j}	...	y_{i1k}	y_{i1*}			$\bar{y}_{i1*}$		
	B_2	y_{i21}	y_{i22}	...	y_{i2j}	...	y_{i2k}	y_{i2*}			$\bar{y}_{i2*}$		
	⋮	⋮	⋮	...	⋮	...	⋮	⋮	y_{i**}	—	⋮	$\bar{y}_{i**}$	—
	B_h	y_{ih1}	y_{ih2}	...	y_{ihj}	...	y_{ihk}	y_{ih*}			$\bar{y}_{ij*}$		
	⋮	⋮	⋮	...	⋮	...	⋮	⋮			⋮		
	B_b	y_{ib1}	y_{ib2}	...	y_{ibj}	...	y_{ibk}	y_{ib*}			$\bar{y}_{ib*}$		
⋮	⋮	⋮	⋮	...	⋮	...	⋮	⋮	⋮		⋮	⋮	
A_a	B_1	y_{a11}	y_{a12}	...	y_{a1j}	...	y_{a1k}	y_{a1*}			$\bar{y}_{a1*}$		
	B_2	y_{a21}	y_{a22}	...	y_{a2j}	...	y_{a2k}	y_{a2*}			$\bar{y}_{a2*}$		
	⋮	⋮	⋮	...	⋮	...	⋮	⋮	y_{a**}		⋮	$\bar{y}_{a**}$	
	B_h	y_{ah1}	y_{ah2}	...	y_{ahj}	...	y_{ahk}	y_{ah*}			$\bar{y}_{aj*}$		
	⋮	⋮	⋮	...	⋮	...	⋮	⋮			⋮		
	B_b	y_{ab1}	y_{ab2}	...	y_{abj}	...	y_{abk}	y_{ab*}			$\bar{y}_{ab*}$		
合计									y_{***}			$\bar{y}_{***}$	

任一组合所有重复观察值之和 $y_{ih*} = \sum_{j=1}^{k} y_{ihj}$，相应的平均值 $\bar{y}_{ihj} = \sum_{j=1}^{k} y_{ihj}/k$；因子 A 某一水平所有观察值之和 $y_{i**} = \sum_{h=1}^{b}\sum_{j=1}^{k} y_{ihj}$，相应的平均值 $\bar{y}_{i**} = \sum_{h=1}^{b}\sum_{j=1}^{k} y_{ihj}/(b\times k)$；因子 B 某一水平所有观察值之和 $y_{*h*} = \sum_{i=1}^{a}\sum_{j=1}^{k} y_{ihj}$，相应的平均值 $\bar{y}_{*h*} = \sum_{i=1}^{a}\sum_{j=1}^{k} y_{ihj}/(a\times k)$；所有观察值之和 $y_{***} = \sum_{i=1}^{a}\sum_{h=1}^{b}\sum_{j=1}^{k} y_{ihj}$，相应的平均值 $\bar{y}_{***} = \sum_{i=1}^{a}\sum_{h=1}^{b}\sum_{j=1}^{k} y_{ihj}/(a\times b\times k)$。

2) 数学模型

两因子有重复观测试验中，任一试验结果 y_{ijl} 的数学模型可表示为

$$y_{ijl} = \mu + \alpha_i + \beta_h + (\alpha\beta)_{ih} + \varepsilon_{ihj}\ (i=1,2,\cdots,a;\ h=1,2,\cdots,b;\ j=1,2,\cdots,k)$$

μ 为总体均数，α_i 为 A_i 的效应，β_h 为 B_h 的效应，$(\alpha\beta)_{ih}$ 为 A_i 与 β_h 交互效应，且有

$$\alpha_i = \mu_{i*} - \mu$$
$$\beta_h = \mu_{*h} - \mu$$
$$(\alpha\beta)_{ih} = \mu_{ih} - \mu_{i*} - \mu_{*h} + \mu$$

μ_i、μ_h、μ_{ih} 分别为 A_i、B_h、A_iB_h 观测值总体均数，且满足

$$\sum_{i=1}^{a}\alpha_i = 0, \sum_{h=1}^{b}\beta_h = 0, \sum_{i=1}^{a}(\alpha\beta)_{ih} = \sum_{h=1}^{b}(\alpha\beta)_{ih} = \sum_{i=1}^{a}\sum_{h=1}^{b}(\alpha\beta)_{ih} = 0$$

ε_{ihj} 为随机误差，相互独立，且都服从 $N(0,\sigma^2)$。

3) 列方差分析

列方差分析如表 3-41 所示。

表 3-41 列方差分析

变异来源	SS	df	MS	F	$F_{0.05}$	$F_{0.01}$
因子(A)	$SS_A = \sum_{i=1}^{a} y_{i**}^2/(b\times k) - CT$	$df_A = a-1$	$MS_A = \dfrac{SS_A}{df_A}$	$\dfrac{MS_A}{MS_e}$		
因子(B)	$SS_B = \sum_{h=1}^{b} y_{*h*}^2/(a\times k) - CT$	$df_B = b-1$	$MS_B = \dfrac{SS_B}{df_B}$	$\dfrac{MS_B}{MS_e}$		
$A\times B$	$SS_{A\times B} = SS_{AB} - SS_A - SS_B$	$df_{A\times B} = (a-1)\times(b-1)$	$MS_{A\times B} = \dfrac{SS_{A\times B}}{df_{A\times B}}$	$\dfrac{MS_{A\times B}}{MS_e}$		
误差(e)	$SS_e = SS_T - SS_{AB}$	$df_e = a\times b\times(k-1)$	$MS_e = \dfrac{SS_e}{df_e}$			
总变异	$SS_T = \sum_{i=1}^{a}\sum_{h=1}^{b}\sum_{j=1}^{k} y_{ihj}^2 - CT$	$df_T = a\times b\times k - 1$				

其中，$CT = y_{****}^2/(a\times b\times k)$；$SS_{AB} = \sum_{i=1}^{a}\sum_{h=1}^{b} y_{ih*}^2/k - CT$，代表 AB 水平组合的偏

差平方和，称为"次总(AB)"。

2. 随机区组设计

1) 试验数据模式

两因子随机区组试验中，设 A 因子有 a 种水平，B 因子有 b 种水平，区组 R 有 q 个，含有 $a \times b$ 种完全组合，即有 $a \times b$ 个处理。每一处理随机分配在 k 个区组内，共有 $a \times b \times q$ 个观察值，其试验方案设计及结果、相关计算如表 3-42 所示。

表 3-42 试验方案设计及结果、相关计算

因子A	因子B	区组观察值(y_{ihj})					y_{ij*}	y_{i**}	y_{*h*}	$\bar{y}_{ij*}$	$\bar{y}_{i**}$	$\bar{y}_{*h*}$
		1	2	...	j	...	k					
A_1	B_1	y_{111}	y_{112}	...	y_{11j}	...	y_{11k}	y_{11*}		y_{*1*}	$\bar{y}_{11*}$		$\bar{y}_{*1*}$
	B_2	y_{121}	y_{122}	...	y_{12j}	...	y_{12k}	y_{12*}		y_{*2*}	$\bar{y}_{12*}$		$\bar{y}_{*2*}$
	⋮	⋮	⋮	⋮	⋮	⋮	⋮	⋮	y_{1**}	⋮	⋮	$\bar{y}_{1**}$	⋮
	B_h	y_{1h1}	y_{1h2}	...	y_{1hj}	...	y_{1hk}	y_{1h*}		y_{*h*}	$\bar{y}_{1j*}$		$\bar{y}_{*h*}$
	B_b	y_{1b1}	y_{1b2}	...	y_{1bj}	...	y_{1bk}	y_{1b*}		y_{*b*}	$\bar{y}_{1b*}$		$\bar{y}_{*b*}$
A_2	B_1	y_{211}	y_{212}	...	y_{21j}	...	y_{21k}	y_{21*}			$\bar{y}_{21*}$		
	B_2	y_{221}	y_{222}	...	y_{22j}	...	y_{22k}	y_{22*}			$\bar{y}_{22*}$		
	⋮	⋮	⋮	⋮	⋮	⋮	⋮	⋮	y_{2**}		⋮	$\bar{y}_{2**}$	
	B_h	y_{2h1}	y_{2h2}	...	y_{2hj}	...	y_{2hk}	y_{2h*}			$\bar{y}_{2j*}$		
	B_b	y_{2b1}	y_{2b2}	...	y_{2bj}	...	y_{2bk}	y_{2b*}			$\bar{y}_{2b*}$		
⋮	⋮	⋮	⋮	⋮	⋮	⋮	⋮	⋮	⋮		⋮	⋮	
A_i	B_1	y_{i11}	y_{i12}	...	y_{i1j}	...	y_{i1k}	y_{i1*}			$\bar{y}_{i1*}$		
	B_2	y_{i21}	y_{i22}	...	y_{i2j}	...	y_{i2k}	y_{i2*}			$\bar{y}_{i2*}$		
	⋮	⋮	⋮	⋮	⋮	⋮	⋮	⋮	y_{i**}		⋮	$\bar{y}_{i**}$	
	B_h	y_{ih1}	y_{ih2}	...	y_{ihj}	...	y_{ihk}	y_{ih*}			$\bar{y}_{ij*}$		
	B_b	y_{ib1}	y_{ib2}	...	y_{ibj}	...	y_{ibk}	y_{ib*}			$\bar{y}_{ib*}$		
⋮	⋮	⋮	⋮	⋮	⋮	⋮	⋮	⋮	⋮		⋮	⋮	
A_a	B_1	y_{a11}	y_{a12}	...	y_{a1j}	...	y_{a1k}	y_{a1*}			$\bar{y}_{a1*}$		
	B_2	y_{a21}	y_{a22}	...	y_{a2j}	...	y_{a2k}	y_{a2*}			$\bar{y}_{a2*}$		
	⋮	⋮	⋮	⋮	⋮	⋮	⋮	⋮	y_{a**}		⋮	$\bar{y}_{a**}$	
	B_h	y_{ah1}	y_{ah2}	...	y_{ahj}	...	y_{ahk}	y_{ah*}			$\bar{y}_{aj*}$		
	B_b	y_{ab1}	y_{ab2}	...	y_{abj}	...	y_{abk}	y_{ab*}			$\bar{y}_{ab*}$		
合计									y_{***}			$\bar{y}_{***}$	

2) 数学模型

两因子随机区组试验中，任一试验结果 y_{ijl} 的数学模型可表示为

$$y_{ijl} = \mu + \alpha_i + \beta_h + (\alpha\beta)_{ih} + k_i + \varepsilon_{ihj} \ (i=1,2,\cdots,a; \ h=1,2,\cdots,b; \ j=1,2,\cdots,k)$$

μ 为总体均数，α_i 为 A_i 的效应，β_h 为 B_h 的效应，$(\alpha\beta)_{ih}$ 为 A_i 与 B_h 交互效应，q_j 为区组效应，ε_{ihj} 为相互独立的随机误差，且都服从 $N(0,\sigma^2)$。

3) 列方差分析

列方差分析如表 3-43 所示。

表 3-43 列方差分析

变异来源	SS	df	MS	F	$F_{0.05}$	$F_{0.01}$
区组	$SS_k = \sum_{j=1}^{k} y_{\bullet\bullet j}^2/(a \times b) - CT$	$df_k = k-1$	$MS_k = \dfrac{SS_k}{df_k}$	$\dfrac{MS_k}{MS_e}$		
因子(A)	$SS_A = \sum_{i=1}^{a} y_{i\bullet\bullet}^2/(b \times k) - CT$	$df_A = a-1$	$MS_A = \dfrac{SS_A}{df_A}$	$\dfrac{MS_A}{MS_e}$		
因子(B)	$SS_B = \sum_{h=1}^{b} y_{\bullet h\bullet}^2/(a \times k) - CT$	$df_B = b-1$	$MS_B = \dfrac{SS_B}{df_B}$	$\dfrac{MS_B}{MS_e}$		
$A \times B$	$SS_{A \times B} = SS_{AB} - SS_A - SS_B$	$df_{A \times B} = (a-1) \times (b-1)$	$MS_{A \times B} = \dfrac{SS_{A \times B}}{df_{A \times B}}$	$\dfrac{MS_{A \times B}}{MS_e}$		
误差(e)	$SS_e = SS_T - SS_k - SS_{AB}$	$df_e = (a \times b - 1) \times (k-1)$	$MS_e = \dfrac{SS_e}{df_e}$			
总变异	$SS_T = \sum_{i=1}^{a}\sum_{h=1}^{b}\sum_{j=1}^{k} y_{ihj}^2 - CT$	$df_T = a \times b \times k - 1$				

其中，$CT = y_{\bullet\bullet\bullet\bullet}^2/(a \times b \times k)$；$SS_{AB} = \sum_{i=1}^{a}\sum_{h=1}^{b} y_{ih\bullet}^2/k - CT$。

3.5 回归分析

在生产和科学试验中，测量与数据处理的目的有时并不在于求被测量的估计值，而是为了寻求两个变量或多个变量之间的内在关系。表达变量之间关系的方法有散点图、表格、曲线、数学表达式等，其中数学表达式能较好地反映事物的内在规律性，形式紧凑，且便于从理论上进一步分析研究，对认识自然界量与量之间的关系有着重要意义，而数学表达式可通过回归分析方法得到。

3.5.1 概述

一切客观事物都有其内部的规律性,而且每一事物的运动都与周围其他事物发生相互的联系和影响,事物间的联系和影响反映到数学上,就是变量和变量之间的相互关系。回归分析就是一种研究变量与变量之间关系的数学方法。

科学实践表明,变量之间的关系可以分成两大类,即确定性关系和相关关系。

1. 确定性关系

确定性关系即函数关系,它可以通过反复的精确试验或用严格的数学推导得到,在科学领域中这种关系是大量的。例如,通过具有一定电阻 R 的电路中的电流 I 与加在电路两端的电压 U 之间就遵循欧姆定律,即 $I = U/R$。这就是说,对一定的电压值,电流强度就可按前面的公式确定。再如,热力学中的气体状态方程式 $PV = RT$,流体力学中的运动方程式,这些都属于这种确定性的函数关系。

2. 相关关系

实际问题中,许多变量之间虽然有非常密切的关系,但是要找出它们之间的确切关系是困难的。造成这种情况的原因极其复杂,影响因素很多,其中包括尚未被发现的或者还不能控制的影响因素,而且各变量的测量总存在测量误差,因此所有这些因素的综合作用就造成了变量之间关系的不确定性。

3.5.2 最小二乘法原理

最小二乘法是一种在数据处理和误差估计等多学科领域得到广泛应用的数学工具,最初应用于天文测量领域。随着现代数学和计算机技术的发展,最小二乘法成为参数估计、数据处理、回归分析和经验公式拟合中必不可少的手段。此外,最小二乘法还是进行组合测量问题数据处理的重要工具。

假设 x 和 y 是具有某种相关关系的物理量,它们之间的关系可用式(3-1)给出

$$y = f(x, c_1, c_2, \cdots, c_N) \tag{3-1}$$

式中,$c_1, c_2, \cdots, c_N$ 是 N 个待定常数,即曲线的函数形式已经确定,而曲线的具体形状是未定的。为求得具体曲线,可同时测定 x 和 y 的数值。设共获得 m 对观测结果

$$(x_1, y_1), (x_2, y_2), \cdots, (x_m, y_m) \tag{3-2}$$

接下来的任务就是根据这些观测值确定常数 $c_1, c_2, \cdots, c_N$。设 x 和 y 关系的最佳形式为

$$\hat{y} = f(x, \hat{c}_1, \hat{c}_2, \cdots, \hat{c}_N) \tag{3-3}$$

式中，$\hat{c}_1, \hat{c}_2, \cdots, \hat{c}_N$ 是 $c_1, c_2, \cdots, c_N$ 的最佳估计值。如若不存在测量误差，则式（3-2）各观测值都应落在式（3-1）曲线上，即

$$y_i = f(x_i, c_1, c_2, \cdots, c_N) \quad (i = 1, 2, \cdots, m) \tag{3-4}$$

但由于存在测量误差，因而式（3-4）与式（3-3）不相重合，即有

$$e_i = y_i - \bar{y}_i \quad (i = 1, 2, \cdots, m) \tag{3-5}$$

通常称 e_i 为残差，它是误差的实测值。式（3-3）中 x 变化时，y 也随之变化。如果 m 对观测值中有比较多的 y 值落到式（3-3）曲线上，则所得曲线就能较为满意地反映被测物理量之间的关系。当 y 值落在曲线上的概率最大时，式（3-3）曲线就是式（3-1）曲线的最佳形式。如果误差服从正态分布，则概率 $P(e_1, e_2, \cdots, e_m)$ 为

$$P(e_1, e_2, \cdots, e_m) = \frac{1}{\sigma\sqrt{2\pi}} \exp\left[-\sum_{i=1}^{m} \frac{(y_i - \hat{y}_i)^2}{2\sigma^2}\right] \tag{3-6}$$

当 $P(e_1, e_2, \cdots, e_m)$ 最大时，求得的曲线是最佳形式。显然，此时式（3-7）应最小

$$S = \sum_{i=1}^{m}(y_i - \hat{y}_i)^2 = \sum_{i=1}^{m} e_i^2 \tag{3-7}$$

即残差平方和最小，这就是最小二乘法原理的由来。

这里，实际上假定了 x_i 无误差，或者虽然有误差，但相对于 y_i 的误差来说很小，可以忽略，即 $S_x \ll S_y$。这一假设使得问题大为简化，而且是合理的。因为在实际测量中，x 和 y 的测量精度一般是不相同的，可取其中较为精确的一方作为 x。严格地说，最小二乘法仅在误差服从正态分布的情况下才是成立的，然而在与正态分布相差不太大的误差分布，以及所有误差都非常小的其他分布中，也常采用最小二乘法进行处理。

式（3-7）可以写成

$$S = \sum_{i=1}^{m}\left[y_i - f(x_i, \hat{c}_1, \hat{c}_2, \cdots, \hat{c}_N)\right]^2 \tag{3-8}$$

残差平方和最小，就应有

$$\frac{\partial S}{\partial c_1} = 0, \frac{\partial S}{\partial c_2} = 0, \cdots, \frac{\partial S}{\partial c_N} = 0 \tag{3-9}$$

即要求求解如下方程组

$$\begin{cases} \sum_{i=1}^{m}\left[y_i - f(x_i,\hat{c}_1,\hat{c}_2,\cdots,\hat{c}_N)\right]\left(\dfrac{\partial f}{\partial c_1}\right) = 0 \\ \sum_{i=1}^{m}\left[y_i - f(x_i,\hat{c}_1,\hat{c}_2,\cdots,\hat{c}_N)\right]\left(\dfrac{\partial f}{\partial c_2}\right) = 0 \\ \quad\quad\quad\quad\quad\vdots \\ \sum_{i=1}^{m}\left[y_i - f(x_i,\hat{c}_1,\hat{c}_2,\cdots,\hat{c}_N)\right]\left(\dfrac{\partial f}{\partial c_N}\right) = 0 \end{cases} \quad (3\text{-}10)$$

该方程组称为正规方程（normal equation），解该方程组可得未定常数，通常称为最小二乘解。

3.5.3 直线的回归

找出描述变量之间相关关系定量表达式的最直观办法是作图。在回归分析中，最简单也是最基本的情况就是线性回归。对一元线性回归而言，就是配直线的问题，下面通过例题加以分析说明。

【例 3.16】研究腐蚀时间与腐蚀深度两个量之间的关系，可把腐蚀时间作为自变量 x，把腐蚀深度作为因变量 y，将试验数据记录在表 3-44 中。求出 x、y 之间的线性关系。

表 3-44 试验数据

时间 x/min	3	5	10	20	30	40	50	60	65	90	120
腐蚀深度 y/μm	40	60	80	130	160	170	190	250	250	290	460

【解】将表 3-44 中的数据，在直角坐标系中对应地作出一系列点，可得图 3-3，从图中可以直观看出两个变量之间的大致关系。从图中可看出两个变量大致成直线关系，但并不是确定性的线性关系，而是一种相关关系。这种相关关系可表示为

$$\hat{y} = a + bx \quad (3\text{-}11)$$

如图 3-3 中所示的方程，称为腐蚀深度与腐蚀时间的回归直线或回归方程。回归直线的斜率 b 称为回归系数，它表示当 x 增加一个单位时，y 平均增加地数量。

上一节指出，式（3-1）的最佳估计值应使其残差平方和最小。直线回归的残差可写为

$$e_i = y_i - (a + bx_i) \quad (3\text{-}12)$$

平方和

$$S = \sum_{i=1}^{m} e_i^2 = \sum_{i=1}^{m} \left[y_i - (a + bx_i) \right]^2 \tag{3-13}$$

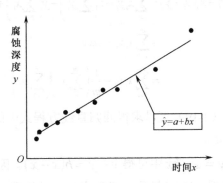

图 3-3 两变量之间的关系

平方和最小，即

$$\begin{cases} \dfrac{\partial S}{\partial a} = -2\sum_{i=1}^{m} \left[y_i - (a + bx_i) \right] = 0 \\ \dfrac{\partial S}{\partial a} = -2\sum_{i=1}^{m} x_i \left(y_i - a + bx_i \right) = 0 \end{cases} \tag{3-14}$$

因此可得正规方程组

$$\begin{cases} am + b\sum_{i=1}^{m} x_i = \sum_{i=1}^{m} y_i \\ a\sum_{i=1}^{m} x_i + b\sum_{i=1}^{m} x_i^2 = \sum_{i=1}^{m} x_i y_i \end{cases} \tag{3-15}$$

令平均值为

$$\begin{cases} \bar{x} = \sum_{i=1}^{m} \dfrac{x_i}{m} \\ \bar{y} = \sum_{i=1}^{m} \dfrac{y_i}{m} \end{cases} \tag{3-16}$$

则由式（3-11）可得

$$\begin{cases} a + b\bar{x} = \bar{y} & (3\text{-}17) \\ a = \bar{y} - b\bar{x} & (3\text{-}18) \end{cases}$$

同样，由式（3-15）可得

$$b = \dfrac{\sum_{i=1}^{m} x_i y_i - \dfrac{1}{m} \left(\sum_{i=1}^{m} x_i \right) \left(\sum_{i=1}^{m} y_i \right)}{\sum_{i=1}^{m} x_i^2 - \dfrac{1}{m} \left(\sum_{i=1}^{m} x_i \right)^2} = \dfrac{\sum_{i=1}^{m} (x_i - \bar{x})(y_i - \bar{y})}{\sum_{i=1}^{m} (x_i - \bar{x})^2} \tag{3-19}$$

式中

$$\sum_{i=1}^{m}(x_i-\bar{x})(y_i-\bar{y}) = \sum_{i=1}^{m}x_iy_i - \bar{x}\left(\sum_{i=1}^{m}y_i\right) - \bar{y}\left(\sum_{i=1}^{m}x_i\right) + m\bar{x}\bar{y}$$

$$= \sum_{i=1}^{m}x_iy_i - m\bar{x}\bar{y}$$

$$= \sum_{i=1}^{m}x_iy_i - \frac{1}{m}\left(\sum_{i=1}^{m}x_i\right)\left(\sum_{i=1}^{m}y_i\right) \quad (3\text{-}20)$$

由式（3-18）和式（3-19）可以求得回归直线方程式中的常数 a 及回归系数 b，这样 $\hat{y}=a+bx$ 便可确定。

把式（3-18）代入 $\hat{y}=a+bx$ 中可得 $\hat{y}-\bar{y}=b(x-\bar{x})$。因此可知，回归直线通过点 $(\bar{x},\bar{y})$。从力学的观点看，$(\bar{x},\bar{y})$ 就是 m 各散点 (x_i,y_i) 的重心位置，因而回归直线必须通过这些散点的重心。这一结论对作回归直线是很有用的。

令

$$\begin{cases} l_{xx} = \sum_{i=1}^{m}(x_i-\bar{x})^2 = \sum_{i=1}^{m}x_i^2 - \frac{\left(\sum_{i=1}^{m}x_i\right)^2}{m} \\ l_{yy} = \sum_{i=1}^{m}(y_i-\bar{y})^2 = \sum_{i=1}^{m}y_i^2 - \frac{\left(\sum_{i=1}^{m}y_i\right)^2}{m} \\ l_{xy} = \sum_{i=1}^{m}(x_i-\bar{x})(y_i-\bar{y}) = \sum_{i=1}^{m}x_iy_i - \frac{\left(\sum_{i=1}^{m}x_i\right)\left(\sum_{i=1}^{m}y_i\right)}{m} \end{cases} \quad (3\text{-}21)$$

便可得到回归系数的另一种表达式

$$b = \frac{l_{xy}}{l_{xx}} \quad (3\text{-}22)$$

并且，习惯上称 $\sum_{i=1}^{m}x_i^2$ 为 x 的平方和，$\frac{\left(\sum_{i=1}^{m}x_i\right)^2}{m}$ 为平方和的修正项，$\sum_{i=1}^{m}x_iy_i$ 为 x 与 y 的乘积和，$\frac{\left(\sum_{i=1}^{m}x_i\right)\left(\sum_{i=1}^{m}y_i\right)}{m}$ 为乘积和的修正项。

上述回归直线的具体计算，通常都是列表进行的，本节的示例，具体计算如表 3-45 所示。完成表 3-45 的计算，就可得到回归直线方程

$$\hat{y} = 3.21x + 45.01 \quad (3\text{-}23)$$

表 3-45　具体计算

编号	x	y	x^2	y^2	xy
1	3	40	9	1 600	120
2	5	60	25	3 600	300
3	10	80	100	6 400	800
4	20	130	400	16 900	2 600
5	30	160	900	25 600	4 800
6	40	170	1 600	28 900	6 800
7	50	190	2 500	36 100	9 500
8	60	250	3 600	62 500	15 000
9	65	250	4 225	62 500	16 250
10	90	290	8 100	84 100	26 100
11	120	460	14 400	211 600	55 200
参数值	$\sum x$	$\sum y$	$\sum x^2$	$\sum y^2$	$\sum xy$
	493	2 080	35 859	539 800	137 470
	$\bar{x}$	$\bar{y}$	$\dfrac{(\sum x)^2}{m}$	$\dfrac{(\sum y)^2}{m}$	$\dfrac{(\sum x)(\sum y)}{m}$
	44.818 181 82	189.09	22 095.363 64	393 309	93 221.818 18

$l_{xx}=13764$；$l_{yy}=146491$；$l_{xy}=44248.18182$；$b=\dfrac{l_{xy}}{l_{xx}}=3.21$；$a=\bar{y}-b\bar{x}=45.01$

3.5.4　多元回归

前面章节讨论的是只有两个变量的回归问题，其中一个变量是自变量，另一个变量是因变量。但在大多数情况下，自变量不是一个而是多个，这类问题称为多元回归问题。多元回归中最简单且最基本的是多元线性回归。如自变量 $x_i(i=1,2,\cdots,G)$，进行 m 次试验所得的数据可以写成两个数组，即两个矩阵

$$X=\begin{bmatrix} x_{11} & x_{21} & \cdots & x_{G1} \\ x_{12} & x_{22} & \cdots & x_{G2} \\ & & \vdots & \\ x_{1m} & x_{2m} & \cdots & x_{Gm} \end{bmatrix}_{m\times G},\quad Y=\begin{bmatrix} y_1 \\ y_2 \\ \vdots \\ y_m \end{bmatrix}_{m\times 1}$$

显然，多元线性统计模型是

$$\hat{y}=a_0+a_1x_1+a_2x_x+\cdots+a_Gx_G \tag{3-24}$$

这种多元线性回归分析的原理，与一元线性回归分析的原理完全相同，只是计算上复杂得多。根据最小二乘法，应令

$$\sum_{j=1}^{m}(y_j-\hat{y}_j)^2=\sum_{j=1}^{m}\left[y_i-\left(a_0+a_1x_{1j}+a_2x_{2j}+\cdots+a_Gx_{Gj}\right)\right]^2$$

为最小。

在多元线性回归中，回归平方和 U 为

$$U = \sum (\hat{y}_j - \bar{y})^2 \tag{3-25}$$

由式（3-24）可知，有 G 个自变量对因变量 y 有影响，所以回归平方和的自由度为

$$f_{回} = G \tag{3-26}$$

残差平方和 Q 为

$$Q = \sum (y_j - \hat{y}_j)^2 \tag{3-27}$$

自由度为

$$f_{残} = m - G - 1 \tag{3-28}$$

总平方和 T 为

$$T = \sum (y_j - \bar{y})^2 \tag{3-29}$$

自由度为

$$f_{总} = m - 1 \tag{3-30}$$

标准误差平方和为残差平方和除以它的自由度，即

$$S^2 = \frac{Q}{m - G - 1} \tag{3-31}$$

标准误差为

$$S = \sqrt{\frac{Q}{m - G - 1}} \tag{3-32}$$

由于线性多元回归的人工计算方法非常烦琐，而且计算量非常大，又容易出错，因此不再介绍。

3.6　试验数据处理常用软件

目前，用于试验设计的统计软件较多，常用的统计软件包括 SPSS（Statistical Package for the Social Science）、SAS（Statistical Analysis System）、DPS（Data Processing System）、MATLAB、Excel 和 Origin 等。为了便于试验设计的更好应用，本节简要地介绍这几种试验设计常用的统计软件，便于读者选用。

3.6.1　SPSS for Windows 软件

SPSS for Windows 是一个适用于自然科学、社会科学和工程技术各领域的统计分析软件包，它集数据录入、整理、分析功能于一身，是世界上流行的统计软件。用户可以根据实际需要和计算机的功能选择模块，以降低对系统硬盘容量的要求，有利于该软件的推广应用。

SPSS for Windows 的分析结果清晰、直观、易学易用，而且可以直接读取 Excel 及 DBF 数据文件，现已推广到多种计算机的操作系统上。在数据的统计分析方面，SPSS for Windows 具有以下特点。

（1）界面非常友好，除了数据录入及部分命令程序等少数输入工作需要键盘键入外，大多数操作通过"菜单""按钮""对话框"来完成。操作简便，易于学习和使用。

（2）SPSS 的命令语句、子命令及选择项的选择绝大部分由"对话框"的操作完成。因此，用户无须花大量时间记忆大量的命令、过程、选择项。

（3）具有第 4 代语言的特点，只要通过"对话框"的操作告诉系统要做什么，无须告诉怎样做。对于常见的统计方法，只要了解统计分析的原理，无须通晓统计方法的各种算法，即可得到需要的统计分析结果。

（4）具有完整的数据输入、编辑、统计分析、报表、图形制作等功能。SPSS 提供了从简单的统计描述到复杂的多因素统计分析方法，比如数据的探索性分析、统计描述、列联表分析、二维相关、秩相关、偏相关、方差分析、非参数检验、多元回归、生存分析、协方差分析、判别分析、因子分析、聚类分析、非线性回归、Logistic 回归等。

（5）该软件分为若干功能模块，用户可以根据自己的统计分析工作需要和计算机的实际配置情况灵活选择。

（6）与其他软件有数据转换接口，其他软件生成的数据文件均可方便地转换成可供分析的 SPSS 的数据文件。

（7）该软件针对初学者、熟练者及精通者都比较适用。很多只掌握简单操作分析的群体青睐于 SPSS，而那些熟练或精通者也较喜欢 SPSS，因为他们可以通过编程来实现更强大的功能。

3.6.2　SAS 软件

SAS（Statistical Analysis System）软件于 20 世纪 70 年代由美国 SAS 研究所开发，经历了许多版本。经过多年的完善和发展，SAS 系统在国际上已被誉为统计分析的标准软件,在各个领域得到广泛应用。

SAS 是一个模块化、集成化的大型应用软件系统。它由数十个专用模块构成,功能包括数据访问、数据储存及管理、应用开发、图形处理、数据分析、报告编制、运筹学方法、计量经济学与预测等。SAS 系统基本上可以分为四大部分:SAS 数据库部分,SAS 分析核心,SAS 开发呈现工具,SAS 对分布处理模式的支持及其数据仓库设计。SAS 系统主要完成以数据为中心的四大任务:数据访问、数据管理(SAS 的数据管理功能并不是很出色,但是数据分析能力强大。所以常常用微软的产品管理数据,再导成 SAS 数据格式,因此要注意与其他软件的配套使用)、数据呈现、数据分析。Base SAS 模块是 SAS 系统的核心,其他各模块均在 Base SAS 提供的环境中运行。用户可选需要的模块与 Base SAS 一起构成一个用户化的 SAS 系统。

SAS 把数据存取、管理、分析和展现有机地融为一体,主要特点如下。

(1) SAS 以一个通用的数据(DATA)步产生数据集,而后以不同的过程调用完成各种数据分析。其编程语句简洁、短小,通常只需很小的几句语句即可完成一些复杂的运算,得到满意的结果,因此使用简便,操作灵活。

(2) SAS 提供了从基本统计数的计算到各种试验设计的方差分析,以及相关回归分析和多变数分析的多种统计分析过程,几乎囊括了所有最新分析方法,不仅功能十分强大,而且分析技术先进可靠。分析方法的实现通过过程调用完成。许多过程同时提供了多种算法和选项。例如回归分析中自变量选择,提供了包括 STEPWISE、BACKWARD、FORWARD、RSQUARE 等多种方法;方差分析中的多重比较,提供了包括 LSD、DUNCAN、TUKEY 等多种方法。

(3) 结果输出以简明的英文给出提示,统计术语规范易懂,用户只需要具有初步英语和统计基础即可。用户只要告诉 SAS "做什么",而不需要告诉其"怎么做"。SAS 的设计,使得任何 SAS 能够"猜"出的东西用户都不必告诉它(无须设定),并且能自动修正一些小的错误(例如将 DATA 语句的 DATA 拼写成 DATE,SAS 将假设为 DATA 继续运行,仅在 LOG 中给出注释说明)。

(4) 用户按下功能键 F1,可提供联机帮助,随时获得帮助信息,得到简明的操作指导。

SAS 已在全球拥有近 3 万个客户群,直接用户超过 300 万人。SAS 已被广泛应用于经济管理、社会科学、生物医学、质量控制、试验设计等多个领域,并且发挥着越来越重要的作用。

3.6.3　Excel 软件

Excel 是第一款允许用户自定义界面的电子制表软件（包括字体、文字属性和单元格格式）。它还引进了"智能重算"的功能，当单元格数据变动时，只有与之相关的数据才会更新，而原先的制表软件只能重算全部数据或者等待下一个指令。同时，Excel 还有强大的图形功能，具有方便性和普遍性，很容易被用户掌握和使用。

建立一个新的 Excel 文件之后，便可以进行数据的输入操作，建立试验数据表格，这是 Excel 处理试验数据的基础。数据输入的方法很简单，只需要单击需要输入数据的单元格，使之成为活动单元格，然后从键盘上输入数据即可。

Excel 中的数据按类型有很多种，如数值型、字符型和逻辑型等。在输入数据时，需要注意不同类型数据的输入方法。输入有规律的数值或文本时，可以采用特殊的方法来完成。如果需要在相邻几个单元格中输入相同的数值或文本时，不必一个一个地输入，可以采用自动填充方法输入数据或采用数组输入方法输入数据。

Excel 提供了完整的算术运算符，如+（加）、-（减）、*（乘）、/（除）、%（百分比）、^（指数）等，以及丰富的内置函数（公式），如 SUM（求和）、AVERAGE（求算术平均值）、STDEV（求样本标准差）等，从而可以根据数据处理需要，建立各种公式，对数据执行计算操作，生成所需要的数据。

Microsoft Excel 提供了多种非常实用的数据分析工具，使用这些工具时，只需为每一个分析工具提供必要的数据和参数，该工具就会使用适宜的统计或工程函数，在输出表格中显示相应的结果，极大地简化运算过程。

3.6.4　DPS 软件

DPS 数据处理系统，英文全称为 Data Processing System。该系统采用多级下拉式菜单，用户使用时整个屏幕犹如一张工作平台，可被随意调整，因而形象地称其为 DPS 数据处理工作平台，简称 DPS 平台。与上文提及的三种软件相比，其优势如下。

（1）DPS 是当前国内唯一一款试验设计及统计分析功能齐全、价格适合于国内用户、具自主知识产权、技术上达到国际先进水平的国产多功能统计分析软件包，并且在某些方面已处于国际领先地位（如试验设计中大样本时的均匀试验设计、多元统计分析中的动态聚类分析）。

（2）该软件具有包括均匀设计、混料均匀设计在内的丰富试验设计功能，并在均匀设计中采用了独创算法，实现了大型均匀设计表构造的重大突破，且混料均匀设计可适合任意约束条件的情形。

（3）DPS 是目前国内统计分析功能最全的软件包，其完善的统计分析功能涵盖了所有统计分析内容。DPS 的一般线性模型 GLM 可以处理各种类型的试验设计方差分析，特别是一些用 SPSS 菜单操作解决不了、用 SAS 编程很难处理的多因素裂区混杂设计、格子设计等方差分析问题，用 DPS 菜单操作可轻松搞定。目前版本应用 GLM 进行分析，可处理因子数已不受限制。

（4）DPS 独特的非线性回归建模技术实现了"可想即可得"的用户需求，参数拟合精度高。

（5）从 20 世纪 90 年代开始，DPS 一直在丰富专业统计分析模块，不断地完成了随机前沿面模型、数据包络分析、顾客满意指数模型、数学生态、生物测定、地理统计、遗传育种、生存分析、水文频率分析、量表分析、质量控制图、ROC 曲线分析等内容，并且还在不断地扩充。

（6）DPS 不仅实现了 SPSS 高级统计分析的计算，还具备 Excel 那样方便地在工作表里处理基础统计分析的功能。它提供了十分方便的可视化操作界面、可借助图形处理的数据建模功能，为处理复杂模型提供了最直观的途径，而这些功能是同类软件中所欠缺的。

（7）DPS 统计软件根据用户要求，不断吸纳新的统计方法，如一般线性模型的多元方差分析、小波分析、偏最小二乘回归、投影寻踪回归、投影寻踪综合评价、灰色系统方法、混合分布参数估计、含定性变量的多元逐步回归分析、三角模糊数分析、M 估计、随机前沿面模型及面板数据统计分析等，并在不断探索，吸纳更多功能，使系统更加完善。

3.6.5 MATLAB 软件

MATLAB 是 Matrix Laboratory 的简称，是美国 Mathwork 公司出品的商业数学软件，用于算法开发、数据可视化、数据分析及数值计算的高级技术计算语言和交互式环境。它将数值分析、矩阵计算、科学数据可视化及非线性动态系统的建模和仿真等诸多强大功能集成在一个易于使用的视窗环境中，为科学研究、工程设计及必须进行有效数值计算的众多科学领域提供了一种全面的解决方案，并在很大程度上摆脱了传统非交互式程序设计语言（如 C、Fortran）的编辑模式，代表了当今国际科学计算软件的先进水平。其优势和特点如下。

（1）MATLAB 用户界面非常友好，其接近数学表达式的自然化语言使用户易于学习和掌握。

（2）该软件不仅具有高效的数值计算及符号计算功能，能使用户从繁杂的数学运算分析中解脱出来，还有完备的图形处理功能，可实现计算结果和编程的可视化，极大地方便了用户的使用。

（3）此外 MATLAB 还具备功能丰富的应用工具箱（如信号处理工具箱、通信工具箱等），为用户提供了大量方便实用的处理工具。

3.6.6 Origin 软件

Origin 是由 OriginLab 公司开发的专业函数绘图软件，由于其简单易学、操作方便、功能强大，很快就成为国际流行的分析软件之一。使用 Origin 就像使用 Excel 那样简单，只需点击鼠标，选择菜单命令就可以完成大部分工作，获得满意的结果。像 Excel 一样，Origin 是个多文档界面应用程序，它将所有工作都保存在 Project(*.OPJ) 文件中。该文件可以包含多个子窗口，如 Worksheet、Graph、Matrix、Excel 等。各子窗口之间是相互关联的，可以实现数据的即时更新。子窗口可以随 Project 文件一起存盘，也可以单独存盘，以便其他程序调用。

Origin 的功能主要有数据分析和绘图。其数据分析主要包括统计、信号处理、图像处理、峰值分析和曲线拟合等各种完善的数学分析功能。准备好数据后，进行数据分析时，只需选择所要分析的数据，然后再选择相应的菜单命令即可。绘图是基于模板的，软件本身提供了几十种二维和三维绘图模板而且允许用户自己定制模板。绘图时，只要选择所需要的模板即可。用户可以自定义数学函数、图形样式和绘图模板，也可以和各种数据库软件、办公软件、图像处理软件等方便地连接。Origin 可以导入包括 ASCII、Excel、pClamp 在内的多种数据。除此之外，它可以把 Origin 图形输出到多种格式的图像文件，比如 JPEG、GIF、EPS、TIFF。该软件也支持编程，以方便拓展功能和执行批处理任务，其编程语言有两种：LabTalk 和 Origin C。用户可以通过编写 X-Function 来建立自己需要的特殊工具。X-Function 可以调用 Origin C 和 NAG 函数，而且可以很容易地生成交互界面。用户可以定制自己的菜单和命令按钮，把 X-Function 放到菜单和工具栏上，以后就可以非常方便地使用自己的定制工具。

3.7 试验报告的编写

试验报告是把试验的目的、方法、过程、结果等记录下来，经过整理，写成的书面汇报。科技试验报告是描述、记录某个科研课题过程和结果的一种科技应用文体。撰写试验报告是科技试验工作不可缺少的重要环节。虽然试验报告与科技论文一样都以文字形式阐明了科学研究的成果,但二者在内容和表达方式上仍有所差别。科技论文一般是把成功的试验结果作为论证科学观点的根据。试验报告则客观地记录试验的过程和结果,着重告知一项科学事实,不带试验者的主观看法。

3.7.1　试验报告的分类

按科目分类:因科学试验的对象而异,如化学试验的报告叫化学试验报告,物理试验的报告就叫物理试验报告。随着科学事业的日益发展,试验的种类、项目等日见繁多,但其格式大同小异,比较固定。试验报告必须在科学试验的基础上进行。它主要的用途在于帮助试验者不断地积累研究资料,总结研究成果。

按专业分类:① 型式试验报告;② 拉伸试验报告;③ 盐雾试验报告;④ 土工试验报告;⑤ 电气试验报告;⑥ 水压试验报告;⑦ 变压器试验报告;⑧ 拉拔试验报告;⑨ 动力触探试验报告;⑩ 击实试验报告。

3.7.2　试验报告的特点

正确性:试验报告的写作对象是科学试验的客观事实,因此需要内容科学,表述真实、质朴,判断恰当。

客观性:试验报告以客观的科学研究的事实为写作对象,它是对科学试验的过程和结果的真实记录,虽然也要表明对某些问的观点和意见,但这些观点和意见都是在客观事实的基础上提出的。

确证性:确证性是指试验报告中记载的试验结果能被任何人所重复和证实,也就是说,任何人按给定的条件去重复这项试验,都能观察到相同的科学现象,得到同样的结果。

可读性:可读性是指为使读者了解复杂的试验过程,试验报告的写作除了以文字叙述和说明以外,还常常借助画图像、列表格、作曲线图等方式,说明试验的基本原理和各步骤之间的关系,解释试验结果等。

3.7.3　试验报告的结构

试验报告的书写是一项重要的基本技能。它不仅是对每次试验的总结,更重要的是它可以初步培养和训练学生的逻辑归纳能力、综合分析能力和文字表达能力,是科学论文写作的基础。因此,参加试验的每位学生,均应及时认真地书写试验报告。要求内容实事求是,分析全面具体,文字简练通顺,誊写清楚整洁。

试验报告内容与格式如上所述。

试验名称

要用最简练的语言反映试验的内容。如验证某程序、定律、算法,可写成"验证×××""分析×××"。

学生姓名、学号及合作者

试验日期和地点(年、月、日)

试验目的

目的要明确,在理论上验证定理、公式、算法,并使试验者获得深刻和系统的理解。在实践上,掌握使用试验设备的技能技巧和程序的调试方法。一般需说明是验证型试验还是设计型试验,是创新型试验还是综合型试验。

试验设备(环境)及要求

主要包括在试验中需要用到的试验用物,药品及对环境的要求。

试验原理

在此阐述试验相关的主要原理。

试验内容

这是试验报告中极其重要的内容。要抓住重点,可以从理论和实践两个方面考虑。这部分要写明依据何种原理、定律算法、操作方法进行试验。应给出详细的计算过程。

试验步骤

只写主要操作步骤,不要照抄实习指导,要简明扼要。还应该画出试验流程图(试验装置的结构示意图),再配以相应的文字说明,这样既可以节省许多文字说明,又能使试验报告简明扼要。

试验结果

应包括试验现象的描述,试验数据的处理等。原始资料应附在本次试验主要操作者的试验报告上,同组的合作者要复制原始资料。

对于试验结果的表述,一般有以下三种方法。

(1)文字叙述:根据试验目的将原始资料系统化、条理化,用准确的专业术语客观地描述试验现象和结果,要有时间顺序及各项指标在时间上的关系。

(2)图表:用表格或坐标图的方式使试验结果突出、清晰,便于相互比较,尤其适合分组较多,且各组观察指标一致的试验,使组间异同一目了然。每一图表应有表目和计量单位，应说明一定的中心问题。

（3）曲线图：应用记录仪器标记出的曲线图，因为这些指标的变化趋势形象生动、直观明了。

在试验报告中，可任选其中一种或几种方法并用，以获得最佳效果。

讨论

根据相关的理论知识对所得的试验结果进行解释和分析。如果所得的试验结果和预期的结果一致，那么它可以验证什么理论？试验结果有什么意义？说明了什么问题？这些是试验报告应该讨论的。但是，不能用已知的理论或生活经验硬套在试验结果上；更不能由于所得到的试验结果与预期的结果或理论不符而随意取舍甚至修改试验结果，这时应该分析其异常的可能原因。如果本次试验失败了，应找出失败的原因及以后试验应注意的事项。不要简单地复述课本上的理论而缺乏自己主动思考的内容。

另外，也可以写一些本次试验的心得或者提出一些问题与建议等。

结论

结论不是具体试验结果的再次罗列，也不是对今后研究的展望，而是针对这一试验所能验证的概念、原则或理论的简明总结，是从试验结果中归纳出的一般性、概括性的判断，要简练、准确、严谨、客观。

本章习题

3-1 为了考察同学们对某一试验操作掌握的熟练程度，实验室老师们观察每位同学完成试验操作的情况，随机记录了 10 位同学完成试验操作的时间，测得平均时间为 15 分钟，样本标准差为 3.2 分钟，假定同学们完成该试验操作的时间服从正态分布，则

（1）同学们完成该试验操作平均时间的置信度为 95% 的区间估计是什么？

（2）若样本容量为 30，而数据的样本均值和样本标准差不变，则置信度为 95% 的置信区间是什么？

3-2 某新能源器件企业组装部门一次抽样调查表明，工人们平均完成组装一套新能源器件时间的 95% 置信区间为 [1.5, 2.6] 小时，问该次抽样样本平均完成时间 $\bar{x}$ 是多少？若样本容量为 100，则样本标准差是多少？

3-3 已知某高岭土公司生产的高岭土中含铁量服从正态分布 $N(1.07, 0.027\ 2)$，现在抽检了 9 批次产品，其平均含铁量为 1.013。如果含铁量的方差没有变化，可否认为现在产品的平均含铁量仍为 1.07（$\alpha=0.05$）？

3-4 试表 3-46 所列的试验数据，画出散点图，并求某物质在溶液中的浓度 $c(\%)$ 与其沸点温度 T 之间的函数关系，并检验所建立的函数是否有意义（$\alpha=0.05$）。

表 3-46 习题 3-4 试验数据

$c/\%$	19.6	20.5	22.3	25.1	26.3	27.8	29.1
$T/℃$	105.4	106.0	107.2	108.9	109.6	110.7	111.5

3-5 某材料生产企业采用新旧两种技术生产某种金属材料，分别抽检新旧两种技术生产的产品，测定产品中杂质的含量（%），结果如表 3-47 所示。

表 3-47 习题 3-5 试验数据

旧技术/%	3.51	3.02	3.73	3.64	3.10	3.35	3.83	3.07	3.79
新技术/%	3.21	3.15	3.29	3.31	3.27	3.19	3.35	3.23	3.34

试分析新技术是否比旧技术生产更稳定，并检验两种技术之间是否存在系统误差。

3-6 在某提钒工艺中，选择酸浸时间、酸浸次数和加酸量三个因素进行考察，以样品中钒含量作为试验指标，试验数据列于表 3-48 中。试对试验数据进行线性回归分析，并检验线性回归方程的显著性，确定因素主次顺序（$\alpha=0.05$）。

表 3-48 习题 3-6 试验数据

试 验 号	酸浸时间/min	酸浸次数	加酸量/倍	钒含量/mg·L^{-1}
1	30	1	2.5	180
2	50	2	3.5	444
3	70	3	2	552
4	90	1	3.5	312
5	110	2	2	408
6	130	3	3	684
7	150	3	4	687

第 4 章

方差分析

分析是数理统计学中常用的数据处理方法之一,是工业生产和科学研究中分析试验数据的一种有效工具,也是开展试验设计、参数设计和容差设计的数学基础。一个复杂的事物,其中往往有许多因素相互制约又相互依存。方差分析是在可比较的数组中,把数据间总的变量按其来源进行分解的一种技术。对变差的度量,采用离差平方和,方差分析方法就是从总高差平方和分解出可追溯到指定来源的部分离差平方和,这是一个很重要的思想。

方差分析又称"变异数分析"或"F 检验",是由英国统计学家 R. A. F1gher 于 1923 年提出的,用于对两个及两个以上样本均数差别的显著性检验。方差分析主要应用于自变量对因变量的影响。在检验多个总体的均值是否相等时,借助方差分析,对数据的误差来源进行检查,从而判断一个或多个因素对总体均值的影响。由此,方差分析根据因素的多少分为单因素方差分析和多因素方差分析。方差分析是一种统计假设检验方法,对问题分析得更加深入,是分析试验数据的重要方法之一。传统方差分析的应用受诸多因素的限制,尤其是其计算量对普及应用方差分析的影响。但随着现代计算机技术的不断发展,方差分析更多地被应用于生活领域,如经济、生物医药、社会学等多个方面。

在科学研究中,为了探索某一项分析任务的可靠性和影响因素,需要进行大量的试验。例如,取几批试样分别送到几个相关的实验室用不同的方法进行试验,每一方法的测定又重复若干次,这样就得到大量数据。根据得到的这些数据,用什么方法可以判断哪一个因素对测定结果影响最大?哪一个因素影响不大?常用的方差分析法就是一种处理和判断数据的手段。在日常的工作和生活中,影响一件事的因素有很多,人们希望根据各种试验来判断不同的因素对试验结果的影响。例如,不同的生产厂家、不同的原材料、不同的操作规程及不同的技术指标等对产品的质量、性能都会有影响,然而不同因素的影响大小不等。造成结果差异的原因可分成两类:

一类是不可控的随机因素的影响,这是人为很难控制的一类影响因素,称为随机变量;另一类是研究中人为施加的可控因素对结果的影响,称为控制变量。方差分析是研究一种或多种因素的变化对试验结果的观测值是否有显著影响,从而找出较优的试验条件或生产条件的一种常用数理统计的方法。在试验中所关注的数量指标如产量、性能等称为观测值。影响观测值的条件称为因素。因素的不同状态称为水平,一个因素可以采用多个水平。在一项试验中,可以得到一系列不同的观测值。引起观测值不同的原因是多方面的。有的是因为处理方式不同或条件不同引起的,称作因素效应;有的是试验过程中偶然性因素的干扰或观测误差所导致的,称作试验误差。

方差分析的基本要求是对一个具体问题进行方差分析,必须要求这个问题满足方差分析模型的三个条件。

(1)被检验的各个总体都服从正态分布。

(2)各个总体的方差相等(方差齐性)。

(3)各次试验是独立的。

在上述三个条件成立的前提下,要分析自变量对因变量是否有显著的影响,在形式上就转化为检验自变量的各个水平(总体)的均值是否相等的问题。

方差分析的作用是将 n 个试验结果作为一个整体看待,把表示试验结果总变异的平方和及其自由度分解为相应于不同自变量的平方和及自由度,进而获得相同自变量的总体方差估计值,通过计算这些估计值的适当比值就能检验各样本所属的总体均值是否相等。概括来讲,方差分析的最大功用在于以下两点。

(1)它能将引起变异的多种因素的各自作用一一剖析出来,做出量的估计,进而明辨哪些因素起主要作用,哪些因素起次要作用。

(2)它能充分利用资料提供的信息将试验中由于偶然因素造成的随机误差无偏地估计出来,从而大大提高了对试验结果分析的精确性,为统计假设检验的可靠性提供了科学的理论依据。

因此,方差分析的实质是关于试验结果变异原因的数量分析,是科学研究的重要根据。从本质上讲,方差分析是一种统计假设检验。方差分析的对象是试验所得数据,目的是对客观规律的发现和揭示。它的主要工作是将测量数据的总变异按照变异原因的不同分解为因素效应和试验误差,并对其做出数量分析,比较各种原因在总变异中所占的重要程度,作为统计推断的依据,由此确定进一步的工作方向。在研究实际问题时,我们通常从最简单的情况入手,即所谓的单因素方差分析试验,从字面上理解即指每次试验只考虑一个因素的试验。

4.1 单因素方差分析

4.1.1 单因素方差分析简介

单因素方差分析涉及因素、水平及单因素试验三个层次，所谓因素是指对研究对象具有影响的某一指标、变量，所谓的水平是指影响因素在不同状态和变化下的划分等级或组别，它是检验在一种因素影响下，两个以上总体的均值彼此是否相等的一种统计方法。也可以说，方差分析是用于研究一种或多种因素的变化对试验结果的观测值是否有显著影响，从而找出较优的试验条件或生产条件的一种常用数理统计的方法。

在一项试验中，若只有一个因素在改变，而其他因素保持固定不变，则称其为单因素试验。在生产实践中，经常碰到比较多个总体的问题。例如，在制造某种弹簧的热处理工艺中，考察回火温度对弹性极限指标的影响，若只让回火温度变化，而其他条件不变时，若把回火温度分四种不同温度试验，考察回火温度对弹性极限指标有无显著的影响，就是一个比较四个总体的问题。单因素方差分析是固定其他因素水平不变，而只考虑某一因素水平的变化对试验指标的影响。其方差分析可分两种情况，一种是水平重复数相等的情况，另一种是水平重复数不等的情况。

4.1.2 单因素方差分析的数学模型

通常假设试验只有一个因素 A 在发生变化，其余的因素没有变化。A 有 r 个水平 $A_1, A_2, \cdots, A_r$，在水平 A_i 下进行 n_i 次独立观测，得到试验指标如表 4-1 所示。

表 4-1 单因素方差分析数据

水平	观测值				总体
A_1	X_{11}	X_{12}	$\cdots$	X_{1n_1}	$N(\mu_1, \sigma^2)$
A_2	X_{21}	X_{22}	$\cdots$	X_{2n_2}	$N(\mu_2, \sigma^2)$
$\vdots$	$\vdots$	$\vdots$	$\vdots$	$\vdots$	$\vdots$
A_r	X_{r1}	X_{r2}	$\cdots$	X_{2n_r}	$N(\mu_r, \sigma^2)$

其中，x_{ij} 表示在因素 A 的第 i 个水平下的第 j 次试验的试验结果。

将水平 A_i 下的试验结果 $X_{i1}, X_{i2}, \cdots, X_{in}$，看作来自第 i 个正态总体 $X_i \sim N(\mu_i, \sigma^2)$ 的样本观测值，其中 μ_i、σ^2 都是未知的，而且对于每个总体 X_i 是相互独立的。考虑线性统计模型

$$\begin{cases} x_{ij} = u_i + \varepsilon_{ij}, i=1,2,\cdots,r, j=1,2,\cdots,n_i \\ \varepsilon_{ij} \sim N(0, \delta^2) \text{且相互独立} \end{cases} \quad (4\text{-}1)$$

其中，μ_i 是第 i 个总体的均值，ε_{ij} 是相应的试验误差。比较因素 A 的 r 个水平的差异归结为比较这 r 个总体的均值。即检验假设

H_0: $\mu_1 = \mu_2 = \cdots = \mu_r$

H_1: $\mu_1, \mu_2, \cdots, \mu_r$ 不全相等

记

$$\mu = \frac{1}{n}\sum_{i=1}^{r} n_i \mu_i, \; n = \sum_{i=1}^{r} n_i, \; \alpha_i = \mu_i - \mu \quad (4\text{-}2)$$

这里 μ 表示总和的均值，α_i 为水平 A_i 所对应指标的效应。因此有 $\sum_{i=1}^{r} n_i \alpha_i = 0$。

此为单因素方差分析的数学模型，其是一种线性模型。

4.1.3 单因素方差分析过程

假设式（4-2）等价于 H_0: $a_1 = a_2 = \cdots = a_r = 0$，$H_1$: $a_1, a_2, \cdots, a_r$ 不全为零。

如果 H_0 被拒绝，那么就说明因素 A 的各水平的效应之间有显著的差异；否则，差异不明显。为了导出 H_0 的检验统计量，方差分析法建立在平方和分解和自由度分解的基础上，考察统计量

$$S_T = \sum_{i=1}^{r}\sum_{j=1}^{n_i}(x_{ij} - \bar{x})^2, \; \bar{x} = \frac{1}{n}\sum_{i=1}^{r}\sum_{j=1}^{n_i} x_{ij}$$

称 S_T 为总离差平方和（或总变差），其全部试验数据 x_{ij} 与总平均值 $\bar{x}$ 差的平方和，描述了所有观测数据的离散程度，可以证明如下的平方和分解公式

$$S_T = S_E + S_A \quad (4\text{-}3)$$

其中

$$S_E = \sum_{i=1}^{r}\sum_{j=1}^{n_i}(x_{ij} - \bar{x}_i)^2 = \frac{1}{n_i}\sum_{j=1}^{n_i} x_{ij}^2, \; S_A = \sum_{i=1}^{r}\sum_{j=1}^{n_i}(\bar{x}_i - \bar{x})^2 = \sum_{j=1}^{r} n_i (\bar{x}_i - \bar{x})^2$$

这里 S_E 是代表随机误差的影响。这是因为对于固定的 i 来讲，观测值 $x_{i1}, x_{i2}, \cdots, x_{in}$ 是来自同一个正态总体 $N(\mu_i, \sigma^2)$ 的样本，因此它们之间的差异是由随机误差引起的。而 $\sum n_{ij} = 1(x_{ij}-x_i)^2$ 是这 n_i 个数据的变动平方和，正是它们差异大小的度量。将 r 组这样的变动平方和相加，就得到了 S_E，一般称 S_E 为误差平方或组内平方。S_A 表示在 A_i

水平下的样本均值和总平均值之间的差异之和，它反映了 r 个总体均值之间的差异，因为 x_i 是第 i 个总体的样本均值，是 μ_i 的估计，因此 r 个总体均值 $\mu_1, \mu_2, \cdots, \mu_r$ 之间的差异越大，这些样本均值 $x_1, x_2, \cdots, x_r$ 之间的差异也就越大。平方和 $\sum r_i = x_{1ni}(x_i-x)^2$ 正是这种差异大小的度量，这里 n_i 反映了第 i 个总体样本大小在平方和 S_A 中的作用，称 S_A 为因素 A 的效应平方和或组间平方和。式（4-3）表明，总平方和 S_T 可按其来源分解成两部分，一部分是误差平方和 S_E，是由随机误差所致；另一部分是因素 A 的平方和 S_A，是由因素 A 的各水平的差异引起的。

由模型假设式（4-2）经过统计分析可以得到 $E(S_E)=(n-r)\sigma^2$，即 $S_E/(n-r)$ 是 σ^2 的一个无偏估计，且

$$\frac{S_E}{\delta^2} \sim X^2(n-r)$$

如果原假设 H_0 成立，即此时 $S_A/(r-1)$ 也是无偏估计的，且

$$\frac{S_E}{\delta^2} \sim X^2(n-1)$$

并且 S_A 与 S_E 相互独立，因此当 H_0 成立时有

$$F = \frac{S_A/(r-1)}{S_E/(r-1)} \sim F(r-1, n-r)$$

于是 F 可以作为 H_0 的检验统计量，对给定的显著性水平 α，用 $F_\alpha(r-1, n-r)$ 表示 F 分布的上 α 分位点。若 $F > F_\alpha(r-1, n-r)$，则拒绝原假设，认为因素 A 的 r 个水平有显著差异。也可以通过计算 P 值的方法来决定是接受还是拒绝原假设 H_0。P 值为 $p=P\{F(r-1, n-r) > F\}$，它表示的是服从自由度为 $(r-1, n-r)$ 的 F 分布的随机变量取值大于 F 的概率。显然，P 值小于 α 等价于 $F > F_\alpha(r-1, n-r)$，表示在显著性水平 α 下的小概率事件发生了。这意味着应该拒绝原假设 H_0。当 P 值大于 α，则无法拒绝原假设 H_0，所以应接受原假设 H_0。

将上述分析整理成表的形式，就可以得到单因素方差分析表 4-2。

表 4-2 单因素方差分析表

方差来源	自由度	平方和	均方	F 比	P 值
因素 A	$R-1$	SA	$MES(S_A)=\dfrac{S_A}{(r-1)}$	$F=\dfrac{MSE(S_A)}{MSE(S_E)}$	P
误差	$N-r$	SE	$MES(S_E)=\dfrac{S_A}{(n-r)}$		
总和	$N-1$	ST			

4.1.4 单因素方差分析应用示例

为比较 5 种不同训练方法的效果，把条件相似的 15 名运动员随机分为五组，每组 3 人。试训一段时间后，按统一标准进行测验，其成绩平方和计算如表 4-3 所示，试分析五种训练方法的效果差别。

1) 计算组间离差平方和及条件误差分析

$$L_A = \sum(\bar{x} - \bar{X})^2 = (90-89.6)^2 + (94-89.6)^2 + (95-89.6)^2$$
$$+ (85-89.6)^2 + (84-89.6)^2 = 303.6$$

自由度 $n_1 = k-1 = 5-1 = 4$

均方 $\mathrm{MS}_A = \dfrac{L_A}{n_1'} = \dfrac{303.6}{4} = 75.9$

表 4-3 各组学生成绩平方和计算

试验号水平	A	B	C	D	E	Σ
1	90	97	96	84	84	
2	92	93	96	83	86	
3	88	92	93	88	82	
Σ	270	282	285	255	252	1 344
重复数	3	3	3	3	3	15
平均数	90	94	95	85	84	89.6
平方和	24 308	26 522	27 081	21 689	21 176	120 776

2) 计算组内离差平方和及误差分析

$$L_E = \sum(x - \bar{x})^2 = (90-90)^2 + \cdots + (97-94)^2 + \cdots + (96-95)^2 + \cdots +$$
$$(84-85)^2 + \cdots + (84-84)^2 + (82-84)^2 = 50$$

自由度 $n_2' = n-k = 15-5 = 10$

均方 $\mathrm{MS}_E = \dfrac{L_A}{n_2} = \dfrac{50}{10} = 5$

3) 计算总的离差平方和

$$L_T = \sum(x - X)^2 = (90-89.6)^2 + \cdots + (97-89.6)^2 + \cdots + (96-89.6)^2 + \cdots +$$
$$(84-89.6)^2 + \cdots + (84-89.6)^2 + (82-89.6)^2 = 353.6$$

显然有 $L_T = L_A + L_E = 303.6 + 50 = 353.6$

4) 显著性检验

假设 H_0: $\mu_1 = \mu_2 = \mu_3 = \mu_4 = \mu_5$，即 5 种训练方法下运动员成绩均值相等。也就是将"训练方法"看作因素 A，5 种训练法相当于 A 取 5 个水平，即 A_1、A_2、A_3、A_4、A_5，因

素水平的改变对训练效果无影响。

构造统计量 F

$$F = \frac{MS_A}{MS_B} = \frac{75.9}{5} = 15.18$$

根据自由度 n_1'，n_2'，查 F 分布表得临界值 $Fa(n_1'，n_2')$，$n_1'=4$，$n_2'=10$ 若给定 $\alpha=0.05$ 查 F 分布表得 $F0.05(4，10)=3.48$，若给定 $\alpha=0.001$ 查 F 分布表得 $F0.01(4，10)=5.99$。

5）统计决断及分析

得结论 $F=15.18>F0.01(4，10)=2.99$

$P<0.01$ 水平上拒绝 H_0 假设不成立。认为 5 组均数 x_i 间差别有极其显著意义，即 5 位教师教学方法的效果是不同的。

5 组训练法下运动员成绩方差分析如表 4-4 所示。

表 4-4　5 组训练法下运动员成绩方差分析

方差来源	平方和(L)	自由度(n)	均方差(MS)	F 值
组间(A)	303.6	4	75.9	15.18
组内(E)	50.0	10	5	—
总差异(T)	353.6	14	—	—

当组间和组内方差的 F 检验结果有显著性差异时，还需要再进行各对平均数差异检验和方差齐性检验。此处无显著差异故略去操作。

4.2　两因素不重复试验的方差分析

在许多实际问题中，往往需同时考虑两个因素对试验指标的影响。例如，产品的合格率可能与所用的设备及操作人员有关，企业的利润可能与市场的潜力、产品的式样和所投入的广告费用有关。我们把研究的是两个因素的不同水平对试验结果的影响是否显著的问题称作双因素方差分析或两因素方差分析。两因素方差与单因素方差不同之处就在于各因素不但对试验指标起作用，而且各因素不同水平的搭配也对试验指标起作用。统计学上把多因素不同水平的搭配对试验指标的影响称为交互作用。交互作用的效应只在有重复的试验中才能分析出来。

我们将两因素试验的方差分析分为无重复试验和等重复试验两种情况来讨论。对无重复试验只需要检验两个因素对试验结果有无显著影响，而对等重复试验还要考察两个因素的交互作用对试验结果有无显著影响。

由于不等重复试验计算复杂，精度较差，故很多文献中不采用这种方法。但是，在实际应用中，由于试验的难易不同，材料的贵贱不同等因素的影响，有时不等重复试验不仅是需要的，而且是必需的。在两因素试验中只有两个变动因素。记两因素试验中的两个变动因素为 A 和 B。设因素 A 有 a 个不同水平：$A_1, A_2, \cdots, A_a$，因素 B 有 b 个不同水平：$B_1, B_2, \cdots, B_b$，则因素 A 与因素 B 之间共有 ab 种不同的水平搭配（组合）方式。对于两个因素的所有不同水平搭配方式均进行试验，称为两因素全面试验。在每一种试验条件下均进行一次试验($r=1$)，称为两因素全面无重复试验，简称两因素无重复试验。

两因素试验要比单因素试验复杂得多，因为两个因素可能存在着交互作用，但两因素无重复试验，即便存在交互作用的影响，也不能够对其进行分析。因为每一种试验条件下，只有一个试验结果，这使得交互作用和试验误差混杂在一起，无法分解开来，故对考察因素无重复试验来说，交互作用只与试验误差合在一起当作误差考虑。

4.2.1 两因素不重复试验数据的描述

设因素 A 的水平数为 a，因素 B 的水平数为 b，各试验条件 A_iB_j 的重复数均为 1，所得的 $N=ab$ 个试验数据，可记录成表 4-5 的形式。

表 4-5 两因素无重复试验数据记录表

	B_1	B_2	$\cdots$	B_j	$\cdots$	B_b
A_1	y_{11}	y_{12}	$\cdots$	y_{1j}	$\cdots$	y_{1b}
A_2	y_{21}	y_{22}	$\cdots$	y_{2j}	$\cdots$	y_{2b}
$\vdots$	$\vdots$	$\vdots$	$\vdots$	$\vdots$	$\vdots$	$\vdots$
A_i	y_{i1}	y_{i2}	$\cdots$	y_{ij}	$\cdots$	y_{ib}
$\vdots$	$\vdots$	$\vdots$	$\vdots$	$\vdots$	$\vdots$	$\vdots$
A_a	y_{a1}	y_{a2}	$\cdots$	y_{aj}	$\cdots$	y_{ab}

其中，y_{ij} 表示因素 A 取第 i 水平，因素 B 取第 j 水平时的试验结果。

若记因素 A 的第 i 水平平均值为 $\bar{y}_{i\cdot}$，因素 B 的第 j 水平平均值为 $\bar{y}_{\cdot j}$，总平均为 $\bar{y}$，则

$$y_{i\cdot} = \frac{1}{b}\sum_{j=1}^{b} y_{ij}$$

$$y_{\cdot j} = \frac{1}{a}\sum_{i=1}^{a} y_{ij}$$

$$\bar{y} = \frac{1}{ab}\sum\sum y_{ij} = \frac{1}{a}\sum_{i=1}^{a} y_{i\cdot} = \frac{1}{b}\sum_{j=1}^{b} y_{\cdot j}$$

$y_{i\cdot}$ 与 $y_{\cdot j}$ 也可分别称为 i 行平均与 j 列平均。我们记 $T_{i\cdot}$ 为因素 A 第 i 水平 A_i 下的数据和,简称水平 A_i 和,$T_{\cdot j}$ 则为因素 B 第 j 水平 B_j 下的数据和,简称水平 B_j 和,则有

$$T_{i\cdot} = \sum_{j=1}^{b} y_{ij} = by_{i\cdot}$$

$$T_{\cdot j} = \sum_{j=1}^{a} y_{ij} = ay_{\cdot j}$$

$$T = \sum_{j=1}^{a}\sum_{j=1}^{b} y_{ij} = \sum_{i=1}^{a} T_{i\cdot} = \sum_{j=1}^{b} y_{ij}T_{\cdot j} = ab$$

4.2.2 平方和及其自由度的分解

1. 总偏差平方和的分解

记因素 A 的偏差平方和为 S_A,因素 B 的偏差平方和为 S_B,总平方和为 S_T,误差平方和为 S_e,则总偏差平方和应为

$$S_T = \sum\sum (y_{ij} - \bar{y})^2$$

因素 A 偏差平方和应为

$$S_A = \sum\sum (y_{i\cdot} - \bar{y})^2 = b\sum_{i=1}^{a}(y_{i\cdot} - \bar{y})^2$$

因素 B 偏差平方和应为

$$S_B = \sum\sum (y_{\cdot j} - \bar{y})^2 = a\sum_{j=1}^{b}(y_{\cdot j} - \bar{y})^2$$

而

$$S_T = \sum\sum (y_{ij} - \bar{y})^2$$
$$= \sum\sum \left[(y_{ij} - y_{i\cdot} - y_{\cdot j} + \bar{y}) + (y_{i\cdot} - \bar{y}) + (y_{\cdot j} - \bar{y})\right]^2$$

$$= \sum\sum(y_{i\cdot} - \bar{y})^2 + \sum\sum(y_{\cdot j} - \bar{y})^2 + \sum\sum(y_{ij} - y_{i\cdot} - y_{\cdot j} + \bar{y})^2$$
$$= 2\sum\sum(y_{i\cdot} - \bar{y})(y_{\cdot j} - \bar{y}) + 2\sum\sum(y_{i\cdot} - \bar{y})(y_{ij} - y_{i\cdot} - y_{\cdot j} + \bar{y}) +$$
$$2\sum\sum(y_{ij} - y_{i\cdot} - y_{\cdot j} + \bar{y}) + (y_{i\cdot} - \bar{y})$$

这里可验证，$y_{ij} - y_{i\cdot} - y_{\cdot j} + \bar{y}$，$y_{i\cdot} - \bar{y}$，$y_{\cdot j} - \bar{y}$ 三者的两两交叉乘积的累加和均为 0。

$$\sum_{i=1}^{a}\sum_{j=1}^{b}(y_{i\cdot} - \bar{y})(y_{\cdot j} - \bar{y})$$
$$= \sum_{i=1}^{a}(y_{i\cdot} - \bar{y})\sum_{j=1}^{b}(y_{\cdot j} - \bar{y})$$
$$= \left(\sum_{i=1}^{a} y_{i\cdot} - a\bar{y}\right)\left(\sum_{j=1}^{b} y_{\cdot j} - b\bar{y}\right)$$
$$= 0$$

$$\sum_{i=1}^{a}\sum_{j=1}^{b}(y_{i\cdot} - \bar{y})(y_{ij} - y_{i\cdot} - y_{\cdot j} + \bar{y})$$
$$= \sum_{i=1}^{a}\left[(y_{i\cdot} - \bar{y})\sum_{j=1}^{b}(y_{ij} - y_{i\cdot} - y_{\cdot j} + \bar{y})\right]$$
$$= \sum_{i=1}^{a}\left[(y_{i\cdot} - \bar{y})\left(\sum_{j=1}^{b} y_{ij} - by_{i\cdot} - \sum_{j=1}^{b} y_{\cdot j} - b\bar{y}\right)\right]$$
$$= \sum_{i=1}^{a}\left[(y_{i\cdot} - \bar{y})(by_{i\cdot} - by_{i\cdot} - b\bar{y} + b\bar{y})\right]$$
$$= 0$$

同理
$$\sum\sum(y_{ij} - y_{i\cdot} - y_{\cdot j} + \bar{y})(y_{\cdot j} - \bar{y}) = 0$$

因此，我们得到总平方和 S_T 的分解公式为
$$S_T = \sum\sum(y_{i\cdot} - \bar{y})^2 + \sum\sum(y_{\cdot j} - \bar{y})^2 + \sum\sum(y_{ij} - y_{i\cdot} - y_{\cdot j} + \bar{y})^2$$

其中，第三项即为误差平方和 S_e，即
$$S_e = \sum\sum(y_{ij} - y_{i\cdot} - y_{\cdot j} + \bar{y})^2$$

所以，得到总平方和分解公式
$$S_T = S_A + S_B + S_e \tag{4-4}$$

2. 平方和的自由度

由 S_A、S_B、S_T 的定义式，容易得出它们的自由度分别是

$$v_A = a-1, \quad v_B = b-1, \quad v_T = ab-1 = N-1 \tag{4-5}$$

由定义式可以看出，变数 y_{ij} 受到 a 个 y_i、b 个 y_j 及一个 $\bar{y}$ 的约束。具体为

$$\sum_{j=1}^{b} y_{1j} = by_{1\cdot}$$

$$\sum_{j=1}^{b} y_{2j} = by_{2\cdot}$$

$$\vdots$$

$$\sum_{j=1}^{b} y_{aj} = by_{a\cdot}$$

$$\sum_{i=1}^{a} y_{1i} = ay_{\cdot 1}$$

$$\sum_{i=1}^{a} y_{2i} = ay_{\cdot 2}$$

$$\vdots$$

$$\sum_{i=1}^{a} y_{ib} = ay_{\cdot b}$$

$$\sum_{i=1}^{a}\sum_{j=1}^{b} y_{ij} = ab\bar{y}$$

最后一个关系式与前 $a+b$ 个等式显然是相容的，它可由前面的关系式线性表示。另外，前 $a+b$ 个关系等式仍是相容的，这是因为前 a 个关系等式相加与中间 b 个关系等式相加是相同的，即其中的任意一个等式可由另外的 $a+b-1$ 个等式线性表示。可以进一步证明，任意的 $a+b-1$ 个等式是互不相容的。也就是说，S_e 实质上只受到 $a+b-1$ 个独立线性关系式的约束，故其自由度为

$$v_e = \text{数据总个数} - \text{约束方程个数}$$

$$= ab - (a+b-1) = (a-1)(b-1)$$

这时，总平方和自由度 v_T 恰为 v_A、v_B、v_e 之和，即

$$v_T = v_A + v_B + v_e \tag{4-6}$$

这就是两因素无重复试验总偏差平方和自由度的分解式。

3. 平方和的简化运算

我们将各平方和的定义做恒等变形，以便能够使计算简化。

$$S_e = S_T - S_A - S_B = \sum\sum y_{ij}^2 - \frac{1}{b}\sum T_{i\cdot}^2 - \frac{1}{a}\sum T_{\cdot j}^2 + \frac{T^2}{N}$$

若引入记号

$$R = \sum\sum y_{ij}^2, \quad Q_A = \frac{1}{b}\sum T_{i\cdot}^2, \quad Q_B = \frac{1}{a}\sum T_{\cdot j}^2, \quad CT = \frac{T^2}{N}$$

则有偏差平方和的简化公式

$$\begin{cases} S_T = R - CT \\ S_A = Q_A - CT \\ S_e = Q_B - CT \\ S_e = R - Q_A - Q_B + CT \end{cases} \tag{4-7}$$

在引入简化计算式后,通过数据表格的形式,可方便、简单地完成平方和的计算,如表 4-6 所示。

表 4-6 两因素无重复试验方差分析的数据计算

	B_1	B_2	...	B_b	$T_{i\cdot}$	$T_{i\cdot}^2$
A_1	y_{11}	y_{12}	...	y_{1b}	$\sum y_{1j}$	$(\sum y_{1j})^2$
A_2	y_{21}	y_{22}	...	y_{2b}	$\sum y_{2j}$	$(\sum y_{2j})^2$
⋮	⋮	⋮	⋮	⋮	⋮	⋮
A_a	y_{a1}	y_{a2}	...	y_{ab}	$\sum y_{aj}$	$(\sum y_{aj})^2$
$T_{\cdot j}$	$\sum y_{i1}$	$\sum y_{i2}$	...	$\sum y_{ib}$	$T = \sum T_{i\cdot} = \sum T_{\cdot j}$	$Q_A = \sum(T_{i\cdot})^2$
$T_{\cdot j}^2$	$(\sum y_{i1})^2$	$(\sum y_{i2})^2$	...	$(\sum y_{ib})^2$	$Q_B = \sum(T_{\cdot j})^2$	$R = \sum\sum y_{ij}^2$

4.2.3 两因素不重复试验的方差分析程序

两因素无重复试验的方差分析程序总结如下。

(1) 提出原假设 H_0 和备择假设 H_1。

H_0: $\mu_{11} = \mu_{12} = \cdots = \mu_{ij} = \cdots = \mu_{ab}$

H_1: 各总体均值不完全相等。

(2) 计算统计量,由各偏差平方和及其自由度求均方差。

因素 A 的均方差: $V_A = S_A / \nu_A$

因素 B 的均方差: $V_B = S_B / \nu_B$

误差 e 的均方差: $V_e = S_e / \nu_e$

因素 A 的检验统计量: $F_A = V_A / V_e$

因素 B 的检验统计量：$F_B = V_B / V_e$

(3) 查临界值表, 对给定的显著水平 α, 查 F 分布分位数表得统计量 F_A 的检验临界值 $F_\alpha(V_A, V_e)$, F_B 的检验临界值 $F_\alpha(V_B, V_e)$。

(4) 判断, 当 $F_A > F_\alpha(V_A, V_e)$ 或 $F_B > F_\alpha(V_B, V_e)$ 时, 应拒绝假设 H_0, 认为各总体的均值已产生显著的差异, 且当 $F_A > F_\alpha(V_A, V_e)$ 时, 认为因素 A 的作用显著, 当 $F_B > F_\alpha(V_B, V_e)$ 时, 认为因素 B 的作用显著。

(5) 列方差分析, 如表 4-7 所示。

表 4-7 两因素无重复试验方差分析

方差来源	平方和	自由度	均方差	统计量 F	F_α	显著性
因素 A	S_A	v_A	V_A	$F_A = V_A / V_e$	$F_\alpha(V_A, V_e)$	
因素 B	S_B	v_B	V_B	$F_B = V_B / V_e$	$F_\alpha(V_B, V_e)$	
误差 e	S_e	v_e	V_e			
总和	S_T	v_T				

4.3 两因素等重复试验的方差分析

方差分析是数理统计学中常用的数据处理方法之一, 是试验设计中分析试验数据的一种有效工具。在生产实践中, 影响一个事物的因素往往是很多的, 人们总是通过试验观察各种因素的影响。例如, 不同型号的机器, 不同的原材料, 不同的技术人员及不同的操作方法等, 对产品的产量、性能都会有影响, 有的影响大, 有的影响小, 有的因素可以控制, 有的因素不可控制。如何从多种可控因素中找出主要因素, 并且通过对主要因素进行控制调整, 提高产品的产量、性能等, 就是方差分析所要解决的问题。上述产品的产量、性能等称为试验指标, 它们受因素的影响, 因素的不同状态称为水平, 一个因素可采取多个水平。不同的因素、不同的水平可以看作不同的总体。通过观测可以得到试验指标的数据, 这些数据可以看成是从不同总体中得到的样本数值, 利用这些数据可以分析不同因素、不同水平对试验指标影响的大小。多因素试验中最简单的是两因素试验。在两因素试验中, 每个因素对试验都有各自单独的影响, 同时还存在着两个因素之间不同搭配水平的影响, 即交互作用的影响。考虑交互作用是否存在是两因素试验方差分析与单因素试验方差分析的一个明显区别。

两因素方差分析有两种类型：一种是无交互作用的两因素方差分析，它假定因素 A 和因素 B 的效应之间是相互独立的，不存在相互关系；另一种是有交互作用的两因素方差分析，它假定因素 A 和因素 B 的结合会产生出一种新的效应。例如，若假定不同地区的消费者对某种品牌有与其他地区消费者不同的特殊偏爱，这就是两个因素结合后产生的新效应，属于有交互作用的背景；否则，就是无交互作用的背景。在实际问题的研究中，有时需要考虑两个因素对试验结果的影响。例如饮料销售，除了关心饮料品牌之外，我们还想了解销售地区是否影响销售量，如果在不同的地区，销售量存在显著的差异，就需要分析原因。目的是采用不同的销售策略，使该饮料品牌在市场占有率高的地区继续深入人心，保持领先地位；在市场占有率低的地区，进一步扩大宣传，让更多的消费者了解、接受该产品。若把饮料的品牌看作影响销售量的因素 A，饮料的销售地区则是影响因素 B。对因素 A 和因素 B 同时进行分析，就属于两因素方差分析的内容。两因素方差分析是对影响因素进行检验，看究竟是一个因素在起作用还是两个因素都起作用，或是两个因素的影响都不显著。

两因素方差分析的前提假定：采样的随机性，样本的独立性，分布的正态性，残差方差的一致性。

4.3.1 交互作用的概念

所谓交互作用就是因素各水平之间的一种联合搭配作用。

【例 4.1】 某化工厂为了掌握不同的催化剂用量、不同的聚合时间及不同的聚合温度对合成橡胶生产中转化率的影响规律，做了两批试验，其结果分别如表 4-8 和表 4-9 所示。

表 4-8 转化率（第一批）

催化剂用量/mL	聚合时间/h	
	0.5	1
4	90.3%	95.8%
2	84.2%	89.7%

表 4-9 转化率（第二批）

催化剂用量/mL	聚合温度/℃	
	30	50
4	84.8%	96.2%
2	87.6%	75.5%

在表 4-8 的试验中，当聚合时间为 0.5 h 时，催化剂用量由 2 mL 增加到 4 mL，使转化率增加了 90.3%-84.2%=6.1%；当聚合时间为 1 h 时，催化剂用量由 2 mL 增加至 4 mL，使转化率增加了 95.8%-89.7%=6.1%，这说明催化剂量 4 mL 和 2 mL 的效果与聚合时间没有关系。同样地，当催化剂用量为 4 mL（或 2 mL）时，聚合时间由 0.5 h 增加到 1 h，使转化率增加了 95.8%-90.3%=5.5%（或 89.7%-84.2%=5.5%），即在这个试验中，聚合时间为 1 h 和 0.5 h 的效果与催化剂用量没有关系。而表 4-9 的试验情况就完全不同了。当聚合温度为 30℃时，催化剂用量由 2 mL 增加到 4 mL，使转化率减少了 87.6%-84.8%=2.8%；当聚合温度为 50℃时，催化剂用量由 2 mL 增加到 4 mL，使转化率增加了 96.2%-75.5%=20.7%，即不同的催化剂用量与聚合温度的高低有关系。类似地，当催化剂用量为 4 mL 时，聚合温度由 30℃增加到 50℃，使转化率增加了 96.2%-84.8%=11.4%；当催化剂用量为 2 mL 时，聚合温度由 30℃增至 50℃，转化率反而减少了 87.6%-75.5%=12.1%，即不同的聚合温度与催化剂用量也有关系。可见催化剂用量与聚合温度之间有一种特殊的联合搭配作用。在表 4-8 的情况下，催化剂用量与聚合时间没有交互作用；在表 4-9 的情况下，催化剂用量与聚合温度之间有交互作用。

一般在两因素试验中，如果一个因素 A 对指标的影响与另一个因素 B 取什么水平有关系，那么称这两个因素 A 和 B 有交互作用。这种关系越密切，交互作用就越大。用 $A \times B$ 表示 A 和 B 的交互作用。

4.3.2 考虑交互作用的方差分析

设影响 Y 的因素有两个，分别记为 A 和 B，其中 A 有 a 个不同水平 $A_1, A_2, \cdots, A_a$，B 有 b 个水平 $B_1, B_2, \cdots, B_b$。在因素 A 和 B 的各水平下均做 $c(c>1)$ 次试验，记 y_{ijk} 为水平组合 (A_i, B_j) 下第 k 次试验 Y 的观测值。

对于任意水平组合 (A_i, B_j)，Y 观测值为 $y_{ij1}, y_{ij2}, \cdots, y_{ijc}$，$(i=1,2,\cdots,a; j=1,2,\cdots,b)$，则各样本间是相互独立的。样本观察值 y_{ijk} 可看成来自均值为 μ_{ij} 的总体，即

$$y_{ijk} \sim N(\mu_{ij}, \sigma^2), \quad k=1,2,\cdots,c \tag{4-8}$$

令 $\varepsilon_{ij} = y_{ijk} - \mu_{ijk}$，$\varepsilon_{ij}$ 为水平组合 (A_i, B_j) 下 Y 的随机误差，则 $\varepsilon_{ijk} \sim N(0, \sigma^2)$。这样 $y_{ijk} = \mu_{ij} + \varepsilon_{ijk}$，就是其均值 μ_{ij} 与随机误差 ε_{ijk} 叠加而产生的。

因此，两因素重复试验下方差分析的统计模型

$$\begin{cases} y_{ijk} = \mu_{ij} + \varepsilon_{ijk}, \quad i=1,2,\cdots,a,\ j=1,2,\cdots,b,\ k=1,2,\cdots,c \\ \varepsilon_{ijk} \sim N(0,\ \sigma^2),\ 且诸\varepsilon_{ijk}相互独立 \end{cases} \quad (4\text{-}9)$$

为便于统计分析，我们需要对水平组合(A_i, B_j)上的样本均值进一步分解，为此引入记号

$$\mu = \frac{1}{ab}\sum_{i=1}^{a}\sum_{j=1}^{b}\mu_{ij} \quad (4\text{-}10)$$

$$\mu_{i\cdot} = \frac{1}{b}\sum_{j=1}^{b}\mu_{ij},\ \alpha_i = \mu_{i\cdot} - \mu,\ i=1,2,\cdots,a \quad (4\text{-}11)$$

$$\mu_{\cdot j} = \frac{1}{a}\sum_{j=1}^{b}\mu_{ij},\ \beta_j = \mu_{\cdot j} - \mu,\ j=1,2,\cdots,b \quad (4\text{-}12)$$

式中，μ为总平均，$n=abc$，μ_{ij}是因素A_i水平与因素B_j水平在ij单元上所有观察值的平均，α_i为因素A的水平A_i的效应，β_j为因素B的水平B_j的效应。

$$\gamma_{ij} = \mu_{ij} - \mu_{i\cdot} - \mu_{\cdot j} + \mu,\ i=1,2,\cdots,a,\ j=1,2,\cdots,b \quad (4\text{-}13)$$

进一步有

$$\gamma_{ij} = \mu_{ij} - \mu - (\mu_{i\cdot} - \mu) - (\mu_{\cdot j} - \mu) = (\mu_{ij} - \mu) - (\alpha_i + \beta_j),\ i=1,2,\cdots,a,\ j=1,2,\cdots,b \quad (4\text{-}14)$$

其中，$\mu_{ij} - \mu$反映了水平组合(A_i, B_j)对Y的效应。一般情况下，$\mu_{ij} - \mu \neq \alpha_i + \beta_j$，其差$\gamma_{ij}$称为$A_i$与$B_j$的交互效应。因此

$$\mu_{ij} = \mu + \alpha_i + \beta_j + \gamma_{ij},\ i=1,2,\cdots,a\ \ j=1,2,\cdots,b \quad (4\text{-}15)$$

容易验证，$\sum_{i=1}^{a}\alpha_i = 0,\ \sum_{j=1}^{b}\beta_j = 0,\ \sum_{i=1}^{a}\gamma_{ij} = 0,\ \sum_{j=1}^{b}\gamma_{ij} = 0$

因此，两因素等重复下的方差分析模型等价地改写为如下形式

$$\begin{cases} y_{ijk} = \mu_{ij} + \varepsilon_{ijk},\ i=1,2,\cdots,a,\ j=1,2,\cdots,b,\ k=1,2,\cdots,c \\ \varepsilon_{ijk} \sim N(0,\ \sigma^2),\ \varepsilon_{ijk}相互独立 \\ \sum_{i=1}^{a}\alpha_i = 0,\ \sum_{j=1}^{b}\beta_j = 0,\ \sum_{i=1}^{a}\gamma_{ij} = 0,\ \sum_{j=1}^{b}\gamma_{ij} = 0 \end{cases} \quad (4\text{-}16)$$

4.3.3 交互效应及因素效应的显著性检验

1）偏差平方和分解

首先对Y的观测的总平方和进行分解

$$\bar{y}_{ij\cdot} = \sum_{k=1}^{c}y_{ijk}/c = \mu + \alpha_i + \beta_j + \gamma_{ij} + \bar{\varepsilon}_{ij\cdot}\quad i=1,2,\cdots,a,\ j=1,2,\cdots,b \quad (4\text{-}17)$$

$$\bar{y}_{i..} = \frac{1}{bc}\sum_{j=1}^{b}\sum_{k=1}^{c}y_{ijk} = \frac{1}{b}\sum_{j=1}^{b}\left(\frac{1}{c}\sum_{k=1}^{c}y_{ijk}\right) = \frac{1}{b}\sum_{j=1}^{b}\bar{y}_{ij.} = \mu + \alpha_i + \bar{\varepsilon}_{i..}, \quad i=1,2,\cdots,a \quad (4\text{-}18)$$

$$\bar{y}_{.j.} = \frac{1}{ac}\sum_{i=1}^{a}\sum_{k=1}^{c}y_{ijk} = \frac{1}{a}\sum_{i=1}^{a}\left(\frac{1}{c}\sum_{k=1}^{c}y_{ijk}\right) = \mu + \beta_j + \bar{\varepsilon}_{i+\ldots}, \quad j=1,2,\cdots,b \quad (4\text{-}19)$$

观测数据的总（偏差）平方和为

$$\mathrm{SS}_T = \mathrm{SS}_A + \mathrm{SS}_B + \mathrm{SS}_{AB} + \mathrm{SS}_E \quad (4\text{-}20)$$

其中，因素 A 的平方和

$$\mathrm{SS}_A = bc\sum_{i=1}^{a}(\bar{y}_{i..} - \bar{y})^2 = bc\sum_{i=1}^{a}(\alpha_i + \bar{\varepsilon}_{i..} - \bar{\varepsilon})^2 \quad (4\text{-}21)$$

由于 $\mathrm{E}(\bar{y}_{i..} - \bar{y}) = \alpha_i$，为 α_i 的无偏估计，故 SS_A 度量 A 的各水平效应的估计量的变化。

因素 B 的平方和

$$\mathrm{SS}_B = ac\sum_{j=1}^{b}(\bar{y}_{.j.} - \bar{y})^2 = ac\sum_{j=1}^{b}(\beta_i + \bar{\varepsilon}_{.j.} - \bar{\varepsilon})^2 \quad (4\text{-}22)$$

由于 $\mathrm{E}(\bar{y}_{.j.} - \bar{y}) = \beta_j$，为 β_j 的无偏估计，故 SS_B 度量 B 的各水平效应的估计量的变化。

交互效应的平方和

$$\mathrm{SS}_{AB} = c\sum_{i=1}^{a}\sum_{j=1}^{b}(\bar{y}_{ij.} - \bar{y}_{i..} - \bar{y}_{.j.} + \bar{y})^2 = c\sum_{i=1}^{a}\sum_{j=1}^{n}(\gamma_{ij} + \bar{\varepsilon}_{ij.} - \bar{\varepsilon}_{i..} - \bar{\varepsilon}_{.j.} - \bar{\varepsilon})^2 \quad (4\text{-}23)$$

由于 $\mathrm{E}(\bar{y}_{ij.} - \bar{y}_{i..} - \bar{y}_{.j.} + \bar{y}) = \gamma_{ij}$，为 γ_{ij} 的无偏估计，故 SS_{AB} 度量 A 和 B 的交互效应的估计量的变化。

误差平方和

$$\mathrm{SS}_E = \sum_{i=1}^{a}\sum_{j=1}^{b}\sum_{k=1}^{c}(\bar{y}_{ijk} - \bar{y}_{ij.})^2 = \sum_{i=1}^{a}\sum_{j=1}^{b}\sum_{k=1}^{c}(\varepsilon_{ijk} - \bar{\varepsilon}_{ij.})^2 \quad (4\text{-}24)$$

其度量了来自各总体的观测值与其样本均值的差异，反映了误差的变化。

由于 $\varepsilon_{ijk} \sim N(0, \sigma^2)$ 且相互独立，所以有

$$\mathrm{E}(\mathrm{SS}_A) = (a-1)\sigma^2 + bc\sum_{i=1}^{a}\alpha_i^2 \quad (4\text{-}25)$$

$$\mathrm{E}(\mathrm{SS}_B) = (b-1)\sigma^2 + ac\sum_{j=1}^{b}\beta_j^2 \quad (4\text{-}26)$$

$$\mathrm{E}(\mathrm{SS}_{AB}) = (a-1)(b-1)\sigma^2 + c\sum_{i=1}^{a}\sum_{j=1}^{b}\gamma_{ij}^2 \quad (4\text{-}27)$$

$$\mathrm{E}(\mathrm{SS}_E) = ab(c-1)\sigma^2 \quad (4\text{-}28)$$

$a-1$，$b-1$，$(a-1)(b-1)$，$ab(c-1)$ 分别称为 SS_A，SS_B，SS_{AB}，SS_E 的自由度，

$abc-1$ 称为 SS_T 的自由度，为上述四个自由度的和。

$$\text{令 } MS_A = \frac{SS_A}{a-1}, \quad \text{则 } E(SM_A) = \sigma^2 + \frac{bc}{a-1}\sum_{a-1}^{a}\alpha_i^2 \tag{4-29}$$

$$MS_B = \frac{SS_B}{b-1}, \quad E(SM_B) = \sigma^2 + \frac{ac}{b-1}\sum_{b-1}^{b}\beta_j^2 \tag{4-30}$$

$$MS_{AB} = \frac{SS_{AB}}{(a-1)(b-1)}, \quad E(SM_B) = \sigma^2 + \frac{c}{(a-1)(b-1)}\sum_{i=1}^{a}\sum_{j=1}^{b}\gamma_{ij}^2 \tag{4-31}$$

$$MS_E = \frac{SS_E}{ab(c-1)}, \quad E(SM_E) = \sigma^2 \tag{4-32}$$

2）假设检验

对两因素的情况，方差分析的主要目的除了考察因素 A 或 B 的各水平对因变量 Y 的影响有无显著差异外，还要考虑 A 和 B 之间是否存在交互作用，因为交互作用的存在会直接影响到对 A 和 B 检验结果的解释。涉及如下三个检验问题：

H_{A0}: $\mu_{1\cdot} = \mu_{2\cdot} = \cdots = \mu_{a\cdot} \leftrightarrow H_{A1}$: $\mu_{1\cdot}, \mu_{2\cdot}, \cdots, \mu_{a\cdot}$ 不全相等；

H_{B0}: $\mu_{\cdot 1} = \mu_{\cdot 2} = \cdots = \mu_{\cdot b} \leftrightarrow H_{B1}$: $\mu_{\cdot 1}, \mu_{\cdot 2}, \cdots, \mu_{\cdot b}$ 不全相等；

H_{AB0}: $\gamma_{ij} = 0$, $i=1,2,\cdots,a$; $j=1,2,\cdots,b \leftrightarrow H_{AB0}$: 至少有一个 $\gamma_{ij} \neq 0$

利用上述结果，构造适当的统计量检验上述假设。

MS_E 为 σ^2 的无偏估计，如果假设 H_0 成立，MS_A、MS_B、MS_{AB} 取值接近 σ^2，如果假设不成立，则 MS_A、MS_B、MS_{AB} 有增大的趋势。因此，针对检验 H_{A0}、H_{B0}、H_{AB0} 分别构造统计量，有

$$F_A = \frac{MS_A}{MS_E} \sim F[a-1, \ ab(c-1)] \tag{4-33}$$

$$F_B = \frac{MS_B}{MS_E} \sim F[b-1, \ ab(c-1)] \tag{4-34}$$

$$F_{AB} = \frac{MS_{AB}}{MS_E} \sim F[(a-1)(b-1), \ ab(c-1)] \tag{4-35}$$

如果各检验统计量 F_A, F_B, F_{AB} 的值变大，则拒绝原假设。各检验的 P 值分别为

$$P_A = P_{H_{A0}}(F_A \geq f_A) = P[F(a-1), \ ab(c-1) \geq f_A] \tag{4-36}$$

$$p_B = P_{H_{B0}}(F_B \geq f_B) = P[F(b-1), \ ab(c-1) \geq f_B] \tag{4-37}$$

$$p_{AB} = P_{H_{AB0}}(F_{AB} \geq f_{AB}) = P[F(a-1)(b-1), \ ab(c-1) \geq f_{AB}] \tag{4-38}$$

其中，F_A、F_B、F_{AB} 为统计量观测值。给定显著性水平 α，如 $p_A < \alpha$（$p_B < \alpha$ 或 $p_{AB} < \alpha$），则拒绝 H_{A0}（H_{B0} 或 H_{AB0}）。否则不能拒绝 H_{A0}（H_{B0} 或 H_{AB0}）H_{A0}。结果如表 4-10 所示。

表 4-10 两因素（$a \times b$）等重复数 c 试验下的方差分析

变异来源	离差平方和 SS	自由度 df	均方 MS	F 统计量	P 值
因素 A	SS_A	$a-1$	$MS_A = SS_A/(a-1)$	$F_A = MS_A/MS_E$	P_A
因素 B	SS_B	$b-1$	$MS_B = SS_B/(b-1)$	$F_B = MS_B/MS_E$	P_B
$A \times B$ 交互效应	SS_{AB}	$(a-1)(b-1)$	$MS_{AB} = SS_{AB}/(a-1)(b-1)$	$F_{AB} = MS_{AB}/MS_E$	P_{AB}
误差	SS_E	$ab(c-1)$	$MS_E = SS_E/ab(c-1)$		
总和	$SS_T = SS_A + SS_B + SS_{AB} + SS_E$	$abc-1$			

3）检验步骤

先检验 H_{AB0}，如不拒绝 H_{AB0}，即交互作用不显著时，再考察 A 和 B 的效应的显著性。因为当 $\gamma_{ij}(i=1,2,\cdots,a; j=1,2,\cdots,b)$ 全为 0 时，即 A 与 B 无交互作用，则在 B 的任何水平 B_j 上

$$\mu_{i_1 j} - \mu_{i_2 j} = \left(\alpha_{i_1} - \alpha_{i_2}\right) \tag{4-39}$$

$\mu_{i_1 j} - \mu_{i_2 j}$ 在 B 的各水平上均相等且完全由 A 在水平 A_{i_1} 和 A_{i_1} 的效应之差 $\alpha_{i_1} - \alpha_{i_2}$ 确定，因此检验假设的结论真实地反映了仅由 A 的各水平对 B 的影响是否显著。

如拒绝 H_{AB0}，交互作用显著时，通过估计和比较因素 A 和 B 各水平组合(A, B)上的均值考察因素的联合影响。

如果 A 和 B 存在交互作用，即 γ_{ij} 不全为 0，对于 A 的两个水平 A_{i_1} 和 A_{i_1} 在 B 的第 j 个水平上的两个组合(A_{i_1}, B_j)和(A_{i_2}, B_j)下均值差为

$$\mu_{i_1 j} - \mu_{i_2 j} = \left(\mu + \alpha_{i_1} + \beta_j + \gamma_{i_1 j}\right) - \left(\mu + \alpha_{i_2} + \beta_j + \gamma_{i_2 j}\right) = \left(\alpha_{i_1} - \alpha_{i_2}\right) + \left(\gamma_{i_1 j} - \gamma_{i_2 j}\right) \tag{4-40}$$

因此，当 $\gamma_{ij}(i=1,2,\cdots,a; j=1,2,\cdots,b)$ 不全为 0 时，$\mu_{i_1 j} - \mu_{i_2 j}$ 除与 $\left(\alpha_{i_1} - \alpha_{i_2}\right)$ 有关外，还可能与 $\left(\gamma_{i_1 j} - \gamma_{i_2 j}\right)$ 有关，即 B 处在不同水平 B_j 时，$\mu_{i_1 j} - \mu_{i_2 j}$ 有所不同。

如图 4-1 所示，假设 A 与 B 均有两个水平 A_1、A_2 和 B_1、B_2。

$$\mu_{1\cdot} - \mu_{2\cdot} = \frac{1}{2}\left[\left(\mu_{11} - \mu_{21}\right) + \left(\mu_{12} - \mu_{22}\right)\right] = \left(\alpha_1 - \alpha_2\right)\frac{1}{2}\left[\left(\gamma_{11} - \gamma_{21}\right) + \left(\gamma_{12} - \gamma_{22}\right)\right] \tag{4-41}$$

A_1、A_2 在 B_1、B_2 下均值差 $\mu_{11} - \mu_{21} = 0$ 而 $\mu_{12} - \mu_{22} \neq 0$ 认为 $\mu_{1\cdot} \neq \mu_{2\cdot}$。$\mu_{1\cdot} \neq \mu_{2\cdot}$。（$\alpha_1$ 与 α_2 不全为 0，差异主要表现为 A_1、A_2 在 B_2 水平上的差异）；A_1、A_2 在 B_1、B_2 下均值差 $\mu_{11} - \mu_{21}$ 与 $\mu_{12} - \mu_{22}$ 相反，综合有 $\mu_{1\cdot} = \mu_{2\cdot}$，主要表现为 A_1、A_2 在 B_1、B_2 水平上的差异相互抵消，使得综合差异为零。

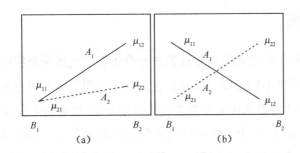

图 4-1 有交互效应时 A 的各水平均值在 B 的不同水平上的差异

因此，在有交互效应时，尤其是交互效应显著而因素 A 与 B 的效应不显著时，检验每个因素显著差异 H_{A0}、H_{B0} 实际意义不大，应慎重。此情况下，要进一步考察各因素对 Y 影响的显著性，只能将一个因素的各个水平逐个给定，在给定的水平上考察另一因素的各水平均值之间的差异来了解该因素对 Y 的影响。

类似可得对给定因素 A 的某个水平 A_1，关于 B 的各水平均值的估计和成对比较结果。方差分析的试验方法实际上是一种全面试验法。随着因素个数和因素水平的增加，水平组合的数目将急剧增长，要全部进行试验是不可能的。这就需要找到一种具有代表性的部分试验，即只挑选一部分水平组合进行试验，忽略一些高阶的交互作用效应，使之具有较高的效率和广泛的应用。后面要介绍的正交试验设计便是进行部分试验时最方便的一种工具。

关于方差分析方法，在实际试验中，如果条件允许，最好进行多次重复试验，以提高分析的精度。一般情况，可以先检验交互作用是否显著，如果不显著并且其离差均方和与误差均方和相近或者更小，可将该项平方和与误差平方和合并，相应的自由度也合并，构成新的误差项，这样做也可以提高分析的精度，并且这是方差分析中常用的一种技巧。此外，我们只介绍了等重复试验的两因素方差分析，有时获得的试验数据不一定整齐，各组试验次数重复但不相等，此时进行方差分析，分析过程、计算步骤等都是一样的，只是计算公式要进行适当修改。

在实际问题中，往往需要同时考虑多个因素对考察指标的影响作用情况。从理论上说，可以推导出多因素（两个以上）的方差分析方法，检验各因素及交互作用对考察指标的影响是否显著。不仅人力、物力、时间的消耗太大，实际上有时根本无法完成这么多的试验。注意，上述情况是一种全面试验的思想，我们设想能否只在局部进行试验，即在各种组合水平中挑选一部分出来，在这些组合水平上做试验，同样分析出各个因素对考察指标是否有显著的影响。为了达到这个目的，显然需要对所有的组合水平进行科学的选择，确定一批试验方案。在数理统计中，研究如何科学地安排试验方案的方法称为试验设计。

4.3.4 应用举例

以下示例说明了两因素等重复试验方差分析在大气质量分析中的应用。在大气质量分析中,为明确不同时间、地点和它们交互作用对大气质量是否存在影响及影响的程度,有效的方法是两因素等重复试验方差分析。设观测值受 A、B 两因素影响,A 有 r 个水平、B 有 s 个水平,观测中有相同重复数 t。$x_{ijk}(i=1,\cdots,r;\ j=1,\cdots,s;\ k=1,\cdots,t)$ 为 A 因素 i 水平、B 因素 j 水平下第 k 次重复观测值(服从可加性、正态性和方差齐性)。

H_0:观测值与因素 A 或 B 及它们的交互作用影响无关。

H_A:观测值与因素 A 或 B 及它们的交互作用影响有关。

将方差分析方法列于表 4-11。

表 4-11 方差分析

方差来源	平方和	自由度	均方和	F 比	统计推断
因素 A	S_A	$r-1$	$\bar{S}_A = \dfrac{S_A}{r-1}$	$F_A = \dfrac{\bar{S}_A}{\bar{S}_E}$	$F_A \geqslant F_\alpha[r-1,\ rs(t-1)]$ 时拒绝 H_0;反之,接受 H_0
因素 B	S_B	$s-1$	$\bar{S}_B = \dfrac{S_B}{s-1}$	$F_B = \dfrac{\bar{S}_B}{\bar{S}_E}$	$F_B \geqslant F_\alpha[s-1,\ rs(t-1)]$ 时拒绝 H_0;反之,接受 H_0
交互作用	$S_{A\times B}$	$(r-1)(s-1)$	$\bar{S}_{A\times B} = \dfrac{S_{A\times B}}{(r-1)(s-1)}$	$F_{A\times B} = \dfrac{\bar{S}_{A\times B}}{\bar{S}_E}$	$F_{A\times B} \geqslant F_\alpha[(r-1)(s-1),\ rs(t-1)]$ 时拒绝 H_0;反之,接受 H_0
误差	S_E	$rs(t-1)$	$\bar{S}_E = \dfrac{S_E}{rs(t-1)}$		
总和	S_T	$rst-1$			

注意当 $t=1$(试验无等重复)时,$A\times B$ 交互作用项消失,此时误差项的自由度为 $(r-1)(s-1)$,对应的因素 A、B 自由度仍为 $r-1$、$s-1$,总差方和的自由度为 $rst-1$。

本章习题

4-1 某实验室对白酒玻璃瓶进行选材试验。其方法是将试件加热到 600℃后,投入 20℃的水中急冷,这样反复进行到玻璃瓶破裂为止,玻璃瓶坚持的试验次数越多,试件质量越好。试验结果见表 4-12。

表 4-12 白酒玻璃瓶选材试验结果

试验号	试验次数			
	A_1	A_2	A_3	A_4
1	160	158	146	151
2	161	164	155	152
3	165	164	160	153
4	168	170	162	157
5	170	175	164	160
6	172		166	168
7	180		174	
8			182	

试确定 4 种玻璃瓶的抗热疲劳性能是否有显著差异，试取 α=0.05，完成这一假设检验。

4-2 考察一种人造纤维在不同温度的水中浸泡后的缩水率，在 40℃，50℃，…，90℃水中分别进行 4 次试验，得到该种纤维在每次试验中的缩水率，见表 4-13。试问浸泡水的温度对缩水率有无显著的影响？试取 α=0.05 和 α=0.01 分别完成这一假设检验。

表 4-13 某种纤维在试验中的缩水率

试验号	缩水率					
	40℃	50℃	60℃	70℃	80℃	90℃
1	4.3%	6.1%	10.0%	6.5%	9.3%	9.5%
2	7.8%	7.3%	4.8%	8.3%	8.7%	8.8%
3	3.2%	4.2%	5.4%	8.6%	7.2%	11.4%
4	6.5%	4.1%	9.6%	8.2%	10.1%	7.8%

4-3 用不同的生产方法（不同的硫化时间和不同的加速剂）制造的胶体抗牵拉强度（以 kg/cm² 为单位）的观察数据如表 4-14 所示。试在显著水平 0.10 下分析不同的硫化时间（A）、加速剂（B）及它们的交互作用（$A \times B$）对抗牵拉强度有无显著影响。

表 4-14 胶体的抗牵拉强度观察数据

140℃硫化时间/s	抗牵拉强度/(kg·cm^{-2})		
	甲	乙	丙
40	39, 36	41, 35	40, 30
60	43, 37	42, 39	43, 36
80	37, 41	39, 40	36, 38

4-4 测试品牌白酒不同酒精含量在各种温度下的挥发值，表 4-15 列出了试验的数据，问试验温度、酒精含量对白酒的挥发值的影响是否显著（$\alpha=0.01$）？

表 4-15　白酒的挥发值试验数据

试验温度/℃	挥发值		
	38%	45%	52%
30	10.6	11.6	14.5
20	7.0	11.1	13.3
10	4.2	6.8	11.5
0	4.2	6.3	8.7

4-5 研究 6 种氮肥施用法对小麦的效应，每种施肥法种 5 盆小麦，完全随机设计（见表 4-16）。最后测定它们的含氮量（mg），试进行方差分析。

表 4-16　氮肥施用法对小麦的效应

小麦编号	含氮量/mg					
	第 1 种	第 2 种	第 3 种	第 4 种	第 5 种	第 6 种
1	12.9	14.0	12.6	10.5	14.6	14.0
2	12.3	13.8	13.2	10.8	14.6	13.3
3	12.2	13.8	13.4	10.7	14.4	13.7
4	12.5	13.6	13.4	10.8	14.4	13.5
5	12.7	13.6	13.0	10.5	14.4	13.7

第 5 章

方差回归分析

5.1 概述

英国著名统计学家弗朗西斯·高尔顿是最先应用统计方法研究两个变量之间关系问题的人,"回归"一词是由他引入的。他对父母身高与儿女身高之间的关系很感兴趣,并致力于此方面的研究。高尔顿发现,虽然有一个趋势"父母高,儿女也高;父母矮,儿女也矮",但从平均意义上说,给定父母的身高,儿女的身高却趋向于或者说回归于总人口的平均身高。换句话说,尽管父母双亲都异常高或异常矮,儿女身高并非也普遍异常高或异常矮,而是具有回归于人口总平均高的趋势。更直观地解释,父辈高的群体,儿辈的平均身高低于父辈的身高;父辈矮的群体,儿辈的平均身高高于其父辈的身高。用高尔顿的话说,儿辈身高"回归"到中等身高。这是"回归"一词的最初由来。

"回归"一词的现代解释是非常简洁的:回归是研究因变量对自变量依赖关系的一种统计分析方法,目的是通过自变量的给定值来估计或预测因变量的均值。

5.2 回归模型的建立方法

5.2.1 回归模型的一般形式

假设因变量 y 与一个或多个自变量 $x_1, x_2, \cdots, x_p$ 之间具有统计关系，我们把 y 称为因变量、响应变量或被解释变量，$x_1, x_2, \cdots, x_p$ 称为自变量、预报变量或解释变量。我们可以设想 y 由两部分组成，一部分由 $x_1, x_2, \cdots, x_p$ 决定，记为 $f(x_1, x_2, \cdots, x_p)$，另一部分是众多未加考虑的因素（包括随机因素）所产生的影响，它被看成随机误差，记为 ε。于是得到了如下统计模型

$$y = f(x_1, x_2, \cdots, x_p) + \varepsilon \tag{5-1}$$

式中，ε 称为随机误差，一般要求它的数学期望为 0，它的出现使得变量间关系的相关性得以恰当体现；$f(x_1, x_2, \cdots, x_p)$ 称为 y 对 $x_1, x_2, \cdots, x_p$ 的回归因数，或称为 y 对 $x_1, x_2, \cdots, x_p$ 的均值回归函数；式（5-1）称为回归模型的一般形式。

式（5-1）清楚地描述了变量 $x_1, x_2, \cdots, x_p$ 与随机变量 y 的相关关系。数理统计学中的"回归"通常指散点分布在一直线（或曲线）附近，并且越靠近该直线（或曲线），点的分布越密集。它也称为直线（或曲线）的拟合。

当概率模型中的回归函数为线性时，式（5-1）可写为

$$y = \beta_0 + \beta_1 x_1 + \beta_2 x_2 + \cdots + \beta_p x_p + \varepsilon \tag{5-2}$$

式中，$\beta_0, \beta_1, \cdots, \beta_p$ 为未知参数。常称 β_0 为回归常数，$\beta_1, \cdots, \beta_p$ 为回归系数。这时我们称式（5-2）为线性回归模型。

回归分析方法在生产实践中的广泛应用是它发展和完善的根本动力。如果从 19 世纪初（1809 年）高斯提出最小二乘法算起，回归分析已有二百年的历史。从经典的回归分析方法到近代的回归分析方法，所研究的内容已非常丰富。

5.2.2 回归模型的建立过程

建立回归模型用于预测，一般来说有以下 6 个步骤。

（1）根据研究的目标，设置指标变量；

（2）收集整理统计数据；

(3）构造理论模型；
(4）对模型参数估计；
(5）模型的检验和修改；
(6）回归模型的应用。

用逻辑框图表示回归模型的建模过程，如图 5-1 所示。

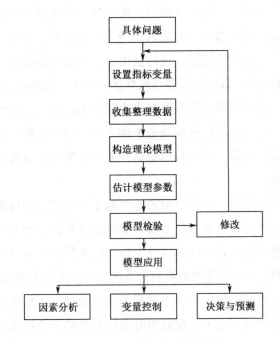

图 5-1 回归模型的建模过程

接下来，将分别从以上这 6 个方面进行介绍。

（1）根据研究的目标，设置指标变量。回归分析模型主要是揭示事物之间相关变量的数量关系。首先要根据所研究的目的设置因变量 y，然后再选取与因变量有统计关系的一些变量作为自变量。

通常情况下，我们希望因变量与自变量之间具有因果关系。一般先定"果"，再寻找"因"。回归分析模型主要是揭示事物间相关变量的数量联系。首先要根据所研究问题的目的设置因变量 y，然后再选取与 y 有统计关系的一些变量作为自变量。通常情况下，我们希望因变量与自变量之间具有因果关系。例如，要研究中国通货膨胀问题，在金融理论的指导下，通常把全国零售物价总指数作为衡量通货膨胀的重要指标，全国零售物价总指数作为被解释变量，影响全国零售物价指数的有关因素就作为解释变量，它包含国民收入、居民存款、工农业总产值、货币流通量、职工平均工资、社会商品零售总额等 18 个变量。在研究中国储蓄波动机制中，有学者曾把各项银行存款作为被解释变量，把货币发行量、全国零售物价指数、股票价格指数、银行利率、国债利率、居民收入等 16 个指标确定为解释变量。

在选择变量时要注意与一些专门领域的专家合作。例如，研究金融模型时，就要与一些金融专家和具体业务人员合作；研究粮食生产问题，就要与农业部门的一些专家合作。这样做可以帮助我们确定模型变量。另外，不要认为一个回归模型所涉及的解释变量越多越好。一个经济模型，如果把一些主要变量漏掉肯定会影响模型的应用效果，但如果细枝末节一起进入模型也未必就好。当引入的变量太多时，可能会引入一些与问题无关的变量，还可能由于一些变量的相关性很强，它们所反映的信息有较严重的重叠，以至出现共线性问题。当变量太多时，计算工作量太大，计算误差积累也大，估计出的模型参数精度自然不高。总之，回归变量的确定是一个非常重要的问题，是建立回归模型最基本的工作。这个工作一般一次并不能完全确定，通常要经过反复试算，最终找出最适合的一些变量。这在当今计算机的帮助下，已变得不太困难了。

（2）收集整理统计数据。回归模型的建立基于回归变量的样本统计数据。当确定好回归模型的变量之后，就要收集变量、整理统计数据。数据的收集是建立经济问题回归模型的重要环节，是一项基础性工作，样本数据的质量如何，对回归模型的水平有至关重要的影响。常用的数据可分为时间序列数据和横截面数据。

时间序列数据就是按时间先后顺序排列的统计数据，比如历年来的国民收入、居民存款、工农业总产值。对于收集到的时间序列资料还要特别注意数据的可比性和数据的统计口径问题。如历年的国民收入数据，是按可比价格计算的。中国在改革开放前，几十年物价不变，而从 20 世纪 80 年代初开始，物价几乎是直线上升。那么你所获得的数据是否具有可比性？这就需认真考虑。如在宏观经济研究中，国内生产总值（GDP）与国民生产总值（GNP）两者在包括内容上是一致的，但在计算口径上不同。国民生产总值按国民原则计算，反映一国常住居民当期在国内外所从事的生产活动；国内生产总值则以国土为计算原则，反映一国国土范围内所发生的生产活动量。对于没有可比性和统计口径计算不一致的统计数据就要认真调整，这个调整过程就是一个数据整理过程。

横截面数据就是在同一时间截面上收集的统计数据。例如，同一年在不同地块上测得的施肥量与小麦产量、同一年全国各大中城市的物价指数等。当用截面数据作样本时，容易产生异方差性。这是因为一个回归模型往往涉及众多解释变量，如果其中某一因素或一些因素随着解释变量观测值的变化而对被解释变量产生不同影响，就产生异方差性。

那么在实际收集数据时，应该收集多少数据？一般而言，收集的数据越多越好。

但是在实际操作过程中，由于人力物力等因素的限制，我们收集一个比较合理的数据量就可以了。

收集到数据以后，有时这些数据并不是可以直接使用的，需要对它们进行一些处理，比如折算、差分、取对数、标准化、补缺、处理异常数据等。

（3）构造理论模型。首先，研究所讨论问题的机制，根据其机制确定理论模型。在建立经济回归模型时，通常要依据经济理论和一些数理经济学结果。数理经济学中已对投资函数、生产函数、需求函数、消费函数给了严格的定义，把它们都分别用公式表示出来了，借用这些理论，在它们的公式中增加上随机误差项，就可把问题转化为用随机数学工具处理的回归模型。例如，数理经济学中最有名的生产函数C-D 生产函数是 20 世纪 30 年代初美国经济学家查尔斯·W.柯布（Charles W. Cobb）和保罗·H.道格拉斯（Paul H. Douglas）根据历史统计数据建立的，资本 k 及劳动 l 对产出 y 确切地表达为以下的关系

$$y = ak^\alpha l^\beta \tag{5-3}$$

式中，α、β 分别为资本和劳动对产出的弹性。但是计量经济学的观点认为，变量之间的关系并不像上面表达得那样精确，而是存在随机偏差，若记随机偏差为 u，则上式变为

$$y = ak^\alpha l^\beta u \tag{5-4}$$

对上式两边取对数就变成以下的线性回归模型

$$\ln(y) = \ln(a) + \alpha \ln(k) + \beta \ln(l) + \ln(u) \tag{5-5}$$

其次是应用散点图，将数据点描绘在同一个坐标系里，分析它们之间的关系。然后计算斜率和截距，得到回归直线，给出预测值。

有时候，我们无法根据所获信息确定模型的形式，这时可以采用不同的形式进行计算机模拟，对于不同的模拟结果，选择较好的一个作为理论模型。

（4）对模型参数的估计。一般情况下，我们建立的回归模型都是有未知参数的。为了能够使用这一模型，我们必须估计出未知参数。可以使用参数的最小二乘估计、极大似然估计、岭估计等一些估计方法。但它们都是以普通最小二乘法为基础的。这里要说明的是，参数估计中当变量及样本较多时，计算量很大，只有依靠计算机才能得到可靠的准确结果。现在这方面的计算机软件很多，如 SPSS、Minitab 和 SAS 等都是参数估计的基本软件。

（5）模型的检验和修改。当一个模型建立好以后，我们要问一个问题：这个模型是否比较好地描述了问题中变量之间的关系？那么我们就要检验这个模型。一般有两个途径：一个途径是放在实践中去检验，一个好的模型必须能够很好地反映客观事实，如果该模型可以反映客观事实，那它就是一个好的模型，反之它就不是一

个好的模型,是不可用的;另一个途径是统计检验,统计检验包含模型检验和回归系数的检验。

如果经过检验,所建立的模型是一个比较差的模型,那么我们就要对该模型进行修改,这时我们要回到第一步重新考虑问题,看哪一步出现了问题,以便对该模型进行修改。

在经济问题回归模型中,往往还会碰到下面的问题:回归模型通过了一系列统计检验,可就是得不到合理的经济解释。例如,国民收入与工农业总产值之间正相关模型中工农业总产值变量前的系数应该为正,但有时候由于样本容量的限制或数据质量的问题,可能估计出的系数是负的。在这种情况下,这个回归模型就没有意义,也就谈不上进一步应用了。可见回归方程经济意义的检验同样是非常重要的。如果一个回归模型没有通过某种统计检验,或者通过了统计检验而没有合理的经济意义时,就需要对回归模型进行修改。模型的修改有时要从设置变量是否合理开始,比如是否忘记考虑某些重要的变量,变量间是否具有很强的依赖性,样本量是不是太少,理论模型是否合适等。例如,某个问题本应用曲线方程去拟合,而我们误用直线方程去拟合,当然通不过检验,这就要重新构造理论模型。模型的建立往往要反复几次修改,特别是建立一个实际问题的回归模型,要反复修正才能得到一个理想模型。

(6) 回归模型的应用。当一个好的模型建立起来以后,我们就可以用它来进行分析、控制和预测。由模型我们可以分析出各个变量之间的关系,特别可以看出影响因变量的主要因素,如果它们是可以控制的,我们就可以对它们实行控制,从而达到我们的目标。一个好的模型还可以给出好的预测,一个好的预测可以为我们提供未来决策的有力依据。

这里需要强调的是,关于假定的合理性的验证必须要在做出任何分析结论前进行。至于回归分析,可以把它看作一个循环过程,在这个过程中,回归输出的结果用于回归诊断、假设检验、模型选择,并且有可能修正回归输入。这可能需要重复多次,直至得到满意的输出结果,即得到的模型满足假定并且与数据拟合得很好。上述过程可以用图 5-2 表示。

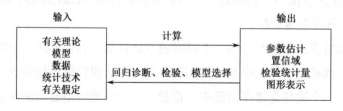

图 5-2 回归分析过程

在回归模型的应用中，我们还强调定性分析和定量分析的有机结合。这是因为数理统计方法只从事物外在的数量表面上去研究问题，不涉及事物本质的规律性。单纯的表面上的数量关系能否反映事物的本质，这本质究竟如何，必须依靠专门学科的研究才能下定论。所以，我们不能仅凭样本数据估计的结果就不加分析地妄下定论，必须把参数估计的结果和具体经济问题及现实情况紧密结合，这样才能保证回归模型在经济问题研究中的正确运用。

5.3 回归分析的主要内容及分类

5.3.1 回归分析的定义和特点

在生产过程和科学试验中，总会遇到多个变量，同一过程中的这些变量往往是相互依赖、相互制约的，即它们之间存在相互关系，这种相互关系可以分为两种类型：确定性关系和相关性关系。

经济现象不仅同与它有关的现象构成一个普遍联系的整体，同时在其内部也存在着彼此关联的因素，在一定的社会环境等诸多条件的影响下，一些因素推动或制约另外一些与之关联的因素发生变化。也就是说，社会经济现象的内部和外部联系中存在一定的相关性，要认识和掌握客观经济规律就必须探求经济现象间经济变量。社会经济领域与自然科学等诸多现象之间始终存在着相互联系和相互制约的普遍规律。比如，社会经济的发展与一定的经济变量的数量变化密切联系，社会的变化规律、变量间的统计关系是经济变量变化规律的重要内容。这些互相联系的经济现象和经济变量，其联系的紧密程度也是互不相同的。这中间极端的关系就是确定性关系，即一个变量的变化完全确定另外一个变量的变化。例如，一个保险公司承保汽车 5 万辆，每辆保费收入是 1 000 元，则该公司汽车承保总额为 5 000 万元。记承保总收入为 y，承保汽车数为 x，则变量 y 和 x 的关系可以表示为 $y=1\,000x$。从这个例子可以看出，每给定一个 x，就一定可以得到一个 y，即变量 y 与 x 之间完全表现为一种确定性的关系——函数关系。

在实际生活中，这样的例子还有很多。比如，银行的一年存款利率为年息 2.75%，存入的本金用 x 表示，到期的本息用 y 表示，则 y 与 x 有函数关系 $y=(1+0.027\,5)x$，这里 y 与 x 仍具有线性函数关系。任意两个变量 y 与 x 的函数关系，可以表示为数学形式：$y = f(x)$。一般而言，给定 p 个变量 $x_1,\cdots,x_p$，就可以确定变量 y，称这种变量之间的关系为确定性关系。它往往可以用某一函数关系 $y = f(x_1,\cdots,x_p)$ 来表示。然而，在实际问题中，变量之间存在大量非确定的关系，它们之间虽存在着密切联系，但是其密切程度不是由确切关系能够刻画的。为此，我们再看一个例子：我们知道某种高档品的消费量（y）与城镇居民的收入（x）有密切关系。居民收入高了，这种消费品的销售量就大；居民收入低了，这种消费品的销售量就小。但是居民的收入并不能完全确定该种高档品的消费量。因为，商品的消费量还受着人们的消费习惯、心理因素、其他可替代商品的吸引程度及价格等诸多因素的影响。也就是说，城镇居民的收入与该种高档品的消费量有着密切关系，且城镇居民的收入对该种高档品的消费量的多少起着主要作用，但是它并不能完全确定该种高档品的消费量。在日常生活中，变量与变量之间表现为这种关系的有很多，比如粮食产量与施肥量之间的关系，银行储蓄额与居民收入之间的关系。把以上现象概括为：变量 x 与变量 y 有密切关系，但是又没有密切到可以通过一个变量可以确定另一个变量的程度。它们之间是一种非确定性的关系，我们称这种关系为统计关系或相关关系。应该指出的是，变量之间的函数关系和相关关系，在一定条件下是可以互相转化的。本来具有函数关系的经济变量，当存在观测误差时，其函数关系往往以相关的形式表现出来。而具有相关关系的变量之间的联系，如果我们对它们有了深刻的规律性认识，并且能够把影响因变量变动的因素全部纳入方程，这时的相关关系也可能转化为函数关系。另外，相关关系也具有某种变动规律性，所以相关关系经常可以用一定的函数形式去近似地描述。相关系数只能说明现象间相关关系的方向和程度、关系密切与否，但不能说明一个现象发生一定量的变化，另一个现象一般也会发生同样的变化。经济现象的函数关系可以用数学分析的方法去研究，而研究社会经济现象的相关关系必须借助统计学中的回归分析方法。

人们通过各种实践，发现变量之间的关系可以分成两种类型。一是其间存在着完全确定的关系。变量之间的这种确定性的关系，我们称为函数关系。但是在实际问题中，绝大多数的情形下，变量之间的关系具有不确定性，就像进行某化学反应时即使原料和工艺条件相同，产率也不是一个固定的值，经常可以见到得到产品的产率在某值附近波动，于是称这种关系为相关关系。对于这种相关关系，通常的处理方法就是回归分析。回归分析就是处理变量之间相关关系的一种数理统计方法。变量之间的确定性关系和相关关系，在一定条件下是可以相互转化的。本来具有函数关系的变量，当存在试验误差时，其函数关系往往以相关的形式表现出来。相关关系虽然是不确定的，却是一种统计关系，在大量的观察下，往往会呈现出一定的规律性，这种规律性可以通过大量试验值的散点图反映出来，也可以借助相应的函数形式表达出来，这种函数称为回归函数或回归方程。

应该指出的是，函数与相关虽然是两种不同类型的变量关系，但是它们之间并无严格的界限。相关的变量之间尽管没有确定的关系，但在一定的条件下，从一定的统计意义上来看，它们之间又可能存在着某种确定的函数关系。尽管从理论上说，一定质量气体的体积、压强及绝对温度之间存在着函数关系，但如果我们做了多次反复的实测，则每次得到的值并不见得都呈现严格的规律性，这就是说，实际测量得到的是非确定性的关系。这是由于实际测定的数据中总是存在着误差的缘故。实验科学（包括物理学）中的许多确定性的定律正是通过对大量试验数据的分析和处理，经过总结和提高，从感性到理性，最后才得到的更能深刻地反映变量之间的客观规律。在这过程中就必须运用数学的方法。

回归分析是确定两种或两种以上变量间相互依赖的定量关系的一种统计分析方法。它是在试验观测数据的基础上，寻找被随机性掩盖了的变量之间的相互依存的关系，以一种确定的函数关系去近似替代比较复杂的相关关系。

回归分析是对具有相关关系（显著相关以上相关）的两个或两个以上的变量之间所具有的变化规律进行拟合，确立一个相应的数学表达式（经验公式），通过一个或多个变量的变化去解释另一变量变化的方法，以便从定量的角度由已知量推测未知量，为估算预测或控制提供重要依据。

因此，我们就从变量之间的关系谈起。在生产与科学试验中，人们经常与各种变量打交道。例如，在工厂里，就免不了遇到关于原料、半成品及成品的各项性能指标，在生产过程中又必须考虑各种工艺因素。又如在实验室里做试验，我们所关心的是试验条件及其相应的试验结果。一般来说，产品的性能指标、工艺因素、试验条件及试验结果等不是一成不变的，随着条件的变化，在不同的时间、不同的场合下都可能有变化，在数学上统称这些量为变量。一切客观事物本来是互相联系的和具有内部规律的，而且每一事物的运动都和它周围其他事物互相联系并互相影响着。从辩证唯物论的观点来看，变量与变量是互相联系和互相依存的，从而它们之间存在着一定的关系。

研究一个或多个随机变量 $y_1, y_2, \cdots, y_i$ 与另一些变量 $x_1、x_2, \cdots, x_k$ 之间关系的统计方法称为多重回归分析。通常称 $y_1, y_2, \cdots, y_i$ 为因变量，$x_1、x_2, \cdots, x_k$ 为自变量。最简单的情形是一个自变量和一个因变量，且它们大体上有线性关系，这叫一元线性回归，即模型为 $y=a+bx+\varepsilon$，这里 x 是自变量，y 是因变量，ε 是随机误差，通常假定随机误差的均值为 0，方差为 σ^2（σ^2 大于 0），σ^2 与 x 的值无关。若进一步假定随机误差遵从正态分布，就叫作正态线性模型。一般的情形，有 k 个自变量和一个因变量，因变量的值可以分解为两部分：一部分是由于自变量的影响，即表示为自变量的函数，其中函数形式已知，但含一些未知参数；另一部分是由于其他未被考虑的因素和随机性的影响，即随机误差。当函数形式为未知参数的线性函数时，称模型为线性回归分析模型；当函数形式为未知参数的非线性函数时，称模型为非线性回归分析模型。当自变量的个数大于 1 时为多元回归，当因变量个数大于 1 时为多重回归。

相关分析研究的是现象之间是否相关、相关的方向和密切程度，一般不区分自变量或因变量。而回归分析则要分析现象之间相关的具体形式，确定其因果关系，并用数学模型来表现其具体关系。比如说，从相关分析中我们可以得知"质量"和"用户满意度"变量密切相关，但是这两个变量之间到底是哪个变量受哪个变量的影响，以及影响程度如何，则需要通过回归分析方法来确定。

一般来说，回归分析是通过规定因变量和自变量来确定变量之间的因果关系，建立回归模型，并根据实测数据来求解模型的各个参数，然后评价回归模型是否能够很好拟合实测数据；如果能够很好地拟合，则可以根据自变量进一步预测。

一元线性回归分析只解决自变量和一个因变量的关系，是一种最简单的回归分析。实际生活中，一元线性回归分析的应用也是十分广泛的。但在生产和试验中所遇到的因素不是一个而是多个，这样就不能使用一元线性回归方程，需要使用功能更全面的多元线性回归方程。只有这样才能掌握几个自变量与因变量之间的关系。

回归分析是对具有相关关系的变量之间数量变化的一般关系进行测定，确定一个相关的数学表达式，以便进行估计或预测的统计分析方法。回归分析有以下几个特点。

（1）变量之间不是对等的关系，有自变量和因变量之分。

（2）如果变量间存在明显的因果关系，则自变量是确定性关系，可以事先给定或控制，因变量是随机变量。如果变量间互为因果关系，则应根据研究目的确定自变量和因变量。

（3）回归方程中的回归系数有正、负之分。正号表示变量之间同方向变动，负号表示变量之间反方向变动。

（4）互为因果关系的两个变量 x 和 y，可以配合两个回归方程，即 y 依 x 的回归方程，x 为自变量，y 为因变量；x 依 y 的回归方程，y 为自变量，x 为因变量。两个方程是互相独立的，不能互相替换。

（5）回归分析可以根据回归方程，用自变量的值推算因变量的值。

回归分析和相关分析的关系非常密切，两者既有联系又有区别，联系在于，两者都是对客观事物数量依存关系的分析，其中回归分析在相关分析的基础上进行。如果没有定性说明现象之间是否存在相关关系，也没有对这种相关关系的密切程度进行量的说明，就不宜进行回归分析。即使进行了回归分析，也不会有什么实际意义。回归分析不仅可认识事物之间的关系，更重要的是可运用这种关系推算、预测未来的发展趋势。可见回归分析是相关分析的继续和拓展。通过回归分析对现象之间的相关关系拟合回归方程，就有可能进行推算和预测，相关分析才能更好地发挥作用。如果仅有相关分析而没有回归分析，就如有头无尾一样，失去了统计分析的作用。

回归分析和相关分析的区别在于，两者的概念和作用不同，它们从不同的角度说明现象之间的依存关系。相关分析只能说明现象之间是否相关及相关方向和密切程度，但不能说明一个现象发生一定量的变化，另一个现象会对应发生多大变化。而回归分析通过建立适宜的回归方程则能够测出这种变化的量，它是进行推算和预测的重要依据。

5.3.2　回归分析的主要内容

回归分析是研究变量与变量之间相关关系的一种统计推断方法。它是在试验观测数据的基础上，寻找被随机性掩盖了的变量之间的相互依存的关系，以一种确定的函数关系去近似代替比较复杂的相关关系。回归分析的任务是揭示出呈因果关系的相关变量间的联系形式，建立它们彼此之间的回归方程，利用所建立的回归方程，由自变量（原因）来预测、控制因变量（结果）。图 5-3 展示了回归分析研究的范围。一般情况下，回归分析的主要内容包括以下 6 个方面。

（1）根据样本观察值对计量经济学模型参数进行估计，选取一元线性回归模型的变量，建立相关关系的数学表达式，依据现象之间的相关形态，建立适当的数学模型，绘制计算表和拟合散点图，求得回归方程。从一组数据出发确定某些变量之间的定量关系式，即建立数学模型反映现象之间的相关关系，并估计其中的未知参数，从数量上近似地反映变量之间变动的一般规律。估计参数的常用方法是最小二乘法。

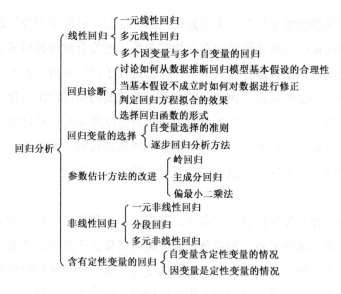

图 5-3　回归分析研究的范围

（2）对所建立的数学关系式的可信度进行统计检验。① 经济意义检验：根据模型中各个参数的经济含义，分析各参数的值是否与分析对象的经济含义相符；② 回归标准差检验；③ 拟合度检验；④ 回归系数的显著性检验。

（3）判断自变量对因变量影响的显著性。在许多自变量共同影响着一个因变量的关系中，判断哪些自变量的影响是显著的，哪些自变量的影响是不显著的，将影响显著的自变量选入模型中，而剔除影响不显著的变量，通常用逐步回归、向前回归和向后回归等方法进行研究。

（4）依据回归方程对某一生产过程进行回归预测或控制。由于回归方程反映了变量之间的一般性关系，因此当自变量发生变化时，可依据回归方程估计出因变量可能发生相应变化的数值。因变量的回归估计值虽然不是一个必然的对应值（可能和系统真值存在比较大的差距），但至少可以从一般性角度或平均意义角度反映因变量可能发生的数量变化。利用回归预测模型进行预测，有点预测和置信区间预测两种方法。点预测法是将自变量取值代入回归预测模型求出因变量的预测值；置信区间预测法是估计一个范围，并确定该范围出现的概率。影响置信区间大小的因素：① 因变量估计值；② 回归标准差；③ 概率度。

（5）计算估计标准误差。通过估计标准误差这一指标，可以分析回归估计值与实际值之间的差异程度及估计值的准确性和代表性，还可利用估计标准误差对因变量估计值进行一定把握程度条件下的区间估计。

（6）寻求点数少，且具有较好统计性质的回归设计方法等。

回归分析的应用是非常广泛的，统计软件包使各种回归方法的计算十分方便。通常对一个问题进行一次较为完整的回归分析，需要进行以下 6 个方面的工作。

（1）确定变量。明确预测的具体目标，也就确定了因变量。如预测的具体目标是下一年度的销售量，那么销售量就是因变量。通过市场调查和查阅资料，寻找与预测目标相关的影响因素，即自变量，并从中选取主要的影响因素。

（2）建立预测模型。依据自变量和因变量的历史统计资料进行计算，在此基础上建立回归分析方程，即回归分析预测模型。建立回归方程就是确定几个特定变量之间是否存在相关关系。如果存在，则需找出它们之间合适的数学模型，然后根据适当的数学模型对变量的观测值进行统计处理，确定变量间在一定意义下最优的定量关系式。

（3）进行相关分析。回归分析是对具有因果关系的影响因素（自变量）和预测对象（因变量）所进行的数理统计分析处理。建立了回归方程并不意味着方程一定有效，还需要进一步求证变量之间关联的紧密程度，只有当自变量与因变量确实存在某种关系时，建立的回归方程才是有效的。作为自变量的因素与作为因变量的预测对象是否有关，相关程度如何，以及判断这种相关程度的把握性多大，就成为进行回归分析必须要解决的问题。因此，回归方程建立之后必须进行方程的显著性检验，以判定所建立的回归方程确实是有意义的。然后进行相关分析，以相关系数的大小来判断自变量和因变量的相关的程度。

（4）计算预测误差。回归预测模型是否可用于实际预测，取决于对回归预测模型的检验和对预测误差的计算。值得注意的是，预测时必须指出这种预测的可靠性程度有多大，即预测误差的大小。回归方程只有通过各种检验，且预测误差较小，才能将回归方程作为预测模型进行预测。

（5）确定预测值。利用回归预测模型计算预测值，并对预测值进行综合分析，确定最后的预测值。应用回归预测法时应首先确定变量之间是否存在相关关系。如果变量之间不存在相关关系，对这些变量应用回归预测法就会得出错误的结果。正确应用回归分析预测时应注意：① 用定性分析判断现象之间的依存关系；② 避免回归预测的任意外推；③ 应用合适的数据资料。

（6）进行因素分析。只有一个自变量的一元回归分析，只要通过以上 3 个过程就完成了一次预测。然而事物总是复杂多变的，影响因变量的因素往往是多方面的。当我们建立多元回归方程时，多个自变量谁的影响最大，谁的影响次之，谁的影响最小，都需要进行分析说明。对多元回归方程进行因素分析的目的就是要找出主要因素和次要因素。例如，对于一个新聘教师绩效的预测，不仅要考虑他的教育程度，而且要考虑他的经验和个性等，并从中找出影响其绩效的主要因素。

回归分析需要研究和解决的问题主要有以下几方面。

（1）根据理论和对实际问题的分析判断，区分自变量（即解释变量或预报变量）和因变量（即被解释变量或响应变量）。

（2）从一组试验数据出发，判断二者之间是否存在相关关系，如果存在，设法找出其合适的数学表达式（即回归模型）用来描述变量之间的内在联系。

（3）对建立的回归模型可信程度进行统计检验和推断，并从影响因变量的诸多自变量中找出影响显著或不显著的变量。

（4）依据回归模型，通过自变量的取值来预测或控制因变量的取值，并给出这种预测或控制的精确程度。

5.3.3 回归分析的分类

回归分析应用十分广泛，按照涉及的自变量多少，可将回归分析分为一元回归分析和多元回归分析。按照自变量和因变量之间的关系类型，回归分析可分为线性回归分析和非线性回归分析，其中线性回归又分为一元线性回归和多元线性回归。

一元回归分析是对一个因变量和一个自变量建立回归方程；多元回归分析是对一个因变量和两个或两个以上的自变量建立回归方程。如果在回归分析中，只包括一个自变量和一个因变量，变量之间是线性相关关系，且二者的关系可用一条直线近似表示，这种回归分析称为一元线性回归分析。如果回归分析中包括两个或两个以上的自变量，且因变量和自变量之间是线性关系，则称为多重线性回归分析。若变量之间是非线性相关关系，可通过建立非线性回归方程来反映，这种分析叫非线性回归分析。通常情况下，遇到非线性回归问题可以借助数学手段化为线性回归问题处理。

下面介绍几种常用的回归分析方法。

1) 线性回归

它是最为人熟知的建模技术之一。线性回归通常是人们在学习预测模型时首选的技术之一。在这种技术中，因变量是连续的，自变量可以是连续的也可以是离散的，回归线的性质是线性的。线性回归使用最佳的拟合直线（也就是回归线）在因变量和一个或多个自变量之间建立一种关系。

一元线性回归分析又称直线拟合，是处理两个变量之间关系的最简单模型。回归分析就是要找出一个数学模型 $Y=f(X)$，使得从 X 估计 Y 可以用一个函数式去计算。

当 $Y=f(X)$ 的形式是一个直线方程时，称为一元线性回归。这个方程一般可表示为 $Y=a+bX$。多元线性回归可表示为 $Y=a+b_1X+b_2X_2+e$，其中 a 表示截距，b 表示直线的斜率，e 表示误差项。多元线性回归可以根据给定的预测变量来预测目标变量的值。

2) 逻辑回归

逻辑回归用来计算"事件=Success"和"事件=Failure"的概率。当因变量的类型属于二元（1/0，真/假，是/否）变量时，我们就应该使用逻辑回归。这里，Y 的值为 0 或 1，它可用以下公式表示。

```
odds= p/(1-p) = probability of event occurrence / probability of not event occurrence,
ln(odds) = ln(p/(1-p))
logit(p) = ln(p/(1-p)) =b0+b1X1+b2X2+b3X3+...+bkXk
```

上述代码中，p 表示具有某个特征的概率。在这里我们使用的是的二项分布（因变量），需要选择一个对于这个分布最佳的连结函数，它就是 Logit 函数。在上述方程中，通过观测样本的极大似然估计值来选择参数，而不是最小化平方和误差（如在普通回归使用的）。

3) 多项式回归

对于一个回归方程，如果自变量的指数大于 1，那么它就是多项式回归方程。如方程 $y = a + bx^2$。

在这种回归技术中，最佳拟合线不是直线，而是一个用于拟合数据点的曲线。

4) 逐步回归

在处理多个自变量时，我们可以使用这种形式的回归。在这种技术中，自变量的选择是在一个自动的过程中完成的，其中包括非人为操作。逐步回归通过同时添加/删除基于指定标准的协变量来拟合模型。下面列出了一些最常用的逐步回归方法：① 标准逐步回归法增加和删除每个步骤所需的预测；② 向前选择法从模型中最显著的预测开始，然后为每一步添加变量；③ 向后剔除法与模型的所有预测同时开始，然后在每一步消除最小显著性的变量。这种建模技术的目的是使用最少的预测变量数来最大化预测能力。这也是处理高维数据集的方法之一。

5) 岭回归

岭回归分析是一种用于存在多重共线性（自变量高度相关）数据的技术。在多重共线性情况下，尽管最小二乘法（OLS）测得的估计值不存在偏差，它们的方差也会很大，从而使得观测值与真实值相差甚远。岭回归通过给回归估计值添加一个偏差值来降低标准误差。

在线性等式中，预测误差可以划分为 2 个分量，一个是偏差造成的，另一个是方差造成的。预测误差可能会由这两者或两者中的任何一个造成。在这里，我们将讨论由方差所造成的误差。

岭回归通过收缩参数 λ 解决多重共线性问题。

$$L_2 = \underset{\beta \in \mathbf{R}^p}{\mathrm{argmin}} \underbrace{\|y - X\beta\|_2^2}_{\text{Loss}} + \underbrace{\lambda \|\beta\|_2^2}_{\text{Penalty}}$$

在这个公式中，有两个组成部分。第一个是最小二乘项，另一个是 β 平方的 λ 倍，其中 β 是相关系数向量，与收缩参数一起添加到最小二乘项中以得到一个非常低的方差。

6) 套索回归

套索回归类似于岭回归，也会就回归系数向量给出惩罚值项。此外，它能够减少变化程度并提高线性回归模型的精度。

$$L_1 = \underset{\beta \in \mathbf{R}^p}{\mathrm{argmin}} \underbrace{\|y - X\beta\|_2^2}_{\text{Loss}} + \underbrace{\lambda \|\beta\|_1}_{\text{Penalty}}$$

套索回归与岭回归有一点不同，它使用的惩罚函数是 L_1 范数，而不是 L_2 范数。这导致惩罚值（或约束估计的绝对值之和）使一些参数估计结果等于零。使用惩罚值越大，进一步估计会使得缩小值越趋近于零。这将导致我们要从给定的 n 个变量中选择变量。如果预测的一组变量是高度相关的，套索会选出其中一个变量并且将其他的收缩为零。

7) 弹性网络回归

弹性网络回归是套索回归和岭回归技术的混合体。它使用 L_1 来训练并且 L_2 优先作为正则化矩阵。当有多个相关的特征时，弹性网络是很有用的。套索会随机挑选它们其中的一个，而岭则会选择两个。

$$\beta = \underset{\beta}{\mathrm{argmin}} \left(\|y - X\beta\|^2 + \lambda_2 \|\beta\|^2 + \lambda_1 \|\beta\|_1 \right)$$

数据探索是构建预测模型的必然组成部分。在选择合适的模型时，比如识别变量的关系和影响，它应该是首选的一步。我们可以分析不同的指标参数，如统计意义的参数、R-square、Adjusted R-square、AIC、BIC 及误差项。另一个是 Mallows' Cp 准则，这个主要是通过将模型与所有可能的子模型进行对比（或谨慎选择它们），检查在模型中可能出现的偏差。

交叉验证是评估预测模型最好的方法。在这里，将数据集分成两份（一份做训练，另一份做验证），使用观测值和预测值之间的一个简单均方差来衡量预测精度。

如果数据集是多个混合变量，那么就不应该选择自动模型选择方法，因为此时不能在同一时间把所有变量放在同一个模型中。可能会出现这样的情况，一个不太强大的模型与具有高度统计学意义的模型相比，更易于实现。回归正则化方法（套索、岭和弹性网络）在高维和数据集变量之间多重共线性情况下运行良好。

在物流的计算中，回归分析法的公式如下：

$$y = a + bx$$
$$b = \sum xy - n \cdot \sum x \sum y / [\sum x^2 - n \cdot (\sum x)^2]$$
$$a = \sum y - b \cdot \sum x / n$$

套索和岭之间的实际的优点是，它允许弹性网络继承循环状态下岭的一些稳定性。

5.4 一元线性回归分析

在研究实际问题时，我们经常需要研究某一现象与影响它的某一最主要因素的关系。比如，影响粮食产量的因素很多，但是在众多因素中，施肥量是一个最重要的因素。我们往往要研究施肥量这一因素与粮食产量之间的关系。又如，保险公司在研究火灾损失的规律时，把火灾发生地与最近的消防站的距离作为一个最主要的因素，研究火灾损失与火灾发生地与最近的消防站的距离之间的关系。以上两个例子都是研究两个变量之间的关系，且两个变量有着密切的关系，但是它们之间的密切程度并不能使一个变量唯一确定另一个变量。下面再看一个具体的例子。

【例 5.1】通常来说，一个家庭的消费支出主要受这个家庭收入的影响，收入高的家庭消费支出也高，收入低的家庭消费支出也低。我们为了研究它们的关系，取家庭消费支出 y（元）为被解释变量，家庭收入 x（元）为解释变量。为此，通过调查得到数据，如表 5-1 所示。

表 5-1 调查数据表

家庭编号	1	2	3	4	5	6	7	8	9	10
家庭收入/元	800	1 200	2 000	3 000	4 000	5 000	7 000	9 000	10 000	12 000
家庭消费支出/元	770	1 100	1 300	2 200	2 100	2 700	3 800	3 900	5 500	6 600

首先绘出它们的散点图，如图 5-4 所示。

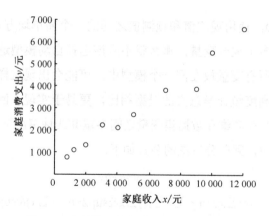

图 5-4　家庭收入与家庭消费支出的散点图

由散点图 5-4 可以看出，这些点在一直线附近，随着家庭收入的增加，家庭消费支出也在增加，这和我们上面讲到的通常情况是一致的。所以我们可以认为家庭收入和家庭消费支出存在着一定的线性关系。我们可以假设它们满足如下的统计模型：

$$y=\beta_0+\beta_1 x+\varepsilon \tag{5-6}$$

我们称模型式（5-6）为一元线性回归模型，β_0 称为回归常数，β_1 称为回归系数。ε 是随机误差，且满足 $E[\varepsilon]=0$，$\mathrm{Var}[\varepsilon]=\sigma^2$。这种模型可以赋予各种实际意义，如收入与支出的关系、脉搏与血压的关系、商品价格与供给量的关系、文件容量与保存时间的关系、林区木材采伐量与木材剩余物的关系、身高与体重的关系等。

一元线性回归模型是最简单的计量经济学模型，在模型中只有一个解释变量，其参数估计方法也是最简单的。通过最简单模型的参数估计，可以较清楚地理解参数估计方法的原理，同时对于理解各类研究中的参数取样也具有极其重要的意义。

【例 5.2】10 位大一学生平均每周所花的学习时间及他们的期末考试成绩如表 5-2 所示。观察数据我们可以发现两者之间呈正相关，不过更直接的方法是绘制散点图，即分别用两列变量做横、纵轴描点。若它们的分布在一条带状区域，就预示着两列变量之间有相关关系，如图 5-5 所示。若没有随机误差的影响，这些点将落在一条直线上，这条直线称回归线，它是描述因变量 y 关于自变量 x 关系的最合理的直线。在许多情况下，我们假设回归线是一条直线，然而并不是所有情况都如此，但做这种假设，就属于线性相关与线性回归。

表 5-2　学习时间与期末考试成绩

序号	1	2	3	4	5	6	7	8	9	10
时间/h	40	43	18	10	25	33	27	17	30	47
成绩	78	93	76	67	78	74	65	52	88	89

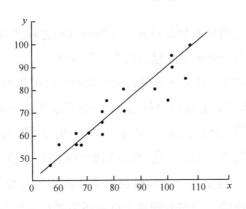

图 5-5　两列变量的关系图

由于回归关系的不完全确定性，我们根据实测数值绘制的散点图，各点不会都在同一条直线上，而是比较分散的。尽管如此，从图中我们还是可以看出，散点图呈线性趋势，而且呈正相关。

因此，一元回归分析是一种确定两个变量 x 和 y 之间函数关系的方法。一元线性回归分析又称直线拟合，是处理两个变量之间关系的最简单的模型。所谓一元指的是只有一个自变量 x，而因变量 y 在某种程度上是随 x 而变化的。在这里自变量 x 是可以控制的，即对 x 的每一控制值，y 值是随机的。如果这两个变量之间的关系还是线性的，那么研究这两个变量之间的关系问题，就称为一元线性回归分析。一元线性回归分析又称直线拟合，是处理两个变量之间关系的最简单的模型。一元线性回归是指只有一个自变量的线性回归，它是回归分析中最简单的方法，但却是进一步学习、理解多元线性回归的基础。对于具有线性关系的两个变量，回归的目的首先是找出因变量（一般记为 y）关于自变量（一般记为 x）的定量关系。

以【例 5.1】为例，固定对一个家庭进行观察，收入水平与支出呈线性函数关系。但实际上数据来自各个家庭，来自各个不同收入水平，其他条件不变成为不可能，所以由数据得到的散点不在一条直线上（不呈函数关系），而是散布在直线周围，服从统计关系。随机误差项 ε 中可能包括不同家庭人口数、不同消费习惯、不同地域的消费指数、不同家庭的外来收入等因素。所以在经济问题上"控制其他因素不变"实际上是不可能的。

回归模型的随机误差项中一般包括以下几项内容：非重要解释变量的省略，人的随机行为，数学模型形式欠妥。

5.4.1 一元线性回归方程的建立

根据以上例子，运用代数知识可知一元线性回归方程的直线方程。一般来讲，对一元线性回归方程进行分析主要包括以下几个步骤。

（1）回归模型的建立。建立一元线性回归模型一般可分为 4 步：① 分析变量之间的相互关系，通常是在理论定性分析的基础上采用相关表或相关图进行观察，再计算相关系数；② 通过检验相关系数的显著性，判断相关系数的客观真实状况；③ 根据研究目的确定自变量和因变量；④ 根据调查的资料估计模型参数建立回归模型。

（2）显著性检验。需要对一元线性回归方程的相关系数进行显著性检验。

（3）回归模型的检验。回归方程建立以后还需要对模型进行检验，检验回归模型的代表性。若两个变量之间高度相关，方程有很高的代表性，还不能说明这种直线相关关系是否可靠，为了说明这种相关关系的可靠性，必须对相关系数进行检验。

设有一组试验数据，试验值为 x_i，y_i（$i=1,2,\cdots,n$），其中 x 是自变量，y 是因变量。一般地，一元线性回归模型可以表达为

$$y_i = \beta_0 + \beta_1 x_i + \varepsilon_i \tag{5-7}$$

式中，y_i 表示第 i 名个体在因变量 Y（也称结果变量、反应变量或内生变量）上的取值，Y 是一个随机变量。x_i 表示第 i 名个体在自变量 X（也称解释变量、先决变量或外生变量）上的取值。值得注意的是，与 Y 不同，X 虽然被称作变量，但它的各个取值其实是已知的，只是其取值在不同的个体之间变动。

β_0 和 β_1 是模型的参数，通常是未知的，需要根据样本数据进行估计。$\beta_0 + \beta_1 x_i$ 也就是前面所讲的结构项，反映了由于 x 变化所引起的 y 的结构性变化。

ε 是随机误差项，也是一个随机变量，且有均值 $E(\varepsilon)=0$、方差 $\sigma_\varepsilon^2 = \sigma^2$ 和协方差 $\text{Cov}(\varepsilon_i, \varepsilon_{i'})=0$。协方差即随机项，代表了不能由结构性解释的其他因素对 Y 的影响。

式（5-7）定义了一个简单线性回归模型，该模型只包含一个自变量。"线性"一方面指的是模型在参数上是线性的，另一方面也指模型在自变量上是线性的。而很明显，公式中没有一个参数是以指数形式或以另一个参数的积或商的形式出现，自变量也只是以一次项的形式存在。

对应指定的 X_i 值，在一定的条件下，对式（5-7）求条件期望得

$$E(Y|X=x_i) = \mu_i = \beta_0 + \beta_1 x_i \tag{5-8}$$

式（5-8）称为总体回归方程。它表示，对于每一个特定的取值 x_i，观测值 y_i 实际上都来自一个均值为 μ、方差为 σ^2 的正态分布，而回归线将穿过点 (x_i, μ_i)，如图 5-6 所示。

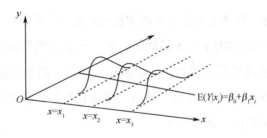

图 5-6 特定 x_i 下 y 的分布图

由式（5-8）可以看出，β_0 是 $x_i = 0$ 时的期望，而 β_1 则反映了 X 的变化对 Y 期望值的影响。在几何上，式（5-8）所确定的是一条穿过点 (x_i, μ_i) 的直线，被称为"回归直线"或"回归线"。所以，β_0 就是回归直线在 y 轴上的截距，而 β_1 则是回归直线的斜率。因此，我们将 β_0 和 β_1 称作回归截距和回归斜率。图 5-7 直观地展示了 β_0 和 β_1 的含义。

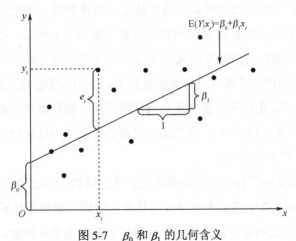

图 5-7 β_0 和 β_1 的几何含义

无论是回归模型还是回归方程，都是针对总体而言，是对总体特征的总结和描述。所以，参数 β_0 和 β_1 也是总体的特征。但是在实际研究中我们往往无法得到总体的回归方程，只能通过样本数据对总体参数 β_0 和 β_1 进行估计。

设随机因变量 y 与自变量 x 之间存在着某种因果关系，且 x 是可控或能精确测量的变量。若使 x 取定一组不完全相同的值 x_i $(i=1,2,\cdots,n)$ 进行独立试验，就得到与之对应的一组观察值 y_i $(i=1,2,\cdots,n)$，这里 n 对观察值 (x_1, y_1)，(x_2, y_2)，$\cdots$，(x_i, y_i)，$\cdots$，(x_n, y_n) 就是一组样本，其数据模型如表 5-3 所示。

表 5-3 因变量 y 与自变量 x 之间数据模型

试验号（i）	1	2	$\cdots$	i	$\cdots$	n
自变量 x	x_1	x_2	$\cdots$	x_i	$\cdots$	x_n
因变量 y	y_1	y_2	$\cdots$	y_i	$\cdots$	y_n

显然，可通过这组样本去估计 y 的数字特征。其中，数学期望 $y = f(x)$ 是最重要的数字特征，函数 $f(x)$ 称为 y 对 x 的回归。若 y 与 x 的关系是线性的，则称一元线性回归。有很多建立线性模型的方法，如最小二乘法、最小方差估计、最大似然估计、贝叶斯估计及 Minimax 估计等。最小二乘法具有某种意义下的优良性质，成为目前解决回归分析问题最广泛的方法。

最小二乘法（又称最小平方法）是一种数学优化技术。它通过最小化误差的平方和寻找数据的最佳函数匹配。利用最小二乘法可以简便地求得未知的数据，并使这些求得的数据与实际数据之间误差的平方和为最小。最小二乘法还可用于曲线拟合。其他一些优化问题也可通过最小化能量或最大化熵用最小二乘法来表达。1801年，意大利天文学家朱赛普·皮亚齐发现了第一颗小行星谷神星。经过40天的跟踪观测后，谷神星运行至太阳背后，使得皮亚齐失去了谷神星的位置。随后全世界的科学家利用皮亚齐的观测数据开始寻找谷神星，但是根据大多数人计算的结果来寻找谷神星都没有结果。时年24岁的高斯也计算了谷神星的轨道。奥地利天文学家海因里希·奥尔伯斯根据高斯计算出来的轨道重新发现了谷神星。高斯使用的最小二乘法发表于1809年他的著作《天体运动论》中。法国科学家勒让德于1806年独立发现"最小二乘法"，但因不为世人所知而默默无闻。勒让德曾与高斯为谁最早创立最小二乘法发生争执。1829年，高斯提供了最小二乘法的优化效果强于其他方法的证明，称为高斯-莫卡夫定理。

在科学研究和实际工作中，常常会遇到这样的问题：给定两个变量 x、y 的 m 组试验数据，如何从中找出这两个变量间函数关系的近似解析表达式（也称为经验公式），使能对 x 与 y 之间除了试验数据外的对应情况做出某种判断。这样的问题一般可以分为两类：一类是对 x 与 y 之间所存在的对应规律一无所知，这时要从试验数据中找出切合实际的近似解析表达式是相当困难的，俗称这类问题为黑箱问题；另一类是依据对问题所做的分析，通过数学建模或者通过整理归纳试验数据，能够判定出 x 与 y 之间满足或大体上满足某种类型的函数关系式，其中有 n 个待定的参数，这些参数的值可以通过 m 组试验数据来确定（一般要求），这类问题称为灰箱问题。解决灰箱问题的原则通常是使拟合函数在处的值与试验数值的偏差平方和最小，即取得最小值。这种在方差意义下对试验数据实现最佳拟合的方法称为"最小二乘法"。

最小二乘法是为土木工程、测量工程而发展起来的一种古老方法。在科研或生产中，常常根据实测数据 (x_t, y_t)，$(t = 1, 2, \cdots, n)$ 去寻找自变量 x 和因变量 y 的一个近似表达式 $\hat{y} = f(x)$。即按平面上的几个点进行曲线拟合的问题，通常也称为给数据选配曲线或寻找经验公式。在实际工作中，为数据选配曲线或选择数学模型时，通常可根据理论推导或本专业所积累的经验来进行。例如，在流体力学的研究中，常以"准数"形式表达数学模型。采用最小二乘法建立一元线性回归方程模型的具体步骤如下。

首先描述散点图，初步判断 y 与 x 之间是否存在线性关系。

为了直观地看出 x 和 y 间的变化趋势，可将每一对观察值 (x_i, y_i) 在直角坐标系描点，作出散点图。利用 (x, y) 散点图，能非常直观、定性地表示两变量之间存在以下关系。

（1）两个变量间关系的性质（正相关/负相关）和程度（密切/不密切）；

（2）两个变量间关系的类型（直线型、曲线型）；

（3）是否有异常观测值的干扰。

若两个相关变量间的关系是直线关系，根据 n 对实际观测值 (x_i, y_i) 所描出的散点图，变量 y 与 x 内在联系的总体线性回归方程可记为

$$y = \alpha + \beta x \tag{5-9}$$

式中，α 为总体回归截距，β 为总体回归系数。

因变量的实际观测值 y_i 总是带有随机误差，故线性回归的数学模型可以表示为

$$y = \alpha + \beta x_i + \varepsilon_i \quad (i = 1, 2, \cdots, n) \tag{5-10}$$

式中，ε_i 为相互独立，且服从 $N(0, \sigma^2)$ 的随机变量。进而可根据实际观测值 (x_i, y_i) 对 α、β、σ^2 进行估计。

在 x, y 的直角坐标平面上，可以作出无数条直线。而回归直线是指所有直线中最接近散点图中全部散点的直线。

利用 a、b 代替总体回归方程中的 β_0 和 β_1 时，就得到了估计的回归方程或经验回归方程。

$$\hat{y}_i = a + bx_i \tag{5-11}$$

式（5-11）就是变量 x、y 的一元线性回归方程，式中 a、b 称为回归系数，a 为样本回归截距，是回归直线与 y 轴交点的纵坐标，当 x=0 时，$\hat{y} = a$，a 是 α 的估计值。b 为样本回归系数，表示 x 改变一个单位，y 平均改变的数量。b 的符号反映 x 影响 y 的性质；b 的绝对值大小则反映 x 影响 y 的程度；b 是 β 的估计值。$\hat{y}_i$ 是对应自变量 x_i 代入回归方程的计算值，称为回归值。值得注意的是，这里的函数计算值 $\hat{y}_i$ 与试验值 y_i 不一定相等。

应用最小二乘法原理求取 a、b 值，进而可确定一元线性回归方程。如果将 $\hat{y}_i$ 与 y_i 之间的偏差称为残差，用 e_i 表示，则有

$$e_i = y_i - \hat{y}_i \tag{5-12}$$

e_i 对应的就是式（5-7）中的总体随机误差项 ε_i。观测值、估计值和残差这三者之间的关系可用图 5-8 加以说明。

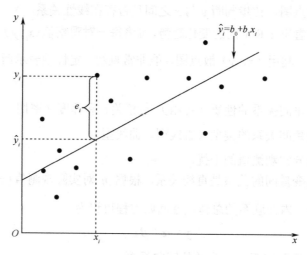

图 5-8　回归中观测值 y_i、拟合值 $\hat{y}_i$ 与残差 e_i 的关系

若要从总体中随机抽出一个样品，在平面直角坐标系中找到一条直线 $\hat{y}_i = a + bx_i$，使得观测值 y_i 和拟合值 $\hat{y}_i$ 之间的距离最短，显然只有当各残差平方差（考虑到残差有正有负）之和最小时，回归方程与试验值的拟合程度最好。令

$$SS_e = Q = \sum_{i=1}^{n} e_i^2 = \sum_{i=1}^{n}(y_i - \hat{y}_i)^2 = \sum_{i=1}^{n}\left[y_i - (a + bx_i)\right]^2 \tag{5-13}$$

式中，x_i、y_i 是已知试验值，故残差平方和 SS_e 为 a、b 的函数，为使 SS_e 值到达极小，根据极值原理，只要将上式分别对 a、b 求偏导数 $\dfrac{\partial Q}{\partial a}$、$\dfrac{\partial Q}{\partial b}$，并令其等于零，即可求得 a、b 之值，这就是最小二乘法原理。

根据最小二乘法，可得

$$\begin{cases} \dfrac{\partial Q}{\partial a} = -2\sum_{i=1}^{n}(y_i - a - bx_i) = 0 \\ \dfrac{\partial Q}{\partial b} = -2\sum_{i=1}^{n}(y_i - a - bx_i)x_i = 0 \end{cases} \tag{5-14}$$

即

$$\begin{cases} na + b\sum_{i=1}^{n} x_i = \sum_{i=1}^{n} y_i \\ a\sum_{i=1}^{n} x_i + b\sum_{i=1}^{n} x_i^2 = \sum_{i=1}^{n} x_i y_i \end{cases} \tag{5-15}$$

或等价于

$$\begin{bmatrix} n & \sum_{i=1}^{n} x_i \\ \sum_{i=1}^{n} x_i & \sum_{i=1}^{n} x_i^2 \end{bmatrix} \begin{pmatrix} a \\ b \end{pmatrix} = \begin{bmatrix} \sum_{i=1}^{n} y_i \\ \sum_{i=1}^{n} x_i y_i \end{bmatrix} \quad (5\text{-}16)$$

上述方程组称为正规方程组，对方程组求解，即可得到回归系数 a、b 的计算式

$$a = \bar{y} - b\bar{x} \quad (5\text{-}17)$$

$$b = \frac{n\sum_{i=1}^{n} x_i y_i - \left(\sum_{i=1}^{n} x_i\right)\left(\sum_{i=1}^{n} y_i\right)}{n\sum_{i=1}^{n} x_i^2 - \left(\sum_{i=1}^{n} x_i\right)^2} = \frac{\sum_{i=1}^{n} x_i y_i - n\bar{x}\bar{y}}{\sum_{i=1}^{n} x_i^2 - n(\bar{x})^2} \quad (5\text{-}18)$$

式中，$\bar{x}$、$\bar{y}$ 分别为试验值 x_i、y_i（$i=1,2,\cdots,n$）的算术平均值。由式（5-18）可以看出，回归直线通过点 $(\bar{x},\bar{y})$。为了方便计算，令

$$S_{xx} = \sum_{i=1}^{n} (x_i - \bar{x})^2 = \sum_{i=1}^{n} x_i^2 - n(\bar{x})^2 \quad (5\text{-}19)$$

$$S_{xy} = \sum_{i=1}^{n} (x_i - \bar{x})(y_i - \bar{y}) = \sum_{i=1}^{n} x_i y_i - n\bar{x}\bar{y} \quad (5\text{-}20)$$

于是式（5-18）可以简化为

$$b = \frac{S_{xy}}{S_{xx}} \quad (5\text{-}21)$$

与通常的统计估计问题一样，由于因变量 y 是随机变量，而我们实际上是根据随机变量的实现获得的回归方程，如果获得该组随机变量的其他实现，则可能获得的是其他模型的估计。因此，对上述估计的结果，我们需要解决拟合的优良性问题，以及在考虑数据包含噪声的情况下，对获得的 a 和 b 的估计有多少信心的问题。以下以 β_0 和 β_1 分别代替 a 和 b。

要回答这个问题，就要涉及最小二乘估计的性质问题。与通常的参数估计问题类似，我们也可以得到下面的结论。

（1）在标准回归模型的假设下，最小二乘估计是无偏的，即

$$E(\hat{\beta}_j) = \beta_j (j = 0,1) \quad (5\text{-}22)$$

并且由此得到的是回归方程的无偏估计，即

$$E(\hat{y}) = E(\hat{\beta}_0 + \hat{\beta}_1 x) = \beta_0 + \beta_1 x \quad (5\text{-}23)$$

（2）在标准回归模型的假设下，有

$$\begin{cases} \operatorname{Var}(\hat{\beta}_1) = \dfrac{n\sigma^2}{n\sum\limits_{i=1}^{n} x_i^2 - \left(\sum\limits_{i=1}^{n} x_i\right)^2} = \dfrac{\sigma^2}{S_{xx}} \\ \operatorname{Var}(\hat{\beta}_0) = \dfrac{\sigma^2 \sum\limits_{i=1}^{n} x_i^2}{n\sum\limits_{i=1}^{n} x_i^2 - \left(\sum\limits_{i=1}^{n} x_i\right)^2} = \sigma^2\left(\dfrac{1}{n} + \dfrac{\bar{x}^2}{S_{xx}}\right) \\ \operatorname{Cov}(\hat{\beta}_0, \hat{\beta}_1) = \dfrac{\sigma^2 \sum\limits_{i=1}^{n} x_i}{n\sum\limits_{i=1}^{n} x_i^2 - \left(\sum\limits_{i=1}^{n} x_i\right)^2} = -\dfrac{\bar{x}}{S_{xx}}\sigma^2 \end{cases} \quad (5\text{-}24)$$

式中，S_{xx} 为预测变量的"散布"。可见回归系数估计的精度不仅与噪声和样本量大小有关，而且与预报变量的取值有关。

（3）Gauss-Markov 定理：β_0 和 β_1 的最小二乘估计（LS 估计）是一切线性无偏估计中方差最小的，即最优线性无偏估计。

由于测量噪声的方差未知，因此不能直接由式（5-24）评价 β_0 和 β_1 估计的性质。为了获得 β_0 和 β_1 估计的方差，还需要估计未知的测量误差的方差 σ^2，一个合理的办法是通过模型拟合的残差进行估计。定义模型拟合的残差为

$$e_i = y_i - \hat{y}_i = y_i - (\hat{\beta}_0 + \hat{\beta}_1 x_i), \quad i = 1, 2, \cdots, n \quad (5\text{-}25)$$

即残差指因变量观测值与根据回归方程求出的预测值之差。定义残差平方和（RSS）为

$$\mathrm{RSS} = \sum_{i=1}^{n} e_i^2 = \sum_{i=1}^{n} \left(y_i - \hat{\beta}_0 - \hat{\beta}_1 x_i\right)^2 \triangleq Q_e \quad (5\text{-}26)$$

可以证明，σ^2 的无偏估计为

$$\widehat{\sigma^2} = s_e^2 \triangleq \dfrac{\mathrm{RSS}}{n-2} = S_{yy} - \hat{\beta}_1^2 S_{xx} \quad (5\text{-}27)$$

其中

$$S_{yy} \triangleq \sum_{i=1}^{n} y_i^2 - n\bar{y}^2 = \sum_{i=1}^{n} (y_i - \bar{y})^2 \quad (5\text{-}28)$$

从而 $\hat{\beta}_1$ 和 $\hat{\beta}_0$ 的方差的估计为

$$\operatorname{Var}(\hat{\beta}_1) = \dfrac{\widehat{\sigma^2}}{S_{xx}} \triangleq S_{\hat{\beta}_1}^2, \quad \operatorname{Var}(\hat{\beta}_0) = \widehat{\sigma^2}\left(\dfrac{1}{n} + \dfrac{\bar{x}^2}{S_{xx}}\right) \triangleq S_{\hat{\beta}_0}^2 \quad (5\text{-}29)$$

在某些情况下，可以得到回归系数估计量的分析结果。

(4) 设测量误差服从正态分布 $N(0,\sigma^2)$，这时的统计模型为

$$\begin{cases} y_i = \beta_0 + \beta_1 x_i + \varepsilon_i, & i=1,2,\cdots,n \\ \varepsilon_i \sim N(0,\sigma^2) \end{cases} \quad (5\text{-}30)$$

则

$$\hat{\beta}_0 \sim N\left(\beta_0, \sigma^2\left(\frac{1}{n} + \frac{\bar{x}^2}{S_{xx}}\right)\right), \hat{\beta}_1 \sim N\left(\beta_1, \frac{\sigma^2}{S_{xx}}\right), \frac{Q_e}{\sigma^2} \sim \chi^2(n-2) \quad (5\text{-}31)$$

综上所述，对最小二乘法的应用条件进行相应分析。最小二乘法是用于寻找一个假定的隐函数，使其试验数据为最佳拟合的一种有效方法。它采用了各实测数据点 (x_t, y_t) 距最可能的曲线，在 y 方向的偏差平方和为极小的原理。为此，它只适用于 y 值存在测量变差 σ_ε^2（测量引起的数据波动或随机误差），而 x 值则合理地保持不变时的情况。变差 σ_ε^2 并不是由变量间的函数关系所引起的，而是受随机因素的影响补加于真实 y 值的。这些因素包括随机试验误差及分析问题时被遗漏的因素对结果的影响等。

在推导最小二乘法数学原理时，人们曾做了如下假定：即在 y 方向测得的试验数据，其精确度相等且误差服从正态分布，也就是说，随机误差的均值为零且方差 σ_ε^2 相等。对于非等精确度的测定，即 σ_ε^2 将不是常数，它随 x 的增大而改变。按理应对其进行适当变换，以保证误差与变量之间的函数关系无关。此外，当误差呈非正态分布时，也会偏离原假设条件，应予修正。

下面介绍另外一种方法：最大似然估计。

和普通最小二乘法相比，最大似然估计是一种更强调理论的估计方法，简记为ML法。如果随机误差项是正态分布的，则回归系数最大似然法和最小二乘法的估计量是相同的。

假定在双变量模型中，Y 是独立正态分布，其均值为 $\beta_0 + \beta_1 X$，方差为 σ^2。那么 $Y_1, Y_2, \cdots, Y_n$ 的联合概率密度函数可写成为

$$f(Y_1, Y_2, \cdots, Y_n | \beta_0 + \beta_1 X_i, \sigma^2)$$

但由于 Y 的独立性，此联系概率密度函数可写为 n 个密度函数之积

$$f(Y_1, Y_2, \cdots, Y_n | \beta_0 + \beta_1 X_i, \sigma^2) = f(Y_1 | \beta_0 + \beta_1 X_1, \sigma^2) \cdots f(Y_n | \beta_0 + \beta_1 X_n, \sigma^2) \quad (5\text{-}32)$$

式中，$f(Y_i) = \frac{1}{\sigma\sqrt{2\pi}} \exp\left\{-\frac{1}{2}\frac{(Y_i - \beta_0 - \beta_1 X_i)^2}{\sigma^2}\right\}$。这是给定均值和方差的一个正态分布变量的密度函数。

$$f(Y_1, Y_2, \cdots, Y_n | \beta_0 + \beta_1 X_i, \sigma^2) = \frac{1}{\sigma^n (\sqrt{2\pi})^n} \exp\left\{-\frac{1}{2}\sum \frac{(Y_i - \beta_0 - \beta_1 X_i)^2}{\sigma^2}\right\} \quad (5\text{-}33)$$

若已知 $Y_1, Y_2, \cdots, Y_n$，而 β_0、β_1 和 σ^2 为未知，则式（5-33）为似然函数，可写为

$$L(\beta_0, \beta_1, \sigma^2) = \frac{1}{\sigma^n (\sqrt{2\pi})^n} \exp\left\{-\frac{1}{2}\sum \frac{(Y_i - \beta_0 - \beta_1 X_i)^2}{\sigma^2}\right\} \quad (5\text{-}34)$$

最大似然法，就是在估计未知参数时使得观测到的给定的这些 Y_i 的概率尽可能大，即求似然函数的最大值。为了求解，将似然函数转化为下面对数形式

$$\ln L = -n\ln\sigma - \frac{n}{2}\ln(2\pi) + \left\{-\frac{1}{2}\sum \frac{(Y_i - \beta_0 - \beta_1 X_i)^2}{\sigma^2}\right\}$$

$$\ln L = -\frac{n\ln\sigma^2}{2} - \frac{n}{2}\ln(2\pi) + \left\{-\frac{1}{2}\sum \frac{(Y_i - \beta_0 - \beta_1 X_i)^2}{\sigma^2}\right\} \quad (5\text{-}35)$$

对 β_0、β_1 和 σ^2 求偏导数，得

$$\frac{\partial \ln L}{\partial \beta_0} = -\frac{1}{\sigma^2}\sum (Y_i - \beta_0 - \beta_1 X_i)(-1)$$

$$\frac{n\ln L}{\partial \beta_1} = -\frac{1}{\sigma^2}\sum (Y_i - \beta_0 - \beta_1 X_i)(-X_i)$$

$$\frac{\partial \ln L}{\partial \sigma_0} = -\frac{n}{2\sigma^2} + \frac{1}{2\sigma^4}\sum (Y_i - \beta_0 - \beta_1 X_i)^2 \quad (5\text{-}36)$$

要使似然函数达到最大，则需要这些方程为零，求解出的 $\hat{\beta}_0$、$\hat{\beta}_1$ 和 $\widehat{\sigma^2}$ 为 ML 估计值，得

$$\frac{1}{\widehat{\sigma^2}}\sum (Y_i - \hat{\beta}_0 - \hat{\beta}_1 X_i) = 0$$

$$\frac{1}{\widehat{\sigma^2}}\sum (Y_i - \hat{\beta}_0 - \hat{\beta}_1 X_i)X_i = 0 \quad (5\text{-}37)$$

$$-\frac{n}{2\widehat{\sigma^2}} + \frac{1}{2\widehat{\sigma^4}}\sum (Y_i - \hat{\beta}_0 - \hat{\beta}_1 X_i)^2 = 0$$

上面前两式化简后得

$$\sum Y_i = n\hat{\beta}_0 + \hat{\beta}_1 \sum X_i$$

$$\sum Y_i X_i = \hat{\beta}_0 \sum X_i + \hat{\beta}_1 \sum X_i^2 \quad (5\text{-}38)$$

求解得到的 β_0 和 β_1 的估计值与最小二乘法的公式相同。将 β_0 和 β_1 的估计值代入式（5-37）中第三个式子并化简，得到 σ^2 的 ML 估计值为

$$\widehat{\sigma^2} = \frac{1}{n}\sum (Y_i - \hat{\beta}_0 - \hat{\beta}_1 X_i)^2 = \frac{1}{n}\sum \hat{u}_i^2 \quad (5\text{-}39)$$

解释与计算相关的回归问题时必须注意两个主要问题：① 解释时以测定系数作为依据；② 计算时以两个变量的一致性为基本前提。

1）测定系数

解释相关系数是否显著时，必须谨记的是随着样本容量的增大，达到显著性的相关系数会越来越小。例如，在自由度为 70 的单侧检验和自由度为 100 的双侧检验中，即使相关系数为 0.2，其在 $p=0.05$ 水平依然显著。但是对于相关系数，我们不仅要关心是否显著，还要关心有多大。为了回答这一问题，测定系数是一个非常重要的概念。测定系数是相关系数的平方，用于说明一个变量由另一个变量解释的程度。所以，即使相关系数是显著的，但如果测定系数不大，那么预测的作用也不大。假设相关系数为 0.2，其回归的贡献仅为 0.04，因此用 X 来预测 Y 是不恰当的。

2）两列变量的一致性问题

计算相关的时候必须谨慎对持数据的一致性。一致性是指两列变量对成的点必领均匀地分布在回归线的附近，边缘点和聚集点对相关系数有很大的影响，会掩盖变量之间的真正关系，尤其是在只用一部分数据计算相关的时候。例如，某研究者认为学生对教师的态度与其学业成绩成正比，于是记录了 9 名学生对教师的态度及他们的测验成绩，结果如表 5-4 所示。根据数据，我们绘制散点图，如图 5-9 所示。

表 5-4 态度与测验成绩

序 号	1	2	3	4	5	6	7	8	9
态 度	4	8	8	12	14	18	22	26	30
成 绩	66	62	70	66	84	80	76	72	88

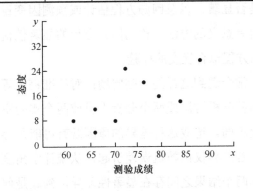

图 5-9 根据数据绘制的散点图

若以 9 个学生的数据计算 Spearman 相关，$r=0.69$，查百分率的置信区间表得 $r_{0.05}=0.58$。结果相关显著。然而，当我们仔细观察散点图时，会发现第 9 个被试对应的点显著偏离了其他的点。若排除第 9 个被试，相关系数变为 0.52，可知这个值并不显著。可见是第 9 名被试的值使相关系数由不显著变为了显著，但是这个被试并不具有典型性。这表明一个"旁落的值"会显著影响相关系数，导致虽然相关系数显著但并没有实际意义的结果。

再次观察散点图，又会发现这个相关系数对不同被试的拟合程度不一样，即这些点离回归线的距离不一样。若只选择前面 4 个被试计算相关系数，则 $r=0$，即两变量间没有相关；若计算后 4 个被试的相关系数，则 $r=-1$，即两变量间呈完全负相关。这说明相关和回归分析需要大样本，小样本因缺乏一致性导致了正相关、无相关和完全负相关三种完全不同的结果。所以说，只有当数据均匀地分布在回归线附近，相关系数才能真正表明两列变量之间的关系。偏离的点、聚集的点及有限的样本容量会使我们得到一个虚假的答案。由此可见，在阐释相关系数的意义时，绝不仅仅是看它显著与否，必须要做深入的分析。

5.4.2 一元线性回归方程的显著性检验

一元线性回归是描述两个变量之间统计关系最简单的回归模型，通过模型的建立过程，可以了解到回归分析方法的基本统计思想及它在实际问题中的应用原理。从建立线性回归方程的过程，可以知道，只要给出一组样本，就可以用最小二乘法建立它们的线性回归方程。如果两个变量之间不存在线性关系，建立它们的线性回归方程是毫无意义的。尽管我们可能用散点图对 x 与 y 之间是否有线性关系做了一个了解，但那是粗略而不够的，还必须对两个变量之间是否存在线性关系，或者说它们之间的线性关系是否显著，以及回归方程估计或预测因变量的效果进行检验。这种判断回归方程是否有意义的方法，称为回归方程的显著性检验。回归方程的显著性检验目的是对回归方程拟合优度的检验。

在实际工作中，常会遇到这样的一些问题：对标准物质等进行测定，分析结果与标示值不同；用两种分析方法或两个分析人员或两个实验室对同一试样进行分析测定，分析结果彼此不同。造成这种差异的原因既有可能是存在随机误差，也有可能是存在系统误差。若差异仅由随机误差引起，从统计学角度看，是正常的。若是系统误差所致，则称两个结果之间存在显著性差异，到底是何原因，需对分析的结果进行显著性检验。

用回归系数检验回归方程显著性的一般检验原理和检验方法如下：

1) 检验原理

x 与 y 之间是否存在线性关系在于总体的回归系数 b 是否为 0。因此，要检验假设

$$H_0: b = 0, \quad H_1: b \neq 0$$

由于抽样误差的影响,即使 $b=0$,抽取(样本计算得)到的 b 值未必在 0 附近; $b \neq 0$ 时,抽样(样本计算得)到的 b 值未必不在 0 附近。所以,不能只根据计算得出的经验回归系数 b 的大小来判断 b 是否为 0,从而判断 x 与 y 之间是否存在线性关系,而要在假设 $b=0$ 成立时,由 b 值在其抽样分布上出现的概率来判断。如果得到的 b 值较大并且其出现的概率是小概率,则拒绝 H_0,认为样本不是取自总体,x 与 y 之间存在线性关系,否则就接受 H_0,认为 b 与 0 的差异不显著。

2) 检验方法

总体回归模型的参数是不能直接观测的,只能通过样本观测值去估计,而估计量是随抽样而变动的随机变量,那么无论所估计的回归方程是否可靠于任意给出的 n 对数据 (x_i, y_i),都可以拟合一个线性回归方程,显然这样的回归方程不一定有意义。因此,在应用所估计的回归方程之前还应该检验其是否具有统计显著性,即检验自变量 x 对因变量 y 的线性影响是否显著,通常就是检验总体回归系数 β 是否显著地不为 0,原假设和备择假设为

$$H_0: \beta = 0, \quad H_1: \beta \neq 0$$

若拒绝 H_0,表明 x 对 y 存在显著的线性影响,所估计的回归方程是显著的、有意义的;反之,若不能拒绝 H_0,表明所估计的回归方程不显著、没有意义。

常用的一元线性回归方程的显著性检验有三种方法:一是对回归系数进行显著性检验;二是对两个变量的相关系数进行与总体零相关差异的显著性检验;三是对回归方程进行方差分析。一元线性回归方程中的显著性检验主要有 t 检验、r 检验和 F 检验。F 检验法是英国统计学家 Fisher 提出的,主要通过比较两组数据的方差 S^2,以确定它们的精密度是否有显著性差异。三种方法检验效果相同(最常用的是 F 检验和 t 检验)。区别于 t 检验常能用作检验回归方程中各个参数的显著性,F 检验能用作检验整个回归关系的显著性。各解释变量联合起来对被解释变量有显著的线性关系,并不意味着每一个解释变量分别对被解释变量有显著的线性关系。在一元线性回归中 F 检验与 t 检验是等价的;在多元中线性回归中,通过 t 检验的一定能通过 F 检验,反之不行。t 检验是对回归参数的显著性检验,F 检验是对整个回归关系的显著性检验。

为了说明检验原理,先对因变量的总离差平方和进行分解。

变量 x 与 y 间的线性关系检验:检验用于回归系数的显著性检验,即检验因变量 y 对自变量 x 的影响程度是否显著。样本数据中因变量的每个观测值与平均值的离差 $(y_i - \bar{y})$ 可以分解为两部分

$$(y_i - \bar{y}) = (\hat{y}_i - \bar{y}) + (y_i - \hat{y}_i)$$

$\hat{y}_i - \bar{y}$ 称为回归离差，它是估计值允的偏离程度，是随自变量 x 的取值不同而不同的。这部分离差的方向和大小可以通过自变量的变化来加以解释，严格地说，可以通过 y 与 x 的线性关系来解释。

$y_i - \hat{y}_i$ 称为残差，它是观测值和估计值的离差，是除自变量 x 的线性影响外的其余因素引起的，包括自变量 x 的非线性影响、y 的其他影响因素和观测误差。这部分离差的方向和大小都是不确定的，不能由回归方程来解释说明。

因变量离差的分解如图 5-10 所示。

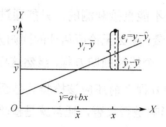

图 5-10 因变量离差的分解

将式 $y - \bar{y} = (\hat{y}_i - \bar{y}) + (y_i - \hat{y}_i)$ 两边平方并对所有观测值加总，可得

$$\sum(y_i - \bar{y})^2 = \sum(\hat{y}_i - \bar{y})^2 + \sum(y_i - \hat{y}_i)^2$$

式中，$(y_i - \bar{y})^2$ 称为总离差平方和（通常记为 SST），反映因变量 y 总的变量；$(\hat{y}_i - \bar{y})^2$ 称为回归平方和（通常记为 SSR），表示因变量 y 总的变异中可由回归直线作出解释的部分；$\sum(y_i - \hat{y}_i)^2$ 称为残差平方和（通常记为 SSE），是因变量 y 总的变异中样本回归直线无法解释的部分。

1. 用回归系数检验回归方程的显著性：t 检验

1）检验原理

x 与 y 之间是否存在线性关系在于总体的回归系数 b 是否为 0。因此，要检验假设

$$H_0: b = 0, \quad H_1: b \neq 0$$

由于抽样误差的影响，即使 $b=0$，抽取得到的 $\hat{b}$ 值未必在 0 附近；$b \neq 0$ 时，抽取得到的 $\hat{b}$ 值未必不在 0 附近。所以，不能只根据计算得出的经验回归系数 $\hat{b}$ 的大小来判断 b 是否为 0，从而判断 x 与 y 之间是否存在线性关系。而要在假设 $b=0$ 成立时，由 $\hat{b}$ 值在其抽样分布上出现的概率来判断。如果得到的 $\hat{b}$ 值较大并且其出现的概率是小概率，则拒绝 H_0，认为样本不是取自 $\hat{b}$ 的总体，x 与 y 之间存在线性关系。否则，就接受 H_0，认为 $\hat{b}$ 与 0 的差异不显著，x 与 y 之间不存在线性关系。

2）检验方法

（1）提出假设：H_0: $b=0$，H_1: $b \neq 0$。

（2）选择样本的函数 U 并求其值。检验统计量采用

$$t = \frac{\hat{b}\sqrt{\sum_{i=1}^{N}(x_i-\bar{x})^2}}{\sqrt{\sum_{i=1}^{N}(y_i-\hat{y})^2 / (N-2)}} \sim t(N-2) \tag{5-40}$$

经运算，式（5-40）即

$$t = \frac{\hat{b} S_y \sqrt{N-2}}{S_x \sqrt{1-r^2}} \sim t(N-2) \tag{5-41}$$

（3）确定拒绝域为双边式。

（4）做统计决断。查 t 检验表得 $t_{0.005}$（N-2）与 $t_{0.025}$（N-2）。按表 5-5 中 t 检验统计决断规则决断

当 $|t| < t_{0.025}$ 时，接受 H_0 拒绝 H_1，认为两个变量之间不存在线性关系。

当 $t_{0.025} \leq |t| < t_{0.005}$ 时，在 0.05 水平上拒绝 H_0 接受 H_1，认为两个变量之间线性关系显著。

当 $|t| \geq t_{0.005}$ 时，在 0.01 水平上拒绝 H_0 接受 H_1，认为两个变量之间线性关系极其显著。

表 5-5　t 检验统计决断规则

	$|t|$	P_r	检验结果	显著性
双边	$|t| < t_{0.025}$	(0.05, 1)	接受 H_0 拒绝 H_1	不显著
	$t_{0.025} \leq |t| < t_{0.005}$	(0.01, 0.05]	0.05 水平上拒绝 H_0 接受 H_1	显著
	$|t| \geq t_{0.005}$	(0, 0.01]	0.01 水平上拒绝 H_0 接受 H_1	极其显著
单边	$|t| < t_{0.05}$	(0.05, 1)	接受 H_0 拒绝 H_1	不显著
	$t_{0.05} \leq |t| < t_{0.01}$	(0.01, 0.05]	0.05 水平上拒绝 H_0 接受 H_1	显著
	$|t| \geq t_{0.01}$	(0, 0.01]	0.01 水平上拒绝 H_0 接受 H_1	极其显著

2. 用积差相关系数检验回归方程的显著性：r 检验

1）检验原理

经计算得，因变量的总平方和可以分解为回归平方和与误差（残值）平方和两部分，即

$$\sum_{i=1}^{N}(y_i-\bar{y})^2 = \sum_{i=1}^{N}(\hat{y}_i-\bar{y}) + \sum_{i=1}^{N}(y_i-\hat{y}_i)^2 \tag{5-42}$$

因此

$$\frac{\sum_{i=1}^{N}(\hat{y}_i-\overline{y})^2}{\sum_{i=1}^{N}(y_i-\overline{y})^2}+\frac{\sum_{i=1}^{N}(y_i-\hat{y})^2}{\sum_{i=1}^{N}(y_i-\overline{y})^2}=1 \quad (5\text{-}43)$$

即回归平方和在总平方和中所占比例越大，误差平方和在总平方和中所占比例就越小，从而用回归方程来估计或预测的效果就越好。经过运算得，回归平方和在总平方和中所占比例等于积差相关系数的平方，即

$$r^2=\frac{\sum_{i=1}^{N}(\hat{y}_i-\overline{y})^2}{\sum_{i=1}^{N}(y_i-\overline{y})^2} \quad (5\text{-}44)$$

式（5-44）称为测定（判定）系数，它反映了 y 变量变异由 x 变量变异引起的变化。r^2 越接近 1，y 变量变异由 x 变量变异引起的比重越大，变量之间线性关系就越显著。反之，r^2 越接近于 0，则 y 变量变异由 x 变量变异引起的比重越小，而由误差引起的比重就越大，x 预测的 y 回归方程就不准确。所以回归方程的显著性，可以采用对两个变量的积差相关系数进行与总体零相关差异的显著性检验。

2）检验方法

对一元线性回归方程的显著性检验，等效于对两个变量的积差相关系数进行与总体零相关差异的显著性检验。

设 r 表示两个变量的积差相关系数，N 表示样本容量（数据对个数）。当总体相关系数为 0 或接近于 0，样本容量 N 相当大（$N\geqslant 50$）时，r 的抽样分布接近于正态分布。因此，在不同情况下，要采用不同的方法进行相关系数的显著性检验。

（1）检验 H_0：$\rho=0$，H_1：$\rho\neq 0$。

$N\geqslant 50$ 时，用 Z 检验，检验的统计量为

$$Z=\frac{r\sqrt{N-1}}{1-r^2}\sim N(0,1) \quad (5\text{-}45)$$

它的标准误为

$$S_r=\frac{1-r^2}{\sqrt{N-1}} \quad (5\text{-}46)$$

$N<50$ 时，用 t 检验，检验的统计量为

$$t=\sqrt{\frac{r^2(N-2)}{1-r^2}}\sim t(N-2) \quad (5\text{-}47)$$

为方便应用，已编制有专门的积差相关系数界值表，对给定的 α、自由度 $N-2$，

从此表可查得 r 的临界值 r_α。然后将算得的 r 值与其比较，按照表 5-6 给出的相关系数统计决断规则，对原假设是否成立做出统计决策。

表 5-6　r 检验决断统计规则

	$|r|$	P_r	检验结果	显著性
双边	$|r| < r_{0.025}$	(0.05, 1)	接受 H_0 拒绝 H_1	不显著
	$r_{0.025} \leq |r| < r_{0.005}$	(0.01, 0.05]	0.05 水平上拒绝 H_0 接受 H_1	显著
	$|r| \geq r_{0.005}$	(0, 0.01]	0.01 水平上拒绝 H_0 接受 H_1	极其显著
单边	$|r| < r_{0.05}$	(0.05, 1)	接受 H_0 拒绝 H_1	不显著
	$r_{0.05} \leq |r| < r_{0.01}$	(0.01, 0.05]	0.05 水平上拒绝 H_0 接受 H_1	显著
	$|r| \geq r_{0.01}$	(0, 0.01]	0.01 水平上拒绝 H_0 接受 H_1	极其显著

（2）检验 H_0: $\rho = \rho_0$，H_1: $\rho \neq \rho_0 (\rho_0 \neq 0)$。

这时 r 的抽样分布不服从正态分布。因此，将 r 和 ρ 转换为 Z_r 和 Z_ρ，用 Z 检验。检验统计量为

$$Z = \frac{Z_r - Z_\rho}{\frac{1}{\sqrt{N-3}}} = \sqrt{N-3}(Z_r - Z_\rho) \tag{5-48}$$

其中

$$\frac{1}{\sqrt{N-1}} \tag{5-49}$$

是 Z_r 的标准误差。

根据计算得到的 Z 值做统计决断。按表 5-7 中 Z 检验统计决断规则决断。

表 5-7　Z 检验决断统计规则

	$|Z|$	P_r	检验结果	显著性
双边	(0, 1.96)	(0.05, 1)	接受 H_0 拒绝 H_1	不显著
	[1.96, 2.58)	(0.01, 0.05]	0.05 水平上拒绝 H_0 接受 H_1	显著
	[2.58, +∞)	(0, 0.01]	0.01 水平上拒绝 H_0 接受 H_1	极其显著
单边	(0, 1.65)	(0.05, 1)	接受 H_0 拒绝 H_1	不显著
	[1.65, 2.33)	(0.01, 0.05]	0.05 水平上拒绝 H_0 接受 H_1	显著
	[2.33, +∞)	(0, 0.01]	0.01 水平上拒绝 H_0 接受 H_1	极其显著

（3）两个独立样本相关系数差异的显著性检验

设 r_1 是来自总体 (x_1, y_1) 的 n_1 对样本的相关系数，设 r_2 是来自总体 (x_2, y_2) 的 n_2 对样本的相关系数，并且两个样本独立。将 r_1 和 r_2 分别转换为 Z_{r_1} 和 Z_{r_2}，Z_{r_1} 和 Z_{r_2} 都近似服从正态分布且独立，所以 $Z_{r_1} - Z_{r_2}$ 也近似服从正态分布。因此，对

$$H_0: \rho_1 = \rho_2, \quad H_1: \rho_1 \neq \rho_2$$

用 Z 分布检验，检验的统计量为

$$Z = \frac{Z_{r_1} - Z_{r_2}}{\sqrt{\dfrac{1}{n_1-3} + \dfrac{1}{n_2-3}}} \tag{5-50}$$

式中

$$\sqrt{\frac{1}{n_1-3} + \frac{1}{n_2-3}} \tag{5-51}$$

表示 $Z_{r_1} - Z_{r_2}$ 的标准误差。

根据计算得到的 Z 值做统计决断。按表 5-7 中 Z 检验统计决断规则决断。

3. 用方差分析检验一元线性回归方程的显著性：F 检验

1) 检验原理

由式（5-42）可知，因变量的总平方和可以分解为回归平方和与误差（残值）平方和两部分。因此，回归平方和越大，y 变量变异由 x 变量变异引起的比重越大，变量之间线性关系就越显著。反之，回归平方和越小，则 y 变量变异由 x 变量变异引起的比重越小，x 预测 y 的回归方程就不准确。所以回归方程的显著性，可以采用对回归平方和的分析来进行。

2) 检验方法

（1）提出假设

$$H_0: b = 0, \quad H_1: b \neq 0$$

（2）选择样本的函数求其值。检验统计量采用

$$F = \frac{\sum_{i=1}^{N}(\hat{y}_i - \bar{y})^2}{\sum_{i=1}^{N}(y_i - \hat{y}_i)^2 \big/ (N-2)} \sim F(1, N-2) \tag{5-52}$$

即

$$F = \frac{\hat{b}^2 \sum_{i=1}^{N}(x_i - \bar{x})^2}{\sum_{i=1}^{N}(y_i - \hat{y}_i)^2 \big/ (N-2)} \sim F(1, N-2) \tag{5-53}$$

显然 F 与式（5-40）中 t 的关系是

$$F = t^2 \tag{5-54}$$

（3）定拒绝域为右边式。

（4）做统计决断。查附表得 $F_{0.05}(1, N-2)$ 与 $F_{0.01}(1, N-2)$。按表 5-8 中 F 检验

统计决断规则决断。

当 $F<F_{0.05}$ 时，接受 H_0 拒绝 H_1，认为两个变量之间不存在线性关系。

当 $F_{0.05} \leq F<F_{0.01}$ 时，在 0.05 水平上拒绝 H_0 接受 H_1，认为两个变量之间线性关系显著。

当 $F \geq F_{0.01}$ 时，在 0.01 水平上拒绝 H_0 接受 H_1，认为两个变量之间线性关系极其显著。

表 5-8　F 检验统计决断规则

	F	P_r	检验结果	显著性
右边	$F<F_{0.05}$	(0.05, 1)	接受 H_0 拒绝 H_1	不显著
	$F_{0.05} \leq F<F_{0.01}$	(0.01, 0.05]	0.05 水平上拒绝 H_0 接受 H_1	显著
	$F \geq F_{0.01}$	(0, 0.01]	0.01 水平上拒绝 H_0 接受 H_1	极其显著

上述检验方法也称为一元线性回归的方差分析，有关的计算结果也可用方差分析表一目了然地展示出来，如表 5-9 所示。

表 5-9　一元线性回归的方差分析表

离差来源	平方和（SS）	自由度（df）	均方差（MS）	F 值	P 值（Significance P）
回归	$SSR = \sum(\hat{y}_i - \bar{y})^2$	1	SSR/1	$F = \dfrac{SSR}{SSE/(n-2)}$	$P\{F(1, n-2) \geq F\}$
残差	$SSE = \sum(y_i - \hat{y}_i)^2$	$n-2$	SSE/($n-2$)		
总体	$SST = \sum(y_i - \bar{y})^2$	$n-1$			

通过对三种检验方法的研究分析，得出三种检验方法的等效性。

（1）方差分析检验与积差分析检验是等效的。容易得到式（5-53）中统计量与积差相关系数的关系为

$$F = (N-2)\frac{r^2}{1-r^2} \tag{5-55}$$

因此，F 越大，$|r|$ 越接近 1；F 越小，$|r|$ 越接近 0。所以，用方差分析检验一元线性回归方程的显著性与用积差相关系数检验回归方程的显著性是等效的。

（2）方差检验分析与回归系数检验是等效的。由式（5-47）知，对于同一组观测值，两个 t 检验量值相同，都服从自由度为 $N-2$ 的 t 分布。因此，用方差分析检验一元线性回归方程的显著性与用回归系数检验回归方程的显著性是等效的。

由以上不难看出，一元线性回归分析中的三种统计检验，其检验的出发点有着

质的区别：相关系数检验是为了检验两个变量之间是否存在线性相关关系，回归方程中变量系数的检验是为了检验单个自变量与因变量间是否存在线性相关关系，方程整体显著性检验是为了检验所选定的自变量作为一个整体对因变量的解释程度。

综上所述，在一元线性回归的显著性检验中，三种检验方法虽然形式上不同，但对同一问题，在同一检验水平下，其检验效果是一致的。当使用这三种检验方法时，根据不同的前提条件，就可采用相应的检验方法进行显著性检验。但是，最常用的是 t 检验法和 F 检验法，因为这两种方法可以根据不同的检验水平达到其检验的目的，而 r 检验法与其检验水平无关，且一般书中无此查阅表，只有专门的统计学书中才有，故不便使用。

回归线一般只适用于原来的试验范围，不能随意把范围扩大。如需扩大使用范围，应有充分的弹论根据或有进一步的试验数据。此外，如使用一段时间后，回归方程的剩余标准偏差没有什么变化，则可继续使用。一旦标准偏差有较大变化时，说明规律有可能发生了变化，亦即在生产各工序的工艺上、检验上或原料等方面出现了系统性影响因素，此时应及时收集数据，重新计算回归方程。但是，为了慎重起见，可用 F 检验或 t 检验等方法来证实前后两条回归线有无显著性差异，如无显著性行差异可利用公式计算前后两组 b_0、b_1 的合并值，再得出新的合并的回归线。

一元线性回归预测是指成对的两个变量数据的散点图呈现出直线趋势时，采用最小二乘法，找到两者之间的经验公式，即一元线性回归预测模型。一元线性回归预测法是分析一个因变量与一个自变量之间的线性关系的预测方法。常用统计指标：平均数、增减量、平均增减量。确定直线的方法是最小二乘法。最小二乘法的基本思想：最有代表性的直线应该是到各点的距离最近的直线。

一元非线性回归的数学模型：在许多实际问题中，变量之间的关系不是线性的，如人工、材料和机械台的变化等不确定因素的影响，引起工程造价在不同的时间段内可能大起大落地波动，按线性回归拟合的直线方程与实际情况就会产生较大误差，显然用线性模型不能准确地解决这类问题。这时就应该考虑采用非线性回归模型。在实际问题中，两个变量之间的回归关系大多数都是非线性的。其中有的可先进行适当的变量替换，使两个新变量成线性回归，再应用最小二乘法求出新变量的线性回归方程，最后还原到原来的变量，即可得到所要求的一元非线性回归方程。类似问题通常称为化曲线为直线的回归问题。具体做法如下：

（1）根据试验数据，在直角坐标系中画出散点图。

（2）根据散点图，推测 y 与 x 之间的函数关系。

（3）选择适当的变换，使之变成线性关系。

(4) 用线性回归方法求出线性回归方程。

(5) 返回到原来的函数关系,得到要求的一元非线性回归方程。

这类数学模型一般采用指数曲线方程

$$y = dc^x$$

式中,c、d 是回归系数。这类非线性的回归问题,通过变量替换可以转化为线性回归问题。对所提供的非线性回归方程 $y = dc^x$ 两边取对数得

$$\ln y = \ln d + x \ln c$$

令 $y^* = \ln y$,$a = \ln d$,$b = \ln c$,则有 $y^* = a + bx$,这样就把非线性回归问题转变为线性回归问题了。

5.4.3 一元线性回归分析的具体应用

1. 一元线性回归分析在技术经济学中的应用

在工程技术经济实践中,不仅存在如设计产量、项目规划年限建设规模论证等大量的预测问题,而且也存在着如何利用历史或既有数据,为未知的工程合理确定造价等问题。避免预测或定价的"拍脑袋"现象,合理地预测或确定工程造价,需要对相关数据进行数理分析,寻找一个反映数据变化规律的函数。解决这些实际问题,需要合理地构建数学模型,运用模型的基本原理。

回归分析是一种处理变量之间相关关系的数理统计方法,工程技术经济领域中常利用回归分析技术分析变量间的数量变化关系。如果变量 x 与预测对象值 y 呈线性关系,那么就可以利用一元线性回归分析来进行预测对象的预测。

线性回归方程

$$y = a + bx$$

式中,a、b 为回归系数。

$$a = \frac{\sum_{i=1}^{n} y_i - b\sum_{i=1}^{n} x_i}{n}, \quad b = \frac{n\sum_{i=1}^{n} x_i y_i - \sum_{i=1}^{n} x_i \sum_{i=1}^{n} y_i}{n\sum_{i=1}^{n} x_i^2 - \left(\sum_{i=1}^{n} x_i\right)^2}$$

式中,x_i、y_i 为给定数据序列中的变量值($i = 1, 2, 3, \cdots, n$)。将求出的 a、b 值代入线性回归方程 $y = a + bx$ 中可求出相关系数

$$R = \pm\sqrt{1 - \frac{\sum_{i=1}^{n}(y_i - y_i')^2}{\sum_{i=1}^{n}\left(y_i - \frac{1}{n}\sum_{i=1}^{n}y_i\right)^2}}$$

式中，y_i' 为利用线性回归方程 $y=a+bx$ 计算得出的变量 y_i 的预测值。在计算出相关系数 R 后，一般以自由度 $n-2$ 和显著水平 α（一般取 $\alpha=0.05$）为条件，查相关系数检验表，若 R 大于表中的临界值，则变量 x 和 y 之间的线性关系成立。

1）一元线性回归分析在项目建设规模论证上的应用实例

【例 5.3】 2004 年，某院承接编制了××县日处理规模 100 吨的垃圾处理厂的项目建议书编制，一元线性回归分析在预测远期规划年限日产生活垃圾量的过程中得到了成功运用。设计人员在对××县历年生活垃圾产生量进行了调查后，得到以下资料（见表 5-10）。

表 5-10　××县历年生活垃圾产生量

年　份/年	平均日产生量/吨	年总产生量/万吨
2000	50	1.83
2001	52	1.90
2002	55	2.01
2003	58.5	2.14
2004（1—10 月）	60	2.19

由于××县按时间顺序排列的历年生活垃圾产生量之间具有很强的自相关性，因此可以建立年生活垃圾产生量的自回归模型，并由此对其发展变化趋势进行预测。根据上述资料，对垃圾年产生量与预测年度进行预测回归分析

$$y=a+bx$$

式中，x 为预测的年度，y 为预测年的垃圾产生量（单位：吨）。经计算，$a=-190.178$，$b=0.096$，即

$$y=-190.178+0.096x$$

根据表 5-10 的数据和建立的回归方程绘制回归关系图，如图 5-11 所示。

进行相关系数 r 检验，相关系数 $=0.9916>0.878$（$r_{0.05}$）。从相关系数检验的结果看出，预测年的垃圾产生量与预测年度之间的线性假设合理。由于项目预测远期规划年限为 2020 年，因此预测 2020 年该县生活垃圾产生量如下：2020 年年产生生活垃圾量 $=-190.178+0.096\times2020=3.74$ 万吨；日产生生活垃圾 $=3.74/365=102.5$ 吨。

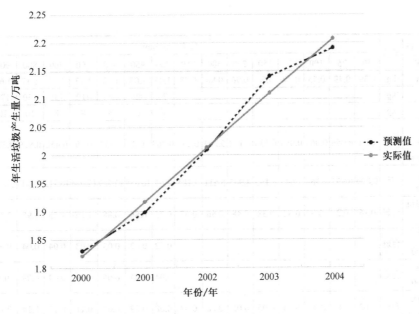

图 5-11 回归关系图

因此,该项目所确定的 100 吨的日处理规模是合理的。

2) 一元线性回归分析在编制安装工程补充定额上的应用实例

以《全国统一安装工程预算定额福建省综合单价表》(2002 年版)第六册工业管道工程中的刚性防水套管制作为例,刚性防水套管的制作定额只涵盖了公称直径 50～1 000 mm 的套管,但随着建筑标准的日益提高,大口径、大规格的刚性防水套管采用的越来越多。在无法采用计时观察法等传统方法编制补充定额的前提下,采用一元线性回归分析的方法来解决定额不足的问题,不失为一种可行的方法。公称直径 50～1 000 mm 刚性防水套管制作定额的人、材、机消耗量如表 5-11 所示。

表 5-11 50～1 000mm 刚性防水套管制作定额的人、材、机消耗量

人、材、机消耗量	单位	公称直径/mm															
		50	75	100	125	150	250	300	350	400	450	500	600	700	800	900	1 000
综合工日	工日	0.63	0.75	0.99	1.27	1.57	1.97	2.33	2.9	3.33	3.76	4	4.67	5.31	6.5	7.78	8.47
钢管（综合）	kg	3.26	4.02	5.14	9.46	13.78	18.76	21.84	27.77	31.36	34.69	37.95	44.75	50.67	57.33	63.99	70.78
普通钢板 0#～3#δ 10～15	kg	3.97	4.95	6.15	8.24	12.17	15.61	29.2	37.86	45.41	53.02	61.04	78.56	92.84	102.3	116.69	138.6
扁钢<-59	kg	0.9	1.05	1.25	1.6	2	2.4	2.7	3.1	3.4	3.8	4.1	4.8	5.5	5.8	6.4	7.2
碳钢电焊条结 422Φ3.2	kg	0.4	0.5	0.59	0.99	1.8	2.5	3.68	3.74	4.16	5.6	6.24	8.8	10	15.6	17.6	19.6
氧气	m³	1.17	1.46	1.64	1.87	1.99	2.57	2.63	2.93	3.16	3.16	3.39	3.39	3.69	4.12	4.97	5.95

续表

人、材、机消耗量	单位	公称直径/mm														
		50	75	100	125	150	250	300	350	400	450	500	600	700	800	900	1 000
乙炔气	kg	0.39	0.49	0.55	0.62	0.66	0.96	0.88	0.98	1.05	1.05	1.13	1.13	1.23	1.37	1.66	1.95
焦炭	kg									70	80	90	110	130	150	170	200
木柴	kg									6	6	8	8	8	10	10	15
尼龙砂轮片 $\Phi100\times16\times3$	片	0.04	0.056	0.068	0.084	0.138	0.172	0.204	0.237	0.268	0.3	0.333	0.39	0.452	0.515	0.578	0.641
其他材料费	元	0.809	0.997	1.168	1.645	3.193	4.945	5.611	7.185	8.61	10.485	12.227	12.984	16.112	21.445	24.564	30.173
交流电焊机 21kVA	台班	0.16	0.2	0.3	0.32	0.38	0.48	0.56	0.67	0.75	0.84	0.88	1.26	1.35	1.98	2.44	2.57
剪板机 20×2 500	台班									0.02	0.02	0.03	0.03	0.04	0.04	0.05	0.05
卷板机 20×2 500	台班									0.04	0.04	0.06	0.08	0.09	0.09	0.1	0.12
普通车床 $\Phi630\times2 000$	台班	0.02	0.02	0.03	0.04	0.05	0.05	0.06	0.07	0.08	0.09	0.09	0.11	0.12	0.14	0.15	0.16
鼓风机 18m³/min	台班									0.1	0.12	0.14	0.14	0.14	0.18	0.2	0.22
电焊条烘干箱 600×500×750	台班	0.02	0.02	0.03	0.03	0.04	0.05	0.06	0.07	0.08	0.08	0.09	0.13	0.14	0.2	0.24	0.26

根据上述资料，对各消耗量与公称直径进行一元线性回归分析

$$y=a+bx$$

式中，x 是刚性防水套管公称直径（单位 mm）；y 是预测的各消耗量（单位见表 5-11）。

经计算，各消耗量与套管公称直径的回归方程、相关系数及检验等结果如表 5-12 所示。从表 5-12 的回归方程、相关系数及相关检验的结果看，各消耗量与套管公称直径均呈线性关系，可以利用该一元线性回归分析所得的方程进行大口径刚性防水套管制作补充定额的编制。

但从各消耗量相关系数的数值和图 5-12～图 5-15 所显示的回归关系图看，定额测定过程中现实情况的变化和各种环境因素的影响，造成木柴、剪板机 20×2 500、卷板机 20×2 500、鼓风机 18m³/min 的消耗量与套称直径的线性关系相对较弱。在实际编制补充定额时，需要对各消耗量进行区间预测，即计算各消耗量在一定概率的显著性检验水平上的置信区间，据此并参考表 5-11 中的既有资料对所预测的大口径刚性防水套管制作的工、料、机消耗量进行适当修正。

表 5-12　各消耗量回归方程及相关检验

工、材、机消耗量	单位	回归方程	相关系数	$r_{0.05}$	相关系数检验
综合工日	工日	$y=0.036\,927+0.008\,172x$	0.996 7	0.482	相关系数>$r_{0.05}$，线性关系成立
钢管（综合）	kg	$y=-0.072\,26+0.072\,68x$	0.997 7	0.482	相关系数>$r_{0.05}$，线性关系成立
普通钢板 0#~3#δ 10~15	kg	$y=-11.396\,7+0.145\,106x$	0.995 2	0.482	相关系数>$r_{0.05}$，线性关系成立
扁钢<-59	kg	$y=0.671\,925+0.006\,615x$	0.998 0	0.482	相关系数>$r_{0.05}$，线性关系成立
碳钢电焊条结 422Φ3.2	kg	$y=-2.224\,05+0.020\,148x$	0.979 6	0.482	相关系数>$r_{0.05}$，线性关系成立
氧气	m³	$y=1.235\,675+0.004\,136x$	0.979 2	0.482	相关系数>$r_{0.05}$，线性关系成立
乙炔气	kg	$y=0.412\,962+0.001\,377x$	0.978 9	0.482	相关系数>$r_{0.05}$，线性关系成立
焦炭	kg	$y=-15.368\,8+0.209\,897x$	0.998 1	0.707	相关系数>$r_{0.05}$，线性关系成立
木柴	kg	$y=0.845\,005+0.012\,007x$	0.905 3	0.707	相关系数>$r_{0.05}$，线性关系成立
尼龙砂轮片 Φ100×16×3	片	$y=0.009\,904+0.000\,634x$	0.999 8	0.482	相关系数>$r_{0.05}$，线性关系成立
其他材料费	元	$y=-2.390\,36+0.029\,46x$	0.989 5	0.482	相关系数>$r_{0.05}$，线性关系成立
交流电焊机 21kVA	台班	$y=-0.104\,91+0.002\,484x$	0.975 8	0.482	相关系数>$r_{0.05}$，线性关系成立
剪板机 20×2 500	台班	$y=-0.000\,47+0.000\,053x$	0.970 2	0.707	相关系数>$r_{0.05}$，线性关系成立
卷板机 20×2 500	台班	$y=-0.007\,17+0.000\,127x$	0.966 0	0.707	相关系数>$r_{0.05}$，线性关系成立
普通车床 Φ630×2 000	台班	$y=0.016\,327+0.000\,15x$	0.996 1	0.482	相关系数>$r_{0.05}$，线性关系成立
鼓风机 18m³/min	台班	$y=0.033\,613+0.000\,182x$	0.966 7	0.707	相关系数>$r_{0.05}$，线性关系成立
电焊条烘干箱 600×500×750	台班	$y=-0.000\,965+0.000\,25x$	0.978 9	0.482	相关系数>$r_{0.05}$，线性关系成立

2. 一元线性回归分析在日常生活中的应用

一元线性回归研究因变量 y 与自变量 x 之间的关系，在实际问题中，假定因变量 y 与自变量 x 线性相关，收集到的 n 组数据 (x_i, y_i)（$i=1,2,\cdots,n$）满足以下回归模型

$$y_i = \beta_0 + \beta_1 x_i + \varepsilon_i \,(i=1,2,\cdots,n)$$

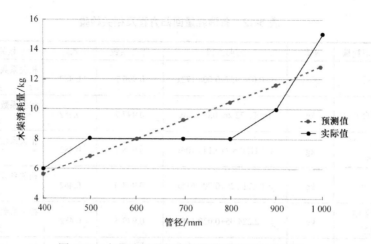

图 5-12　木柴消耗量与套管公称直径回归关系图

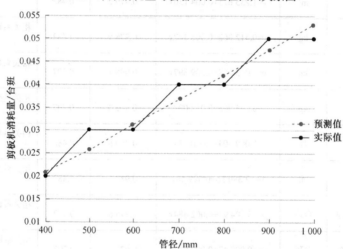

图 5-13　剪板机消耗量与套管公称直径回归关系图

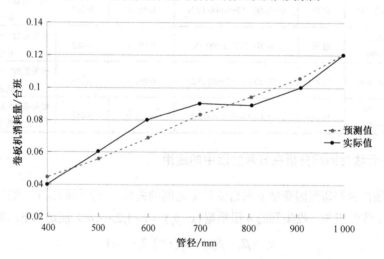

图 5-14　卷板机消耗量与套管公称直径回归关系图

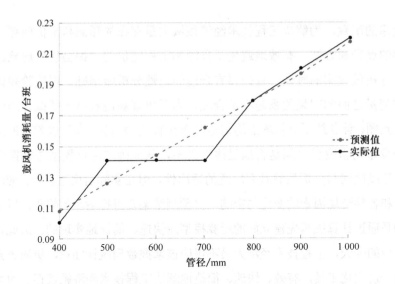

图 5-15　鼓风机消耗量与套管公称直径回归关系图

$E(\varepsilon_i)=0$，$\text{Var}(\varepsilon_i)=\sigma^2$，各 ε 相互独立且服从 $N(0,\sigma^2)$，即 $y=\beta_0+\beta_1 x+\varepsilon$。

由此可见 y 由两部分组成：来自 x 的线性影响部分 $\beta_0+\beta_1 x$ 及随机差 ε，这里 β_0、β_1 为待定参数，随机误差 ε 则表示除 x 对 y 的影响外其他因素对 y 的影响。回归分析的首要任务就是利用抽样数据估计未知参数 β_0、β_1 从而建立回归方程：$y=\hat\beta_0+\hat\beta_1 x$，未知参数 β_0、β_1 的估计，通常利用最小二乘法得

$$\hat\beta=\frac{1}{n}\sum_{i=1}^{n}y_i-\beta_1\frac{1}{n}\sum_{i=1}^{n}x_i=\bar y-\hat\beta_1\bar x,\quad \hat\beta_1=\frac{\sum_{i=1}^{n}x_i y_i-\bar y\sum_{i=1}^{n}x_i}{\sum_{i=1}^{n}x_i^2-\bar x\sum_{i=1}^{n}x_i}=\frac{\sum_{i=1}^{n}x_i(y_i-\bar y)}{\sum_{i=1}^{n}x_i(x_i-\bar x)}$$

最小二乘法获得的参数估计 β_0、β_1，具有良好的统计性质：如果误差项 $\{\varepsilon_i\}$，$i=2,\cdots,n$，相互独立，且服从 $N(0,\sigma^2)$，则 β_0、β_1 是最佳的线性无偏估计。模型的拟合效果，可以通过残差分析来体现。记 $\hat y_i$ 为 y_i 的估计值

$$\hat y_i=\hat\beta_0+\hat\beta_1 x_i,\quad i=1,2,\cdots,n$$

$\hat y_i$ 与 y_i 的值会有一些差异，这个差异称为残差

$$\lambda_i=y_i-\hat y_i=y_i-\hat\beta_0-\hat\beta_1 x_i,\quad i=1,2,\cdots,n$$

残差反映了估计值与真实值的差别，如果模型估计得好，各个残差不应该太大，并且还会均匀地分布在 0 的两侧，因此残差是检验模型估计效果的重要因素。建立了回归方程后，就可以利用回归方程预测 y 的值，所谓预测，就是给定自变量 x 的观测值 x_0，确定因变量 y_0，但严格地说，这只是被解释变量的预测值的估计值，不是真实值。为了进行科学预测，还需求出预测值的置信区间，包括 $E(y_0)$ 和 y_0 的置信区间。

一元线性回归分析作为一种数理统计的常用方法，通过寻找和建立反映历史数

据变化规律的函数,为解决工程技术经济领域大量存在的预测和定价问题,提供了一种科学的途径和方法,有效地避免了预测和工程定价的"拍脑袋"现象。在应用线性回归分析做预测的时候,首先要有合理的定性分析做基础,再检验知识理论与实际假定变量之间的因果关系是不是合理。为了更直观地看出模型拟合的好坏,可以绘制散点图,看点是不是基本上均匀地分布在直线的两侧,满足误差项的正态性,以确定因变量与自变量之间是否满足线性关系,从而确定用该模型进行拟合是不是合理。一元线性回归分析虽然具有广泛的适用性,但在实际运用过程中,应注意根据实际情况和各种环境因素的变化与影响,对预测结果要进行适时的修正。以上的应用实例,均是通过计算机事先建立好的运算模型而快速、简捷地实现的。因此,在计算机普遍使用的今天,工程技术经济人员不仅应该掌握数理统计知识,更应该充分利用计算机这一现代化工具,有效、快速、简捷地解决工程技术经济领域存在的大量预测和定价问题,提高预测和工程的水平服务。

3. Excel 在一元线性回归分析中的应用

"阿曼德比萨"是一个制作和外卖意大利比萨的餐饮连锁店,其主要客户群是在校大学生。为了研究各店铺销售额与店铺附近地区大学生人数之间的关系,随机抽取了十个分店的样本,得到的数据如表 5-13 所示。

表 5-13 各店铺销售额与店铺附近地区大学生人数

店铺编号	1	2	3	4	5	6	7	8	9	10
区内大学生数/万名	0.2	0.6	0.8	0.8	1.2	1.6	2	2	2.2	2.6
季度销售额/万元	5.8	10.5	8.8	11.8	11.7	13.7	15.7	16.9	14.9	20.2

对数据进行回归分析并预测区内大学生数为 1.8 万名的某店铺季度销售额。

第一步,录入数据。

第二步,作散点图,选中数据(包括自变量和因变量),选中数据后,数据变为蓝色。单击"图表向导"图标,或者在"插入"菜单中打开"图表"。在弹出的图框左侧一栏中选中"XY 散点图",单击"完成"按钮,立即出现散点图的原始形式,如图 5-16 所示。

第三步,观察散点图,判断点列分布是否具有线性趋势。只有当数据具有线性分布特征时,才能采用线性回归分析方法。从图 5-16 中可以看出,本例数据具有线性分布趋势,可以进行线性回归。

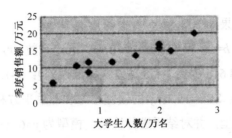

图5-16　各店铺季度销售额与店铺附近地区大学生人数关系

首先,打开"工具"下拉菜单,双击"数据分析"选项(如果没有该选项,需要加载宏→分析工具),弹出"数据分析"对话框。然后,选择"回归",单击"确定",弹出选项表。进行如下选择:X、Y值的输入区域(B1:B11,C1:C11),标志,置信度(95%),新工作表组,残差,线性拟合图(见图5-17)或者X、Y值的输入区域(B2:B11,C2:C11),置信度(95%),新工作表组,残差,线性拟合图(见图5-18)。

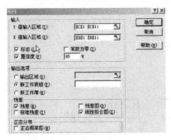

图5-17　包括数据"标志"图

图5-18　不包括数据"标志"图

选中数据"标志"和不选"标志",X、Y值的输入区域是不一样的,然后单击"确定",取得回归结果(见图5-19)。

回归统计	
Multiple R	0.950122955
R Square	0.90273363
Adjusted R Square	0.890575334
标准误差	1.382931669
观测值	10

方差分析

	df	SS	MS	F	Significance F
回归分析	1	142	142	74.24837	2.55E-05
残差	8	15.3	1.9125		
总计	9	157.3			

	Coefficients	标准误差	t Stat	P-value	Lower 95%	Upper 95%	下限 95.0%	上限 95.0%
Intercept	6	0.922603	6.503336	0.000187	3.872473	8.127527	3.872473	8.127527
区内大学生数(X)	5	0.580265	8.616749	2.55E-05	3.661906	6.338094	3.661906	6.338094

RESIDUAL OUTPUT

观测值	预测 季度销售额	残差
1	7	-1.2
2	9	1.5
3	10	-1.2
4	10	1.8
5	12	-0.3
6	14	-0.3
7	15	-0.3
8	16	0.9
9	17	-2.1
10	19	1.2

图5-19　线性回归结果

其次，读取回归结果如下：

截距：$a=6$；斜率：$b=5$；相关系数：$r=0.95$；测定系数：$r_2=0.902\,733\,63$；F 值：$F=74.248\,37$；t 值：$t=8.616\,749$；标准离差（标准误差）：$s=1.382\,9$；回归平方和：SSR=142；剩余平方和：SSE=15.3；y 的误差平方和即总平方和：SST=157.3。

最后，建立回归模型，并对结果进行检验，模型为 $y=6+5x$。

至于检验，r、r_2、F 值、t 值等均可以直接从回归结果中读出。实际上，$r=0.950$，$r_2>0.90$ 检验通过 R 值，F 值和 t 值均可计算出来，其中 t 值的计算公式和结果为

$$t = \frac{r}{\sqrt{\frac{1-r^2}{n-k-1}}} = \frac{0.950}{\sqrt{\frac{1-0.950^2}{10-1-1}}} = 8.61$$

回归结果中给出了残差（见表 5-14），据此可以计算标准离差。首先求残差的平方

$$\varepsilon_i^2 = (y_i - y_1)^2$$

然后求残差平方和

$$s = \sum_{i=1}^{100} \varepsilon_i^2 = 15.30$$

于是标准离差为

$$\sqrt{\frac{1}{n-k-1}\sum_{i=1}^{100}(y_i - y_1)^2} = \sqrt{\frac{1}{v}s} = \sqrt{\frac{15.30}{8}} = 1.383$$

于是

$$\frac{s}{\bar{y}} = \frac{1.383}{11.3} = 0.122\,2$$

表 5-14 预测值及残差

观测值	预测季度销售额(y)	残差	残差平方		
1	7	-1.2	1.44	标准差 s	1.383
2	9	1.5	2.25	s/y 的均值	0.122 2
3	10	-1.2	1.44		
4	10	1.8	3.24		
5	12	-0.3	0.09		
6	14	-0.3	0.09		
7	16	-0.3	0.09		
8	16	0.9	0.81		
9	17	-2.1	4.41		
10	19	1.2	1.44		
		残差平方和	15.3		

由于回归方程建立之后，$y=a+bx$ 就是 y 的无偏估计，故当 $x_0=1.8$ 时，季度销售

额的期望值 $E(y_0)$ 的点估计值为 $y_0=a+bx_0=6+1.8\times5=15$。而 y_0 的 0.95 预测区间近似为 $(y_0-1.96[\ Q/(n-2)]^{1/2}\ )$ =(12.289, 17.711), Q=SSE。

我们通过一个具体的实例介绍了 Excel 在一元线性回归中的应用,包括如何建立数据表,如何分析并回归,以及最后如何对得到的结果进行检验分析和预测。当然也可以用其他软件来做,但基本原理一样。多元线性回归要比这复杂,但采用矩阵论的话,原理都是一样的。

5.5 多元线性回归分析

在统计学中,线性回归方程是利用最小二乘函数对一个或多个自变量和因变量之间关系进行建模的一种回归分析。这种函数是一个或多个称为回归系数的模型参数的线性组合。只有一个自变量的情况称为简单回归,大于一个自变量情况的称为多元回归。在线性回归中,数据使用线性预测函数来建模,并且未知的模型参数也通过数据来估计。这些模型被叫作线性模型。

实际中常常会有因变量 y 与多个自变量 $x_1,x_2,\cdots,x_p$ 有关的情况,这就涉及了多元回归分析的问题。例如,家庭消费支出,除了受家庭可支配收入的影响外,还受诸如家庭所有的财富、物价水平、金融机构存款利息等多种因素的影响,表现为线性回归模型中的解释变量有多个。这样的模型被称为多元线性回归模型。多元回归中最简单的是多元线性回归。多元线性回归分析的基本原理和计算过程与一元线性回归分析是相同的,即使残差平方和 Q 达到最小值。

一元线性回归模型,介绍了因变量 y 只与一个自变量 x 有关的线性回归问题。但是在许多实际问题中,一元线性回归模型只不过是回归分析中的一种特例,它通常是对影响某种现象的许多因素进行了简化考虑的结果。比如考虑对家庭消费支出的影响,除家庭收入影响因素之外,物价指数、价格变换趋势、广告、利息率、汇率、就业状况等多种因素都会影响消费支出。这样因变量就与多个自变量有着密切关系。这就要用多元回归模型来分析问题。在线性相关条件下,两个和两个以上自变量对一个因变量的数量变化关系,称为多元线性回归,其数学表达式模型称为多元线性回归模型。多元线性回归模型是一元线性回归模型的自然推广,其基本原理与一元线性回归模型类似,只是自变量的个数增加了,这样加大了在计算上的复杂性。先考察多元线性回归模型的最简单形式,二元线性回归模型情况。对于两个自变量对一个因变量的数量变化关系情况，假定因变量与自变量之间的回归关系可以用线性函数近似反映。二元线性回归模型的一般形式如下：

$$y = \beta_0 + \beta_1 x_1 + \beta_2 x_2 + \varepsilon$$

式中，ε 是随机误差项，且 $E(\varepsilon)=0$，$Var(\varepsilon)=\sigma^2$。固定自变量（解释变量）的每一组观察值时，因变量 y 的值是随机的，为 $E(y|x_1,x_2)$，从而因变量的条件期望函数为 $E(y|x_1,x_2)=\beta_0+\beta_1 x_1+\beta_2 x_2$。类似于一元线性回归模型，从几何上看，上述方程表示的是如图 5-20 所示的空间中的一个平面（多元线性回归方程将表示多维空间中的一个超平面）。对于给定的 (x_1,x_2)，因变量 y 的均值就是该平面上正对 (x_1,x_2) 的那个点的 y 坐标的值（实心点），空心点表示对应于实际观测值 y 的点。则实心点与空心点的差别即对应着随机误差项。对于上述二元线性回归方程，在几何上是一个平面（见图 5-21），对于不同的观测值，就得到不同的样本回归平面。

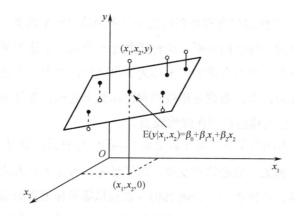

图 5-20　观测点关于真实回归平面的散点图

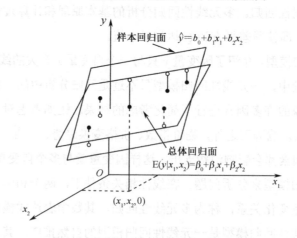

图 5-21　总体回归平面与样本回归平面

多元线性回归分析的原理与一元线性回归基本相同，但由于自变量个数多，计算相当烦琐，一般在实际中应用时都要借助统计软件。这里只介绍多元线性回归的一些基本问题。

回归分析的思想和方法及"回归"概念的由来归功于英国统计学家 F. Galton。目前回归分析已经成为现代统计学重要的分析方法之一。基于最小二乘法的一元线性回归是数理统计学回归分析的基本形式，但在工程实践中更多的是研究多个自变量与一个因变量之间的数学关系，这就需要使用多元线性回归分析的方法。多元线性回归可视为是一元线性回归的外延。在进行多元线性回归分析时，需要考虑的问题包括：① 确定各个自变量 x_j（$j=1,2,\cdots,m$）对因变量 y 的效应，即求出各个偏回归系数 b_i 和 a 值，建立多元线性回归方程；② 确定多个自变量对因变量的综合效应，对建立的多元线性回归方程进行方程残差分析、变量的多重共线性检验、拟合优度检验和显著性检验；③ 建立最优多元线性回归方程，把仅仅对 y 有显著效应的各个自变量选入多元线性回归方程，而逐一剔除那些对 y 没有显著效应的自变量，也即对各个回归系数进行显著性检验；④ 依最优多元线性回归方程对 y 进行预测和控制。

5.5.1 多元线性回归方程的建立

多元线性回归方程由于变量较多，计算更复杂，通常都是用计算机进行分析假定影响 y 的主要因素 x_1，x_2，x_3 等。通过多元回归分析我们希望得到一个线性方程

$$y=b_1x_1+b_2x_2+b_3x_3$$

式中的三个系数 b_1，b_2，b_3 可用最小二乘法来确定。即选取的系数应使回归方程的偏差平方和 $Q=\sum_{i=1}^{N}(y_i-y_n)^2$ 的值最小。其中，y_n 为回归方程的计算值。

从所求得的回归方程可以看出，三个自变量对因变量 y 的影响是不相同的，有大也有小，甚至可以忽略。一个最优回归方程只应保留那些有显著影响的自变量而剔除那些影响小的自变量。因此，计算时不仅要求出各个系数，而且要对各自变量进行显著性检验，找出最优回归方程。对一个三元回归来说，客观上存在（2^3-1）即 7 个回归方程，因此，就产生如何选择最优回归方程的问题。所谓最优回归方程应符合以下要求：① 引入自变量的 F 检验必须是显著的；② 剩余自变量的 F 检验均应是不显著的。所以多元回归的计算，首先应求出最优回归方程包括哪些自变量，然后计算出相应的系数。

由于各个自变量的单位可能不一样，比如说一个消费水平的关系式中，工资水平、受教育程度、职业、地区、家庭负担等因素都会影响到消费水平，而这些影响因素（自变量）的单位显然是不同的，因此自变量前系数的大小并不能说明该因素

的重要程度,更简单地说,同样工资收入,如果用元为单位和用百元为单位所得的回归系数不同,但是工资水平对消费的影响程度并没有变,所以得想办法将各个自变量化到统一的单位上来。标准分就有这个功能,具体到这里来说,就是将所有变量包括因变量都先转化为标准分,再进行线性回归,此时得到的回归系数就能反映对应自变量的重要程度。这时的回归方程称为标准回归方程,回归系数称为标准回归系数,表示如下:

$$Zy=\beta_1 Zx_1+\beta_2 Zx_2+\cdots+\beta_k Zx_k$$

注意,由于都化成了标准分,所以就不再有常数项 a 了,因为各自变量都取平均水平时,因变量也应该取平均水平,而平均水平正好对应标准分 0,当等式两端的变量都取 0 时,常数项也就为 0 了。

建立多元性回归模型时,为了保证回归模型具有优良的解释能力和预测效果,应首先注意自变量的选择,其准则是:

(1) 自变量对因变量必须有显著的影响,并呈密切的线性相关;

(2) 自变量与因变量之间的线性相关必须是真实的,而不是形式上的;

(3) 自变量之间应具有一定的互斥性,即自变量之间的相关程度不应高于自变量与因变量之因的相关程度;

(4) 自变量应具有完整的统计数据,其预测值容易确定。

以下从多元线性回归的数学模型与算法描述、多元线性回归方程的建立、多项式回归来介绍多元线性回归方程的建立过程。

1. 多元线性回归的数学模型与算法描述

假如因变量与另外 M 个自变量 $x_1, x_2, \cdots, x_m$ 的内在联系是线性的,通过试验得到 N 组观测数据:$(x_{t1}, x_{t2}, \cdots, x_{tm}, y_t)$ $t=1,2,\cdots,n$,则其数学模型可以表示为以下的结构形式

$$y_t = \beta_0 + \beta_1 x_{t1} + \beta_2 x_{t2} + \cdots + \beta_M x_{tM} + \varepsilon t \ (t=1,2,\cdots,N)$$

式中,$\beta_0, \beta_1, \beta_2, \cdots, \beta_M$ 是 $i+1$ 个待估计的参数;$x_1, x_2, \cdots, x_m$ 是 m 个可以精确测量或控制的变量;$\varepsilon_1, \varepsilon_2, \cdots, \varepsilon_N$ 是 N 个相互独立且服从同一正态分布的 $N(0,\sigma)$ 随机变量。

令

$$\boldsymbol{Y} = \begin{vmatrix} y_1 \\ y_2 \\ \vdots \\ y_n \end{vmatrix}, \ \boldsymbol{X} = \begin{vmatrix} 1 & x_{11} & x_{12} & \cdots & x_{1m} \\ 1 & x_{21} & x_{22} & \cdots & x_{2m} \\ \vdots & \vdots & \vdots & \ddots & \vdots \\ 1 & x_{n1} & x_{n2} & \cdots & x_{nm} \end{vmatrix}, \ \boldsymbol{\beta} = \begin{vmatrix} \beta_0 \\ \beta_1 \\ \vdots \\ \beta_m \end{vmatrix}, \ \boldsymbol{\varepsilon} = \begin{vmatrix} \varepsilon_1 \\ \varepsilon_2 \\ \vdots \\ \varepsilon_n \end{vmatrix}, \ \boldsymbol{b} = \begin{vmatrix} b_0 \\ b_1 \\ \vdots \\ b_m \end{vmatrix} \quad (5\text{-}56)$$

则多元线性回归的数学模型用矩阵表示为 $Y = X\beta + \varepsilon b$。

2. 多元线性回归方程的建立过程

多元线性回归模型的参数估计，同一元线性回归方程一样，也是在要求误差平方和为最小的前提下，用最小二乘法求解参数。假设 $b_0, b_1, b_2, \cdots, b_m$，分别是参数 $\beta_0, \beta_1, \beta_2, \cdots, \beta_m$ 的最小二乘估计，由最小二乘原理知道 $b_0, b_1, b_2, \cdots, b_m$ 应在全部观测值与回归值所对应的残余误差平方和为最小的条件下求得，即 $Q = \sum_{i=1}^{N}(y_i - y_n)^2 = \min$。

根据微分学中的极值定理，得到一方程组为 $b_0, b_1, b_2, \cdots, b_m$ 的解。此方程组称为正规方程组。正规方程组的系数矩阵是对称矩阵。若用 A 表示，则 $A = X^T X$，常数项矩阵 $B = X^T Y$，则正规方程组的矩阵形式为

$$A^{-1}B = (X^T X)^{-1} X^T Y$$

回归方程可表示为

$$y = b_0 + b_1 x_1 + \cdots + b_m x_m \tag{5-57}$$

建立多元线性回归方程，实际上是对多元线性模型式（5-57）进行估计，寻求估计式（5-56）的过程。与一元线性回归分析相同，其基本思想是根据最小二乘原理，求解 $b_0, b_1, \cdots, b_i$，使全部观测值 y_i 与回归值 $\hat{y}_i$ 的残差平方和达到最小值。由于残差平方和表达式为

$$Q = \sum_{i=1}^{n}(y_i - \hat{y}_i)^2 = \sum_{i=1}^{n}\left[y_i - \left(b_0 + b_1 x_{i1} + b_2 x_{i2} + \cdots + b_p x_{ip}\right) \right]^2 \tag{5-58}$$

是 $b_0, b_1, \cdots, b_i$ 的非负二次式，所以它的最小值一定存在。

根据极值原理，当 Q 取得极值时，$b_0, b_1, \cdots, b_i$ 应满足

$$\frac{\partial Q}{\partial b_j} = 0 \ (j = 0, 1, 2, \cdots, p)$$

由式（5-58），即满足

$$\begin{cases} \sum_{i=1}^{n}\left[y_i - \left(b_0 + b_1 x_{i1} + b_2 x_{i2} + \cdots + b_p x_{ip}\right) \right] = 0 \\ \sum_{i=1}^{n}\left[y_i - \left(b_0 + b_1 x_{i1} + b_2 x_{i2} + \cdots + b_p x_{ip}\right) \right] x_{i1} = 0 \\ \sum_{i=1}^{n}\left[y_i - \left(b_0 + b_1 x_{i1} + b_2 x_{i2} + \cdots + b_p x_{ip}\right) \right] x_{ij} = 0 \\ \sum_{i=1}^{n}\left[y_i - \left(b_0 + b_1 x_{i1} + b_2 x_{i2} + \cdots + b_p x_{ip}\right) \right] x_{ip} = 0 \end{cases} \tag{5-59}$$

式（5-59）称为正规方程组。它可以化为以下形式

$$\begin{cases} nb_0 + \left(\sum_{i=1}^{n} x_{i1}\right)b_1 + \left(\sum_{i=1}^{n} x_{i2}\right)b_2 + \cdots + \left(\sum_{i=1}^{n} x_{ip}\right)b_p = \sum_{i=1}^{n} y_i \\ \left(\sum_{i=1}^{n} x_{i1}\right)b_0 + \left(\sum_{i=1}^{n} x_{i1}^2\right)b_1 + \left(\sum_{i=1}^{n} x_{i1}x_{i2}\right)b_2 + \cdots + \left(\sum_{i=1}^{n} x_{i1}x_{ip}\right)b_p = \sum_{i=1}^{n} x_{i1}y_i \\ \vdots \quad \vdots \quad \vdots \quad \cdots \quad \vdots \quad \vdots \\ \left(\sum_{i=1}^{n} x_{ip}\right)b_0 + \left(\sum_{i=1}^{n} x_{ip}x_{i1}\right)b_1 + \left(\sum_{i=1}^{n} x_{ip}x_{i2}\right)b_2 + \cdots + \left(\sum_{i=1}^{n} x_{ip}^2\right) = \sum_{i=1}^{n} x_{ip}y_i \end{cases} \quad (5\text{-}60)$$

如果用 A 表示上述方程组的系数矩阵，可以看出 A 是对称矩阵，则有

$$A = \begin{pmatrix} n & \sum_{i=1}^{n} x_{i1} & \sum_{i=1}^{n} x_{i2} & \cdots & \sum_{i=1}^{n} x_{ip} \\ \sum_{i=1}^{n} x_{i1} & \sum_{i=1}^{n} x_{i1}^2 & \sum_{i=1}^{n} x_{i1}x_{i2} & \cdots & \sum_{i=1}^{n} x_{i1}x_{ip} \\ \vdots & \vdots & \vdots & \cdots & \vdots \\ \sum_{i=1}^{n} x_{ip} & \sum_{i=1}^{n} x_{ip}x_{i1} & \sum_{i=1}^{n} x_{ip}x_{i2} & \cdots & \sum_{i=1}^{n} x_{ip}^2 \end{pmatrix} = \begin{pmatrix} 1 & 1 & 1 & \cdots & 1 \\ x_{11} & x_{21} & x_{31} & \cdots & x_{n1} \\ x_{12} & x_{22} & x_{32} & \cdots & x_{n2} \\ \vdots & \vdots & \vdots & \cdots & \vdots \\ x_{1p} & x_{2p} & x_{3p} & \cdots & x_{np} \end{pmatrix}$$

$$= \begin{pmatrix} 1 & x_{11} & x_{12} & \cdots & x_{1p} \\ 1 & x_{21} & x_{22} & \cdots & x_{2p} \\ 1 & x_{31} & x_{32} & \cdots & x_{3p} \\ \vdots & \vdots & \vdots & \cdots & \vdots \\ 1 & x_{n1} & x_{n2} & \cdots & x_{np} \end{pmatrix} = X'X \quad (5\text{-}61)$$

式中，X 是多元线性回归模型中数据的结构矩阵，X' 是结构矩阵 X 的转置矩阵。式（5-61）右端常数项也可用矩阵 D 来表示，即

$$D = \begin{pmatrix} \sum_{i=1}^{n} y_i \\ \sum_{i=1}^{n} x_{i1}y_i \\ \sum_{i=1}^{n} x_{i2}y_i \\ \vdots \\ \sum_{i=1}^{n} x_{ip}y_i \end{pmatrix} = \begin{pmatrix} 1 & 1 & 1 & \cdots & 1 \\ x_{11} & x_{21} & x_{31} & \cdots & x_{n1} \\ x_{12} & x_{22} & x_{32} & \cdots & x_{n2} \\ \vdots & \vdots & \vdots & \cdots & \vdots \\ x_{1p} & x_{2p} & x_{3p} & \cdots & x_{np} \end{pmatrix} \begin{pmatrix} y_1 \\ y_2 \\ y_3 \\ \vdots \\ y_n \end{pmatrix} = X'Y \quad (5\text{-}62)$$

因此式（5-60）可写成

$$Ab = D \quad (5\text{-}63)$$

或

$$(X'X)b = X'Y \quad (5\text{-}64)$$

如果 A 满秩（即 A 的行列式 $|A| \neq 0$）那么 A 的逆矩阵 A^{-1} 存在，则由式（5-63）

和式（5-64）得 b 的最小二乘估计为

$$b = A^{-1}D = (X'X)^{-1} X'Y \tag{5-65}$$

即得到了多元线性回归方程的回归系数。

为了计算方便，往往并不先求 $(X'X)^{-1}$，再求 b，而是通过解线性方程组式（5-60）来求 b。式（5-60）是一个有 $p+1$ 个未知量的线性方程组，它的第一个方程可化为

$$b_0 = \overline{y} - b_1\overline{x}_1 - b_2\overline{x}_2 - \cdots - b_p\overline{x}_p \tag{5-66}$$

式中

$$\begin{cases} \overline{x}_j = \dfrac{1}{n}\sum_{i=1}^{n} x_{ij}, \ j=1,2,\cdots,p \\ \overline{y} = \dfrac{1}{n}\sum_{i=1}^{n} y_i \end{cases} \tag{5-67}$$

将式（5-66）代入式（5-60）中的其余各方程，得

$$\begin{cases} L_{11}b_1 + L_{12}b_2 + \cdots + L_{1p}b_p = L_{1y} \\ L_{21}b_1 + L_{22}b_2 + \cdots + L_{2p}b_p = L_{2y} \\ \quad\quad\quad\quad\quad\quad\quad\vdots \\ L_{p1}b_1 + L_{p2}b_2 + \cdots + L_{pp}b_p = L_{py} \end{cases} \tag{5-68}$$

其中

$$\begin{cases} L_{jk} = \sum_{i=1}^{n}(x_{ji}-\overline{x}_j)(x_{ki}-\overline{x}_k) = \sum_{i=1}^{n} x_{ji}x_{ki} - \dfrac{1}{n}\left(\sum_{i=1}^{n} x_{ji}\right)\left(\sum_{i=1}^{n} x_{ki}\right) \\ L_{jy} = \sum_{i=1}^{n}(x_{ji}-\overline{x}_j)(y_i-\overline{y}) = \sum_{i=1}^{n} x_{ji}y_i - \dfrac{1}{n}\left(\sum_{i=1}^{n} x_{ij}\right)\left(\sum_{i=1}^{n} y_i\right) \end{cases} \tag{5-69}$$

将方程组式（5-68）用矩阵表示，则有

$$Lb = F \tag{5-70}$$

其中

$$L = \begin{pmatrix} L_{11} & L_{12} & \cdots & L_{1p} \\ L_{21} & L_{22} & \cdots & L_{2p} \\ \vdots & \vdots & \ddots & \vdots \\ L_{p1} & L_{p2} & \cdots & L_{pp} \end{pmatrix}, \ b = \begin{pmatrix} b_1 \\ b_2 \\ \vdots \\ b_p \end{pmatrix}, \ F = \begin{pmatrix} L_{1y} \\ L_{2y} \\ \vdots \\ L_{3y} \end{pmatrix}$$

于是，

$$b = L^{-1}F \tag{5-71}$$

因此，求解多元线性回归方程的系数可由式（5-69）先求出 L，然后将其代回式（5-70）中求解。求 b 时，可用克莱姆法则求解，也可通过高斯变换求解。如果把 b 直接代入式（5-71），由于要先求出 L 的逆矩阵，因而相对复杂一些。

多元线性回归方程误差方差 σ^2 的估计过程是：将自变量的各组观测值代入回归方程，可得因变量的估计量（拟合值）为

$$\hat{Y} = (\hat{y}_1, \hat{y}_2, \cdots, \hat{y}_p)^2 = X\hat{\beta}$$

向量 $e = Y - \hat{Y} = Y - X\hat{\beta} = \left[I_n - X(X^TX)^{-1}X^T\right]Y = (I_n - H)Y$ 称为残差向量，其中 $H = X(X^TX)^{-1}X^T$ 为 n 阶对称幂等矩阵，I_n 为 n 阶单位阵。

称 $e^Te = Y^T(I_n - H)Y = Y^TY - \hat{\beta}^TX^TY$ 为残差平方和（Error Sum of Squares, SSE）。由于 $E(Y) = X\beta$ 且 $(I_n - H)X = 0$，则

$$\begin{aligned} E(e^Te) &= E\{tr[\varepsilon^T(I_n - H)\varepsilon]\} = tr[(I_n - H)E(\varepsilon\varepsilon^T)] \\ &= \sigma^2 tr[I_n - X(X^TX)^{-1}X^T] \\ &= \sigma^2\{n - tr[(X^TX)^{-1}X^TX]\} \\ &= \sigma^2(n - p - 1) \end{aligned}$$

从而 $\widehat{\sigma^2} = \dfrac{1}{n-p-1}e^Te$ 为 σ^2 的一个无偏估计。

【例 5.4】 根据具体问题进行具体的分析，表 5-15 为某地区土壤内含植物可给态磷 y 与土壤内所含无机磷浓度 x_1、土壤内溶于 K_2CO_3 溶液并受溴化物水解的有机磷浓度 x_2 及土壤内溶于 K_2CO_3 溶液但不溶于溴化物的有机磷 x_3 的观察数据。求 y 对 x_1、x_2、x_3 的线性回归方程。

表 5-15 土壤含磷情况观察数据

样品序号	土壤中含磷量			土壤中植物可给态磷 y
	x_1	x_2	x_3	
1	0.4	52	158	64
2	0.4	23	163	60
3	3.1	19	37	71
4	0.6	34	157	61
5	4.7	24	59	54
6	1.7	65	123	77
7	9.4	44	46	81
8	10.1	31	117	93
9	11.6	29	173	93
10	12.6	58	112	51
11	10.9	37	111	76
12	23.1	46	114	96
13	23.1	50	134	77
14	21.6	44	73	93
15	23.1	56	168	95
16	1.9	36	143	54
17	26.8	58	202	168
18	29.9	51	124	99

计算过程如下：

$$\bar{x}_1 = \frac{1}{n}\sum_{j=1}^{n} x_{1j} = 11.944$$

$$\bar{x}_2 = \frac{1}{n}\sum_{j=1}^{n} x_{2j} = 42.11$$

$$\bar{x}_3 = \frac{1}{n}\sum_{j=1}^{n} x_{3j} = 123.000$$

$$\bar{y} = \frac{1}{n}\sum_{j=1}^{n} y_j = 81.278$$

由式（5-69），得

$$L_{11} = \sum_{i=1}^{n}(x_{1i} - \bar{x}_1)(x_{1i} - \bar{x}_1) = 1\,752.96$$

$$L_{12} = \sum_{i=1}^{n}(x_{1i} - \bar{x}_1)(x_{2i} - \bar{x}_2) = 1\,085.61 = L_{21}$$

$$L_{13} = \sum_{i=1}^{n}(x_{1i} - \bar{x}_1)(x_{3i} - \bar{x}_3) = 1\,200 = L_{31}$$

$$L_{22} = \sum_{i=1}^{n}(x_{2i} - \bar{x}_2)(x_{2i} - \bar{x}_2) = 1\,752.96$$

$$L_{23} = \sum_{i=1}^{n}(x_{2i} - \bar{x}_2)(x_{3i} - \bar{x}_3) = 3\,364 = L_{32}$$

$$L_{33} = \sum_{i=1}^{n}(x_{3i} - \bar{x}_3)(x_{3i} - \bar{x}_3) = 35\,572$$

$$L_{1y} = \sum_{i=1}^{n}(x_{1i} - \bar{x}_1)(y_i - \bar{y}) = 3\,231.48$$

$$L_{2y} = \sum_{i=1}^{n}(x_{2i} - \bar{x}_2)(y_i - \bar{y}) = 2\,216.44$$

$$L_{3y} = \sum_{i=1}^{n}(x_{3i} - \bar{x}_3)(y_i - \bar{y}) = 7\,593$$

代入式（5-68）得

$$\begin{cases} 1\,752.966 b_1 + 1\,085.61 b_2 + 1\,200 b_3 = 3\,231.48 \\ 1\,085.61 b_1 + 3\,155.78 b_2 + 3\,364 b_3 = 2\,216.44 \\ 1\,200 b_1 + 3\,364 b_2 + 35\,572 b_3 = 7\,593 \end{cases} \quad (5\text{-}72)$$

若用克莱姆法则解上述方程组，则其解为

$$\begin{cases} b_1 = \dfrac{1}{\Delta}\begin{vmatrix} L_{1y} & L_{12} & L_{13} \\ L_{2y} & L_{22} & L_{23} \\ L_{3y} & L_{32} & L_{33} \end{vmatrix} \\ b_2 = \dfrac{1}{\Delta}\begin{vmatrix} L_{11} & L_{1y} & L_{13} \\ L_{21} & L_{2y} & L_{23} \\ L_{31} & L_{3y} & L_{33} \end{vmatrix} \\ b_3 = \dfrac{1}{\Delta}\begin{vmatrix} L_{11} & L_{12} & L_{1y} \\ L_{21} & L_{22} & L_{2y} \\ L_{31} & L_{32} & L_{3y} \end{vmatrix} \end{cases} \tag{5-73}$$

其中

$$\Delta = \begin{vmatrix} L_{11} & L_{12} & L_{13} \\ L_{21} & L_{22} & L_{23} \\ L_{31} & L_{32} & L_{33} \end{vmatrix}$$

计算得

$$b_1 = 1.784\,8,\quad b_2 = -0.083\,4,\quad b_3 = 0.161\,1$$
$$b_0 = \bar{y} - b_1\bar{x}_1 - b_2\bar{x}_2 - b_3\bar{x}_3 = 43.67$$

回归方程为

$$\hat{y} = 43.67 + 1.784\,8x_1 - 0.083\,4x_2 + 0.161\,1x_3$$

应用克莱姆法则求解线性方程组计算量偏大，下面介绍更实用的方法——高斯消去法和消去变换。

从以上的讨论可知，要建立多元线性回归方程需要求解线性方程组。当 n 较大时，解线性方程组变得相当困难。以下介绍的高斯消去法与消去变换是目前用来解多元线性方程组的方法中比较简单可行的方法。

1）高斯消去法

高斯消去法就是利用矩阵的行变换达到消元的目的，从而将方程组的系数矩阵由对称矩阵变为三角矩阵，最后获得方程组的解。为简明起见，下面利用四元线性方程组来说明高斯消去法的基本思路和解题步骤，对于自变量数更多的元线性方程组，其解题步骤和方法是一样的，只是计算工作量更大些。

设方程组为

$$\begin{cases} a_{11}x_1 + a_{12}x_2 + a_{13}x_3 + a_{14}x_4 = c_1 \\ a_{21}x_1 + a_{22}x_2 + a_{23}x_3 + a_{24}x_4 = c_2 \\ a_{31}x_1 + a_{32}x_2 + a_{33}x_3 + a_{34}x_4 = c_3 \\ a_{41}x_1 + a_{42}x_2 + a_{43}x_3 + a_{44}x_4 = c_4 \end{cases} \tag{5-74}$$

将其记为矩阵形式，则

$$A = \begin{pmatrix} a_{11} & a_{12} & a_{13} & a_{14} & c_1 \\ a_{21} & a_{22} & a_{23} & a_{24} & c_2 \\ a_{31} & a_{32} & a_{33} & a_{34} & c_3 \\ a_{41} & a_{42} & a_{43} & a_{44} & c_4 \end{pmatrix} \tag{5-75}$$

现在的目的是使 A 变为三角矩阵，从而获得方程组式（5-74）的解。假定 $a_{11} \neq 0$，首先保留矩阵的第一行，并利用它来消去其余三行中的第一列。

$$\begin{cases} l_{21}^{(1)} = \dfrac{a_{21}}{a_{11}} \\ l_{31}^{(1)} = \dfrac{a_{31}}{a_{11}} \\ l_{41}^{(1)} = \dfrac{a_{41}}{a_{11}} \end{cases} \tag{5-76}$$

即

$$l_{i1}^{(1)} = \frac{a_{i1}}{a_{11}} \; (i=1,2,3,4) \tag{5-77}$$

$i - l_{i1}^{(1)} \times ①$（其中①和 i 分别为矩阵中第①行和第 i 行），得

$$A^{(1)} = \begin{pmatrix} a_{11} & a_{12} & a_{13} & a_{14} & c_1 \\ & a_{22}^{(1)} & a_{23}^{(1)} & a_{24}^{(1)} & c_2^{(1)} \\ & a_{32}^{(1)} & a_{33}^{(1)} & a_{34}^{(1)} & c_3^{(1)} \\ & a_{42}^{(1)} & a_{43}^{(1)} & a_{44}^{(1)} & c_4^{(1)} \end{pmatrix} \tag{5-78}$$

其中

$$\begin{cases} a_{ij}^{(1)} = a_{ij} - l_{i1}^{(1)} a_{1j} \\ c_i^{(1)} = c_i - l_{i1}^{(1)} c_1 \end{cases} (j=2,3,4；i=2,3,4) \tag{5-79}$$

同理，若 $a_{22}^{(1)} \neq 0$，可在保留矩阵 $A^{(1)}$ 的第一行和第二行的基础上消去第三行和第四行中的第二列，即令

$$\begin{cases} l_{32}^{(2)} = \dfrac{a_{32}^{(1)}}{a_{22}^{(1)}} \\ l_{42}^{(2)} = \dfrac{a_{42}^{(1)}}{a_{22}^{(1)}} \end{cases} \tag{5-80}$$

即

$$l_{i2}^{(2)} = \frac{a_{i2}^{(1)}}{a_{22}^{(1)}}, i=3,4 \tag{5-81}$$

由 $i - l_{i2}^{(2)} \times ①$ 得

$$A^{(2)} = \begin{pmatrix} a_{11} & a_{12} & a_{13} & a_{14} & c_1 \\ & a_{22}^{(1)} & a_{23}^{(1)} & a_{24}^{(1)} & c_2^{(1)} \\ & & a_{33}^{(2)} & a_{34}^{(2)} & c_3^{(2)} \\ & & a_{43}^{(2)} & a_{44}^{(2)} & c_4^{(2)} \end{pmatrix} \tag{5-82}$$

其中

$$\begin{cases} a_{ij}^{(2)} = a_{ij}^{(1)} - l_{i2}^{(2)} a_{2j}^{(1)} \\ c_i^{(2)} = c_i^{(1)} - l_{i2}^{(2)} c_2^{(1)} \end{cases} \quad (j = 3,4;\ i = 3,4) \tag{5-83}$$

同理，若 $a_{33}^{(2)} \neq 0$，还可以进一步消元。

令

$$l_{43}^{(3)} = \frac{a_{43}^{(2)}}{a_{33}^{(2)}} \tag{5-84}$$

可得

$$A^{(3)} = \begin{pmatrix} a_{11} & a_{12} & a_{13} & a_{14} & c_1 \\ & a_{22}^{(1)} & a_{23}^{(1)} & a_{24}^{(1)} & c_2^{(1)} \\ & & a_{33}^{(2)} & a_{34}^{(2)} & c_3^{(2)} \\ & & & a_{44}^{(3)} & c_4^{(3)} \end{pmatrix} \tag{5-85}$$

其中

$$\begin{cases} a_{44}^{(3)} = a_{44}^{(2)} - l_{43}^{(3)} a_{34}^{(2)} \\ c_4^{(3)} = c_4^{(2)} - l_{43}^{(3)} c_3^{(2)} \end{cases} \tag{5-86}$$

经过上述消元过程，方程组式（5-74）就变成

$$\begin{cases} a_{11}x_1 + a_{12}x_2 + a_{13}x_3 + a_{14}x_4 = c_1 \\ a_{22}^{(1)}x_2 + a_{23}^{(1)}x_3 + a_{24}^{(1)}x_4 = c_2^{(1)} \\ a_{33}^{(2)}x_3 + a_{34}^{(2)}x_4 = c_3^{(2)} \\ a_{44}^{(3)}x_4 = c_4^{(3)} \end{cases} \tag{5-87}$$

假如 $a_{44}^{(3)} \neq 0$，就可以先从最后一个方程求出 x_4，然后向上反推，依次求出 x_3、x_2 和 x_1，即

$$\begin{cases} x_4 = c_4^{(3)} / a_{44}^{(3)} \\ x_3 = \left(c_3^{(3)} - a_{34}^{(2)} x_4\right) / a_{33}^{(2)} \\ x_2 = \left(c_2^{(1)} - a_{24}^{(1)} x_4 - a_{23}^{(1)} x_3\right) / a_{22}^{(1)} \\ x_1 = (c_1 - a_{14}x_4 - a_{13}x_3 - a_{12}x_2) / a_{11} \end{cases} \tag{5-88}$$

通常，将由式（5-74）逐步化成式（5-87）的各步称为消元过程，而称式（5-88）为回代过程。

下面用高斯消去法求解例 5.4 中的 b_1、b_2、b_3。将方程组写成矩阵形式，则

$$A = \begin{pmatrix} 1752.96 & 1085.61 & 1200 & 3231.48 \\ 1085.61 & 3155.78 & 3364 & 2216.44 \\ 1200 & 3364 & 35572 & 7593 \end{pmatrix}$$

由式（5-76）、式（5-77）和式（5-79），得

$$A^{(1)} = \begin{pmatrix} 1752.96 & 1085.61 & 1200 & 3231.48 \\ 0 & 2483.46 & 2620.84 & 215.18 \\ 0 & 2620.84 & 34750.53 & 5380.87 \end{pmatrix}$$

由式（5-80）~式（5-82），得

$$A^{(2)} = \begin{pmatrix} 1752.96 & 1085.61 & 1200 & 3231.48 \\ 0 & 2483.46 & 2620.84 & 215.18 \\ 0 & 0 & 31984.72 & 5153.79 \end{pmatrix}$$

再由式（5-88）回代，即得

$$b_3 = 0.16113, \quad b_2 = -0.083397, \quad b_1 = 1.7848$$

同样由式（5-66），得 $b_0 = 43.67$。

由上述运算过程可见，用高斯消去法求解线性方程组，要比用克莱姆法则简单得多。事实上，在使用高斯消去法时，并不需要熟记烦琐的公式，而只需掌握高斯消去法的思路即可完成上述运算过程。

上述消元过程是按照给定的自然顺序，即按 $x_1, x_2, \cdots, x_p$ 的顺序逐个消元的，亦即在第 k 步消元时，是从第 $k-1$ 步的方程

$$a_{kk}^{(k-1)} x_k + a_{kk+1}^{(k-1)} x_{k+1} + \cdots + a_{kp}^{(k-1)} x_p = c_k^{(k-1)} \tag{5-89}$$

作为保留方程，并利用其以下的各方程作线性组合来消去各自所含的 x_k（使其系数为零）。称式（5-89）和它的系数分别为第 k 步的主方程和主行，x_k 的系数 $a_{kk}^{(k-1)}$ 为第 k 步的主元素。从上面介绍的简单高斯消去法中可以知道，为保证消元正常进行，必须保证

$$a_{uk}^{(k-1)} / a_{kk}^{(k-1)} \quad (u > k)$$

存在，即第 k 步消元时要求主元素 $a_{kk}^{(k-1)} \neq 0$。事实上，即使 $a_{kk}^{(k-1)} \neq 0$，如果其绝对值相当小，也会使 $a_{uk}^{(k-1)} / a_{kk}^{(k-1)} \ (u > k)$ 很大，从而导致在计算机上运算时溢出而使消元中断，或使最终误差很大。为了避免上述情况出现，需要在每步消元进行之前做主元素选取。选取主元素的原则是选择 $a_{uk}^{(k-1)} \ (u \geq k)$ 中绝对值最大值作为主元素。选择方法有两种，一种是按列选取主元素，然后通过行变换使其达到 (k, k) 位置上，然后进行消元计算。另一种是全面选择主元素，通过行变换和列变换使其达到 (k, k) 位置上，然后进行消元计算。这种先选择主元素，再进行消元的方法称为高斯主元素法。

2) 消去变换法

上面介绍了用高斯消去法求解线性方程组的过程。用高斯消去法的思想，还可求出线性方程组系数矩阵的逆矩阵。这在回归分析的假设检验中，是要经常用到的。求 A 的逆矩阵的具体做法是找到一个更大的增广矩阵

$$\begin{pmatrix} a_{11} & \cdots & a_{1n} & c_1 & 1 & 0 & \cdots & 0 \\ a_{21} & \cdots & a_{2n} & c_2 & 0 & 1 & \cdots & 0 \\ \vdots & \ddots & \vdots & \vdots & \vdots & \vdots & \ddots & \vdots \\ a_{n1} & \cdots & a_{nn} & c_n & 0 & 0 & \cdots & 1 \end{pmatrix} = (A : C : I_n) \tag{5-90}$$

用高斯消去法将 A 变成单位矩阵，这相当于用 A^{-1} 分别乘矩阵式（5-90）中的 A，C，I_n，得 $(I_n : A^{-1}C : A^{-1})$ 这样就得到了 A 的逆矩阵 A^{-1}。

3. 多项式回归

根据高等数学知识可知，任何曲线可以近似地用多项式表示，所以非线性回归方程的函数模型可以用多项式进行逼近，即多项式回归分析。

假设变量 y 与 x 的关系为 p 次多项式，且在 x_i 处对 y 的随机误差 ε_i（$i=1,2,\cdots,n$）服从正态分布 $N(0, \sigma)$，则

$$y_i = \beta_0 + \beta_1 x_i + \beta_2 x_i^2 + \cdots + \beta_p x_i^p + \varepsilon_i \tag{5-91}$$

令

$$x_{i1} = x_i, \ x_{i2} = x_i^2, \ \cdots, \ x_{ip} = x_i^p$$

则上述非线性的多项式模型就转化为多元线性模型，即

$$y_i = \beta_0 + \beta_1 x_{i1} + \beta_2 x_{i2} + \cdots + \beta_p x_{ip} + \varepsilon_i \quad (i=1,2,\cdots,n) \tag{5-92}$$

这样我们就可以用多元线性回归分析的方法来解决上述问题了。其系数矩阵、结构矩阵、常数项矩阵分别为

$$A = X'X = \begin{pmatrix} N & \sum x_i & \sum x_i^2 & \cdots & \sum x_i^p \\ & \sum x_i^2 & \sum x_i^3 & \cdots & \sum x_i^{p+1} \\ & & \cdots & & \vdots \\ & & & & \sum x_i^{2p} \end{pmatrix} \tag{5-93}$$

$$X = \begin{pmatrix} 1 & x_1 & x_1^2 & \cdots & x_1^p \\ 1 & x_2 & x_2^2 & \cdots & x_2^p \\ \vdots & \vdots & \vdots & \cdots & \vdots \\ 1 & x_n & x_n^1 & \cdots & x_n^p \end{pmatrix} \tag{5-94}$$

$$B = X'Y = \begin{pmatrix} \sum y_i \\ \sum x_i y_i \\ \sum x_i^2 y_i \\ \vdots \\ \sum x_i^p y_i \end{pmatrix} \quad (5\text{-}95)$$

回归方程系数的最小二乘估计为

$$b = A^{-1}B = \left(X^{\mathrm{T}}X\right)^{-1}X'Y \quad (5\text{-}96)$$

需要说明的是,在多项式回归分析中,检验 b_j 是否显著,实质上就是判断 x 的 j 次项 x^j 对 y 是否有显著影响。

对于多元多项式回归问题,也可转化为多元线性回归问题来解决。例如,对于

$$y_i = \beta_0 + \beta_1 Z_{i1} + \beta_2 Z_{i2} + \beta_3 Z_{i1}^2 + \beta_4 Z_{i1} Z_{i2} + \beta_5 Z_{i2}^2 + \cdots + \varepsilon_i \quad (5\text{-}97)$$

令 $x_{i1} = Z_{i1}$, $x_{i2} = Z_{i2}$, $x_{i3} = Z_{i1}^2$, $x_{i4} = Z_{i1}Z_{i2}$, $x_{i5} = Z_{i2}^2$

则式(5-97)转化为

$$y_i = \beta_0 + \beta_1 x_{i1} + \beta_2 x_{i2} + \beta_3 x_{i3} + \cdots + \varepsilon_i$$

转化后就可以按照多元线性回归分析的方法解决了。

5.5.2 多元线性回归方程的显著性检验

在实际问题的研究中,事先并不能断定随机变量 y 与变量 $x_1, x_2, \cdots, x_p$ 之间有无线性关系。在进行回归参数的估计之前,用多元线性回归方程去拟合随机变量 y 与变量 $x_1, x_2, \cdots, x_p$ 之间的关系,只是根据一些定性分析所给出的一种假设。因此,和一元线性回归方程的显著性检验类似,在求出线性回归方程后,还需对回归方程进行显著性检验。对多元线性回归方程进行检验,主要有以下几种方法。

1) 残差分析和多重共线性检验

残差分析和多重共线性检验都是进行线性回归的先决条件。残差分析的目的是通过对残差 e 绘制直方图、茎叶图、正态概率分布图等方法,判断因变量 y 是否服从正态分布。多重共线性是指线性回归模型中的自变量之间由于存在精确相关关系或高度相关关系而使模型估计失真或难以估计准确的现象,判断变量是否存在多重共线性一般使用方差膨胀因子 VIF 作为依据。统计学中一般认为 VIF 值大于 10,则说明自变量中存在多重共线性现象,此时的回归模型是不可用的。

2) 回归方程的拟合优度检验

所谓拟合优度,是指样本观测值聚集在样本回归直线周围的紧密程度。判断回

归模型拟合优度优劣最常用的数量指标是判定系数 R^2，该指标建立在对总离差平方和进行分解的基础之上。

因变量的实际观测值与其样本均值的离差即总离差 $(Y-\bar{Y})$ 可以分解为两部分：① 因变量的理论回归值与其样本均值的离差 $(\hat{Y}-\bar{Y})$，可视为能够由直线解释的部分，称为可解释离差；② 实际观测值与理论回归值的离差 $(Y-\hat{Y})$，即残差 e，即 $Y-\bar{Y}=(Y-\hat{Y})+(\hat{Y}-\bar{Y})$。在此定义 $\text{TSS}=\sum(Y-\bar{Y})^2$ 为总离差平方和，$\text{RSS}=\sum(Y-\hat{Y})^2$ 为残差平方和，$\text{ESS}=\sum(\hat{Y}-\bar{Y})^2$ 为回归平方和。则判定系数 R^2 定义为：$R^2=1-\dfrac{\text{RSS}}{\text{TSS}}$。

3) 回归方程的显著性检验（F 检验）

回归方程的显著性检验（F 检验）是对回归总体线性关系是否显著的一种假设检验。可以证明，在线性回归条件下，ESS 和 RSS 分别服从自由度为 p 和 $(n-p-1)$ 的 χ^2 分布，其中 n 为样本数，p 为自变量 x 的数量，即 $\text{ESS}=\chi^2(p)$，$\text{RSS}=\chi^2(n-p-1)$，因此构造统计量

$$F=\dfrac{\text{ESS}/p}{\text{RSS}/(n-p-1)}$$

由抽样分布理论，统计量 F 服从第一自由度为 p，第二自由度为 $(n-p-1)$ 的 F 分布，对 F 统计量进行假设检验，对于给定的显著性水平 α（一般取 0.05），则 $F>F\alpha(p, n-p-1)$，回归方程显著成立，所有自变量对因变量的影响是显著的；$F<F\alpha(p, n-p-1)$，回归方程不显著，所有自变量对因变量的影响不显著。

【例 5.5】 对 39 头成年水牛进行体重（y）与胸围（x_1）、体长（x_2）、体高（x_3）关系测试，测试数据如表 5-16 所示，对多元回归方程偏回归系数检验。

表 5-16 水牛试验数据

编号	体重/kg	胸围/cm	体长/cm	体高/cm	编号	体重/kg	胸围/cm	体长/cm	体高/cm
1	443.5	194	146	122.1	12	583	210	160	138.6
2	507.5	200	150	123.5	13	442.5	194	140	124
3	462.5	194	150	126.5	14	439.5	190	147	121
4	514.0	211	153	134.5	15	477.5	203	148	129
5	471.5	205	153	129.5	16	450	194	135	118
6	545	204	153	125.5	17	466	190	135	122
7	540.5	315	154	133.0	18	480	190	138.5	124
8	536	207	142	128.5	19	422	185	140	119.5
9	468	201	153	128.7	20	413.5	183	130	114
10	550.5	199	160	127.5	21	471	193	145	123.5
11	492	200	149	123.5	22	414.5	188	133	119

续表

编号	体重/kg	胸围/cm	体长/cm	体高/cm	编号	体重/kg	胸围/cm	体长/cm	体高/cm
23	410	179	140	119	32	491	194	149	122
24	428.5	193	140	116	33	515	198	150	131.5
25	468	190	155	120.5	34	483	200	135	128
26	517.5	195.5	150	129.5	35	505	197	153	124
27	578	207.5	160	128.5	36	465	192	144	119.5
28	620	211	150	132.5	37	460	185	154	119.5
29	481	203	137	130	38	404	187	151	123
30	702	220	165	142.2	39	496	194	152	120
31	420	197	142	124					

【解】 建立线性回归分析模型

$$\hat{y}=-727.70+3.50x_1+1.98x_2+1.87x_3$$

显著性检验：

$$S_{回}=\sum(\hat{y}_i-y)^2=\sum b_j l_{jy}=108\,128.535\,1$$

$$S_{剩}=\sum(y_i-\hat{y}_i)^2=\sum(y_i-y)^2-S_{回}=35\,981.554\,6$$

$$F=\frac{S_{回}/f_{1S剩}}{f_2}/=\frac{108\,128.535\,1/3}{35\,981.554\,6/(39-3-1)}=35.06$$

查得 $F_{0.01(3,35)}=4.40$，结果表明回归方程是极显著的。

对每个模型参数进行分析，即对偏回归系数进行检验。

$$L_{xx}=\begin{bmatrix} l_{11} & l_{12} & l_{13} \\ l_{21} & l_{22} & l_{23} \\ l_{31} & l_{32} & l_{33} \end{bmatrix}=\begin{bmatrix} 3\,152.935\,9 & 1\,601.320\,5 & 1\,813.810\,3 \\ 1\,601.320\,5 & 2\,615.397\,4 & 1\,138.298\,7 \\ 1\,813.810\,3 & 1\,138.298\,7 & 1\,384.534\,4 \end{bmatrix}$$

$$L_{xx}^{-1}=\begin{bmatrix} 0.001\,299\,95 & -8.517\,923\,3 & -0.001\,632\,4 \\ -8.517\,923\,3 & 0.000\,601\,0 & -0.000\,382\,5 \\ -0.001\,634 & -0.000\,382\,5 & 0.003\,175\,22 \end{bmatrix}$$

$$S_{回1}=\frac{b_1^2}{C_{11}}=\frac{3.496\,982}{0.001\,299\,5}=9\,410.441\,8$$

$$S_{回2}=\frac{b_2^2}{C_{22}}=\frac{1.984\,559\,2}{0.000\,600\,98}=6\,553.420\,1$$

$$S_{回3}=\frac{b_3^2}{C_{33}}=\frac{1.871\,436\,2}{0.003\,175\,22}=1\,103.001\,6$$

$$F_1=\frac{S_{回1}/f_{11}}{S_{剩}/f_2}=\frac{9\,410.441\,8/13\,598}{1.5\,546/(39-3-1)}=9.161$$

$$F_2=\frac{S_{回2}/f_{12}}{S_{剩}/f_2}=\frac{6\,553.420\,1/13\,598}{1.554\,6/(39-3-1)}=6.374\,6$$

$$F_3 = \frac{S_{回3}/f_{13}}{S_{剩}/f_2} = \frac{1103.0016/13598}{1.5546/(39-3-1)} < 1$$

查 F 检验表得

$$F_{0.01(1,35)}=7.415, \quad F_{0.05(1,35)}=4.12$$

从而

$$F_1 > F_{0.01(1,35)}, \quad F_{0.01(1,35)} > F_2 > F_{0.05(1,35)}$$

结果表明 b_1、b_2 回归达到显著水平，可以认为水牛的体重与胸围、体长间存在极显著的三元线性回归关系，主要决定于胸围和体长。x_3 在方程中不显著，应该从模型中剔除，剔除掉 x_3 后，b_1、b_2 要重新计算。

$$b_1' = b_1 - \frac{c_{31}}{c_{32}}b_3 = 3.4970 - \frac{-0.0016324}{0.00317522} \times 1.871436 = 4.01109$$

$$b_2' = b_2 - \frac{c_{32}}{c_{33}}b_3 = 1.984559 - \frac{-0.0003825}{0.00317522} \times 1.871436 = 2.10502$$

$$b_0' = y - b_1'x_1 - b_2'x_2 = -613.0687$$

回归模型为

$$\hat{y} = -613.0687 + 4.0111x_1 + 2.10522x_2$$

4) 回归系数的显著性检验（t 检验）

回归系数的显著性检验（t 检验）主要用于检验每个自变量对因变量的线性作用是否显著。可以证明，回归参数估计值的标准化变换变量遵循自由度为 $(n-p-1)$ 的 t 分布，其中 n 为样本数，p 为自变量 x 的数量。

$$t = \frac{b_i}{S(b_i)}$$

b_i 和 $S(b_i)$ 分别为回归系数及其标准误差。对 t 统计量进行假设检验，对于给定的显著性水平 α（一般取 0.05）。若 $|t| > t_{\alpha/2}(n-p-1)$，则 x_i 对 y 有显著的线性作用；若 $|t| < t_{\alpha/2}(n-p-1)$，则 x_i 对 y 的线性作用不显著。另外，$|t|$ 的数值大小也反映了 x_i 对 y 贡献大小，可作为自变量对因变量影响大小的排序依据。

多元线性回归方程的具体显著性检验的过程为：设随机变量 y 与多个普通变量 $x_1, x_2, \cdots, x_p$ 的线性回归模型为

$$y = b_0 + b_1x_1 + \cdots + b_px_p + \varepsilon$$

式中，ε 服从正态分布 $N(0, \sigma^2)$。

提出原假设

$$H_0: b_1 = 0, b_2 = 0, \cdots, b_p = 0$$

如果 H_0 被接受，则表明随机变量 y 与 $x_1, x_2, \cdots, x_p$ 的线性回归模型没有意义。通过总

离差平方和分解方法，可以构造对 H_0 进行检验的统计量。正态随机变量 $y_1, y_2, \cdots, y_n$ 的偏差平方和可以分解为

$$\sum_{i=1}^{n}(y_i - \bar{y})^2 = \sum_{i=1}^{n}(y_i - \hat{y}_i + \hat{y}_i - \bar{y})^2 = \sum_{i=1}^{n}(\hat{y}_i - \bar{y})^2 + \sum_{i=1}^{n}(y_i - \hat{y}_i)^2$$

$S_T = \sum_{i=1}^{n}(y_i - \bar{y})^2$ 为总的偏差平方和，$S_R = \sum_{i=1}^{n}(\hat{y}_i - \bar{y})^2$ 为回归平方和，$S_E = \sum_{i=1}^{n}(y_i - \hat{y}_i)^2$ 为残差平方和。因此，平方和分解式可以简写为：$S_T = S_R + S_E$。回归平方和与残差平方和分别反映了 $b \neq 0$ 所引起的差异和随机误差的影响。构造 F 检验统计量，则利用分解定理得

$$F = \frac{Q_R / p}{Q_E / (n - p - 1)}$$

在正态假设下，当原假设 H_0：$b_1 = 0, b_2 = 0, \cdots, b_p = 0$ 成立时，F 服从自由度为 $(p, n - p - 1)$ 的 F 分布。对于给定的显著水平 α，当 F 大于临界值 $(p, n - p - 1)$ 时，拒绝 H_0，说明回归方程显著，x 与 y 有显著的线性关系。

实际应用中，还可以用复相关系数来检验回归方程的显著性。复相关系数 R 定义为

$$R = \sqrt{\frac{S_R}{S_T}}$$

由平方和分解式可知，复相关系数的取值范围为 $0 \leq R \leq 1$。R 越接近 1 表明 S_E 越小，回归方程拟合越好。

若方程通过显著性检验，仅说明 $b_0, b_1, b_2, \cdots, b_p$ 不全为零，并不意味着每个自变量对 y 影响都显著，所以就需要对每个自变量进行显著性检验。若某个系数 $b_j = 0$，则 x_j 对 y 影响不显著，因此我们总想从回归方程中剔除这些次要的、无关的变量。检验 x_i 是否显著，等于假设

$$H_{0j}: b_1 = 0, j = 1, 2, \cdots, p$$

已知 $\hat{B} \sim N\left[B, \sigma^2 (X'X)^{-1}\right]$，记 $(X'X)^{-1} = (c_{ij}) i, j = 0, 1, 2, \cdots, p$，可知 $\hat{b}_j \sim N\left[b_j, c_{ij}\sigma^2\right]$，$j = 0, 1, 2, \cdots, p$，据此可构造 t 统计量

$$t_j = -\frac{\hat{b}_j}{\sqrt{c_{jj}\delta}}$$

其中回归标准差为

$$\delta = \sqrt{\frac{1}{n - p - 1} \sum_{i=1}^{n} e_i^2} = \sqrt{\frac{1}{n - p - 1} \sum_{i=1}^{n}(y_i - \hat{y}_i)^2}$$

当原假设 $H_{0j}: b_1 = 0$ 成立时，t_j 统计量服从自由度为 $(n-p-1)$ 的 t 分布，给定显著性水平 α，当 $|t_j| \geq t_{\alpha/2}$ 时拒绝原假设 $H_{0j}: b_1 = 0$，认为 x_j 对 y 影响显著，当 $|t_j| < t_{\alpha/2}$ 时，接受原假设 $H_{0j}: b_1 = 0$，认为 x_j 对 y 影响不显著。

【例 5.6】对某型号气-液换热器，给定气体进出口温度分别为 130℃、42℃，冷水进口温度为 20℃，气体和冷水在换热器内呈逆向流动分布，其他结构参数均给定。在该换热器中，我们可以判断出，传热系数与计算换热量 Q、空气质量流量 M、冷水温差 Δt_1、平均温差 $\overline{\Delta t}$、计算换热面积 F、水流速度 v 有关，也就是说，传热系数 6 个自变量存在相关关系。对传热系数进行测量，得到一组数值如表 5-17 所示。

表 5-17 测试数据图

序号	传热系数 K/W·m^{-2}·K^{-1}	换热量 Q/kW	质量流量 M/kg·h^{-1}	冷水温差 Δt_1/℃	平均温差 $\overline{\Delta t}$/℃	计算面积 F/m^{-2}	水速 v/m^{-2}·s^{-1}
1	217	571	10 000	1.92	53.48	49.19	0.608
2	236.6	685	12 000	2.30	53.24	54.42	0.608
3	254.7	799	14 000	2.64	53.02	59.23	0.62
4	273.6	914	16 000	2.70	52.98	63.05	0.69
5	293.8	1 028	18 000	2.52	53.1	65.92	0.834
6	312.1	1 142	20 000	2.5	53.11	69.08	0.934
7	325.9	1 256	22 000	2.85	52.89	76.76	0.95
8	303.3	1 085	19 000	2.45	53.14	67.13	0.91
9	283.8	971	17 000	2.6	53.04	64.49	0.76
10	339.5	1 374	24 000	3.07	52.75	80.6	0.96

【解】初步回归方程

$$\hat{y} = -5.297\,8 - 1.18x_1 - 1.833x_2 - 0.322x_3 + 1.754x_4 + 0.324\,7x_5 - 0.247\,5x_6$$

显著性检验表明，虽然这个关系式的综合线性关系显著，但各个因变量的偏回归系数不是都显著。对各个偏回归系数进行显著性检验，借助主次关系比较，发现换热量这一自变量对应的偏回归系数是最不显著的，于是从回归方程中首先剔除换热量这一自变量，再次进行多元线性回归。如此反复进行三次多元线性回归之后，逐步消去了换热量、平均温差和计算面积这三个系数不显著的次要自变量，得到综合线性关系和各自变量系数都显著的关系式，即这种类型换热器传热系数的实测计算式，也就是最优的多元线性回归方程式

$$\hat{y} = 0.320\,718 + 0.509\,21x_2 - 0.039\,6x_3 + 0.047\,7x_6$$

最优方程建立之后，不能直接认定两个变量间的相关关系。一般来说，当研究 $x_1, x_2, \cdots, x_m$ 的相关关系时，只有将其中的 $m-2$ 个变量保持固定不变，即此时只有 $m-2$

级偏相关系数才能真实地反映这两个相关变量间线性相关的性质与程度。首先计算简单相关系数 r_{ij}，并由简单相关系数组成相关系数矩阵 $R=\{r_{ij}\}$，然后求它的相关系数矩阵 R 的逆矩阵 $\{c_{ij}\}$，则相关变量 x_i 与 x_j 的 $m-2$ 级偏相关系数 r_{ij} 为：$r_{ij} = -c_{ij}/\sqrt{c_{ii}c_{jj}}$（$i$、$j=1,2,\cdots,m, i \neq j$）。

对偏相关系数 r_{ij} 进行显著性检验的统计量为

$$t_{r_{ij}} = r_{ij}/s_{r_{ij}} = r_{ij}\sqrt{(1-r_{ij}2)/(n-m)}, \quad d_f = n-m$$

对于上述换热器，由一级偏相关分析知，质量流量与水流速度、冷水温差之间有显著的正相关关系，水流速度和冷水温差之间也存在显著的负相关关系，也就是说，经过优化的多元线性方程的三个因变量之间存在着较强的简单线性关系，一个参数的变化会引起其他两个参数相应的变化。这就告诉我们，单一调节这三个参数中的一个，无法获得满意的传热系数，必须进行综合考虑。在实际应用中，质量流量不变，而冷水温差和冷水流速变化的时候，传热系数也在变化着。需要注意的是，单一强调水流的控制或者水温的控制都是不全面的，只有考虑传热系数的影响，才能获得理想的结果。

5.5.3 多元线性回归分析中各因素的重要性判断

在多元回归分析中，随机因变量对各个自变量的回归系数，表示各自变量对随机变量的影响程度。在多元线性回归分析中，分析的因素众多，因而需要通过判断各因素的重要性从而选定所需考虑的因素。

求出线性回归方程后，人们往往关心哪些因素对试验结果影响较大，应重点考虑，哪些又是次要因素，其影响可以忽略。有两种方法可以判断主次，分别是偏回归方程的 F 检验和 t 检验。

除此之外，要判断各因素的重要性，还可以使用层次分析法。以下以影响教师教学反思的关键因素为例进行说明。层次分析法是 20 世纪 70 年代美国匹兹堡大学运筹学家萨迪研究出来的，该方法是将复杂的问题分成若干成分，并且根据重要性对这些成分进行层次分析，其核心是对复杂问题的本质、影响因素及其内在的关系进行深入分析，并且利用较少的定量信息使得决策的思维过程数学化，进而为人们的决策活动提供科学可靠的依据。该方法能够将主观判断进行客观的数字化处理，通过建构矩阵并赋值，进而计算出各指标对总目标的贡献率（通过权重的计算）。层次分析法中需要建构矩阵并对各因素赋值，这需要对影响因素有一个初步认识和判断，为了确保赋值尽量客观符合现实情况，首先通过理论分析确定影响教师教学反思的三个方面的因素，然后运用访谈法确保这三方面因素能够符合教师的教学反思现状，再通过问卷调查初步了解教师们对各因素影响教师教学反思的认可程度，以便为影响教师教学反思的关键因素赋值提供参考，进而计算出各关键因素作用教师教学反思的程度，最后提出改善教师教学反思水平的针对性建议。研究步骤如下：

1）建构影响教师教学反思的关键因素的层次

结构模型将影响教师教学反思的关键因素这一问题分解为两层：目标层和准则层。目标层为要达到的目标，即分析不同的关键因素对教师教学反思的影响；准则层为影响教学反思的关键因素。根据问卷调查的结果，主要涉及 5 个关键因素，根据这5个因素来建构影响教师教学反思的关键因素的层次结构模型，如图5-22所示。其中目标层为教师的教学反思；准则层中分别为准则层 1（教师课后的总体感受）、准则层 2（同行的听课评课）、准则层 3（学生的课堂表现）、准则层 4（学生作业中的错题）和准则层 5（学生的考试结果）。

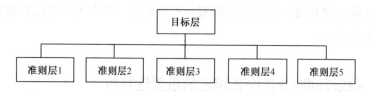

图 5-22 影响教师教学反思的关键因素的层次结构模型

2）建构关键因素判断矩阵和赋值

根据上述影响教师教学反思的关键因素的层次结构模型建构准则层中关键因素的判断矩阵。根据问卷调查的结果，结合对六位中学教师的咨询意见及自身对教学各因素的认识进行综合考虑，然后对准则层中各关键因素进行两两比较，并对其相对重要程度给予 1~9 分或者 1/2、1/3、1/4、1/5、1/6、1/7、1/8、1/9 的赋值，如表 5-18 所示。

表 5-18 准则层中各关键因素相对重要性的判断及其赋值

目 标	准则层1	准则层2	准则层3	准则层4	准则层5
准则层1	1	7	3	5	9
准则层2	1/7	1	1/5	1/3	4
准则层3	1/3	4	1	4	8
准则层4	1/5	3	1/4	1	6
准则层5	1/9	1/4	1/8	1/6	1

表 5-18 中，1~9 表示的是两个准则层之间相比较前者比后者越来越重要，1 表示两个准则层之间的重要性相等，9 表示前面一个准则层比后面的准则层重要得多，

而 1/2、1/3、1/4、1/5、1/6、1/7、1/8、1/9 则表示两个准则层相比较，前者比后者越来越不重要。

3) 各关键因素影响教学反思的权重

在计算权重的时候需要遵守传递性和一致性的逻辑原则，也就是说在同一个矩阵中，如果准则层 1 的重要性比准则层 2 的重要性强，并且准则层 2 的重要性要比准则层 3 要强，那么这时候按照逻辑来讲，准则层 1 的重要性就应该比准则层 3 要强；如果出现了"准则层 1 的重要性比准则层 2 强，准则层 2 比准则层 3 重要，并且准则层 3 比准则层 1 重要"的时候，这种判断是违背逻辑的，也是不合理的。也就是说，一个逻辑上存在混乱、经不起推敲的矩阵计算出来的结果是经不起推敲的，其结果必然会存在偏差。因此，对判断矩阵做一致性检验是进行权重计算的前提。一致性比例的计算公式为

$$C.R.=C.I./R.I.$$

式中，C.I.为一致性指标；R.I.为平均随机一致性指标；C.R.为一致性比例，并且只有当 C.R.小于 0.1 的时候才表明判断矩阵的一致性是可以接受的，否则要对判断矩阵进行修正。通过对判断矩阵进行逻辑上的一致性检验，结果显示 C.R.为 0.002 1，小于 0.1，这表明该判断矩阵的一致性是可以接受的，该权重的计算式是符合逻辑的。既然判断矩阵的一致性水平是可以接受的，接下来就是计算各关键因素作用教师教学反思的权重了。

$$W_i = b_i / \sum_{i=1}^{S} b_i$$

本研究中，W_i（$i=1，2，3，4，5$）表示的是各准则层中对目标层的权重，即表示的是上述五个因素对目标层贡献的相对大小。通过上述权重计算公式，可计算各关键因素对教师教学反思目标的权重分别为：$W_1=0.374\ 8$，$W_2=0.117\ 5$，$W_3=0.272\ 2$，$W_4=0.168\ 4$，$W_5=0.067\ 1$。

通过对上述影响教学反思的 5 个因素的分析，可以得出以下结果：通过层次分析法计算出来的影响教师教学反思的关键因素的权重，可以看出 5 个关键因素对教师教学反思的影响程度。

基于以上分析，我们总结了基于事例的多因素重要性排序确定方法及其应用。在社会系统大量决策问题的评价中，诸如企业竞争力评价、商品受顾客喜欢程度评价、城市规划方案的优选等，这一类问题涉及经济、环境、文化、社会等因素，其显著特征是因素众多，既有定量的因素，又有定性的因素。确定所选取因素的重要性通常的做法是首先设计一套指标体系，然后通过专家法来确定各因素的重要性，进而进行综合评价。但由于这些决策因素相互关系复杂，加上所需资料缺乏，专家

对各个系统了解不够充分，其评价过程中常常包含着随机性和模糊性，使评价结果失去了科学性和合理性，具体问题表现如下：

（1）评价指标的选取问题。

指标设计者在设计评价体系时往往追求指标的全面性，企图追求指标包含全部考察因素，其结果是使评价指标体系过多甚至含有无效指标。另外，无效指标无法采取相应办法剔除，容易导致主要信息丢失而且影响了主要因素的权重分配。这要求对评价指标体系进行合理的筛选并采取措施剔除无效指标。

（2）评价指标体系中排序的客观性。

在权重分配问题上往往是采用专家评定法来确定各因素之间的排序，进而确定权重，或者是通过专家对评价指标系统中的诸多因素进行两两重要性对比分析来确定排序。但不同专家对同一问题的看法往往不同，具有很大的随意性和主观性，评价指标体系的重要性排序缺乏客观性和公正性。针对上述问题，利用综合模糊数学聚类分析技术和粗糙集理论中的重要性原理，将着重探讨评价指标体系中无效指标的剔除及评价指标体系中各因素重要性排序的客观性确定方法。

在粗糙集理论中，无效指标的剔除是采用约简方法进行的，多因素中各个因素（属性）的重要性确定方法是采用从属性表中去掉一个因素，再来考察没有该属性后分类情况发生怎样的变化。若去掉该属性相应分类变化比较大，则说明该属性的强度大，即重要性高；反之，说明属性的强度小，即重要性低。

实际中，一个合适的分类应当满足下列 3 个条件：

① 自反性——任何一个对象必须和自己同在一类；
② 对称性——若对象 a 与对象 b 同类，则 b 与 a 也应同类；
③ 传递性——若对象 a 与对象 b 同类，而 b 又与对象 c 同类，则 a 与 c 同类。

而满足上述条件即为一个等价关系，所以模糊聚类分析是基于模糊等价关系来进行的。模糊聚类分析的主要步骤为：

① 确定分类对象，抽取因素数据；
② 建立模糊相似关系；
③ 分类，通常采用等价闭包法来进行分类。

多因素重要性排序客观确定方法具体为：从粗糙集理论属性相对重要性的定义可知，用粗糙集理论确定的重要性是针对已知属性而言的；如果各属性的重要性是针对全体属性的综合体而言的，则这种针对具体决策属性来确定条件属性重要性的方法就不可行。此外，粗糙集理论中的属性约简是针对离散值进行的，当属性的取值范围为连续性时，运用约简的方法来进行属性约简则存在一定的问题。例如，企业的资产值从理论上说其变化范围可以为 0～∞，如果运用属性泛化则有可能丢失大量的信息而且泛化区间的选取也相当困难。由于粗糙集理论是完全基于事例的，无须提供事例以外的主观信息，因此这是该理论与模糊理论最重要的区别也是该理论的最大优点。而模糊集合的聚类方法则可以在不对属性进行泛化的基础上进行样本的综合归类，即具有对信息进行综合处理的能力，但该方法无法进行各个属性重要性的评价。因此，把这两种理论结合起来在不丢失大量有用信息的情况下讨论基于事例来确定各属性的重要性有着明显的意义。该方法如下：

第一步，确定需要处理的样本对象，抽取因素数据。根据需要处理的样本对象指标项目，对需要处理的样本对象进行聚类。设有待处理的 n 个样本的组成集合为 $X = \{x_1, x_2, \cdots, x_n\}$。每个样本用 m 个指标特征值向量表示为：$X_j = \{x_{1j}, x_{2j}, \cdots, x_{mj}\}$，则可用 $m \times n$ 阶特征值矩阵

$$X = \begin{Bmatrix} x_{11} & x_{12} & \cdots & x_{1n} \\ x_{21} & x_{22} & \cdots & x_{2n} \\ \vdots & \vdots & \cdots & \vdots \\ x_{m1} & x_{m2} & \cdots & x_{mn} \end{Bmatrix}$$

第二步，建立模糊相似关系。在建立模糊相似矩阵的过程中，由于各属性指标特征值物理量的量纲不同，为了避免大数吃小数的现象，在进行模糊聚类时首先要消除属性指标特征值物理量纲的影响，使属性指标特征值规格化，规格化数在区间 [0，1]范围内。采用何种类型的规格化公式，可根据实际情况而定。采用最大最小法建立模糊相似矩阵方法为

$$r_{ij} = \frac{\sum_{k=1}^{m}(x_{ik} \wedge x_{jk})}{\sum_{k=1}^{m}(x_{ik} \vee x_{jk})}$$

第三步，分类。利用模糊等价闭包法求出模糊等价矩阵，然后根据模糊等价矩阵确定分类数目。其具体操作为：① 首先根据模糊等价矩阵确定适当的阈值范围，在各阈值范围内进行分类，记录采用不同的阈值范围时各类中所包含的元组的名称及个数，分别记为 C_i，$i = 1, 2, \cdots, k$；② 依据粗糙集中重要性的定义从全部属性中依次删除各属性后再进行第二步和第三步，在此重复的步骤中，各分类的数目以第一步中所确定的阈值范围为准，即删除各属性后整个集合仍然按相应的阈值范围分类，记录各类中所包含的元组的名称及个数，分别记为 C'_i，$i = 1, 2, \cdots, k'$，以考察各属性对分类的影响。

第四步，确定各属性的重要性。各属性重要性按下面的方法确定：

① 当 $C_i = \cup C'_j$ 时，取 $C_i - \max(C'_j)$ 为 C_i 的元素变化数目。相反，当 $C'_j = \cup C_i$ 时，

取 $C'_f\text{-max}(C_i)$ 为 $\cup C_i$ 的元素的变化数目。

② 当 $C_i = \cup (C_i \cap C'_f)$ 且 $C_i \cap C'_f C_i$，$C_i \cap C'_f C'_f$，取 $C_i\text{-max}(C_i \cap C'_f)$ 为 C_i 元素的变化数目。

③ 当 $C_i = \cup C'_f$ 时，认为 C_i 元素的变化数目为 0，则某一因素在一个阈值水平的重要性公式用下式来计算

$$r_{ia} = \frac{\text{一个阈值水平-因素后分类变化总数}}{|U|}$$

式中，U 为分类样本的总数。故该因素总体上的重要性用下面的公式确定

$$\bar{r} = \frac{1}{n}\sum r_{ia}$$

式中，n 为某一因素的阈值水平总数。由上式可知，重要性 r_i 的值变化范围在 0～1。

第五步，根据重要性的大小确定各属性的排序。如果在某一属性删除后分类没有发生变化则说明该属性在整体性的评价中是不重要的或者说是不必要的。

在线性回归中，各因素的重要性即对多因素的优先级进行排序。同时，判断多因素指标重要性排序是各种综合评价中的一个重要方面，是对各个对象进行综合评价的前提。由于指标选取人员水平参差不齐，所选取指标不一定完全符合实际情况；而且要进行综合评价对象的信息量大、评价结果的影响广泛，这要求具体的评价方法既要科学可靠，又要客观公正，力求简单适用，便于计算机处理。以上所提出的重要性排序方法具有系统全面、科学可靠、客观公正的特点，避免了人为因素的主观作用，而且能够剔除指标中的不重要性因素，从而为决策评价系统的决策者提供了客观、公正、高效的决策指标和方法并且为下一步的决策打下了良好的基础。

5.5.4 多元线性回归分析的具体应用

在回归分析中，如果有两个或两个以上的自变量，就称回归为多元回归。事实上，一种现象常常是与多个因素相联系的，由多个自变量的最优组合共同来预测或估计因变量，比只用一个自变量进行预测或估计更有效，更符合实际。因此，多元线性回归比一元线性回归的实用意义更大。根据多元线性回归分析的知识，可以解决实际生活中很多问题。进行多元线性回归分析时应首先了解实际应用的背景，然后进行多元线性回归分析及预测。

第 5 章　方差回归分析

1. 多元线性回归分析在交通运输行业中的应用

公路客、货运输量的定量预测近几年来在我国公路运输领域大面积广泛地开展起来，并有效促进了公路运输经营决策的科学化和现代化。关于公路客、货运输量的定量预测方法很多，本节主要介绍多元线性回归方法在公路客货运输量预测中的具体操作。笔者先后参加的部、省、市的科研课题的实践，证明了多元线性回归方法是对公路客、货运输量预测的一种置信度较高的有效方法。

线性回归分析法是以相关性原理为基础的。相关性原理是预测学中的基本原理之一。由于公路客、货运输量受社会经济有关因素的综合影响，所以多元线性回归预测首先应建立公路客、货运输量与其有关影响因素之间线性关系的数学模型，然后通过对各影响因素未来值的预测推算出公路客、货运输量的预测值。

公路客、货运输量多元线性回归预测方法的实施步骤：

（1）确定影响因素。

客运量影响因素：人口增长量保有量、国民生产总值、国民收入工农业总产值，基本建设投资额、城乡居民储蓄额、铁路和水运客运量等。

货运量影响因素：人口货车保有量（包括拖拉机）、国民生产总值、国民收入、工农业总产值、基本建设投资额、主要工农业产品产量、社会商品购买力、社会商品零售总额、铁路和水运货运量等。

上述影响因素仅是针对一般情况而言，在针对具体研究对象时会有所增减。因此，在建立模型时只需列入重要的影响因素，对于非重要因素可不列入模型中。若疏漏了某些重要的影响因素，则会造成预测结果的失真。另外，影响因素太少会造成模型的敏感性太强，但是若将非重要影响因素列入模型，则会增加计算量，使模型的建立复杂化并增大随机误差。

可以通过对长期从事该地区公路运输企业和运输管理部门的领导干部、专家、工作人员和行家进行调查，从中选出主要影响因素。为了避免影响因素确定的随意性，提高回归模型的精度和减少预测工作量，可查阅有关统计资料后，再对各影响因素进行相关度（或关联度）和共线性分析，从而再次筛选出最主要的影响因素。所谓相关度分析就是将各影响因素的时间序列与公路客、货运量的时间序列做相关分析，事先确定一个相关系数，淘汰相关系数小的影响因素。关联度是灰色系统理论中反映事物发展变化过程中各因素之间的关联程度，可通过建立公路客、货运量与各影响因素之间关联系数矩阵，按一定的标准系数舍去关联度小的影响因素。所谓共线性是指某些影响因素之间存在着线性关系或接近于线性关系。由于公路运输经济自身的特点，影响公路客、货运输量的诸多因素之间总是存在着一定的相关性，特别是与国民经济有关的一些价值型指标。

这里研究的不是有无相关性问题而是共线性的程度,如果影响因素之间的共线性程度很高,会降低参数估计值的精度,并且在回归方程建立后的统计检验中导致舍去重要的影响因素或错误地接受无显著影响的因素,从而使整个预测工作失去实际意义。关于共线性程度的判定,可利用逐步分析估计法的数理统计理论编制计算机程序来实现,或者通过比较 r_{ij} 和 R^2 的大小来判定。在预测学上,一般认为当 $r_{ij}>R^2$ 时,共线性是严重的,其含义是,多元线性回归方程中所含的任意两个自变量 x_i、x_j 之间的相关系数 r_{ij} 大于或等于该方程的样本可决系数 R^2 时,说明自变量中存在着严重的共线性问题。

(2) 建立经验线性回归方程。利用最小二乘法原理寻求使误差平方和达到最小的经验线性回归方程

$$y = a_0 + a_1x_1 + a_2x_2 + \cdots + a_nx_n$$

式中,y 指预测的客、货运量;a_n 表示各主要影响因数。

(3) 整理数据。对收集的历年客、货运输量和各主要影响因素的统计资料进行审核和加工整理是为了保证预测工作的质量。资料整理主要包括列:① 资料的补缺和推算;② 对不可靠资料加以核实调整,对查明原因的异常值加以修正;③ 对时间序列中不可比的资料加以调整和规范化。

(4) 多元线性回归模型的参数估计。在经验线性回归模型中,$a_0, a_1, a_2, \cdots, a_n$ 是要估计的参数,可通过数理统计理论建立模型来确定。在实际预测中,可利用多元线性回归相关分析的计算机程序来实现。

(5) 确定最优回归方程。经过上述经济意义和统计检验后,挑选出的线性回归方程往往是好几个。为了从中优选出用于进行实际预测的方程,可以采用定性和定量相结合的办法。从数理统计的原理来讲,应挑选方程的剩余均方和较小为好。但作为经济预测还必须尽量考虑到方程中的影响因素更切合实际和其未来值更易把握的原则来综合考虑。当然,有时也可以从中挑选出好几个较优的回归方程,通过预测后,分别作为不同的高、中、低方案以供决策人员选择。

(6) 模型的实际预测检验。在获得模型参数估计值后,又经过上述一系列检验选出最优(或较优)回归方程,还必须对模型的预测能力加以检验。最优回归方程对于样本期间来说是正确的,但是用于实际预测不一定合适。为此,还必须研究参数估计值的稳定性及相对于样本容量变化时的灵敏度,也必须研究确定估计出来的模型是否可以用于样本观察值以外的范围,其具体做法是:① 把增大样本容量以后模型估计的结果与原来的估计结果进行比较,并检验其差异的显著性;② 把估计出

来的模型用于样本以外某一时间的实际预测,并将这个预测值与实际的观察值比较,然后检验其差异的显著性。

(7)模型的应用。公路客、货运输量多元线性回归预测模型的研究目的主要有以下几个方面。

进行结构分析,研究影响该地区的公路客、货运输量的主要因素和各影响因素影响程度的大小,进一步探讨该地区公路运输经济理论。

预测该地区今后年份的公路客、货运输量的变化,以便为公路运输市场、公路运输政策及公路运输建设项目投资做出正确决策提供理论依据。另外,还可以通过公路客、货运输量与公路交通量进行相关分析来对公路的饱和度发展趋势进行预测,从而为公路新建、扩建项目的投资提供决策分析。

模拟各种经济政策下的经济效果,以便对有关政策进行评价。

【例 5.7】某种合金中的主要成分为元素 A 和 B,试验发现这两种元素与合金膨胀系数之间有一定的数量关系,试根据表 5-19 给出的试验数据找出 y 与 x 之间的回归关系。

表 5-19 试验数据

序 号	x	y
1	37.0	3.40
2	37.5	3.00
3	38.0	3.00
4	38.5	2.27
5	39.0	2.10
6	39.5	1.83
7	40.0	1.53
8	40.5	1.70
9	41.0	1.80
10	41.5	1.90
11	42.0	2.35
12	42.5	2.54
13	43.0	2.90

首先画出散点图,如图 5-23 所示。

从散点图可以看出,y 与 x 的关系可以用一个二次多项式来描述

$$y_i = \beta_0 + \beta_1 x_i + \beta_2 x_i^2 + \varepsilon_i, \quad i=1,2,3,\cdots,13$$

令

$$x_{i1} = x_i, \quad x_{i2} = x_i^2$$

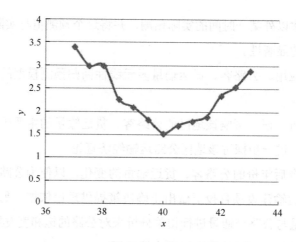

图 5-23 试验数据散点图

则

$$y_i = \beta_0 + \beta_1 x_i + \beta_2 x_i^2 + \varepsilon_i$$

由表 5-19 给出的数据，可得

$$\bar{x}_1 = 40, \bar{x}_2 = 1\,603.5, \bar{y} = 2.332\,3$$

由式（5-69）

$$L_{11} = \sum_{i=1}^{n}(x_{1i} - \bar{x}_1)^2 = 45.5$$

$$L_{22} = \sum_{i=1}^{n}(x_{2i} - \bar{x}_2)^2 = 291\,325.13$$

$$L_{12} = \sum_{i=1}^{n}(x_{1i} - \bar{x}_1)(x_{2i} - \bar{x}_2) = 3\,640$$

$$L_{21} = L_{12} = 3\,640$$

$$L_{1y} = \sum_{i=1}^{n}(x_{1i} - \bar{x}_1)(y_i - \bar{y}) = -4.87$$

$$L_{2y} = \sum_{i=1}^{n}(x_{2i} - \bar{x}_2)(y_i - \bar{y}) = -368.83$$

$$L_{yy} = \sum_{i=1}^{n}(y_i - \bar{y})^2 = 4.221\,2$$

由此可列出二元线性方程组

$$\begin{cases} 45.5b_1 + 3\,640b_2 = -4.87 \\ 3\,640b_1 + 291\,325.13 = -368.83 \end{cases}$$

将这个方程组写成矩阵形式，并通过初等变换求 b_1、b_2 和系数矩阵 L 的逆矩阵 L^{-1}

$$(L:l_y:I_n) = \begin{pmatrix} 45.5 & 3\,640 & -4.87 & 1 & 0 \\ 3\,640 & 291\,325.13 & -368.83 & 0 & 1 \end{pmatrix}$$

$$\rightarrow \begin{pmatrix} 1 & 0 & -13.385\,4 & 51.125 & -0.639\,328 \\ 0 & 1 & 0.165\,98 & -0.639\,33 & 7.991\,6\times10^{-3} \end{pmatrix}$$

于是 $b_1=-13.385\,4$, $b_2=0.165\,98$, $b_0=2.332\,3+13.385\,4\times40-0.165\,98\times1\,603.5=271.599$。因此

$$\hat{y} = 271.599 - 13.385\,4x + 0.165\,98x^2$$

对回归方程的显著性检验是指检验假设

$$H_0: \beta_1 = \beta_2 = \cdots = \beta_p = 0 \tag{5-98}$$

如果 H_0 成立，说明不论 $x_1, x_2, x_{j-1}, x_{j+1}, \cdots, x_p$ 如何变化，y 并不随之而改变，显然，在这种情况下用模型式（5-57）来表示 y 与自变量 $x_1, x_2, x_{j-1}, x_{j+1}, \cdots, x_p$ 的关系是不合适的。如果 H_0 不成立，说明 $\beta_1, \beta_2, \cdots, \beta_p$ 中至少有一个不等于零，从而 y 至少随 $x_1, x_2, x_{j-1}, x_{j+1}, \cdots, x_p$ 中之一的变化而线性变化。因此，对回归方程显著性检验是从整体上看是指 y 与 $x_1, x_2, x_{j-1}, x_{j+1}, \cdots, x_p$ 是否存在线性关系。下面对回归方程作显著性检验。

$$S_{总}=L_{yy}=4.221\,2$$

$$S_{回}=\sum_{j=1}^{p}b_j L_{jy}=3.964\,0$$

$$S_{残}=L_{yy}-S_{回}=0.257\,2$$

将上述结果代入表 5-19 中制成方差分析表如表 5-20 所示。

表 5-20　方差分析表

方差来源	平方和	自由度	均方	F	显著性
回归	3.964 0	2	1.982 0	77.06	**
剩余	0.257 2	10	0.025 72		
综合	4.221 2	12			

查 F 检验表，$F_{0.01}(2, 10)=7.56$，$F>F_{0.01}(2, 10)$，说明回归方程是高度显著的。下面对回归系数作显著性检验。由前面的计算结果可知 $b_1=-13.385\,4$, $b_2=0.165\,98$, $c_{11}=51.125$, $c_{22}=7.991\,6\times10^{-3}$。

$$Q_1 = \frac{b_1^2}{c_{11}} = 3.504\,5$$

$$Q_2 = \frac{b_2^2}{c_{22}} = 3.447\,2$$

$$F_1 = \frac{Q_1}{S_{\text{残}}/(n-p-1)} = 136.29 > F_{001}(1,10) = 4.96$$

$$F_2 = \frac{Q_2}{S_{\text{残}}/(n-p-1)} = 134.03 > F_{001}(1,10) = 4.96$$

检验结果说明，x 一次及二次项对 y 都有显著影响。

2. 多元线性回归分析在人民币汇率的影响因素中的应用

【例 5.8】 简述多元线性回归分析在人民币汇率的影响因素中的应用。

（1）理论分析。

根据利率平价说，两国汇率的水平由两国利率差异决定。本例中的研究对象是美元兑人民币汇率，本例采取中国贷款一年期利率与美国贷款一年期利率的差额作为自变量。国民经济核算一般采用 GDP，GDP 的增长意味着国民财富的增加，则该国货币趋于升值。目前，构成各国国际储备的成分主要有货币性黄金、外汇储备、IMF 储备头寸及特别提款权（SDRs）等，其中又以外汇储备为最主要组成部分，因此本例以外汇储备量为自变量。购买力平价说指出了以国内外物价的对比作为汇率决定的依据之一，说明货币对内贬值必然引起对外的贬值，揭示了汇率变动的长期原因，因此本例采取年度 CPI 指数作为自变量。在国际贸易中，一切能够影响国际收支的因素均会影响汇率的变动，且其影响十分明显，因此本例采用进出口贸易差额为自变量。我国将货币供应量划分为三个层次：M0、M1、M2。根据国外经验和我国实际情况，本例采取用 M2 货币供应量作为自变量。以上 6 个因素是本例考虑的主要因素，同时考虑到政策因素、突发事情等对汇率有一定的影响，但我国近几年来汇率制度改革不断深入，现阶段人民币贬值趋势明显，由于政策变量不可控、不平稳，因此并没有将政策因素纳入考虑的范围之内，而将之视为随机扰动项。

（2）实证分析。

数据收集：本例所采用的所有数据均来自中国国家统计局统计年鉴，数据期间为 2000—2015 年的人民币汇率（年平均价）、中美利差（%）、GDP 增加率（%）、外汇储备（亿美元）、CPI 指数（%）、进出口贸易差额（亿美元）、货币供应量 M2（亿元），如表 5-21 所示。

表 5-21 收集数据

时间 t/年	人民币汇率/年平均价	中美利差/%	GDP增加率/%	外汇储备/亿美元	CPI指数	进出口贸易差额/亿美元	货币供应量M2/亿元
2000	8.278 4	-3.35	8.0	1 655.74	0.4	241.09	134 610.3
2001	8.277	-1.05	7.5	2 121.65	0.7	225.45	158 301.9
2002	8.277	0.61	8.3	2 864.07	-0.8	304.26	185 007.0
2003	8.277	1.21	9.1	4 032.51	1.2	254.7	221 222.8
2004	8.276 8	1.28	9.5	6 099.32	3.9	320.9	254 107.0
2005	8.191 7	-0.62	9.90	8 188.72	1.8	1 018.8	298 755.7
2006	7.808 7	-2.15	10.70	10 663.44	1.5	1 774.6	345 603.6
2007	7.304 6	-0.85	11.40	15 282.49	4.8	2 621.7	403 442.2
2008	6.836 4	2.11	9.00	19 460.3	5.9	2 954.6	475 166.6
2009	6.828 2	3.95	8.70	23 991.52	-0.7	1 961.0	606 225.0
2010	6.769 5	2.31	10.30	28 473.38	3.3	1 831.0	725 851.8
2011	6.458 8	2.81	9.20	31 811.48	5.4	1 551.4	851 590.9
2012	6.312 5	3.06	7.80	33 115.89	2.6	2 311.1	974 148.8
2013	6.2	3.06	7.67	38 213.15	2.6	2 590.1	1 106 525
2014	6.14	1.81	7.40	38 430	2.0	3 824.6	1 228 374.81
2015	6.228 4	1.81	6.90	33 304	1.4	4 240.9	1 982 800

预分析：预分析主要包括描述性分析和相关性分析，此处主要列出相关性分析，如表 5-22 所示。由表 5-22 可知，人民币汇率与中美利差的 Pearson 系数为 0.703，t 统计量的显著性概率 0.002 小于 0.01，故认为这两个变量之间有显著相关关系。人民币汇率与外汇储备、进出口贸易差额、货币供应量 M2 有显著关系，而人民币汇率与 GDP 增加率、CPI 指数无显著相关。按照 Pearson 系数绝对值对四个通过显著性检验的变量进行排序：外汇储备>进出口贸易差额>货币供应量 M2>利差。

表 5-22 相关性

预分析项	利差/%	GDP增加率/%	外汇储备/亿美元	CPI指数	进出口贸易差额/亿美元	货币供应量M2/亿元
皮尔森相关	0.703**	0.296	-0.984**	-0.355	-0.860**	-0.851**
显著性（双尾）	0.002	0.265	0.000	0.177	0.000	0.000
N	16	16	16	16	16	16

注：**在置信度（双尾）为 0.01 时，相关性是显著的；*在置信度（双尾）为 0.05 时，相关性是显著的。

多元线性回归模型分析如下。

表 5-23 给出了逐步回归过程中变量的引入和剔除过程及其准则，该表显示模型最先引入变量外汇储备，第二个引入模型的是变量进出口贸易差额，没有变量被剔除。

表 5-23 已输入/除去变量

模型	已输入变量	已除去变量	方法
1	外汇储备		逐步（准则：F-to-enter 的概率$\leq$0.050，F-to-remove 的概率$\geq$0.100）
2	进出口贸易差额		逐步（准则：F-to-enter 的概率$\leq$0.050，F-to-remove 的概率$\geq$0.100）

表 5-24 给出了模型的拟合情况，模型 1 的 R^2 为 0.968，但模型 2 的 R^2 为 0.977 大于模型 1 的 R^2，说明模型引入回归方程的第二个变量增加了模型的显著性，故以下内容重点分析模型 2 是否可用。

表 5-24 模型拟合

模型	R	R^2	调整后 R^2	标准估算的错误
1	0.984^a	0.968	0.965	0.166 387 9
2	0.988^b	0.977	0.973	0.145 507 4

表 5-25 给出了回归拟合过程中的方差分析结果，模型 2 的回归平方和为 11.652，残差平方和为 0.275，模型拟合效果较好，其统计意义为在显著水平 0.05 的情形下，外汇储备与进出口贸易差额和人民币汇率之间有线性关系。

表 5-25 模型 2 方差分析

回 归	11.652	2	5.826	2 750.117	0.000
残 差	0.275	13	0.021		
总 计	11.928	15			

表 5-26 出了所有模型的回归系数估计值，两个模型中所有变量的显著性概率均小于 0.05，均通过显著性检验。故令外汇储备为 x_1，进出口贸易差额为 x_2，人民币汇率为 Y，得出最终的多元线性回归方程如下：

$$Y = 8.497 - 0.000\,054\,57 \times x_1 - 0.000\,16 \times x_2$$

表 5-26 回归系数估值

模型		非标准化系数		标准化系数	T	显著性
		B	标准误	Beta		
1	（常数）	8.460	0.071		118.732	0.000
	外汇储备/亿美元	-6.348×10^{-5}	0.000	-0.984	-20.416	

续表

模型		非标准化系数		标准化系数	T	显著性
		B	标准误	Beta		
2	（常数）	8.497	0.064		132.038	0.000
	外汇储备/亿美元	-5.457×10^{-5}	0.000	-0.846	-11.543	0.000
	进出口贸易差额/亿美元	$-0.000\,116$	0.000	-0.169	-2.304	0.038

从模型分析结果可以看出：

一国的外汇储备与该国汇率负相关。其经济意义为：其他条件均不变时，外汇储备增加一万美元，人民币汇率上浮 0.545 7 个单位，即贬值 0.545 7%。

进出口贸易差额与该国的汇率负相关。其经济意义为：其他条件均不变时，进出口贸易差额增加一万美元，人民币汇率上浮 1.16 个单位，即贬值 1.16%。

在构建最优模型的过程中，采用逐步回归法排除了中美利差、货币供应量 M2、GDP 增加率和 CPI 指数，但通过【例 5.8】分析可知，中美利差与人民币汇率呈正相关，货币供应量 M2 与人民币汇率之间成负相关关系，造成与理论分析相悖的原因可能是样本容量太少。

通过以上实证回归分析得出，人民币汇率的影响因素众多，但主要受外汇储备和进出口贸易差额的显著影响。2015 年后，我国多次降低外汇储备来维持人民币汇率的稳定，同时进出口贸易表现不佳，人民币大贬的言论甚嚣尘上，对此，我国货币当局应通过合理渠道维稳外汇储备，并动用各种经济手段和非经济手段，对贸易条件和外汇储备进行适当的干预和调节，以维持人民币币值的对内均衡和对外均衡，稳定国内外市场，在中国转型的阵痛中实现中国经济的可持续发展。

3. 多元线性回归分析在影响高校教师教学质量中的应用

提高教学质量是永恒的主题。为探索新形势下影响高校教师教学质量的主要因素，有针对性地改进教学工作，建设一支高素质的教师队伍，笔者借助某高校学生评教的原始数据，使用教育统计学中的多元线性回归分析方法，就当前影响高校教师教学质量的因素进行分析，并有针对性地提出加强师资队伍建设，进一步提高教学质量的思考及对策。

【例 5.9】简述多元线性回归分析在影响高校教师教学质量中的应用。

（1）研究对象与方法。

研究对象：研究对象是北京某高校的教师，为保证调查数据的可信度，研究中借助该高校 2005 年学生评教的原始数据。学生评教使用的"高校教师教学质量评价表"涉及教学态度、教学内容、教学方法、教学组织及教学效果 5 个方面的 20 项因素,如表 5-27 所示,各因素评价结果分为 5 个等级,即很差、差、一般、好、很好,分别用 1 分、2 分、3 分、4 分、5 分表示。根据学生对各教师教学质量的有效评价分数,计算出每个被评教师在 20 项指标的平均得分,建立教师教学质量评价数据库。该数据库包含 203 名被评教师的 20 项评价指标(分别用 $x_1 \sim x_{20}$ 表示)的得分,共计 4 060 个观测值。

研究方法:尝试引入相关虚拟变量,利用上述学生评教数据库,建立多元线性回归模型,运用 SPSS 12.1 统计软件对回归模型的参数进行计算分析,探索和研究教师的教学态度、教学内容、教学方法、教学组织等因素究竟对教师教学效果的影响程度如何,并从中找出影响教学质量的主要因素。

表 5-27 高校教师教学质量评价因素

x_i	因 素
x_1	教师遵守学校纪律,按时上下课
x_2	教师对教学工作热情,上课精神饱满
x_3	教师尊重学生意见,能够做到因材施教
x_4	教师的言行有助于学生的治学与做人
x_5	教师对教学内容熟悉,运用自如
x_6	教师更新教学内容,反映学科前沿和最新成果
x_7	教师推荐的参考书适合教学与自学
x_8	教师授课清楚,板书整齐
x_9	教师语言规范流畅,清晰准确
x_{10}	教师认真且耐心地对待学生课内外提出的问题
x_{11}	教师教学有启发性,促进学生积极主动思考
x_{12}	教师讲课有系统性,贯穿各章节间的联系
x_{13}	教师能积极有效地利用各种教学辅助手段
x_{14}	教师善于调节课堂气氛,有张有弛
x_{15}	教师鼓励学生参与课堂讨论
x_{16}	教师能够充分有效利用课堂时间
x_{17}	考试命题能够体现教师教学中重点讲授的内容
x_{18}	教师的讲课进度有利于促进课程学习
x_{19}	教师授课内容深浅适中,重点难点突出
x_{20}	教师课堂教学效果突出,学生能很好掌握所学知识

(2)多元线性回归模型的建立与逐步回归分析。

多元线性回归分析研究一个因变量与多个自变量的线性关系。本研究中的因变量(用 Y 表示)为教师的教学效果,自变量为教师的教学态度、教学内容、教学方法、教学组织等 20 项指标(即 $x_1 \sim x_{20}$)。引入虚拟变量后的多元线性回归模型为

$$Y = b_0 + b_1 x_1 + b_2 x_2 + \cdots + b_{20} x_{20}$$

在研究中,事先并不能确定因变量 Y 与自变量 $x_1 \sim x_{20}$ 之间确有线性关系,因而我们用多元线性回归方程去拟合因变量与自变量之间的关系。求出回归方程后,还需要对回归方程及回归系数进行显著性检验,本例采用拟合优度检验、F 检验、t 检验三种方式。

逐步回归分析:上述学生评教指标体系是根据专业知识和经验所选定的,不能说明全部自变量对因变量(即教学效果)都有显著性影响。为从较多的初选因子中选择出一些作用较大的因子,建立最优回归方程,需要借助逐步回归分析方法对影响显著的自变量进行筛选。如各自变量之间有较强的相关关系,就很难求得较为理想的回归方程。因此,还要使用回归诊断,排除自变量间的多重共线性关系的影响,使保留下来的所有自变量之间尽可能互相独立。回归模型建立后,本例采用逐步回归分析法,逐步剔除对教学效果影响不显著的因子,利用剩余的变量建立回归方程,然后检验和剔除,最后求得回归方程

$$Y = -0.162 + 0.346 x_2 + 0.246 x_{18} + 0.197 x_{19} + 0.150 x_{15} + 0.100 x_8$$

回归方程的拟合优度检验:通过计算复相关系数、决定系数、校正决定系数几个参数,检验回归方程对样本观测值的拟合程度。用估计标准误差表示回归估计值与实际观察值的平均差异程度。

表 5-28 给出了模型回归的统计结果,回归统计量主要反映模型的拟合优劣程度。表 5-28 中的复相关系数(0.970)、决定系数(0.942)、校正决定系数(0.940)都接近 1,表明求得的回归方程拟合优度很好,因变量 Y 的变化几乎完全由自变量 x_i 决定。表 5-28 中得出的标准误差(0.098 04)也非常小,说明估算的精度极高,达到了 99.9%。

表5-28 模型回归统计结果

相关系数	决定系数	校正的决定系数	标准误差
0.970	0.942	0.940	0.098 04

F 检验就是要看自变量 x 从总体上对因变量 Y 是否有明显的影响。方差分析是将总变异分解为回归平方和与残差平方和。对整个回归方程进行 F 显著性检验的结果如表 5-29 所示,对回归系数的 t 检验结果如表 5-30 所示。

表 5-29 回归方程 F 显著性检验

分析项	自由度（df）	总平方（SS）	均方（MS）	F 值	显著性（Sig）
回归分析	5	30.449	6.090	633.596	0.000
残差	196	1.884	0.010		
总计	201	32.333			

表 5-30 回归系数的 t 检验

影响教学效果因素	回归系数 b_i	标准化系数 β	t 值	Sig 值	影响顺序
	b_0=0.162		−1.908	0.058	
x_2	b_2=0.346	0.321	7.885	0.000	1
x_{18}	b_{18}=0.246	0.245	3.572	0.000	2
x_{19}	b_{19}=0.197	0.197	3.924	0.000	3
x_{15}	b_{15}=0.150	0.155	2.915	0.004	4
x_8	b_8=0.100	0.096	2.037	0.043	5

从表 5-29 及表 5-30 中的参数看出，F 值检验达到了 α=0.01 的显著水平。通过 t 检验，自变量 x_2、x_{18}、x_{19} 对应的回归系数达到了 p=0.01 的显著水平，x_{15}、x_8 对应的回归系数达到了 p=0.05 的显著水平，由此判定回归方程与各参数的检验结果都有显著性意义。所求得的多元线性回归方程

$$Y = -0.162 + 0.346x_2 + 0.246x_{18} + 0.197x_{19} + 0.150x_{15} + 0.100x_8$$

是有效的。

（3）回归分析结论与影响教师教学质量的因素分析。

通过多元线性回归分析，依据求得的回归方程可以得出这样的结论：在引入的 20 个虚拟变量中，x_2、x_{18}、x_{19}、x_{15}、x_8 5 个因素对教师的教学效果有显著的影响，即有很强的线性关系。"教师上课从不无故迟到早退"等其他 15 个因素对教师的教学效果无显著影响。分析与教学效果最为密切的 5 个因子，排在第一位的 x_2，归属于教师的教学态度范畴。也就是说，在影响教师教学效果的诸多因素中，教师的教学态度贡献最大（回归系数为 0.346），远远高于其他入选的因素。而另外入选的 4 个因素分别属于教师的教学内容、教学方法及教学基本功的范畴。由此我们可以得出：教师良好的教学态度、充实的教学内容、灵活的教学方法及扎实的教学基本功是影响高校教师教学质量的主要因素。

本章习题

5-1 研究某一化学反应过程中，温度 x（℃）对产品得率 y（%）的影响，测得数据如表 5-31 所示。试求变量 y 关于 x 的线性回归方程并检验此回归方程的回归效果是否显著，取 $\alpha=0.05$。

表 5-31 某化学反应测得数据

温度 x/℃	100	110	120	130	140	150	160	170	180	190
得率 y/%	45	51	54	61	66	70	74	78	85	89

5-2 有一试验，其参数 x 与指标 y 的对应关系如表 5-32 所示，试进行一元线性回归分析。

表 5-32 试验参数 x 与指标 y 的对应关系

序 号	x	y	x^2	y^2	xy
1	15.0	39.4	225.00	1 552.36	591.00
2	25.8	42.9	665.64	1 840.41	1 106.82
3	30.0	41.0	900.00	1 681.00	1 230.00
4	36.6	43.1	1 339.56	1 857.61	1 577.46
5	44.4	49.2	1 971.36	2 420.64	2 184.48
Σ	151.8	215.6	5 101.56	9 352.02	6 689.76

5-3 表 5-33 是几家百货商店销售额和利润率数据的资料，试进行一元线性回归分析。

表 5-33 几家百货商店销售额和利润率数据

商店编号	每人月平均销售额/元	利润率/%
1	6 000	12.6
2	5 000	10.4
3	8 000	18.5
4	1 000	3.0
5	4 000	8.1
6	7 000	16.3

续表

商店编号	每人月平均销售额/元	利润率/%
7	6 000	12.3
8	3 000	6.2
9	3 000	6.6
10	7 000	16.8
合计	50 000	—

5-4 平炉炼钢过程中，由于矿石及炉气的氧化作用，铁水的总含碳量在不断降低，一炉钢在冶炼初期（熔化期）总的去碳量 y 与所加的两种矿石（天然矿石与烧结矿石）的加入量 x_1、x_2 及熔化时间 x_3（熔化时间越长则去碳量越多）有关，经实测某号平炉的相应数据如表 5-34 所示，求 y 对 x_1、x_2、x_3 的线性回归方程。

表 5-34 某平炉冶炼初期总去碳量与矿石加入量及熔化时间的记录

试验序号	y/t	x_1/槽	x_2/槽	x_3/min
1	4.330 2	2	18	50
2	3.684 5	7	9	40
3	4.483 0	5	14	46
4	5.546 8	12	3	43
5	5.497 0	1	20	64
6	3.112 5	3	12	40
7	5.118 2	3	17	64
8	3.875 9	6	5	39
9	4.670 0	7	8	37
10	4.953 6	0	23	55
11	5.006 0	3	16	60
12	5.270 1	7	18	49
13	5.377 2	16	4	50
14	5.484 9	6	14	51
15	4.590 6	0	21	51
16	5.664 5	3	14	51
17	6.079 5	7	12	56
18	3.219 4	16	0	48
19	5.807 6	6	16	45
20	4.730 6	0	15	52
21	4.680 5	9	0	40
22	3.127 2	4	6	32
23	2.610 4	0	17	47
24	3.717 4	9	0	44
25	3.894 6	2	16	39
26	2.706 6	9	6	39
27	5.631 4	2	5	51
28	5.815 2	6	13	41
29	5.130 2	12	7	47

续表

试验序号	y/t	x_1/槽	x_2/槽	x_3/min
30	5.391 0	0	24	61
31	4.458 3	5	12	37
32	4.656 9	4	15	49
33	4.521 2	0	20	45
34	4.865 0	6	16	42
35	5.356 6	4	17	48
36	4.609 8	10	4	48
37	2.381 5	4	14	36
38	3.874 6	5	13	36
39	4.591 9	9	8	51
40	5.158 8	6	13	54
41	5.437 3	5	8	100
42	3.996 0	5	11	44
43	4.397 0	8	6	63
44	4.062 2	2	13	55
45	2.290 5	7	98	50
46	4.711 5	4	10	45
47	4.531 0	10	5	40
48	5.363 7	3	17	64
49	6.077 1	4	15	72
共计	224.516 9	259	578	2 411

第 6 章

单因素试验设计

6.1 单因素试验设计概念

在一项试验中,若只有一个因素的水平在改变,而其他因素都固定不变,试验的目的在于比较单一不变因素在不同水平上指标值的差别,这就叫作单因素试验。单因素试验设计最常见的方法是优选法。

优选法是以数学原理为指导,合理安排试验,以尽可能少的试验次数尽快找到生产和科学试验中最优方案的科学方法,即最优化方法。例如,在现有的设备和原材料条件下,如何合理安排生产工艺,使产量最高;在材料的合成中,如何选取最合适的配比;或在一定条件下使产品的质量最高,生产周期短等。这样一类实际问题,大致可概括为为了使某些目标达到最好的结果,就要找出使此目标达到最优的有关因素的某些值。

优选法和其他科学一样,是在实践的基础上产生和发展的。自从 1953 年美国数学家基弗提出分数法和黄金分割法(也称 0.618 法),陆续又有抛物线法、分批试验法等方法被提出。优选法的应用在我国是从 1970 年开始的,首先由华罗庚等数学家推广,并在生产企业的应用中取得了成效。企业在新产品、新工艺研究等方面采用优选法,能以较少的试验次数快速找到较优方案,缩短工期,提高质量,降低成本。

单因素优选法的试验设计有多种,对于一个试验应该使用哪一种方法,应该综合考虑试验的目标、试验指标的函数形状和试验的成本等因素。在单因素试验中,指标函数 $f(x)$ 是一元函数,它的几种常见函数形式如图 6-1 所示。这几种函数形式也不是截然分开的,在一定条件下可以相互转换。例如图 6-1(d)的多峰函数,如果把试验范围缩小一些就会成为单峰函数。另外,有些方法并不要求试验指标是定量的连续函数，有时也不会直接使用试验指标，而是构造一个与试验指标有关的目标函数，以满足试验方法所需要的目标函数形式，达到试验目的，具体方法见例6.1和例6.3。

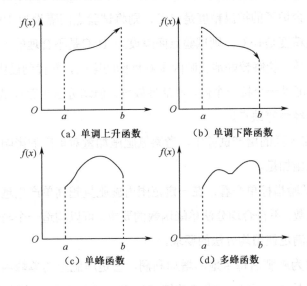

图6-1 试验指标常见函数形状

在多数情况下，影响试验指标的因素不止一个，这种试验设计称为多因素试验设计。有时虽然影响试验指标的因素有多个，但是只考虑一个影响程度最大的因素，其余因素都固定在理论或经验上的最优水平保持不变，这种情况也属于单因素试验设计问题。单因素试验设计的一般步骤如下：

（1）确定因素的范围，若用 a 表示上限，b 表示上限，则试验范围为$[a,b]$；

（2）确定指标；

（3）根据实际情况及试验要求，选择合适的方法，科学安排试验点。

6.2 均分法

在一项试验中，若某因素的取值范围在$[a,b]$内，根据精度要求和实际情况，均匀地选取该因素的取值，并在每个试验点上进行试验，并相互比较求得最优点，这样的试验方法称作均分法。试验范围 $L = b - a$，试验点间隔为 N，则试验点个数 $n = L/N + 1 = (b-a)/N + 1$。

均分法是对所试验的范围进行"普查"，常常应用于对目标函数的性质没有掌握或掌握很少的情况。该试验方法的精度取决于试验点数目的多少,需要注意的是,除了理论上因素水平所能划分的间隔外,因素水平间隔还受到实际情况如设备本身的影响。例如,一台炉子的控温精度是±1℃,则将试验点间隔设为 10℃ 是合理的。但如果炉子的控温精度是±6℃,则试验点间隔设为 10℃ 是不合理的。均分法的优点是试验点的安排简单,能够较好地反映因素对目标的影响,并找到最优点,n 次试验可以同时进行,也可以一个接一个做,灵活性较强。但均分法也存在试验次数较多,间隔不好选取,不经济等缺点。

【例 6.1】在大豆的增产试验中,考察氮肥施加量对单产的影响,拟通过试验找到最合适的氮肥施加量。

【解】仅从试验指标单产看,在一定范围内施肥量越高单产也越大,单产是施肥量的单调增加函数,不符合均分法单峰函数的要求。可以构造一个与试验指标有关的目标函数,使其满足使用均分法的要求。

取目标函数为施肥后每亩地的增加利润,它是施肥量的单峰函数。经调查,该地区氮肥的价格是 1.6 元/kg,大豆的销售价格是 3.5 元/kg,氮肥的施加范围定为 [0,18] kg/亩。采用均分法,确定 19 个试验点,试验数据如表 6-1 所示。

表 6-1 大豆氮肥施加量试验数据表

施肥量/kg·亩$^{-1}$	单产/kg·亩$^{-1}$	增加利润/元·亩$^{-1}$
0	100.6	0.00
1	107.2	21.50
2	110.5	31.45
3	113.9	41.75
4	116.3	48.55
5	118.3	53.95
6	120.1	58.65
7	122.7	66.15
8	123.6	67.70
9	125.3	72.05
10	126.9	76.05
11	127.1	75.15
12	127.3	74.25
13	127.9	74.75
14	128.3	74.55
15	128.9	75.05
16	128.8	73.10
17	129.2	72.90
18	129.1	70.95

分别做出单产和每亩增加利润与施肥量的曲线图，如图 6-2 所示。从图 6-2（a）可以看出，单产是施肥量的单调增加函数，先是随着施肥量的增加而迅速增加，但是当施肥量超过 10 kg/亩后，单产的增加幅度变得缓慢。而从图 6.2（b）可以看出每亩地的增加利润则是施肥量的单峰函数，在施肥量为 10 kg/亩附近时利润达到最大值。

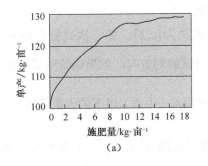 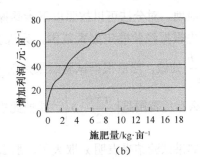

(a)　　　　　　　　　　　　　(b)

图 6-2　单产和每亩增加利润与施肥量曲线图

这个例题的试验设计是一个整体设计，19 个数据点的试验可以同时进行，并且每个处理的费用并不高，这种情况适合于使用均分法安排试验。当然，这种为了使用均分法而构造目标函数的情况是较为特殊的，更常见的是指标函数本身即为单峰函数，如要对采用新钢种的某零件进行热处理以提高屈服强度，当保温时间保持不变时，如何确定最佳保温温度使屈服强度达到最大，此时就可直接使用均分法找到最佳保温时间。

6.3　对分法

如果在试验范围内，目标函数是单调的，要找出满足一定条件的最优点，可以用对分法。实际上，这个条件可以更清楚地叙述如下：如果每做一次试验，根据结果可以决定下次试验方向，就可以用对分法。

例如，长度为 1 000 m 的地下电线出现了故障，若先在 500 m 的中点处检测，就可以判断故障是发生在前 500 m 还是后面的 500 m 内。重复以上过程，每次试验就可以把检查的目标范围再减少一半，通过 n 次试验就可以把目标范围锁定在 $(b-a)/2^n$ 的范围内，7 次试验就可以把目标的范围锁定在 1%内；10 次试验就可以把目标范围锁定在 1‰内。由此可见对分法是一种较为高效的单因素试验设计方法，只需要目标函数具有单调性的条件。

只要适当选取试验的范围，很多情况下试验指标和影响因素的关系都是单调的。例如，某产品需要添加某种合金元素，当合金元素添加16%时，产品合格，现为降低成本，降低合金元素含量，这时就可以用对分法很快找到合乎要求的合金元素的含量。

一般地，对分法可以按照以下步骤操作。

首先根据经验确定因素范围，设因素范围为 $[a,b]$。第一次试验在 $[a,b]$ 的中点 $x_1 = \dfrac{a+b}{2}$ 处做，然后根据试验结果判断下次试验的方向，如果试验结果表明 x_1 取小了，那么存优范围是 $\left[\dfrac{a+b}{2}, b\right]$，就把此次试验点（中点）以下的因素范围 $\left[a, \dfrac{a+b}{2}\right)$ 截去；如果试验结果表明 x_1 取大了，那么存优范围是 $\left[a, \dfrac{a+b}{2}\right]$，就把此次试点（中点）以上的因素范围 $\left(\dfrac{a+b}{2}, b\right]$ 截去。这样，每试验一次，存优范围就缩小一半。重复上面的操作，即在存优范围的中点做试验。根据试验结果截去范围的一半，直到找出一个满意的试点，或存优范围已经变得足够小，结果无显著变化为止。

【例 6.2】 用电光分析天平准确称量物品的质量时，称量速度慢是一个令人很伤脑筋的问题。使用对分法完全可以较快得出准确的结果。现欲称量某化学物品的准确质量。

【解】（1）首先在托盘天平上称量出其质量为 32.5 g，根据托盘天平的准确度，估计该化学物品的质量在 32.45～32.55 g，然后在电光分析天平上继续称量。

（2）按对分法，第一次加的砝码是（32.45+32.55）/2＝32.50 g，旋动天平下的旋钮，放下天平的托架，观察天平的平衡情况，右盘下沉，表示加的砝码多了，于是 32.50～32.55 g 都大于此物品的质量，全部舍去，不再试验这部分。经过第一次称量，物品的质量确定在 32.45～32.50 g。

（3）再按对分法，称量点选在（32.45+32.50）/2＝32.475 g，所以应该加 32.47 g 砝码（10 μg 以下直接在投影屏上读数，不需要加 μg 级的砝码），以下操作同上述（2），结果发现右盘下沉，故 32.47～32.50 g 都多了，物品的质量应在 32.45～32.47 g。

（4）第三次称量点选在（32.45+32.47）/2＝32.46 g，在右盘加 32.46 g 砝码称量，由于该化学物品的质量与 32.46 g 相差小于 10 μg，这时就可以读出物品的质量为 32.4685 g。

可见，使用对分法在电光分析天平上称量一个样品质量，一般只进行 3 次到 4 次操作就可以了，比常规称量速度快几倍。

6.4 黄金分割法

6.4.1 黄金分割常数

对于单峰函数，在同一侧时，距离最佳点越近的点越是好点，而且最佳点与好点必然在差点的同一侧。由此，可按如下想法安排试验点：先在因素范围$[a,b]$内任选两点各做一次试验，根据试验结果确定好点和差点，在差点处把$[a,b]$分成两段，舍去不含好点的那一段，留下的范围为$[a_1,b_1]$，显然有$[a_1,b_1] \subseteq [a,b]$；再在$[a_1,b_1]$内任选两点各做一次试验，并与上次的好点比较，确定新的好点和新的差点，并在新的差点处把$[a_1,b_1]$分成两段，舍去不包含新好点的那一段，留下新的存优范围$[a_2,b_2]$。重复上述过程，可使存优范围逐步缩小。

在这种方法中，试点在范围内的选取是任意的，而这种任意性会给最佳点的找寻效率带来影响。因此，怎样选取各个试点能够最快地找到最佳点是需要解决的问题。由于在试验之前无法预知哪一次的试验效果好，哪一次的差，即这两个试点有同样的可能性作为因素范围$[a,b]$的分界点，所以为了克服盲目性和侥幸心理，在安排试点时，最好使两个试点关于$[a,b]$的中点$\dfrac{a+b}{2}$对称。同时，为了尽快找到最佳点，每次截去的区间不能太短，也不能太长，因为为了一次截去的区间足够长，就要使两个试点x_1和x_2与$\dfrac{a+b}{2}$足够近，这样第一次就会舍去$[a,b]$的将近一半，但是按照对称原则，做第三次试验后就会发现，以后每次只能截去很小的一段，反而不利于很快接近最佳点。

为了使每次舍去的区间有一定的规律性，我们考虑使每次舍去的区间占舍去前区间的比例相同。

下面进一步分析如何按上述两个原则确定合适的试点。设第一个试点、第二个试点分别为x_1和x_2，且x_1和x_2关于$[a,b]$中心对称[见图6.3（a）]，即有$x_2 - a = b - x_1$。显然，不论点x_1（或点x_2）是好点还是差点，由于对称性，舍去的区间长度都是$b - x_1$，不妨设x_2是好点，x_1是差点，于是舍去$(x_1, b]$。再在存优范围$[a, x_1]$内安排新的试点x_3，x_3与x_2关于$[a, x_1]$的中点对称[见图6.3（b）]。

图 6-3 试点选取示意图

点 x_3 应在点 x_2 的左侧，因为如果点 x_3 在点 x_2 的右侧，那么当 x_3 是好点，x_2 是差点时，要舍去区间 $[a,x_2]$，而它的长度与上次舍去的区间 $(x_1,b]$ 的长度相同，违背成比例舍去的原则，于是被舍去的区间长度应等于 $x_1 - x_2$，按成比例舍去的原则，有等式

$$\frac{b-x_1}{b-a} = \frac{x_1-x_2}{x_1-a} \tag{6-1}$$

对式（6-1）变形得

$$1 - \frac{b-x_1}{b-a} = 1 - \frac{x_1-x_2}{x_1-a}$$

即

$$\frac{x_1-a}{b-a} = \frac{x_2-a}{x_1-a} \tag{6-2}$$

设每次舍弃后的存优范围占舍弃前区间的比例数为 t，则

$$\frac{x_2-a}{b-a} = t \tag{6-3}$$

由 $x_1 - a = b - x_2$ 可得

$$\frac{x_2-a}{b-a} = 1 - t \tag{6-4}$$

由式（6-2）得

$$\frac{x_1-a}{b-a} = \frac{\dfrac{x_2-a}{b-a}}{\dfrac{x_1-a}{b-a}} \tag{6-5}$$

把式（6-3）与式（6-4）代入式（6-5）可得

$t = \dfrac{1-t}{t}$，即 $t^2 + t - 1 = 0$，显然 $t > 0$，解得 $t = \dfrac{-1+\sqrt{5}}{2}$，这就是黄金分割常数，用 ω 表示。

试验方法中，利用黄金分割常数 ω 确定试点的方法叫作黄金分割法，由于 $\dfrac{-1+\sqrt{5}}{2}$ 是无理数，具体应用时往往取其近似值 0.618，因此也把黄金分割法叫作 0.618 法。

6.4.2 黄金分割法试验

把试点安排在黄金分割点来寻找最佳点的方法，即黄金分割法。黄金分割法是最常用的单因素目标函数的优选法之一。下面通过一个具体的例子加以说明。

炼钢时加入特定的合金元素，会使炼出的钢满足一定的指标要求。假设未来炼出某种特定用途的钢材，每吨原料需要加入某合金元素的量在 1 000~2 000 g，需要通过试验的方法找到它的最优加入量。

最朴素的想法就是使用均分法，即以 1 g 为间隔，从 1 001 开始一直到 1 999，把 1 000 g 到 2 000 g 间所有的可能性都做一遍，就能找到最优值。但使用均分法要做 1 000 次试验，是一种耗时耗力的方法。而使用黄金分割法，可以更快、更有效地找到最佳点，具体操作如下：

（1）在试验范围长度 0.618 处做第一个试验：

$$x_1 = 1\,000 + 0.618 \times (2\,000 - 1\,000) = 1\,618 \text{ g}$$

（2）在试验范围长度 0.382 处做第二个试验：

$$x_2 = 1\,000 + 0.382 \times (2\,000 - 1\,000) = 1\,382 \text{ g}$$

（3）比较 x_1 和 x_2 的效果。假设 x_1 点的效果比较好，则去掉[1 000,1 382]段，留下 [1 382,2 000]。则 $x_3 = 2\,000 + 1\,382 - 1\,618 = 1\,765 \text{ g}$。

（4）比较 x_3 和 x_2 的结果，再去掉效果较差的那个试点所在范围，如此反复，直到得到较好的试验结果为止。

对于一般的因素范围[a,b]，用黄金分割法确定试点的操作过程与上述过程完全一致。从上述过程中可以看到，用黄金分割法寻找最佳点时，虽然不能保证在有限次内准确找出最佳点，但随着试验次数的增加，最佳点被限定在越来越小的范围内，即存优范围会越来越小。如果用存优范围与原始范围的比值来衡量一种试验方法的效率，这个比值叫作精度，即 n 次试验后的精度为

$$\delta_n = \frac{n\text{次试验后的存优范围}}{\text{原始的因素范围}}$$

显然，在相同试验次数下，精度越高，方法越好。用黄金分割法确定试点时，每一次试验都把存优范围缩小为原来的 0.618，故 n 次试验后的精度为

$$\delta_n = 0.618^{n-1}$$

当然，黄金分割法的实际效率还受到测量系统精度的影响，如果测量系统的精度较低，以上过程重复几次后就无法再进行下去。

应用黄金分割法，首先需要解决以下几个问题。

（1）确定目标。首先要明确试验的目的，即通过试验要达到什么目标。目标的形式多种多样，如希望达到产量高、质量好、生产周期短、成本低等。目标可以是定量的，也可以是定性的；可以是直接的，也可以是构造出的与之相关的。

（2）确定影响因素。确定了目标以后，要分析影响目标的因素。也就是说在进行试验时哪些因素会影响目标。这里注意抓主要矛盾，抓影响目标关系大的一些因素，也就是抓主要因素。

（3）确定试验范围。确定了影响因素以后就要进一步确定试验的范围，范围太大，会增加试验的次数，范围太小，有可能把最优点排除在外边。因此，合适的试验范围是十分关键的。

明确以上问题后，就可以使用黄金分割法进行试验了，试验的一般步骤如下：

（1）确定第一个试点进行试验。若用数学方法表示，假设目标函数在区间$[a,b]$上有一极大值，设$L=b-a$，$\omega=0.618$，则第一个试点的位置$x_1 = 0.618(b-a)+a$，在第一个试点进行试验后，记录试验结果。

（2）在x_1的对称点处确定第二个试点进行试验。第二个试点的位置用数学方法表示为$x_2 = 0.328(b-a)+a$。在第二个试点进行试验后，记录试验结果。

（3）比较两次试验结果，留下好点，舍去坏点。

（4）在留下的范围内重复上述过程，直到试验结果达到预期目标。

黄金分割法适用于试验指标或目标函数是单峰函数的情况，要求试验的因素水平可以精确度量，但是试验指标只要能比较好坏（定序数据）即可，因此试验指标既可以是定量的也可以是定性的。

黄金分割法在我国有深厚的群众基础，对很多人而言优选法就是黄金分割法，在各种优选问题中也总是使用黄金分割法。这在很大程度上归功于 20 世纪 60 年代我国数学家华罗庚教授在全国的大力推广。

华罗庚 1964 年在中国科技大学任教期间，带领他的助手和学生深入到西南铁路建设中推广统筹法，在此期间遇到了这样一件事情。一名班长和一名士兵，他们在爆破山洞时，一次放了 22 支雷管，其中的一支失灵，出现哑炮。战士抢先冲进山洞，班长也跟着冲进去了，却都没有再走出来。华罗庚深深地被英雄的壮举感动了，作为一名数学家的华罗庚想到：难道这是不可避免的吗？我们工厂生产的雷管，为什么到现场使用时，要让人付出血的代价？难道只有用这种方式才能检验它是否合格吗？这里有生产管理的漏洞，也存在着应用数学的问题。

回到学校后，华罗庚向师生们讲述了他从生产一线提炼出的数学应用问题。他说："我们这次在基层发现，实际生活中有两类问题，一类关于组织管理，一类关于产品的质量。把生产组织好，尽量减少窝工现象，找出影响工期的原因，合理安排时间，统筹人力物力，使产品生产得更好更快更多，在这方面，统筹法大有可为。再就是优选法，它能以最少的试验次数，迅速找到生产的最优方案，也就是尽快找出有关产品质量因素的最佳点，达到优质，减少浪费。"在之后的近二十年间，华罗庚走遍祖国的山山水水，深入到工厂、矿山，用深入浅出的语言向工程技术人员和基层管理人员介绍优选法和统筹法，从此优选法在全国遍地开花。

【例 6.3】 在电极糊的生产中，某企业以前采用全部使用罐煅煤的生产方式，但是电极糊达不到电阻率小于 90 μΩ·m 的国际标准。针对这种情况，企业尝试在罐煅煤中添加部分电煅煤，根据专业知识初步确定电煅煤用量范围在 10%～35%，进一步使用优选法寻找电煅煤的最优配比。

【解】

（1）确定目标：电极糊的电阻率最小。

（2）确定试验范围：[10%，35%]。

（3）确定试点：$a = 10\%$，$b = 35\%$，两个试验点为：$x_1 = a + 0.382(b-a) \approx 20\%$，$x_2 = a + 0.618(b-a) \approx 25\%$。分别在 $x_1 = 20\%$ 和 $x_2 = 25\%$ 处做试验，得 $y_1 = 89.91$，$y_2 = 85.48$。可以看到，添加 25% 的电煅煤时电极糊的电阻率是 85.48 μΩ·m，已经达到电阻率小于 90 μΩ·m 的国际标准的要求，只做了两个试验就成功地解决了问题。从理论上说，这个试验还可以继续做下去，找出电阻率更低的试验条件。

6.5 分数法

在介绍分数法之前，我们先看一个问题。

在配置某种清洗液时，需要加入某种材料。经验表明，加入量大于 130 ml 效果不好，用 150 ml 的锥形容量杯计量加入量，该量杯的量程分为 15 格，每格代表 10 ml。用试验法找出这种材料的最优加入量。

对这个问题，如果用 0.618 法，那么算出的试点不是 10 ml 的整数倍，由于量杯是锥形的，每格为 10 ml，所以用它去量一个不是 10 ml 的整数倍的量，很难做到精确。因此这个问题使用 0.618 法不方便。

0.618 是黄金分割常数 $\omega = \dfrac{\sqrt{5}-1}{2}$ 近似数，我们考虑是否可以用其他形式的数作为 ω 的近似值来解决上面的问题。为此我们先引入斐波拉契数列，这个数列记为 $\{F_n\}$，其值为 1,1,2,3,5,8,13,21,34,55,89,114…

起始的两个数都是 1，从 $n \geq 2$ 起每个数都是前面两个数之和，即

$$F_n = F_{n-1} + F_{n-2}(n \geqslant 2)$$

当 $F_0 = F_1 = 1$ 确定后,斐波拉契数列就完全确定了。现在用斐波拉契数列构造一个新的数列 $\left\{\dfrac{F_n}{F_{n+1}}\right\}$,分子分母分别为斐波拉契数列中相邻两项。则数列为

$$\dfrac{1}{2}, \dfrac{2}{3}, \dfrac{3}{5}, \dfrac{5}{8}, \dfrac{8}{13}, \cdots, \dfrac{F_n}{F_{n+1}}, \cdots$$

可以证明,随着 n 的增大,$\dfrac{F_n}{F_{n+1}}$ 的值越来越趋向于 ω,这样就可以将分数 $\dfrac{F_n}{F_{n+1}}$ 作为 ω 的近似值,而且 n 越大近似程度越高。称数列 $\left\{\dfrac{F_n}{F_{n+1}}\right\}$ 为 ω 的近似分数列,$\dfrac{F_n}{F_{n+1}}$ 为 ω 的第 n 项渐进分数。

在上述问题中,材料的加入量大于 130 ml 效果不好,因此试验范围应该定在 0～130 ml。对照 ω 的渐进分数列,如果用 $\dfrac{F_5}{F_6} = \dfrac{8}{13}$ 来代替 0.618,则有第一个试点的位置为 $x_1 = 0 + \dfrac{8}{13} \times (130 - 0) = 80$,即第一个试点安排在 80 ml 处,根据对称性,可以得到第二个试点的位置 $x_2 = 0 + 130 - 80 = 50$,即第二个试点安排在 50 ml 处。比较两次的试验结果,如果 x_1 是好点,则去掉 x_2 以下部分,存优范围为 50～130 ml,在此范围内再求 x_1 的对称点,得第三个试点 $x_3 = 50 + 130 - 80 = 100$,再比较 x_1 点和 x_3 点处的试验结果。几次试验后,就能找到满意的结果。

优选法中,像上面这样用渐进分数近似代替 ω 确定试点的方法叫分数法。如果因素范围由一些不连续的或者间隔不等的点组成,试点就只能取某些特定的数,这时只能用分数法。分数法适用于预先知道可能的试验总数,或者知道试验范围和精度,即试验总数可以算出。下面分两种情况叙述分数法。

1. 所有可能的试点总数正好是某个 $(F_n - 1)$

这种情况下,前两个试点放在试验范围的 $\dfrac{F_{n-1}}{F_n}$ 和 $\dfrac{F_{n-2}}{F_n}$ 位置上,也就是先在第 F_{n-1} 和第 F_{n-2} 个试点上进行试验。比较这两次试验的结果,如果第 F_{n-1} 个试点的结果好,则舍去第 F_{n-2} 个试点以下的试验范围,如果第 F_{n-2} 个试点的结果好,则舍去第 F_{n-1} 个试点以上的试验范围。

经过以上两次试验后,存优范围中还剩下 $(F_{n-1} - 1)$ 个试点,重新编号后,第 F_{n-2} 和第 F_{n-3} 个试点,其中有一个是之前留下的好点,另一个是下一步的试点。比较 F_{n-2} 和 F_{n-3} 点的试验结果,和之前的做法相同,从试验结果不好的点把因素范围切开,去

掉短的一段，剩下的是存优范围。新的存优范围就只有 $(F_{n-2}-1)$ 个试点了。重复上述步骤，直到试验范围中没有试验点为止。

容易看出，用分数法安排试验时，在 (F_n-1) 个可能的试点中，最多只需要进行 $(n-1)$ 次试验就能找到其中的最优点。如果在试验中遇到一个达到要求的好点，则可停止后续试验。如果最多只进行 k 次试验，那么就可以把试验范围等分成 F_{k+1} 份，在 $(F_{k+1}-1)$ 个分点安排试验，这样可以使 k 个试验的结果达到最高精度。

【例6.4】 卡那霉素发酵液生物测定，国内外都规定培养温度为（37±1）℃，培养时间在16小时以上。某制药厂为缩短时间，决定优选培养温度，试验范围定为29～50 ℃，精确度要求±1 ℃，中间试验点共有20个，试用分数法进行优选。

【解】 由题意可知，试点总数为20，正好等于 F_7-1，培养温度试验点如表6-2所示。

表6-2 培养温度试验点

序号	0	1	2	3	4	5	6	7	8	9	10
温度/℃	29	30	31	32	33	34	35	36	37	38	39
序号	11	12	13	14	15	16	17	18	19	20	21
温度/℃	40	41	42	43	44	45	46	47	48	49	50

（1）根据分数法，第一个试验点选在第13个分点42 ℃处，第二个试验点选在第8个分点37 ℃处，对这两个温度分别进行试验，比较试验结果。发现第一个点好，则舍去第8个分点以下的温度，即29～36 ℃，然后重新编号，结果如表6-3所示。

表6-3 第二次试验培养温度

序号	0	1	2	3	4	5	6	7	8	9	10	11	12	13
温度/℃	37	38	39	40	41	42	43	44	45	46	47	48	49	50

（2）根据表6-3，选择第5个、第8个分点作为试验点，分别进行试验并比较结果。发现第5个分点好，则舍去第8个分点以上的温度范围，即46～50 ℃，对留下的温度范围重新编号，结果如表6-4所示。

表6-4 第三次试验培养温度

序号	0	1	2	3	4	5	6	7	8
温度/℃	37	38	39	40	41	42	43	44	45

（3）根据表6-4，选择第3个、第5个试点作为试验点，分别进行试验并比较结果。发现第5个分点好，则舍去第3个分点以下的温度范围，即37～39 ℃，对留下的温度范围重新编号，结果如表6-5所示。

表 6-5　第四次试验培养温度

序号	0	1	2	3	4	5
温度/℃	40	41	42	43	44	45

（4）根据表 6-5，选择第 2 个、第 3 个试点作为试验点，分别进行试验并比较结果。发现第 3 个分点好，则舍去第 3 个分点以上的温度范围，即 44～45 ℃，再重新编号，结果如表 6-6 所示。

表 6-6　第五次试验培养温度

序号	0	1	2	3
温度/℃	40	41	42	43

（5）根据表 6-6，选择第 1 个、第 2 个试点分别进行试验，比较试验结果。发现第 2 个分点好，试验结束，找到了最合适的培养温度。

2. 所有可能的试点总数大于某一 (F_n-1) 而小于 $(F_{n+1}-1)$

出现这种情况，先分析能否减少试验点数量，把所有可能的试验点减少为 (F_n-1) 个，从而转化为前面的情形。如果无法减少试验点数量，则采取在试验范围之外虚设几个试验点的方法，将试点总数凑成 $(F_{n+1}-1)$，同样转化为前面的情形。对于这些虚设点，并不真正做试验，而是直接将这些点判断为坏点，继续进行试验。很显然，这种添加虚设点的方法并不增加实际试验次数。

【例 6.5】在调试某个设备的线路中，要选择一个合适的电阻，但目前调试者手中只有阻值为 0.5 kΩ、1 kΩ、1.3 kΩ、2 kΩ、3 kΩ、5 kΩ、5.5 kΩ 的定值电阻，请问他将如何优选电阻值。

【解】首先将这些定值电阻由小到大按顺序排列，结果如表 6-7 所示。

表 6-7　定值电阻阻值

序号	1	2	3	4	5	6	7
阻值/kΩ	0.5	1	1.3	2	3	5	5.5

第 1 个、第 2 个试点分别为 3 号和 5 号，即 1.3 kΩ 和 3 kΩ。接着进行试验比较，按照分数法步骤进行下去，就可以很快找到合适的电阻值。

从前面可以知道，当有 $F_{n+1}-1$ 个试点时，采用分数法进行试验，最多只需要进行

n 次试验就能找到最佳点。现在，反过来考虑问题：无论用什么方法安排试验，做 n 次试验最多能从多少个试点中找到最佳点。

假设目标函数是单峰函数，当只有 2 个试点时，在每个试点各做一次试验，通过比较就能找到最佳点。当有 3 个试点时，只在其中两个试点各做一次试验，不能确定所有试点中的最佳点。因此，做两次试验最多能从 2 个试点中找到最佳点。注意到，当 $n=2$ 时，$F_{n+1}-1=F_3-1=2$，事实上，我们可以将上面做 2 次试验的情形推广到一般，并用数学归纳法证明得到以下结论：在目标函数为单峰函数时，通过 n 次试验，最多能从 $F_{n+1}-1$ 个试点中找出最佳点，并且这个最佳点就是 n 次试验中的最优试点。同时也可以证明，在目标函数为单峰函数时，只有按照分数法安排试验，才能通过 n 次试验保证从 $F_{n+1}-1$ 个试点中找出最佳点。因此，试点个数为某常数时，用分数法找出最佳点的试验次数最少，这就是分数法的最优性，也因此分数法在有限个试点的优选问题中被广泛使用。

6.6 抛物线法

不论是黄金分割法还是分数法，都是比较两个试验结果的好与坏，而不考虑目标函数的具体值，即使试验结果不能定量处理，也可以使用。如果试验结果能够定量处理，不但可以判断试验好坏的程度，进而还能对最优点的位置做更加准确的估计。本节讲述的抛物线法就是这种方法中比较简单的一种。

抛物线法是根据已得的三个试验数据，找出抛物线方程，然后求出该抛物线的极大值，作为下次试验的根据。设 x_1、x_2、x_3 三点的试验结果分别为 y_1、y_2、y_3。通过 xy 平面上的三点 (x_1, y_1)，(x_2, y_2)，(x_3, y_3)，根据拉格朗日插值法可以得到一个二次函数

$$y = \frac{(x-x_2)(x-x_3)}{(x_1-x_2)(x_1-x_3)} y_1 + \frac{(x-x_1)(x-x_3)}{(x_2-x_1)(x_2-x_3)} y_2 + \frac{(x-x_2)(x-x_1)}{(x_3-x_2)(x_3-x_1)} y_3$$

设该二次函数在 x_0 处取得极大值

$$x_0 = \frac{1}{2} \frac{y_1(x_2^2-x_3^2) + y_2(x_3^2-x_1^2) + y_3(x_1^2-x_2^2)}{y_1(x_2-x_3) + y_2(x_3-x_1) + y_3(x_1-x_2)}$$

在 $x=x_0$ 处进行下一次试验，得到试验结果 y_0。再用 (x_0, y_0) 和它相近的两点构造新的二次抛物线，重复上述过程。这种方法在中间高，两头低的情形，即当 $x_1<x_2<x_3$

而 $y_2>y_1$ 且 $y_2>y_3$ 时，效果最好。

粗略地说，如果穷举法需要做 n 次试验找到最优点，那黄金分割法只需要 $\lg n$ 次就能找到，而抛物线法效果更好，只需要 $\lg\lg n$ 次。原因在于黄金分割法没有较多利用函数的性质，而抛物线法则对试验结果进行了数量方面的分析。

【例 6.6】测定某元素含量与硬度的关系，如表 6-8 所示，用抛物线法尽快找到最佳含量。

表 6-8 元素含量与硬度的关系

含量 $x/\%$	8	20	32
硬度 y/HB	50	75	70

【解】根据抛物线法，抛物线取得极大值的点为

$$x_0 = \frac{1}{2}\frac{y_1(x_2^2-x_3^2)+y_2(x_3^2-x_1^2)+y_3(x_1^2-x_2^2)}{y_1(x_2-x_3)+y_2(x_3-x_1)+y_3(x_1-x_2)}=24$$

因此下一个试验点为 24%，应该在此处进行试验。

6.7 分批试验法

之前介绍的对分法、0.618 法、分数法有一个共同的特点，就是根据前面的试验结果安排后面的试验。这样安排试验的方法称为序贯试验法，它的优点是总的试验次数较少，可以降低试验成本，但是由于要根据前面的试验结果才能进行后面的试验，序贯试验法的试验周期较长。

与序贯试验法相反，在有一些情况下，如做一个试验的费用和做几个试验的费用相差无几，我们也可以把所有可能的试验同时都安排下去。有时为了提高试验结果的可比性，也要求在同一条件下同时完成若干试验，因此就需要采用分批试验法。分批试验法可以分为均分分批试验法和比例分割分批试验法，下面将分别介绍。

6.7.1 均分分批试验法

均分分批试验法是把每批试验配方均匀地同时安排在试验范围内，将其试验结果比较，留下好结果的范围。在这留下的部分，再均匀分成数份，再做一批试验，这

样不断做下去,就能找到最佳的配方重量范围。在这个窄小的范围内,等分点结果较好,又相当接近,即可终止试验。这种方法的优点是试验总时间较短,但总的试验次数较多。

【例 6.7】 电机修理厂根据原工艺要求,单晶片切片厚度为 0.54 mm 左右,经研磨损失 0.15 mm 左右,1 kg 单晶只出 12 000 左右小片。为了节约原材料、提高工效,需要减小单晶片厚度,在(0.20,0.50)范围内进行优选试验。

【解】 根据相关资料,切割不同厚度的单晶片很方便,但要检验究竟哪一种厚度好,则要经过磨片、化学腐蚀、烘干、烧结、参数测定等工序,试验周期长达三天,而且有些工序必须在同一条件下才能得到正确结果。因此选用均分分批试验法优选单晶片厚度。

每批安排两个试验,先把试验范围(0.20,0.50)均分为 3 份,如图 6-4 所示,分别在其两个分点处,即 0.30 和 0.40 处进行试验。

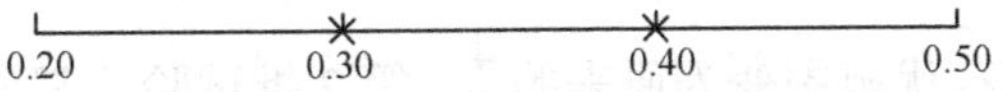

```
|———————*———————*———————|
0.20    0.30    0.40    0.50
```

图 6-4 第一批试验分点

比较这两个试点的试验结果,设 0.30 为好点,则存优范围为(0.20,0.40),然后将存优范围再均分为 4 份,在未做过试验的 2 个点上做第两批试验,这两个点分别为 0.25 和 0.35,如图 6-5 所示。设 0.35 为好点,则去掉包含 0.25 点的 0.20 到 0.30 这部分,留下存优范围为(0.30,0.40)。然后重复以上做法,直到找到最佳点。可以看到,第 1 批试验后,存优范围变为原来的 $\frac{2}{3}$,从第 2 批试验起,每进行一批试验,存优范围都会缩短为前一次的 $\frac{1}{2}$。

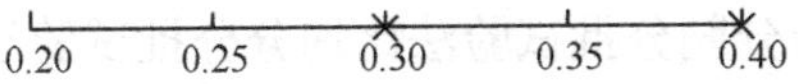

```
|————*————*————*————|
0.20 0.25 0.30 0.35 0.40
```

图 6-5 第二批试验分点

对于一批做偶数个试验的一般情况,与上述情况类似。假设每批进行 $2n$ 个试验,首先把试验范围均分为 $2n+1$ 份,在其 $2n$ 个均分点 $x_1, x_2, \cdots, x_{2(n-1)}, x_{2n}$ 上做试验,比较 $2n$ 个试点上的试验结果,如果 x_i 的试验结果最好,则去掉小于 x_i-1 和大于 x_i+1 的部分,存优范围是 (x_i-1, x_i+1),然后将 (x_i-1, x_i+1) 均分为 $2n+2$ 份,就是将 $2n$ 个试验均分安排在 x_i 的两侧,在未做过的试验的 $2n$ 个分点上再进行试验,重复此过程,就能很快找到最佳点。采用这个方法,第一批试验后存优范围变为原来的 $\frac{2}{2n+1}$,

以后每批试验后,存优范围都缩短为前一次的 $\frac{1}{n+1}$。

6.7.2 比例分割分批试验法

比例分割分批试验法与均分分批试验法类似,只是试验点不是均匀划分,而是按照一定比例划分。以每批做两个试验为例,可将试验范围等分为 7 份,第一批安排在左起第 3、第 4 两个点上进行,如图 6-6 所示。假设第 4 个点为好点,存优范围为 (3,7)。进行第 2 批试验前,将存优范围 4 等分,在没有做过的两个分点,即第 5、6 个试点上进行试验。

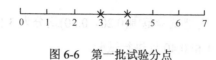

图 6-6 第一批试验分点

第一批试验后,存优范围变为原来的 $\frac{4}{7}$,第 2 批试验后都为前一次留下的 $\frac{1}{2}$。每批进行更多个试验点的情况如表 6-9 所示,图示中的×代表第一批试点的位置,数字代表第一批不安排试点的个数。

表 6-9 每批进行多个试点情况下试点位置

每批试验数/个	试验范围等分数	第一批试点	图示
2	7	3,4	2××2
4	17	5,6,11,12	4××4××4
6	31	7,8,15,16,23,24	6××6××6××6

从效果上来看,比例分割分批试验法比均分分批试验法好,但是比例分割分批试验法每批中试验点间的距离较近,如果试验效果的差别不显著,鉴别就会很困难。因此,当原材料添加量变化较小,而制品的物理性能却有显著变化时,比例分割分批试验法更加适用。

6.8 各种单因素优选法比较

在单因素试验设计中,最常用的是黄金分割法法、分数法、对分法和分批试验法。如果每次只能得到一个试验结果,或者做一次试验需要很长时间或费用较高,而试验效果的好坏容易判断的话，选用黄金分割法、分数法和对分法较好。在试点只能取整数或者某些特定的值，或者对试验的精确度和次数有限制的情况下，使用分数法较好。如果试验比较方便，容易进行，而试验的结果分析和检验需要较长时间或者费用较高，或者需要几个试验点的结果在同一条件下比较才能判断其好坏时，可以选择使用分批试验法。

在以上各种方法中，就效果而言，对分法最好，每进行一次试验，存优范围就缩短为试验前的一半；就应用范围而言，分数法应用最为广泛，因为它可以应用于试验点的值被限制的情况。单因素优选法的核心就是对比试验结果，不断缩小存优范围。黄金分割法和分数法的比较对象是两个试验点上的试验结果，而分批试验法比较的是每批试验中所有试验点的试验结果。

以上介绍的所有试验方法都只使用于在试验范围$[a, b]$内，目标函数为单峰函数的情况。此时，目标函数有唯一的最优点。实际上，目标函数可能有多个峰，函数就有多个"好点"，这种情况可以采取以下两种方法。

（1）先不考虑函数的单峰还是多峰，直接用上述的各种方法进行试验，找到一个峰后，如果已经达到试验目标，即可结束试验。

（2）先做一批均分分布的试验，看函数是否有多峰的现象。如果有，则按分区寻找，即在每个可能出现峰值的范围内做试验，依次将这些峰值找到，通过对比，选择最高峰的位置作为试验的最优点。

6.9　单因素试验在材料科学与工程中的应用

学习单因素试验方法的目的在于应用，单因素试验在材料科学与工程的科研和生产领域有着广泛的应用，下面将举例说明。

【例 6.8】 传统的泡沫塑料在生产制造过程中会对大气臭氧层造成很大破坏，并且难以自然降解，导致了严重的"白色污染"，给生态环境造成很大的负面影响。现以木质剩余物为主要原料，添加其他相关助剂，采用单因素分析法确定原料配方中各组分适量水平，为木质剩余物缓冲包装材料工业化生产奠定理论基础。

（1）单因素试验方案设计。

缓冲包装材料的主要原料为木质剩余物纤维；基体胶黏剂由淀粉和聚乙烯醇（PVA）按照一定比例复配而成；$NaHCO$ 和 AC 发泡剂按照 1:2 比例复配；增塑剂选

用丙三醇,成核剂选用滑石粉,添加适量的 VAE 乳液作为防潮剂,硼砂作为交联剂。

各原料的配比、含量对材料最终性能起着决定性的作用,通过合理、正确地进行试验设计,才能在较短的时间内以相对少的试验次数得到理想的试验结果。一般常用的多因素试验设计方法可以找到最优值,但是不能通过直观判别优化区域观察得到其最优点。因此,可通过单因素试验方案初步确定原料配方中各组分的合理用量水平。木质剩余物缓冲材料的原料配方中主要有木质剩余物纤维、淀粉/PVA 基体胶黏剂、发泡剂和增塑剂等,通过单因素试验分别单独考察各用量对材料性能的影响。

(2) 单因素试验过程与结果讨论。

木质剩余物纤维用量的确定。通过添加不同量的木质剩余物纤维,将原料配方中其他组分维持在一定水平,按每个编号的原料配方制备 5 个试样,考察木纤维含量对材料性能的影响。试验的原料配方和试样成型效果如表 6-10 所示。

表 6-10 木纤维含量对材料性能的影响

编号	木纤维/g	淀粉/PVA	AC 发泡剂/g	滑石粉/g	丙三醇/ml	试样成型效果
1	30	2:1	5	5	10	严重分层且内部塌陷,表面略硬
2	35	2:1	5	5	10	轻微分层,发泡分布不均,弹性较好
3	40	2:1	5	5	10	材料内部纤维聚集缠绕,泡孔大,中空,成型较差

试验结果表明,木纤维含量过高或者过低都会影响材料的成型效果。木纤维含量较低时,发泡材料容易形成比较明显的分层,含量过低时,表面甚至形成塌陷。随着木纤维含量的增加,材料的表面质量逐步得到改善。但是木纤维含量过高容易导致体系黏度过大,反而阻碍气泡的生成,导致成型效果变差。因此,可以推断木纤维含量在 32~36 g 时试样成型效果较好。

同理可以对淀粉/PVA 比例、发泡剂含量和增塑剂含量进行试验,可以得到它们的合理用量水平,为接下来找到最佳配比提供试验依据。

本章习题

6-1 试比较各单因素优选法的优缺点。

6-2 某单因素单峰试验的因素范围是(3,18),用均分分批试验法寻找最佳点,

第 6 章 单因素试验设计

每批安排 4 个试验。若第一批试点中从左到右第 3 个试点是好点，则第一批试验后的存优范围是（　　）。

A．（6，12）

B．（10，14）

C．（9，15）

D．（11，13）

6-3 对采用新钢种的某零件进行磨削加工，砂轮转速范围为 420～720 转/分，拟找出使光洁度最佳的砂轮转速值，设试验点间隔为 30 转/分，求试验点个数及各试验点砂轮转速值。

6-4 对采用新钢种的某零件进行热处理以提高屈服强度，当保温温度保持不变时，在 3 小时范围内改变保温时间，试通过试验找出能使屈服强度最佳的保温时间。

6-5 火电厂冲灰水，当水膜除尘器中出来的酸性水进入冲灰管以前，必须加碱调整 pH=7～8，加碱量范围 $[a, b]$，试确定最佳投药量。因素是加碱量，指标是加药后 pH。采用对分法安排试验。

6-6 用砝码称量质量为 20～60 g 某种样品，请采用对分法确定该样品的质量。

6-7 一段网络光纤内有 15 个接点，某接点发生了故障，为了找到故障点，至多需要检查接点的个数是多少？

6-8 有 243 个形状完全相同的小球，其中一个稍轻，其余的都一样重，要求用天平来称重但是不允许用砝码，则至多需要称量多少次就能够找出稍轻的球？

6-9 目前，合成乙苯主要采用乙烯与苯烷基化的方法。为了因地制宜，对于没有石油乙烯的地区，开发了乙醇和苯在分子筛催化下一步合成乙苯的新工艺

$$C_6H_6+C_2H_5OH \rightarrow C_6H_5C_2H_5+H_2O$$

筛选了多种组成的催化剂，其中效果较好的一种催化剂的最佳反应温度，就是用黄金分割法通过试验找出的。

初步试验找出，反应温度范围在 340～420 ℃。在苯与乙醇的摩尔比为 5:1，重量空速为 11.25 h^{-1} 的条件下，340 ℃下苯的转化率 XB 是 10.98%，420℃苯的转化率是 15.13%。

试确定第 1、第 2 个试验点位置。

6-10 在配制某种清洗液时，要优选某材料的加入量 P，试验范围 2%～13%，设试验间隔为 1%，试用分数法确定前两个试验点的位置。

6-11 为节约软化水的用盐量，利用分数法对盐水浓度进行了优选。盐水浓度的试验范围是 3%～11%，1%为 1 个等级，问是否需要增加虚点，如需增加则需要增加

几个。

6-12 假设某混凝沉淀试验中所用的混凝剂为某阳离子型聚合物与硫酸铝,硫酸铝的投入量恒定为 10 mg/L,而某阳离子聚合物的可能投加量分别为 0.10 mg/L、0.15 mg/L、0.20 mg/L、0.25 mg/L、0.30 mg/L,试利用分数法来安排试验,确定最佳阳离子型聚合物的投加量。

6-13 某厂在某电解工艺技术改进时,希望提高电解率,做了以下初步试验,结果如表 6-11 所示。试利用抛物线法确定下一个试验点。

表 6-11 提高电解率试验结果

电解质温度/℃	65	74	80
电解率/%	94.3	98.9	81.5

6-14 某热工仪表厂用青铜制成的弹片是新型动圈仪表的关键零件之一,由于老化处理问题未解决,有时停工待料。为解决这一问题,他们对温度进行优选,试验范围 220~320 ℃,每批做两个试验,只做了三批共 6 个试验,便找到了最适宜的温度为 280 ℃附近,试分析他们的试验过程。

6-15 结合自己的工作和学习,找出一个单因素优化设计问题,给出适当的试验设计并给予实施。

第 7 章

多因素试验设计

单因素试验的试验设计和统计模型都很简单,只考察一个自变量对因变量的影响,会忽略其他因素,以及因素间的交互作用对因变量的影响,往往与实际情况不符,结果的推论性较低。当影响试验指标的因素很多时,将考察两个及两个以上影响因素的试验称为"多因素试验"。多因素试验可以同时探讨多个自变量对因变量的影响,能揭示多个变量间的交互作用,结果的推论性较高。在实际的试验工作中,多因素试验的统计模型较为复杂,变化更多,理论上需要经过完全因素位级组合后的全部试验,才能准确找出最佳的因素水平组合,即最佳的试验方案。假设影响某一水平的因素有 m 个,每个因素取 n 个不同水平进行比较,将会出现 m^n 种不同的试验条件,若此时 m、n 较大,要实现完全因素水平组合的全部试验,需要大量的人力、物力和时间。如何科学地选择合理的试验方案无疑是非常重要的。

由于两因素试验是多因素试验的最简单情况,包括了多因素试验中的大部分基本概念、基本理论和基本方法,因此本章中先详细介绍两因素试验的基本概念和基本理论,然后介绍随机试验法、因素轮换法、拉丁方试验法等常见的多因素试验方法。

7.1 多因素试验设计概述与原则

7.1.1 多因素试验设计概述

目前,多因素优化试验设计广泛应用于各个领域并取得了巨大的效益。多因素优化试验方法最早的提出者是日本的统计学家田口玄一,因此多因素优化设计方法又称为田口法。20 世纪 60 年代期间，日本推广田口法（即正交设计）应用正交表 100 万次，对日本的工业发展起到了巨大的推进作用。试验设计技术已经成为日本工程技术人员和企业管理人员必须掌握的技术，是工程师的共同语言。丰田汽车公司对田口法的评价是：在公司质量产品改进时，田口法做出的贡献占所有方法贡献的 50%。

从 20 世纪 20 年代以来，欧美等工业发达国家也积极推广使用试验设计方法，但遗憾的是，他们所使用的试验设计方法仅局限于数学方法深奥的析因设计，并未在其他方法的应用过程中做出重要的突破。而我国在 20 世纪六七十年代曾大力推广以优选法为主的试验设计技术，也取得了很多成果。1978 年，我国数学家王元和统计学家方开泰发明了均匀设计方法，从 20 世纪 90 年代开始均匀设计在我国得到广泛应用，为试验设计的理论发展和实际应用都增添了丰富的内容。可以说，从 1979 年伴随着我国推广全面质量管理以来，以正交设计为主的各种试验设计方法也在我国广泛推广使用，取得了大量的成果。据粗略估计，仅正交设计的应用成果就在 10 万项以上。但是我国的试验设计应用水平与应该达到的规模相比还有较大差距，多数工程技术人员还未掌握试验设计技术。

7.1.2　多因素试验设计原则

1. 试验因素的数目要适中

试验因素不宜选得太少。若试验因素选得太少，可能会遗漏重要的因素，使试验结果不能达到预期目的。单因素优化试验设计和两因素试验设计虽然都是非常有效的方法，但其适用的场合是非常有限的。对于常见的两因素优选法，通常采用"降维法"，即把两因素问题变为单因素问题解决；对于多因素试验，则需对各个因素进行分析，取出主要因素，略去次要因素，从而将因素以"多"化"少"，再用单因素试验方法优选这个因素水平，但是试验因素也不宜选得过多。如果试验因素选得太多（例如超过 10 个），这样不仅需要做较多的试验，而且会造成主次不分。如果仅从专业知识不能确定少数几个影响因素，就要借助筛选试验来完成这项工作。

在多因素试验设计中，有时增加试验的因素并不需要增加试验次数，这时要尽可能多安排试验因素。

2. 试验因素的水平范围尽可能大

试验因素的水平范围应当尽可能大一些。如果试验在实验室中进行，试验范围尽可能大的要求比较容易实现；如果试验直接在现场进行，则试验范围不宜太大，以防产生过多次品，或发生危险。试验范围太小的缺点是不易获得比已有条件有显著改善的结果，并且也会把对试验指标有显著影响的因素误认为没有显著影响。历史上有些重大的发明和发现，是由于"事故"而获得的，在这些事故中，试验因素的水平范围大大不同于已有经验的范围。

因素的水平数要尽量多一些。如果试验范围允许大一些，则每一个因素的水平数要尽量多一些。水平数取得多会增加试验次数，如果试验因素和指标都是可以计量的，就可以使用均匀设计法。采用均匀设计安排试验时，试验次数就是因素的水平数，或者是水平数的 2 倍，更适合安排水平数较多的试验。

值得注意的是，试验水平的间隔大小应设置合理，因为它和生产控制精度与测量精度是密切相关的。例如，一项生产中对温度因素的控制只能做到±3 ℃，当我们设定温度控制在 100 ℃时，实际生产过程中温度将会在（100±3）℃，即 97～103 ℃的范围内波动。假设根据专业知识温度的试验范围应该在 75～105 ℃，如果为了追求尽量多的水平而设定温度取 7 个水平，分别为 75 ℃、80 ℃、85 ℃、90 ℃、95 ℃、100 ℃、105 ℃，则水平太过接近了，应当少设计几个水平而加大间隔，如只取 76 ℃、83 ℃、90 ℃、97 ℃和 104 ℃这 5 个水平。如果温度控制的精度可以达到±1 ℃，则按照前面的方法设定 7 个水平就是合理的。

3. 试验指标要计量

在试验设计中，试验指标要使用计量的制度，不能使用合格或不合格这样的定性属性测度，更不能把计量的测度转化为定性的值，因为这样会丧失数据中的有用信息，甚至对试验产生误导。以下用一个例子说明这个问题。

【例 7.1】在集成电路制造中有一个要印出一定线宽的微影技术过程，微晶粒线宽在 2.75～3.25 μm 是合格品。影响微晶粒线宽的两个主要因素是曝光时间（记为 A）和显影时间（记为 B），两个因素的起始水平分别记为 A_1 和 B_1。由试验得到在起始水平下，微晶粒线宽的不合格品率是 60%，当曝光时间 A 单独调整到高水平 A_2 时不合格品率降低到25%；当显影时间 B 单独调整到高水平 B_2 时不合格品率也降低到25%；因此我们期望：如果两个因素 A 和 B 同时调整到高水平时不合格品率会低于 25%，但是实际情况是不合格品率反而增加到 70%。

现在直接把微晶粒的线宽作为试验的指标，考察两个因素在 4 种水平搭配下线宽的实际分布状况，如图 7-1 所示。从图 7-1 看出，当 A、B 两因素分别增加时线宽是增加的，当 A、B 两因素同时增加时线宽仍然是增加的，只是增加的幅度过大，超过了公差上限，造成不合格品率的增加。

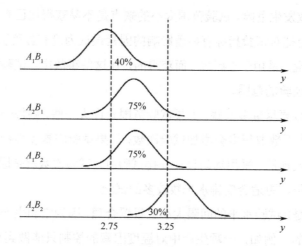

图 7-1　因素水平变动对线宽分布影响

在这个例子中，不合格品分为没有达到线宽（低于 2.75 μm）和超过线宽（高于 3.25 μm）两种情况，这是两种不同性质的不合格，把它们合并成一类就会产生虚假的信息，误认为 A 和 B 两个因素之间存在负交互作用。如果能够把没有达到线宽和超过线宽这两种不合格分开统计，这对试验结果也是有利的。所以在试验设计中首先要尽量使用数量的测度指标，如果只能使用不合格品率做试验指标时，要尽量把不合格的类型分得详细。例如，显示器有色彩不正、模糊、有亮斑及闪动等多种缺陷，因此不能只统计出一个总的不合格品率，而要分别统计出来，这样有利于正确地分析试验结果。

使用不合格品率作为试验指标的另外一个缺陷是对每一个处理需要大量的重复试验，以获得不合格品率的数据，这就必然费时费力，在很多场合是不可行的。

7.2　两因素试验设计方法

对于两因素问题的优选，通常采用"降维法"来解决，即把两因素问题变为单因素的问题。具体做法是先固定一个因素优选另一个因素，然后固定第二个因素再优选第一个因素。这种方法称为"孤立因素法""交替法""因素轮换法"，是两因素试验设计优选中最常用的方法。

下面介绍几种两因素试验设计优选法及简单的数据分析。

7.2.1 对分法

该法的要点是先固定一个因素于其试验范围的中点，用单因素法优选第二个因素；然后固定第二个因素于其试验范围的中点，再优选第一个因素，最后将两个结果进行比较，沿着"差"点所在的线，舍弃不包括好点的半个平面。这样继续下去，不断地将试验范围缩小，就可以找到最佳点。对分法也称为纵横对折法。

用 x，y 表示两个因素的取值，$z = f(x, y)$ 表示目标函数。两因素的优选问题，就是迅速地找到二元目标函数 $z = f(x, y)$ 的最大值（或最小值）及其对应点 (x, y) 的问题。如图 7-2 所示，设在平面直角坐标系中，以横坐标表示因素Ⅰ，纵坐标表示因素Ⅱ。因素Ⅰ的试验范围为 $[a_1, b_1]$，因素Ⅱ的试验范围为 $[a_2, b_2]$。试验步骤如下：

（1）先固定因素Ⅰ在试验范围的中点 c_1，即 $\frac{1}{2}(a_1 + b_1)$ 处，对因素Ⅱ进行单因素的优选，得到较好点为 A_1。然后固定因素Ⅱ在其试验范围的中点 $c_2 = \frac{1}{2}(a_2 + b_2)$ 处，对因素Ⅰ进行单因素优选，得到较好点 B_1。

（2）比较 A_1 和 B_1。如果 B_1 比 A_1 好，则去掉 c_1 左边的部分，即因素Ⅰ的试验范围缩小为 $[c_1, b_1]$，因素Ⅱ的试验范围不变。

（3）再在因素Ⅰ的新试验范围 $[c_1, b_1]$ 的中点 d_1，用单因素方法优选因素Ⅱ，最佳点为 A_2。如果 A_2 比 B_2 好，则去掉 B_1 下边的部分。这样，因素Ⅱ的试验范围缩小为 $[c_2, b_2]$，因素Ⅰ的试验范围仍为 $[c_1, b_1]$。如此继续下去，不断地将试验范围缩小，直到找到满意的结果为止。

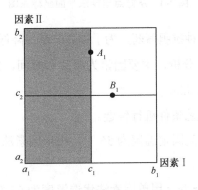

图 7-2 对分法平面坐标系图

7.2.2 从好点出发法

在对分法中,对某一因素进行优选试验时,另一因素必须固定在其试验范围的中点处进行,而实践证明,用图7-3所示的从好点出发法更好。

(1)先固定因素Ⅰ于c_1,用单因素法优选因素Ⅱ,得到最佳点为$A_1(c_1, c_2)$;然后把因素Ⅱ固定在c_2,用单因素法优选因素Ⅰ,得最佳点$B_1(d_1, c_2)$。

(2)比较A_1和B_1。如果B_1比A_1好,则去掉$A_1(c_1)$右边的部分,即因素Ⅰ的试验范围缩小为$[a_1, c_1]$,因素Ⅱ的试验范围不变。

(3)再将因素Ⅰ固定在d_1,优选因素Ⅱ,得最佳点$A_2(d_1, d_2)$。如果A_2比B_1好,则去掉$B_1(c_2)$以上的部分,因素Ⅰ和因素Ⅱ的试验范围分别缩小至$[a_1, c_1]$和$[a_2, c_2]$。再将因素Ⅱ固定在d_2,用单因素方法在$[a_1, c_1]$范围内优选因素Ⅰ,这样继续下去就能找到所需要的最佳点。

这个方法的要点是:对某一因素进行优选试验时,另一因素固定在上次试验结果的好点上(除第一次外),所以称为从好点出发法。

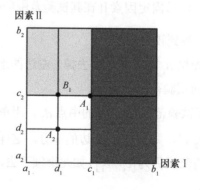

图7-3 从好点出发法平面坐标系图

【例7.2】阿托品是一种抗胆碱药,为了提高产量,降低成本,利用优选法选择合适的酯化工艺条件,根据分析,主要因素为温度和时间,定出其试验范围为:温度55~75 ℃,时间30~210 min。

用从好点出发法对工艺条件进行优选。

(1)参照生产条件,先固定温度为55 ℃,用单因素法优选时间,得最优时间为150 min,其产率为41.6%。

(2)固定时间为150 min,用单因素法优选温度为67 ℃,其产率为51.59%。

（3）固定温度为 67 ℃，用单因素法再优选时间，得最优时间为 80 min，得到产率为 56.9%。

（4）再固定时间为 80 min，又对温度进行优选，结果还是 67 ℃好，试验到此结束，可以认为最好的工艺条件温度为 67 ℃，时间为 80 min，如图 7-4 所示。实际中采用此工艺流程进行生产，平均产率提高了 15%。

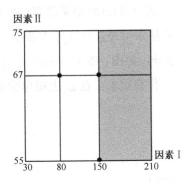

图 7-4　工艺条件优选图

7.2.3　平行线法

对分法和从好点出发法都是先固定因素Ⅰ，优选因素Ⅱ；然后再固定因素Ⅱ，优选因素Ⅰ，来回进行优选试验。但当其中一个因素不易改变时，就不便于应用上述的两种方法，这时可以采用平行线法。平行线法的特点是每次做试验都是在相互平行的直线上进行的。

设因素Ⅰ和因素Ⅱ中，因素Ⅰ难以调整，其试验范围为[0,1]。先按 0.618 法把因素Ⅰ的试验点固定在 0.382 处，用单因素法优选找出因素Ⅱ的最好点 a。再将因素Ⅰ固定在 0.618 处，用单因素法找出因素Ⅱ的最好点 b。比较 a 和 b，如果 b 比 a 好，则去掉 a 点（0.382）以下的部分，因素Ⅰ的试验范围缩小为[0.382, 1]。然后继续按 0.618 法找出因素Ⅰ的第三个点 0.764。将因素Ⅰ固定在 0.764，用单因素优选方法进行第三次试验求出因素Ⅱ的最好值 c。比较 c 和 b，如果仍然是 b 好，则丢去 c 点（0.764）以上的部分，因素Ⅰ的试验范围进一步缩小为[0.382, 0.764]。如此继续下去，直至找到理想的结果为止。

值得注意的是，因素Ⅰ的取点不一定要按 0.618 法选取，也可以使用其他方法，例如可以固定在原有生产水平上，这样可以少做试验。

在用平行法处理两因素问题时，不能保证下一条平行线上的最佳点一定优于以前各条平行线上的最佳点，因此有时为了较快地得到满意的结果，常常采用平行线加速法。所谓"平行线加速法"，是在求得两条平行直线 l_1 与 l_2 上的最佳点 A_1 与 A_2 后，比较 A_1 和 A_2 两点上的试验结果，若 A_1 优于 A_2，则去掉下面一块，然后在剩下的范围内过 A_2、A_1 作直线 L_1，在 L_1 上用单因素法找到最佳点，设为 A_3，如图 7-5（a）所示。可以看出，A_3 优于 A_1，若 A_3 的试验结果没有达到最佳，则采用过 A_3 点作 L_1 的平行线 L_3，在 L_3 上用单因素法求得最佳点 A_4，显然 A_4 优于 A_3，可以认为 A_4 即为最佳点，因此可以去掉下半部分，如图 7-5（b）所示。若对 A_4 的结果还不满意，则在剩下的试验范围内过 A_1、A_4 作直线 L_2，在 L_2 上用单因素法进行优选，依次进行，直到结果满意为止。

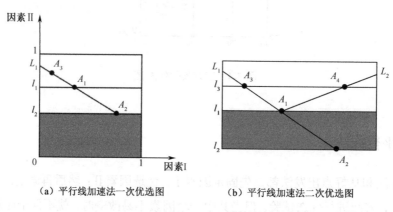

（a）平行线加速法一次优选图　　（b）平行线加速法二次优选图

图 7-5　平行线加速法优选图

【**例 7.3**】"除草醚"配方试验中，所用的原料为硝基氯化苯，2,4-二氯苯酚和碱，试验的目的是寻找 2,4-二氯苯酚和碱的最佳使用配比，使其质量稳定、产量高。试验原料的配比要求范围为

碱的变化范围：1.1～1.6（克分子比）；

酚的变化范围：1.1～1.42（克分子比）。

采用平行线法进行优选：首先固定酚的用量 1.30（0.618 处），对碱的用量进行优选，得到碱的最优用量为 1.30，即图 7-6 的点 A_1。再固定酚的用量 1.22（0.382 处），对碱的用量进行优选，得碱的最优用量为 1.22，即图 7-6 上的点 A_2，过 A_1、A_2 作直线 L（直线 L 上的点是碱:酚=1:1 的点），在直线 L 上用单因素法进行优选（因为 A_2 优于 A_1，故不考虑 A_2 点以下的情形），最佳点为 A_3，即酚与碱的用量均为 1.27 时为最佳配比。

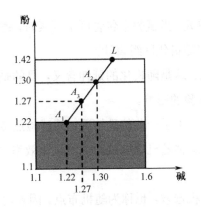

图 7-6 "除草醚"配方试验图

7.2.4 两因素盲人爬山法

在大量的试验生产中，某些因素不允许大幅度调整，只能采用两因素盲人爬山法。两因素盲人爬山法的具体步骤是先固定第一个因素，用单因素爬山法优选出第二个因素的最好水平点，然后以这一水平为起点，再对第一个因素应用单因素爬山法找到其最佳水平。如果到达某点后，不管改变哪个因素的水平，其结果都比这点差，则该水平就是最优点。盲人爬山法不一定先要找到第一个因素的最佳水平点，再找第二个因素的最佳点。与单因素优选法一样，两因素优选试验也可以分批进行。常用的方法有矩形格子法和陡度法等，它们均是以试验起点为中心，先在其周围做几个探索性的试验，然后分析其结果，从中找出下一批次试验探索的方向，在该方向上继续试验。这样边探索边前进，直至找到最佳点为止。

7.3 多因素试验设计方法

7.3.1 随机试验法

随机试验就是按照随机化的原则选择试验点或试验因素水平。随机化是试验设计的一个基本原则，有以下几个方面的含义。

（1）试验单元随机化。这是随机化的基本含义，在比较试验中，对每个处理要求按随机化原则选取试验单元。当试验中包含区组因素时,每一个区组内的试验单元按照随机化的原则分配(即随机化区组设计)。

(2)试验顺序随机化。这是随机化的延伸含义,目的是消除非试验因素(操作人员、设备、时间等)对试验的影响。

(3)试验点随机选取。用于一些特殊情况,其试验点是随机的,如很多野外探测都属于随机选取试验点。这种随机选取试验点的试验效率很低,在条件允许时应该采用均匀采点的方式。

(4)试验因素水平随机选取,也称为随机布点。因素轮换法是一种选择因素水平的试验方法,正交设计、均匀设计等都是合理选择试验因素水平的方法,但是在一些特殊情况下这些人为精心设计的试验条件难以实现,就可以采用随机试验法。一种情况是试验水平只能观测,而不能严格控制,另一种情况是试验水平间有约束关系,如有约束的配方设计。

随机试验的特点如下:

(1)不要求试验指标是量化的,对目标函数也没有限制。

(2)可以作为整体设计,预先制定好全部试验计划,在设备条件允许时可以同时进行试验,节约试验时间;也可以事先不规定试验总次数,边做边看,直到得到满意的试验结果。

(3)因素水平数可以不同。

根据以上特点,如果在全部可能的试验中好试验点的比例为 p,希望通过随机试验找到一个好试验点,那么在连续的 n 次试验中至少遇到一个好点的概率为

$$p = 1-(1-p)^n$$

对部分 n 和 p 的取值,计算出的概率值如表 7-1 所示。

表 7-1　连续 n 次试验中至少包含一个好点的概率

试验次数 n	试验的好点比例 p			
	0.01	0.05	0.1	0.2
10	0.096	0.401	0.651	0.893
20	0.182	0.642	0.878	0.988
30	0.260	0.785	0.958	0.999
40	0.331	0.871	0.985	1.000
50	0.395	0.923	0.995	1.000

从表 7-1 中看到,当好试验点的比例 p 较小时,随机试验法的使用效率很差。例如,在好试验点的比例为 $p = 0.01 = 1\%$,做 50 次试验遇到一个好点的概率仅为 40%,

当好试验点的比例 p 较大时，随机试验法的使用效率较高。具体来说，如在试验好点比例为 p = 0.05 = 5% 时，做 50 次随机试验至少遇到一个好点的概率为 92.3%，如果试验的好点比例为 p = 5%，平均来说做 10 次试验就能得到一个好点，那么自然希望仅做 10 次试验就能遇到一个好点，这就需要试验能够随机地分布在试验范围内，如图 7-7 所示。

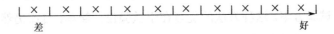

图 7-7　均匀试验设计试验点的分布

图 7-7 中把全部试验点按试验指标从差到好划分为 10 个部分，最右边的一部分是 10% 的好点。按照均匀性设计的 10 次试验，恰好每一段中包含一个试验点，这样就能保证 10 次试验中必然有一个好试验点。

随机试验几种可能的试验结果如图 7-8 所示，图 7-8（a）恰有一个好试验点，图 7-8（b）有多个好试验点，而图 7-8（c）没有好试验点。平均来说做 10 次试验也能遇到一个好点，但是有时 10 次试验中包含不止一个好点，有时却没有好点。

图 7-8　随机试验试验点的分布

由此可见，按照均匀安排的试验比单纯的随机化试验效率高。随机化的原则是为了保证所做的部分试验具有代表性，均匀性是把随机化和区组原则相结合，能够更好地保证试验点的代表性。从拉丁方的思想发展出来的析因设计、正交设计、均匀设计等试验优化方法，都是建立在均匀性这个基础上的。

随机化试验适用范围广，但其使用效率较低，主要用于试验的条件很复杂、难以使用其他试验设计方法的情况。如果试验的指标和因素水平都是量化的，可以对试验结果建立回归模型，利用回归模型推断最优试验条件，这样就可以大大提高试验效率。

7.3.2 因素轮换法

因素轮换法也称为单因素轮换法，是解决多因素试验问题的一种非全面试验方法，也是工程技术人员在实际工作过程中普遍采用的一种方法。因素轮换法的想法是：每次试验中只变化一个因素的水平，其他因素的水平保持固定不变，我们希望能够逐一地把每个因素对试验指标的影响摸清，分别找到每个因素的最优水平，最终找到全部因素的最优试验方案。这种方法的优点在于试验设计简单，目前仍然被试验人员广泛应用。此外，它还具有以下优点。

（1）因素轮换法的总试验次数最多是各因素水平之和。例如，5 个 3 水平因素用因素轮换法做试验，其最多试验次数为 15 次，而全面试验的次数是 $3^5=243$ 次。如果因素水平数较多，可以用单因素优化设计方法寻找该因素的最优试验条件。

（2）试验指标不能量化时也可以使用。例如，比较菜肴的味道，只需要在每两次相邻试验的菜肴中选出一种最可口的即可。

（3）属于爬山试验法，每次定出一个因素的最优水平后就会使试验指标更提高一步，离最优试验目标（山顶）就更进一步。

（4）因素水平数可以不同。

假设有 A、B、C 三个试验因素，水平数分别为 3、3、4，选择 A、B 两因素的 2 水平为起点，因素轮换法可以由图 7-9 表示。首先把 A、B 两因素固定在 2 水平，分别与 C 因素的 4 个水平搭配做试验。如果 C 因素取 2 水平时试验效果最好，就把 C 因素固定在 2 水平，如图 7-9（a）所示。然后再把 A、C 两因素固定在 2 水平，分别与 B 因素的 3 个水平搭配做试验（其中 B 因素的 2 水平试验已经做过，可以省略）。如果 B 因素取 3 水平试验效果最好，就把 B 因素固定在 3 水平，如图 7-8（b）所示。最后再把 B、C 两因素分别固定在 3 水平和 2 水平，分别与 A 因素的 3 个水平搭配做试验（其中 A 因素的 2 水平试验已经做过）。如果 A 因素取 2 水平时试验效果最好，就得到最优试验条件是 $A_2B_3C_2$，如图 7-8（c）所示。

值得注意的是，因素轮换法是有一定缺陷的，它只适合于因素之间没有交互作用的情况。当因素之间存在交互作用时，每次变动一个因素的做法不能反映因素间交互作用的效果。试验的结果会受到起始点的影响，如果起始点选得不好，就可能导致得不到好的试验结果，对试验数据也难以做到深入的统计分析，是种低效的试验设计方法。

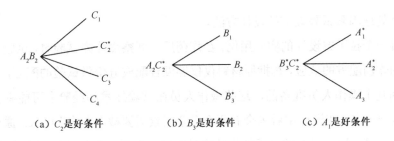

图 7-9 因素轮换法示意图

【例 7.4】 对某产品液压装置中单向阀的直径、长度、复位弹簧力进行优选,希望达到最好的开闭效果。根据结构要求和试验经验初步确定各因素的水平范围是:单向阀直径(A):25~40 mm;单向阀长度(B):30~60 mm;复位弹簧力(C):0.5~5 N。

使用因素轮换法寻找最优搭配,按下列步骤进行试验。

(1)固定复位弹簧力为 1 N,单向阀长度为 40 mm,寻找单向阀直径的最优水平值,这相当于单因素优化问题。单向阀直径的取值范围是 25~40 mm,理论上是取连续值的变量,实际上不妨认为只取整数值,这时可以用斐波那契数法求最优值。通过试验得单向阀直径最优值是 36 mm。

(2)固定单向阀直径为 36 mm,复位弹簧力 1 N,用斐波那契数法优选单向阀长度,同样认为单向阀长度只取整数值,得最优取值为 45 mm。

(3)固定单向阀直径为 36 mm,单向阀长度为 45 mm,用斐波那契数法优选复位弹簧力,得最优值是 1.5 N。

得试验的最优组合是单向阀直径为 36 mm,单向阀长度为 45 mm,复位弹簧力为 1.5 N。

7.3.3 拉丁方试验法

18 世纪的欧洲,普鲁士弗里德里希·威廉二世(1712—1786 年)要举行一次与往常不同的 6 列方阵阅兵式,他要求每个方阵的行和列都要由 6 种部队的 6 种军官组成,不得有重复和空缺。这样,在每个 6 列方阵中,部队、军官在行和列全部排列均衡。群臣们冥思苦想也没能排出这种方阵,后来向当时著名的数学家欧拉(1707—1783 年)请教,引起了数学家们的极大兴趣。由此数学家们发现了一种具有普遍意义的新的数学思想,即均衡分布的思想,由此导致各种拉丁方问世。这也是析因设计、正交设计和均匀设计等最新试验设计的思想。

拉丁方是指用 r 个拉丁字母排成 r 行 r 列方阵。使每行每列中的每个字母都只出现一次,此方阵叫 r 阶拉丁方或 $r \times r$ 拉丁方。拉丁方设计是利用拉丁方来安排并观察分析三个处理因素试验效应的设计方法。

来看一个拉丁方设计的实际用例：在炸药厂中观察爆炸力试验时，试验者研究五种不同的炸药配方的效应，每批原材料仅仅够混合配成五份供试验的配方，而且这些配方是为几个操作人员准备的，这些操作人员在试验技术和经验上可能有实质性的差别。这样一来，在设计中看来会有两个多余因素需要被"平均"出来：原材料的批次和操作人员。这一问题的合适的设计应是对每一批原材料的每种配方恰试验一次，而且对每种配方，五个操作人员每人恰试验一次。设计的结果可以如表7-2所示，这便是一个典型的拉丁方设计。这一设计是按照正方形排列的，五种配方（或处理）用拉丁字母 A、B、C、D 和 E 表示；原材料的批次（行）与操作人员（列）对处理是正交的。

表 7-2　炸药配方问题的拉丁方设计

原材料的批次	操作人员				
	1	2	3	4	5
1	A=24	B=20	C=19	D=24	E=24
2	B=17	C=24	D=30	E=27	A=36
3	C=18	D=38	E=26	A=27	B=21
4	D=26	E=31	A=26	B=23	C=22
5	E=22	A=30	B=20	C=29	D=31

拉丁方是用字母或数字排列的具有一定性质的方阵，每一个字母在每行和每列中恰好出现一次，方阵的行数或列数称为拉丁方的阶数。

最简单的拉丁方是2阶拉丁方，表7-3中（a）～（d）是用不同字母和数字表示的2阶拉丁方，这4个拉丁方只是表示的符号不同，其性质是完全相同的。

表 7-3　2阶拉丁方

$A\ B$	ab	$\alpha\beta$	1　2
$B\ A$	ba	$\beta\alpha$	2　1
（a）	（b）	（c）	（d）

值得注意的是，标准拉丁方的第1行和第1列都是按照字母（或数字）的顺序排列的。

拉丁方设计用于安排只有一个处理因素和两个区组因素时的水平比较。因此，拉丁方设计的基本要求是：① 必须是三个因素的试验，而且三个因素的水平数相等；② 三个因素相互独立，无交互作用；③ 三个因素试验效应的测量指标服从正态分布且方差齐性。

拉丁方设计的基本特点是：① 拉丁方设计分别用行间、列间和字母间表示三个因素及其不同水平；② 拉丁方方阵可以进行随机化，目的是打乱原字母排列的有序性，具体可将整行的字母上下移动或将整列的字母左右移动，经多次移动即可以打乱字母的顺序性并达到字母排列的随机化；③ 无论如何随机化，方阵中每行每列每个字母仍只出现一次；④ 拉丁方设计均衡性强，试验效率高，节省样本含量，可用拉丁方设计的方差分析处理数据，但计算较为烦琐。因此，目前拉丁方设计的应用已经完全被正交设计所替代，在后续的学习过程中大家会有所体会。

拉丁方设计试验效率高、节省样本含量的特点可以用例子来说明。若要考察三种因素（每种因素各取四个水平）对分析结果有什么影响（效应），目的为求出因素—水平如何搭配能得到最优的分析结果。如果对各因素各水平的所有搭配进行全面试验，就要做 4^3=64 次试验。如果按拉丁方表安排试验（表中的 A、B、C 表示四种因素，1、2、3、4 表示它们的不同水平），就把各因素各水平均衡地分散搭配起来，在每两个因素的各个水平之间，都相互搭配到了，没有遗漏，按表 7-4 所示做 16 次试验，就能很好代表 64 次试验，具体的试验安排见表 7-4。这样做，代表性强，容易发现好条件，称为均衡分散性。由于各因素的水平变化是很有规律的，在研究某一因素的水平变化对试验结果的影响时，其他因素各水平出现的情况是完全相同的，这就保证了最大限度地排除了其他因素的干扰，突出了欲研究因素的效应。通过比较因素在各水平时的效应平均值就可以确定因素主效应的大小，称为整齐可比性。这种均衡分散、整齐可比的性质就叫作正交性，它使试验能提供比较丰富的信息，还能给出试验误差的估计。

表 7-4　4 阶拉丁方设计

区组因素 B	区组因素 C			
	1	2	3	4
1	b	a	c	d
2	d	c	a	b
3	c	d	b	a
4	a	b	d	c

在上面的 4 阶拉丁方设计中，两个区组因素 B 和 C 做的是全面搭配，每个搭配下做一次试验，共做 16 次试验。这 16 个试验正是按照拉丁方设计的，表中的字母部分只要放置任意的一个 4 阶拉丁方阵。其中 a，b，c，d 四个字母代表处理因素 A 的 4 个水平，例如在区组因素 B 的 1 水平和 C 的 1 水平交叉位置上的字母 b 表示安排处理因素 A 的 2 水平；在区组因素 B 的 2 水平和 C 的 3 水平交叉位置上的字母 a 表示安排处理因素 A 的 1 水平，以此类推。

本章习题

7-1 什么是多因素试验？

7-2 多因素试验设计原则是什么？

7-3 请说明多因素试验设计的优缺点。

7-4 优选法的含义及使用步骤是什么？

7-5 因素轮换法的优点是什么？

7-6 随机试验的随机化有何具体含义？

7-7 随机试验的特点有哪些？

7-8 拉丁方是什么？

7-9 请说明拉丁方设计的基本要求。

7-10 拉丁方设计具有哪些基本特点？

7-11 请说明拉丁方设计的优缺点。

7-12 请说明使用拉丁方进行四因素三水平试验的设计方案。

7-13 两因素试验有哪些设计方法？

7-14 某染料厂为了解决染色不均匀的问题，优选起染温度，采用对分法。原具体工艺如下，起染温度为40 ℃，升温后最高温度可达100 ℃，请写出具体步骤，测定最优起染温度。

7-15 某赤铁矿正浮选药方试验，试验考查三种药剂，采用多因素组合试验法，三种药剂的试验范围分别定为：捕收剂 500～1 500 g/t；调整剂 0～200 g/t；碳酸钠 0～4 000 g/t。请问药剂最优选是多少？

7-16 某场铝铸件壳体废品率达到了55%，经分析认为铝水温度对此影响很大，现用黄金分割法进行优选，优选范围在690～740 ℃，请写出具体步骤，测定最优铝水温度。

7-17 机械加工中刀具的耐用性主要由刀具承受的车削力决定，同种材质和车削力速度，车削力 y 主要受车削深度 x_1，进给量 x_2 的影响，有如下关系

$$y = B_0 x_1^a x_2^b$$

式中，B_0、a、b 是未知参数，试确定这三个参数的值，试验数据如表 7-5 所示。

表 7-5 习题 7-17 试验数据

x_1	x_2	y
3.00	0.30	1 695
2.00	0.20	1 167
2.00	0.34	1 342
2.00	0.57	2 209
0.50	0.26	349
1.25	0.07	236
1.25	0.11	375
1.25	0.15	497
1.25	0.22	637
1.25	0.30	712
1.25	0.39	1 083
1.25	0.43	1 143
2.00	0.30	1 566
1.50	0.30	1 265
2.00	0.15	906
2.00	0.20	1 436
2.00	0.34	1 685
2.00	0.47	2 000
2.00	0.57	2 277
2.25	0.26	1 491
0.50	0.26	417
1.25	0.07	379
1.25	0.11	502
1.25	0.22	767
1.25	0.30	978
1.25	0.34	929

7-18 为了研究酶解作用对血糖浓度的影响,分别从 8 位健康人体中抽取血液并制备成血滤液。再将每一个受试者的血滤液分为 4 份,分别放置 0 min、45 min、90 min、135 min,测定其中的血糖浓度,得数据如表 7-6 所示。请问不同受试者的血糖浓度是否存在显著性差别?

表 7-6 习题 7-18 试验数据

受试者	放置时间 t			
	0 min	45 min	90 min	135 min
1	95	95	89	83
2	95	94	88	84
3	106	105	87	90

续表

受试者	放置时间 t			
	0 min	45 min	90 min	135 min
4	98	97	95	90
5	102	98	97	88
6	112	112	101	94
7	105	103	97	88
8	95	92	90	80

7-19 参照表 7-6 中的数据，请问放置不同时间的血糖浓度的差别是否明显？

7-20 苯酚合成工艺条件试验，各因素水平分别为

因素 A 反应温度：300 ℃、320 ℃；

因素 B 反应时间：20 min、30 min；

因素 C 压力：200 atm、300 atm（1 atm=101 325 Pa）；

因素 D 催化剂：甲、乙；

因素 E 加碱量：80 L、100 L；

根据下表 7-7 的试验结果求出最佳工艺条件。

表 7-7 习题 7-20 试验数据

试验号	列号							指标 y_i/%
	1(A)	2(B)	3	4(C)	5(D)	6(E)	7	
1	1	1	1	1	1	1	1	83.4
2	1	1	1	2	2	2	2	84.0
3	1	2	2	1	1	2	2	87.3
4	1	2	2	2	2	1	1	84.8
5	2	1	2	1	2	1	2	87.3
6	2	1	2	2	1	2	1	88.0
7	2	2	1	1	2	2	1	92.3
8	2	2	1	2	1	1	2	90.4
I_j	339.5	342.7	350.1	350.3	349.1	351.6	348.5	T=697.5
II_j	358.0	354.8	347.4	347.2	348.4	345.9	349.0	
R_j	18.5	12.1	2.7	3.1	0.7	5.7	0.5	

第 8 章

正交试验设计

在材料科学的实际问题中，常常需要同时考虑多个因素，受试验条件的制约往往无法进行全面试验。那么是否能进行尽量少的试验而仍能获得所需的结果呢？基于这样的思路，许多学者进行深入研究，提出了许多不需全面试验的试验设计方法。本章介绍的正交试验设计，是其中被广泛使用的，并且已被证明是非常有效的一种方法。正交试验设计是一种多因素、多水平的试验设计方法。正交试验设计运用一套规格化的表格，即正交表来设计试验方案和分析试验结果。利用正交试验设计做试验可以更加高效、快速、经济地完成试验任务，所以正交试验设计在实际中有广泛的应用。

8.1 正交试验简介

8.1.1 正交表概述

正交表是正交试验设计的基本工具，它是根据数学原理，运用组合数学理论在拉丁方和正交拉丁方的基础上构造的一种表格，记作

$$L_t(r^s)$$

式中，L 表示正交，即正交表的符号；t 表示试验次数，为正交表中的行数；r 表示因素的水平数，代表正交表中出现 r 个不同的数字；s 表示因素数，为正交表中的列数。

为更加深入地了解正交表，先介绍两个最常用的正交表，如表 8-1 和表 8-2 所示。

表 8-1　正交表 $L_8(2^7)$

试验号	列号						
	1	2	3	4	5	6	7
1	1	1	1	1	1	1	1
2	1	1	1	2	2	2	2
3	1	2	2	1	1	2	2
4	1	2	2	2	2	1	1
5	2	1	2	1	2	1	2
6	2	1	2	2	1	2	1
7	2	2	1	1	2	2	1
8	2	2	1	2	1	1	2

表 8-2　正交表 $L_9(3^4)$

试验号	列号			
	1	2	3	4
1	1	1	1	1
2	1	2	2	2
3	1	3	3	3
4	2	1	2	3
5	2	2	3	1
6	2	3	1	2
7	3	1	3	2
8	3	2	1	3
9	3	3	2	1

下面以正交表 $L_8(2^7)$ 为例介绍正交表的基本结构。它有 8 行 7 列，有两个特点。

（1）每个列中，不同数字出现的机会是均等的，即"1"和"2"各出现 4 次；

（2）任意两列中，把同一行的两个数字看成一个有序数对，不同有序数对出现的机会是均等的，即（1，1），（1，2），（2，1），（2，2）各出现两次。

这两个特点是所有正交表都具备的。

常用的正交表主要有以下四种类型。

（1）$L_{t^u}(t^q)$ 型正交表：这类正交表中 $q = \dfrac{t^u - 1}{t - 1}$，是一个饱和正交表，也就是说它的列数已经达到最大了。属于这类正交表的有 $L_4(2^3)$、$L_8(2^7)$、$L_{16}(2^{15})$、$L_{32}(2^{31})$、$L_{64}(2^{63})$、$L_9(3^4)$、$L_{27}(3^{13})$、$L_{81}(3^{40})$、$L_{16}(4^5)$、$L_{64}(4^{21})$、$L_{25}(5^6)$、$L_{125}(5^{31})$。

（2）$L_{4k}(2^{4k-1})$ 型正交表：它也是饱和正交表，属于这类正交表的有 $L_{12}(2^{11})$、$L_{20}(2^{19})$、$L_{24}(2^{23})$、$L_{28}(2^{27})$。

(3) $L_{\lambda p^2}(p^{2p+1})$ 型正交表：它是非饱和正交表，属于这类正交表的有 $L_{18}(3^7)$、$L_{32}(4^9)$、$L_{50}(5^{11})$。

(4) 混合型正交表：这类正交表比较复杂，属于这类正交表的有 $L_8(4\times2^4)$、$L_{12}(3\times2^4)$、$L_{12}(6\times2^2)$、$L_{16}(4\times2^{12})$、$L_{32}(2\times2^9)$。

有关正交表的构造问题有专门的算法，对于应用者而言，不需要深究。有兴趣的读者可以学习数理统计有关的知识。

8.1.2 正交试验设计的基本步骤

1) 明确试验目的，确定评价指标

试验设计开始前必须明确试验要解决什么问题。实际生产中问题复杂，很难一次试验便解决所有问题，所以试验之前要运用相关的知识明确试验的主要目的。明确试验目的后，需要确定试验的结果如何衡量，也就是要确定出试验的指标。试验的指标可以是定量指标，如屈服强度、硬度等，也可以是定性指标。但为了更好地分析试验结果，一般会将定性指标也定量化处理。

2) 挑选因素，选择水平

试验指标确定之后，便可以着手分析影响试验指标的因素。一般确定试验因素时应当选择可控性强、对试验影响较大、没有考察过的或者没有掌握规律的因素。对于挑选出来的因素，选多少水平、选在何处是很重要的。水平选得好，便可以很好地减少试验的次数和规模，更快地找到更好的生产条件。一般来说，水平数选在 2~4 个便可以了，不宜过多。因素水平间距需要依靠有关的专业知识和个人试验经验进行确定。

3) 选用正交表，做好表头设计

正交表是正交试验设计的核心，所以正交表的选择在正交试验设计中有重要地位。确定因素和水平后，结合因素、水平、因素间的交互作用、工作量等选定合适的正交表。正交表的选取原则是在能够安排因素和交互作用的前提下，尽可能地选取小的正交表，以减少试验次数。

选好正交表后，根据因素水平把各个因素放在正交表表头的适当列上，这就是正交表的表头设计。通常情况下这一步很简单，但如果考虑交互作用便复杂一些，因素在列上的排列要遵守一定的规则，这个内容将在后面进一步介绍。

4) 水平翻译，明确试验方案，进行试验

把表头上排有因素列中的数码换成相应的试验水平，这一步叫水平翻译。水平翻译后，再划去未排因素的列，便得到了正交试验方案。

5）分析试验结果

在正交试验对结果的分析中，需要达到以下目标。

（1）厘清因素的主次关系及其交互作用；

（2）判断因素对指标的影响程度；

（3）找出试验范围内试验因素的最优组合；

（4）分析试验因素的影响规律，为进一步试验指明方向；

（5）估计试验误差。

6）进行验证试验

【例 8.1】某研究人员拟利用河砂作为骨料，标号 32.5 普通硅酸盐水泥、β 型建筑石膏为胶结物，浓度为 1%的硼砂溶液作为水溶液配成相似材料。现该研究人员拟利用正交试验设计研究相似材料密度与材料弹性模量的关系。

（1）确定试验指标及因素。本例中的试验指标是相似材料的弹性模量。

本试验中固定河砂的用量，以胶砂比（A）、水灰比（B）及水膏比（C）作为因素。

（2）确定因素水平。每个因素在试验范围内取的试验点叫作该因素的水平。例如，对 A 因素在试验范围内取三个试验点 1:5、1:4、1:3，它们便是 A 的水平，分别记作 A_1、A_2、A_3。水平的选取需要依靠经验和前人的研究成果。在本例中其他因素也选取三个水平，制定因素水平表如表 8-3 所示。

表 8-3 因素水平表

水平	因素		
	A 胶砂比	B 水灰比	C 水膏比
1	1:5	5:1	5:2.5
2	1:4	4:1	4:2.5
3	1:3	3:1	3:2.5

（3）选择正交表。对于本例，如果进行全面试验则要做 3^3=27 次试验，在此利用正交表 $L_9(3^3)$ 设计试验方案可以减少试验次数。

表 8-4 $L_9(3^3)$

试验号	列号		
	1	2	3
1	1	1	1
2	1	2	2

续表

试验号	列 号		
	1	2	3
3	1	3	3
4	2	1	2
5	2	2	3
6	2	3	1
7	3	1	3
8	3	2	1
9	3	3	2

（4）设计表头、列出试验方案。将 4 个因素分别放在正交表表头，次序如表 8-5 所示。

表 8-5　合金挤压试验的表头设计

列　号	1	2	3
因　素	A	B	C

按因素水平表将正交表中的 A、B、C 占有的各列中对应的"1""2""3"换成因素的具体水平。表的最右边增加一栏试验指标即相似材料弹性模量，如表 8-6 所示试验完成后将结果填于该栏，以便分析试验结果。

表 8-6　试验方案

试验号	列 号			弹性模量/MPa
	A	B	C	
1	1	1	1	
2	1	2	2	
3	1	3	3	
4	2	1	2	
5	2	2	3	
6	2	3	1	
7	3	1	3	
8	3	2	1	
9	3	3	2	

到此便做好了一次正交试验设计。

8.1.3 正交试验设计原理

正交试验设计具有怎样的优点？为什么用正交表安排的试验具有比较好的代表性？为什么正交试验设计可以减少试验次数？接下来我们作简单的说明。

首先要了解正交试验设计的两大优点：均匀分散、齐整可比。

1) 均匀分散

对于一个三因素三水平的试验，如果简单地进行全面试验共需要 $3^3=27$ 次试验。如果用三个坐标轴代表三个因素，其上的点代表因素水平，那么这 27 个试验点如图 8-1（a）所示，是立方体的 27 个节点。如果采用正交试验的方法，选出的 9 个点如图 8-1（b）所示，我们会发现：在立方体的每个面都有 3 个试验点，立方体每条线上都有 1 个点。试验点均匀地分散在立方体内，所以它可以尽可能全面地反映情况，试验点具有比较好的代表性。不难理解这 9 个试验点中的好点，就算不是试验范围内的最好点，也会是相当不错的。实际上也不难从正交试验中分析出全面试验的好点。

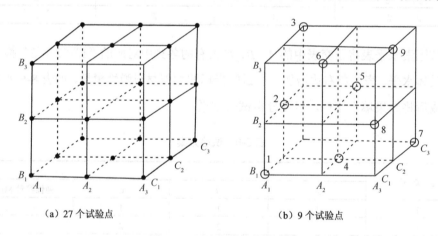

（a）27 个试验点　　　　（b）9 个试验点

图 8-1　三因素三水平试验图

2) 齐整可比

在数据结果分析时，从表 8-6 可以看出正交试验中试验数据是在 3 个因素有规律变化的情况下比较第 4 个因素的水平。比较 A 因素的三个水平时，B、C、D 有规则地变化与 A 配合，在 A 的每个水平中其他因素的每个水平也都有与之搭配的，即每个因素的各个水平都均匀地搭配着。这表明，针对每一因素其综合平均值之间的差异可以看作主要由该因素本身造成的，所以按综合平均值进行选优是合理的，这就是齐整可比性。

正交试验设计的均匀分散性和齐整可比性都是正交表本身决定的。正交试验设计这样特殊的性质，使得其选取的试验点具有相当不错的代表性，利用正交试验设计的方法可以很好地减少试验次数并降低成本。在实际中，正交试验设计应用也非常广泛。

8.1.4 正交试验结果的直观分析

直观分析法是正交试验设计结果分析的基本方法。正交试验需要解决的问题包括指标与因素的关系、因素的主次、最优的生产工艺等。直观分析法能够简单初步地获得相关的信息。接下来仍然以【例 8.1】为例进行分析。表 8-7 最右一栏便是试验结果。

表 8-7 【例 8.1】试验结果

试验号	列号			弹性模量/MPa
	A	B	C	
1	1	1	1	1 856
2	1	2	2	2 589
3	1	3	3	3 459
4	2	1	2	3 974
5	2	2	3	3 887
6	2	3	1	4 463
7	3	1	3	4 653
8	3	2	1	4 951
9	3	3	2	5 906
Ⅰ	7 904	10 483	11 270	
Ⅱ	12 324	11 427	12 469	
Ⅲ	15 515	13 828	11 999	
k_1	2 635	3 494	3 757	
k_2	4 108	3 809	4 156	
k_3	5 170	4 609	4 000	
R	2 535	1 115	399	

1）计算综合平均值

以表 8-7 为例，用Ⅰ表示因素取第一个水平时各项试验结果之和，同理Ⅱ、Ⅲ分别为各因素取第二个和第三个水平的试验结果之和。为比较同一因素不同水平的优劣，我们对各因素水平的指标值取平均值。例如对于 A 因素：

k_1=Ⅰ/3=（1 856+2 589+3 459）/3=7 904/3=2 635

k_2=Ⅱ/3=（3 974+3 887+4 463）/3=12 324/3=4 108

k_3=Ⅲ/3=（4 653+4 951+5 906）/3=15 515/3=5 170

k_1、k_2、k_3 分别叫作因素对应水平的综合平均值。比较综合平均值可以发现，因

素 A 取水平 3 较好，因素 B 取水平 3 较好，因素 C 取水平 2 较好，而正好 $A_3B_3C_2$ 即九号试验是 9 个试验中最好的。这说明了正交试验有较好的现实指导意义。但并不是说最优的生产条件就是 $A_3B_3C_2$，有时正交试验得出的最优解并不恰好就是最优方案，这就需要在试验得出的最优生产条件范围内进行更进一步试验研究。

2）作出指标与因素关系图

为了更好地观察因素与指标间的关系，我们利用因素的水平作为横坐标，其对应的综合平均值为纵坐标，作出指标与因素的关系图，如图 8-2 所示。

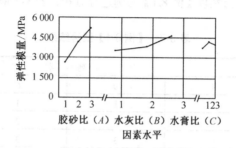

图 8-2　相似材料配比试验指标与因素关系图

从图 8-2 中胶砂比与水灰比因素曲线中可以看出，相似材料的弹性模量随着这两个因素的增大而增大，其中胶砂比对弹性模量的影响最为显著，水灰比次之。水膏比对于弹性模量的影响在本试验条件下看并不显著。这说明至少在本试验范围内，胶砂比和水膏比对于弹性模量的影响我们需要尤为关注。但是需要注意的是，这一结论不能简单地推广到所有试验范围。在实际研究中需要尤为注意，在某些试验条件下得出的因素对指标的影响不能直接推广。

3）厘清因素的主次

当因素取不同水平时，极差（同一因素综合加权平均值的极差）越大，说明影响的程度越大。如对表 8-7 中因素 A 极差 $R=k_3-k_1=5\ 170-2\ 635=2\ 535$，依次计算极差，列于表 8-7 中。比较极差可以得出因素的影响程度顺序为 $A>B>C$，即各因素重要程度中胶砂比第一，水灰比次之，水膏比再次。

需要注意的是，因素的主次顺序可能与选取的水平相关。所以当选取水平改变时，因素的重要程度顺序可能也会改变。

概括来说，直观分析法的两个关键是"看一看，算一算"。对于试验结果而言，可以直接分析其优劣，通过这样的手段得到一个具有参考价值的好条件。同时对于正交试验而言，还需要预测是否有更好的条件，探讨各因素取什么水平会达到最优，而这个需要根据对指标的要求，依照因素对应的综合平均值来决定。这个过程通常伴随着综合平均值、极差等的计算,所以被称为"算一算"的好条件。就"看一看"和"算一算"的作用来看,"看一看"可以得到试验范围内比较好的条件,但是正交试验终究只做了全面试验中的一部分,所以其得出的好点并不一定是最优点,"算一算"就是为了探索更好的条件。当然实际的生产中,还需要抓住主要因素控制次要因素,按照生产有关原则如优质等结合实际进行生产条件的设计。

4) 验证试验

对于最优水平组合进行验证试验的目的,在于保证试验结果的再现性。一般同时要做由"算一算"和"看一看"两种方法得出的最优生产条件下的验证试验,以确定真正最优的条件。同时,在进一步试验中,还应当结合成本等因素进行优化,探索更好的生产条件。最后将在实验室中得到的最优生产条件,进行小范围的实际生产试验,在通过充分的实践后纳入技术文件中,至此一次正交试验才算结束。

正交试验设计数据直观分析总结如下:

(1) 填写试验结果,"看一看"好条件;
(2) 计算指标值之和;
(3) 计算综合平均值、极差;
(4) 作出指标因素图;
(5) 依据极差顺序,定出因素重要程度顺序;
(6) "算一算"好条件,选取最优水平组合;
(7) 进行验证试验。

8.1.5 考虑交互作用的正交试验设计

在本节之前,我们所讲的正交试验方案设计与试验结果的分析方法都是指因素之间没有交互作用的情况。本节将介绍考虑交互作用的正交试验设计。交互作用即试验中因素之间对指标的联合作用。在数学中,一般用 $A \times B$ 表示因素 A 与因素 B 的交互作用。两个因素之间的交互作用为一级交互作用,3 个因素之间的交互作用为二级交互作用,依次类推,k 个因素之间的交互作用为 $k-1$ 级交互作用。

进行有交互作用的正交试验设计,可以按照以下步骤进行。

(1) 选取正交表,选取正交表时原则与不考虑交互作用时是相同的。

(2) 表头设计。前面也曾说过,在考虑交互作用时,表头设计会有所不同,因为对于有交互作用的各因素来说,如何放置因素的位置需要考虑交互作用表。表 8-8 是一个常用的 $L_8(2^7)$ 交互作用列表。

表 8-8　$L_8(2^7)$ 交互作用列表

行号	列号						
	1	2	3	4	5	6	7
1	(1)	3	2	5	4	7	6
2		(2)	1	6	7	4	5
3			(3)	1	6	5	4
4				(4)	1	2	3
5					(5)	3	2
6						(6)	1
7							(7)

一般地，数据的第一列号是带括号的列，另一列排成横列，两列相交点即为交互作用列号。例如第 2 列与第 4 列交互作用列在表中由带括号的 2 横着向右看与带括号的 4 竖着向上看交点为 6，即第 2 列因素与第 4 列因素的交互作用列在第 6 列。交互作用列被排了其他因素的情况我们称为"混杂"。这种情况是不可以将因素的交互作用和因素分开的，所以必须避免。这也是有交互作用的正交试验设计相比普通正交试验设计更困难、复杂的地方。

需要说明的是，对于二水平的正交表，两列的交互作用列只有一列；对于三水平正交表，两列之间的交互作用列有两列；对 n 水平的正交表，两列之间的交互作用要占 $n-1$ 列。接下来用一个例子简单分析如何进行有交互作用的正交试验设计。

【例 8.2】为选择早强混凝土的原材料和主要工艺参数，提高早强效果，试验中选择的因素和水平如表 8-9 所示。

表 8-9　【例 8.2】因素和水平

水平	因素			
	A 外加剂种类	B 水泥品种水泥用量/kg·m^{-3}	C 水泥用量/kg·m^{-3}	D 养护时间/h
1	P	普通	340	3
2	M	早强	380	4

试设计一个正交试验方案，考察主效应 A、B、C、D 及 $A\times B$，$A\times C$ 对 7 天抗压强度的影响。

（1）选取正交表。由于每个因素有两个水平且有交互作用，故选择 $L_8(2^7)$ 交互作用表，如表 8-8 所示。

（2）设计表头，如表 8-10 所示。

表 8-10 设计表头

列 号	1	2	3	4	5	6	7
因 素	A	B	$A \times B$	C	$A \times C$		D

（3）设计试验方案。将 $L_4(2^3)$ 中的第 i 列抽出，用因素 i 的两个水平代替，如表 8-11 所示。

表 8-11 $L_4(2^3)$

列 号	1	2	3	4	5	6	7
1	1	1	1	1	1	1	1
2	1	1	1	2	2	2	2
3	1	2	2	1	1	2	2
4	1	2	2	2	2	1	1
5	2	1	2	1	2	1	2
6	2	1	2	2	1	2	1
7	2	2	1	1	2	2	1
8	2	2	1	2	1	1	2

（4）执行试验方案。记录数据后，如表 8-12 所示。

表 8-12 【例 8.2】试验方案及结果

试验号	列 号							7天抗压强度 /kg·cm⁻³
	A	B	$A \times B$	C	$A \times C$		D	
	1	2	3	4	5	6	7	
1	1	1	1	1	1	1	1	123
2	1	1	1	2	2	2	2	151
3	1	2	2	1	1	2	2	185
4	1	2	2	2	2	1	1	206
5	2	1	2	1	2	1	2	141
6	2	1	2	2	1	2	1	171
7	2	2	1	1	2	2	1	237
8	2	2	1	2	1	1	2	327
Ⅰ	2 660	2 344	3 352	2 744	3 224	3 188	2 948	
Ⅱ	3 504	3 820	2 812	3 420	2 940	2 976	3 216	
k_1	665	586	838	686	806	797	737	$T=1\ 541$
k_2	876	955	703	855	735	744	804	
R	211	369	135	169	71	53	67	

（5）分析试验结果。分析结果前，要注意的是交互作用并不是具体的因素，因此在真正的试验中并不起作用。有交互作用的试验，在结果分析上与无交互作用的

试验并没有本质上的不同。如果将每个交互作用作为一个"因素"看待，有交互作用的试验与无交互作用的试验在计算分析方法上是一致的。所不同的主要是最后一步，即最优生产条件的选择。如前文所述，我们认为某因素极差 R 的大小代表了该因素对指标的影响大小。比较极差 R 的大小可确定各因素与交互作用的重要程度。由表 8-12 知，影响七天抗压强度的主要因素是水泥品种，其次是外加剂种类和水泥用量，$A×B$ 再次之，而 $A×C$ 和 D 对指标的影响都不大。

对于有交互作用的试验，选取水平时要区分两类因素：一是不涉及交互作用的因素或交互作用影响较小的因素；二是有交互作用的因素，它们水平的选取不能单独考虑，而要列出二元表，根据各种搭配情况，选取对指标影响较好的水平组合。下面对 $A×B$ 进行分析。

表 8-13 【例 8.2】因素 A、B 交互作用分析二元表

B	A	
	A_1	A_2
B_1	$\dfrac{123+151}{2}=137$	$\dfrac{141+171}{2}=156$
B_2	$\dfrac{185+206}{2}=195.5$	$\dfrac{237+327}{2}=282$

从表 8-13 中看出 A_2B_1 搭配得最好，即外加剂种类 M、水泥种类早强。

以上便是考虑交互作用的正交试验设计过程。但是到目前只对结果进行了直观分析，这样的分析虽然具有简单明了、通俗易懂等特点，但是也比较粗糙。对结果的直观分析并不能帮助我们将由于试验条件改变引起的数据波动和由试验误差引起的数据波动区分开来。换句话说，直观分析法并不能帮助我们研究或者估计试验误差的大小，同时各因素对于试验结果的影响无法量化，即无法给出一个标准判断因素对指标的影响是否显著。为了弥补直观分析法的不足，接下来补充另一种对结果的分析方法——方差分析法。

8.1.6 方差分析法

为了估计试验误差的大小及量化各因素对试验结果的影响，我们需要使用方差分析法。方差分析法的基本思路是将数据的总变异分解成因素引起的变异和误差引起的变异两部分，构造 F 统计量，作 F 检验，利用数理统计的知识判断因素作用是否显著。

（1）平方和分解。

总离差平方和由两部分组成，分别是各列因素离差平方和与误差离差平方和，因此正交表的平方和分解公式可写作

$$\mathrm{SS_T} = \mathrm{SS_{因素}} + \mathrm{SS_{误差}}$$

定义离差平方和如下

$$\mathrm{SS}_j = \frac{1}{r}\sum_{i=1}^{m} K_{ij}^2 - \frac{(\sum_{i=1}^{n} x_i)^2}{n}, \quad j = 1, 2, 3, \cdots, k$$

试验总次数为 n，每个因素水平数为 m，每个水平作 r 次重复，$r=n/m$，k 表示各水平数据之和，所以总离差平方和为

$$\mathrm{SS_T} = \sum_{i=1}^{n} x_i^2 - \frac{(\sum_{i=1}^{n} x_i)^2}{n}$$

（2）自由度分解。

$$\mathrm{df_T} = \mathrm{df_{因素}} + \mathrm{df_{误差}}$$

总自由度：$\mathrm{df_T} = n - 1$

因素自由度：$\mathrm{df}_j = m - 1$（m 为因素水平个数）

（3）方差。

$$\mathrm{MS_{因素}} = \frac{\mathrm{SS_{因素}}}{\mathrm{df_{因素}}}, \quad \mathrm{MS_{误差}} = \frac{\mathrm{SS_{误差}}}{\mathrm{df_{误差}}}$$

（4）构造 F 统计量。

$$F_{因素} = \frac{\mathrm{MS_{因素}}}{\mathrm{MS_{误差}}}$$

（5）列方差分析表，作 F 检验。

仍以【例 8.2】的试验结果为例进行 F 检验。给出【例 8.2】结果的方差分析表，如表 8-14 所示。

表 8-14 【例 8.2】方差分析表

来　源	平方和	自由度	均　方	F 值
A	4.5×10^6	1	4.5×10^6	1.009
B	4.7×10^6	1	4.7×10^6	1.053 8
C	4.51×10^6	1	4.51×10^6	1.011
$A \times B$	4.48×10^6	1	4.48×10^6	1.004 5
$A \times C$	4.46×10^6	1	4.46×10^6	1.00
D	4.46×10^6	1	4.46×10^6	1.00
空列（误差）	4.46×10^6	1		
总和	31.57×10^6	7		

方差分析表结果表明，B 因素对于指标影响显著，C、A 次之，$A×B$ 对结果影响较小，$A×C$ 与 D 对指标影响相似，都比较小。方差分析的结果与直观分析结果相似，故最优生产条件是 $A_2B_2C_1D_0$。D_0 表示 D 因素对指标影响不大，可以任意选取。虽然方差分析法与直观分析法差别不大，但方差分析法定量地给出了各因素对指标的影响，这有利于做进一步的理论分析。对于更多因素和水平的正交试验而言，基本方法是相通的，只不过计算与数据分析会更难些。

8.2 多指标试验

在实际问题中，试验指标常常并不是只有一个，这类试验便是多指标试验。在多指标试验中，不同指标间可能存在一定矛盾，所以如何兼顾各指标，找出使各指标都尽可能好的生产条件就成为需要考虑的新问题。所以我们继续引入针对多指标试验的分析方法：综合平衡法、综合评分法。

8.2.1 综合平衡法

综合平衡法即先利用单指标分析法对各指标分析，然后兼顾所有指标寻找尽可能好的生产条件。

综合平衡法的一般原则是：当各指标重要性相同时，选择生产条件应优先主要因素或者多数指标的倾向；当各指标重要性不同时，应先保证重要指标。

【例 8.3】在煤系地层中岩土工程常以石英砂为骨料，以石膏、黏土和可赛银等为胶接材料以改善煤系地层岩体强度小、容重小、弱胶结等特性。在对某大型边坡（坡高 350m）稳定性研究中，选择了砂-红黏土-可赛银相似材料。现利用正交试验设计做配比选择试验。

（1）确定试验指标。这是一个典型的多指标问题，根据相关的专业知识，可知岩体抗剪强度和抗压强度是影响边坡稳定性的重要指标，所以选择相似材料的凝聚力 C，内摩擦角 Φ 和单轴抗压强度 σ_c 为试验指标。

（2）选因素，选水平。根据有关的专业知识，骨料（砂）与胶结物（红黏土和可赛银）之比、容重及自然凝结时间等因素会对强度指标产生较大影响。因此选用上述四个因素，利用经验分为三个水平，列出正交表，因素及各个水平取值如表 8-15 所示。根据该 $L_9(3^4)$ 正交表，至少需做 9 组直剪的抗压强度试验。

表 8-15 【例 8.3】相似材料配比试验方案因素与水平表

水 平	因 素			
	A 砂胶化	B 胶结物比	C 容重/10^3(kg·m^{-3})	D 凝结时间/天
1	7:1	5:5	1.7	2
2	8:1	4:6	1.8	4
3	9:1	3:7	1.9	6

（3）设计表头，明确试验方案，进行试验。本试验表头设计秩序按照前述规则设计即可，不再赘述。进行试验后得到结果如表 8-16 所示，表中的 C、Φ、σ_c 经过了简单数据处理。

表 8-16 【例 8.3】相似材料强度试验结果分析

参 数	试验号	因素				内摩擦角 $\Phi/°$	凝聚力/MPa $C'=C\times 100$	抗压强度 $\sigma_c'=\sigma_c\times 100$
		A	B	C	D			
		列号						
		1	2	3	4			
水平表	1	1	1	1	1	20	1.2	5.7
	2	1	2	2	2	27	7.0	41.2
	3	1	3	3	3	41	2.0	66.8
	4	2	1	2	3	29	5.0	48.9
	5	2	2	3	1	24	1.0	5.6
	6	2	3	1	2	23	3.8	35.2
	7	3	1	3	3	37	5.0	50.1
	8	3	2	1	1	21	3.0	26.0
	9	3	3	2	2	29	0.5	5.5
内摩擦角 Φ	Ⅰ	88	86	64	73			
	Ⅱ	76	72	85	87			
	Ⅲ	87	93	102	91	表中 $C'=C\times 100$，$\sigma_c'=\sigma_c\times 100$，		
	k_1	29.3	28.6	21.3	24.3	均为简化运算，不影响结果		
	k_2	25.3	24	28.3	29			
	k_3	29.0	31	34	30.3			
	R	4	7	12.7	6			
凝聚力 C'	Ⅰ′	10.2	11.2	8	2.7			
	Ⅱ′	9.8	11	12.5	15.8			
	Ⅲ′	8.5	6.3	8	10	表中 $C'=C\times 100$，$\sigma_c'=\sigma_c\times 100$，		
	k_1'	3.4	3.73	2.67	0.9	均为简化运算，不影响结果		
	k_2'	3.27	3.67	4.17	5.27			
	k_3'	2.83	2.1	2.67	3.33			
	R′	0.57	1.63	1.5	4.37			

续表

参　数	试验号	因素 A	因素 B	因素 C	因素 D	内摩擦角 $\Phi/°$	凝聚力/MPa $C'=C\times100$	抗压强度 $\sigma'_c=\sigma_c\times100$
		列号 1	列号 2	列号 3	列号 4			
抗压强度 σ	I''	113.7	104.7	66.9	16.8			
	II''	89.7	72.8	95.6	126.5			
	III''	81.6	107.5	122.5	141.7	表中 $C'=C\times100$，$\sigma'_c=\sigma_c\times100$，均为简化运算，不影响结果		
	k''_1	37.9	34.9	22.3	5.6			
	k''_2	29.9	24.3	31.9	42.2			
	k''_3	27.2	35.2	40.8	47.2			
	R''	10.7	10.9	18.5	41.6			

（4）直观结果分析。利用极差分析法不难判断：凝结时间对 C、σ_c 影响较大，但随着凝结时间增加，材料强度变化趋于平稳，4 天以上便足够了；材料容重对强度有较大影响但模拟试验难以对容重进行大范围试验，其他试验表明，容重取 1.9 较为合适；胶结物中可赛银和红黏土之比改变将较影响抗剪强度，比较后发现，比例为 3∶7 时抗剪强度便能达到试验预期。但需注意的是，在其他某些情况下，抗剪强度将是很重要的指标，需要慎重选择；砂胶比对各指标影响较小，但胶结物比例下降时强度指标亦下降，砂胶比 9∶1 比较合适。在这里我们认为四个指标重要性是相同的，所以最后选择的配比条件是：凝结时间四天以上、容重 1.9、胶结物比 3∶7、砂胶比 9∶1。

8.2.2 综合评分法

所谓综合评分法，即根据实际生产的要求，将多个指标综合成单个指标——得分，然后利用得分作为单指标进行试验结果的分析。

综合评分法关键在于评分，其他的内容与不同的单指标试验相似。而评分既要能反映各指标的要求，同时也要包含各个指标的重要程度。常用的评分方法有两种：一是排队评分法，二是公式评分法。排队评分法，顾名思义，将试验结果按照优劣程度分别排队，根据相邻名次的实际差别给出统一的分数。这就和某些比赛的评判规则相似。这种方法简单易行，应用面广，不仅常用于多指标试验中，某些单指标试验中也用该方法将定性指标量化。公式评分法也不难，此方法对指标评分，然后考虑指标的重要程度等因素，最后将各指标的得分利用一定的公式组合起来得到最终得分。下面举例简单说明综合评分法的应用。

【例 8.4】某厂五吨冷风冲天炉在现有的设备和原料供应情况下，探索较好的生产条件，以达到在铁水温度平均 1 400℃以上、熔化速度（根据该厂的实际情况熔化速度太快浇铸跟不上，所以熔化速度太慢太快都不好）为每小时五吨左右这两个前提下，尽量减少焦炭的消耗，提高总焦铁比和铸件质量的目的。为此确定铁水温度、熔化速度、总焦铁比为试验指标，并选出四个因素，每个因素选三个水平。因素水平表如表 8-17 所示。

表 8-17　【例 8.4】冲天炉因素水平表

水　平	因　素			
	A	B	C	D
	熔化带直径（mm）×炉缸直径（mm）	一排风口尺寸（mm）×二排风口尺寸（mm）	风压/mmHg	批焦铁比（1:x）
1	$\Phi760\times\Phi620$	$\Phi40\times6$ $\Phi40\times6$	130	13.5
2	$\Phi740\times\Phi550$	$\Phi30\times6$ $\Phi25\times6$	160	14.5
3	$\Phi720\times\Phi620$	$\Phi20\times6$ $\Phi25\times6$	150	12.5

选用正交表 $L_9(3^4)$ 安排试验，设计表头后列出试验方案。试验方案与结果一并列于表 8-18 中。

表 8-18　【例 8.4】冲天炉试验结果分析

试验号	因　素				平均铁水温度/℃	熔化速度/$t\cdot h^{-1}$	总焦铁比（1:x）	综合评分
	A	B	C	D				
	列　号							
	1	2	3	4				
1	1	1	1	1	1 408	5.3	11.7	2
2	1	2	2	2	1 397	5.2	13.2	7
3	1	3	3	3	1 409	5.6	12.3	6
4	2	1	2	3	1 409	5.2	11.9	6
5	2	2	3	1	1 405	4.9	12.5	9
6	2	3	1	2	1 412	5.1	13.0	21
7	3	1	3	2	1 415	5.4	13.3	24
8	3	2	1	3	1 413	5.3	12.2	12
9	3	3	2	1	1 419	5.1	13.5	33

表 8-18 中最右边一栏是综合评分，评分方法如下：

试验有两个基本前提：铁水温度平均在 1 400℃ 以上，熔化速度平均每小时 5 吨左右。所以现定评分方法如下：铁水温度 T_i 以 1 400℃ 为基准，每上升一度加一分，下降一度减一分；熔化速度 V_i 以每小时 5 吨为基准，每多 0.1 吨或者少 0.1 吨就减一分；总焦铁比 F_i 以 1:12 为基准，分母升高 0.1 加一分，下降 0.1 扣一分。最后利用下式将三个指标得分求出，便是综合评分的分数 M_i

$$M_i = (T_i - 1\,400) - 10 \times |V_i - 5| + 10 \times (F_i - 12)$$

$$i = 1, 2, \cdots, 9$$

利用直观分析法得出表 8-19。

表 8-19 【例 8.4】冲天炉试验结果分析

试验号	因素			
	A	B	C	D
I	15	32	35	44
II	36	28	46	52
III	69	60	39	24
k_1	5	10.7	11.7	14.7
k_2	12	9.3	15.3	17.3
k_3	23	20.0	13.0	8.0
R	18	10.7	3.6	9.3

由表 8-19 可以得到如下条件：

（1）在 9 个试验中，9 号试验（$A_3B_3C_2D_1$）为最好；

（2）4 个因素的重要性顺序是：A>B>D>C。

8.2.3 水平不等的正交试验设计

在实际生产中，由于条件限制或其他因素，我们在选择各因素的水平时并不一定能保证各因素水平数相同。在本节将介绍两种解决思路：一是利用不同水平数的正交表，即混合型正交表，也称并列法；二是在相同水平的正交表中安排不同水平试验，这种思路下有两种解决方法，一是拟水平法，一是拟因素法。

1. 使用混合型正交表

首先简要介绍一下混合型正交表的来源。凡是附有交互作用列表的正交表都可以把任意两列及它们的交互作用列放在一起，进行并列，得到所需要的混合型正交表。以 $L_{16}(2^{15})$ 正交表为例，将该表的第 1、第 2 两列及其交互作用列第 3 列合并成一个四水平列。这样就可以得到混合型正交表 L_{16}（$4×2^{12}$）。相似地，可以利用其他附有交互作用列的正交表进行合并，得到所需要的混合型正交表。由于这部分内容比较困难，就不再继续深入讨论。对于混合型的正交表使用和其他普通正交表也是相同的。

【例 8.5】从混凝土诞生以来，人们就一直在研究如何确定其组成以获得所需要的性能。某研究人员就混凝土配合比对混凝土 7 天抗压强度、7 天抗折强度、28 天抗压强度、28 天抗折强度进行研究。他给出了混凝土配合比试验的因素水平表如表 8-20 所示，现根据因素水平表进行正交试验设计。

表 8-20 【例 8.5】混凝土配合比试验方案因素与水平表

水平	因素		
	A 粉煤灰掺量/%	B 水胶比	C 胶凝材料掺量/kg·m^{-3}
1	0	0.46	350
2	30	0.51	402
3	40		
4	50		

本例有三个因素，因素 A 有四个水平，因素 B、C 有两个水平，可以采用混合型正交表 L_8（$4×2^4$）进行正交试验设计。若本试验用全面试验法需要做 16 次试验，而正交试验法只需安排 8 次即可，工作量大大减少。因素 A 有四个水平故应安排在第一列，其他两个因素可以放在后四列中的任何一列，本列中将因素 B、C 分别放在第第 2、第 3 列，其他列为空列，故表头设计如表 8-21 所示。

表 8-21 【例 8.5】混凝土配合比试验方案表头设计

列号	1	2	3	4	5
因素	A	B	C		

利用混合型正交表 L_8（$4×2^4$）进行试验方案的设计，如表 8-22 所示。

表 8-22 L_8（$4×2^4$）正交设计表

试验号	列号				
	1	2	3	4	5
1	1	1	2	2	1
2	2	2	2	1	1
3	3	2	2	2	2
4	4	1	2	1	2

续表

试验号	列号				
	1	2	3	4	5
5	1	2	1	1	2
6	2	1	1	2	2
7	3	1	1	1	1
8	4	2	1	2	1

试验方案与结果如表 8-23 所示。

表 8-23 【例 8.5】试验方案与结果

试验号	列号								
	A	B	C			7天		28天	
	1	2	3	4	5	抗压强度/MPa	抗折强度/MPa	抗压强度/MPa	抗折强度/MPa
1	1	1	2	2	1	26.3	3.2	36.5	4.8
2	2	2	2	1	1	15.1	1.6	23.3	3.4
3	3	2	2	2	2	13.9	1.5	22.6	3.3
4	4	1	2	1	2	12.3	1.4	21.6	3.1
5	1	2	1	1	2	23.5	2.9	32.8	4.3
6	2	1	1	2	2	15.6	1.6	25.6	3.6
7	3	1	1	1	1	16.1	1.8	26.1	3.7
8	4	2	1	2	1	9.3	1.1	17.9	2.5

接下来对利用混合型正交表设计出来的试验进行试验结果分析。

(1) 直观结果分析。这里有四个指标，就其中的 7 天抗压强度进行试验结果分析，其他的指标分析方法相似。当然也可选择利用综合评分法将四个指标统一成一个得分后再进行类似的结果分析。这里不采用综合评分法主要是由于综合得分的确定需要一定的生产经验和更专业的知识，为了简明起见，只介绍直观结果分析的方法。对 7 天抗压强度进行极差结果分析，如表 8-24 所示。

表 8-24 【例 8.5】试验结果分析

试验号	因素				
	A	B	C	D	E
Ⅰ	99.6	281.2	258	268	267.2
Ⅱ	62.4	247.2	270	260.4	261.2
Ⅲ	61				
Ⅳ	43.2				
k_1	49.8	70.3	64.5	67	66.8
k_2	31.2	61.8	67.6	65.1	65.3

续表

试验号	因素				
	A	B	C	D	E
k_3	29.5				
k_4	21.6				
R	28.2	8.5	3.1	1.9	1.5

当各因素水平数相同时，因素的主次关系完全由极差大小决定。但是当水平数不同时，直接比较各 R 大小来确定主次是显然不合理的。因此我们需要用一个系数把极差折算之后再进行比较。折算系数 d 如表 8-25 所示。

表 8-25　【例 8.5】极差折算系数

水平数	2	3	4	5	6	7	8	9	10
折算系数 d	0.71	0.52	0.45	0.40	0.37	0.35	0.34	0.32	0.31

极差折算公式为

$$R' = d \times \sqrt{n} \times R$$

其中 R 为因素的原极差，n 表示该因素的每个水平试验的重复数，d 为折算系数。于是，由上式可以计算出本例 R'，如表 8-26 所示。

表 8-26　【例 8.5】R'

因素	A	B	C	D	E
R'	17.95	12.07	4.402	2.698	2.13

所以三个因素的重要顺序为 A>B>C。由于 C 是不重要的因素，出于经济的考虑可以只选水平 1，所以选出的最佳生产条件为 $A_1B_1C_1$，即粉煤灰掺量为 0%、水胶比为 0.46、胶凝材料掺量为 350 kg/m³。

（2）方差结果分析。利用离差平方和分解公式与自由度分解公式可得 7 天抗压强度方差分析结果，如表 8-27 所示。

表 8-27　【例 8.5】方差分析表

来源	平方和	自由度	均方	F 值
A	213.835	3	71.278	1 088.219
B	9.032	1	9.032	137.893
C	1.202	1	1.202	18.351
空列（误差）	0.131	2	0.065	
总和	224.2	7		

注：F 检验的几个临界值 $F_{0.01}(3,2)=99.164$，$F_{0.01}(1,2)=98.502$，$F_{0.05}(1,2)=18.51$，$F_{0.10}(1,2)=8.53$。

由表 8-27 可以得到因素 A 和因素 B 对指标有非常显著的影响,而因素 C 对指标影响较小。这个分析结果与直观分析中是一致的。

2. 拟水平法

拟水平法的思路是利用水平数较多的因素选择正交表,而后对于水平数较少的因素虚拟一些水平以便能用该表进行试验设计。

【例 8.6】三甲胺合成工艺试验中指标为三甲胺的转化率;因素水平如表 8-28 所示。请设计正交试验。

表 8-28 【例 8.6】三甲胺合成试验方案因素与水平表

水平	因素		
	A	B	C
	甲醇与氨的克分子比	流量/L·h^{-1}	反应温度/℃
1	4/1	6.6	450
2	5/1	7.8	400
3	6/1	9.0	

因素 A 和因素 B 都是三水平的,但是因素 C 却是二水平的,所以无法直接用 $L_9(3^4)$ 正交表。为了解决这个问题,可以虚拟一个水平使得因素 C 也凑足三个水平,这样就可以使用 $L_9(3^4)$ 正交表了。那么该如何虚拟一个水平呢?我们需要把因素 C 的两个水平中更需要考察的水平取作 3 水平。在本例中我们重复 1 水平即 450℃充当 3 水平。试验方案和结果如表 8-29 所示。

表 8-29 【例 8.6】三甲胺合成试验方案与结果

试验号	列号				
	A	B	C		$Y'_{ij}=Y_{ij}-85/\%$
	1	2	3	4	
1	1	1	1	1	
2	1	2	2	2	
3	1	3	3	3	
4	2	1	2	3	
5	2	2	3	1	
6	2	3	1	2	
7	3	1	3	2	
8	3	2	1	3	
9	3	3	2	1	
Ⅰ	−47.5	−13.8	−14.7	−3.6	
Ⅱ	−4.5	1.0	−13.1	−8.0	

续表

试验号	列 号				$Y'_{ij}=Y_{ij}-85$/%
	A	B	C		
	1	2	3	4	
Ⅲ	31.5	-7.7	7.3	-8.9	
k_1	-15.83	-4.6	-4.9	-1.2	
k_2	-1.5	0.33	-4.37	-2.67	
k_3	10.5	2.57	2.43	-2.97	
R	26.33	7.17	7.33	1.77	

（1）直观结果分析。由表 8-29 可知三个因素的重要性顺序为 $A>C>B$。最优生产条件为 $A_3B_3C_3$。但是可以发现因素 B 和因素 C 的极差相差并不大，这样就难以区分因素 B 和因素 C 的影响究竟哪个更大一些。此时方差分析变成了很重要的分析手段。

（2）方差分析。在利用离差平方和分解公式前，要明确因素 C 的第三个水平是形式上的水平，所以不能把第三个水平当作独立水平进行分析。因素 A 和因素 B 的离差平方和公式与前述并无不同，但因素 C 的离差平方和公式变成了下式。

$$S_C^2 = \frac{\left(\mathrm{I}_C^2 + \mathrm{III}_C^2\right)}{6} + \frac{\mathrm{II}_C^2}{3} - \frac{T^2}{9}$$

方差计算结果如表 8-30 所示。

表 8-30 【例 8.6】方差分析表

来 源	平 方 和	自 由 度	均 方	F 值
A	1 042.89	2	521.445	270.193
B	36.88	2	18.44	9.555
C	99.876	1	99.876	51.752
空列（误差）	5.789 6	3	1.929 9	
总和	1 185.4	8		

可知 $F_{0.005}(2,3)=199.0$，$F_{0.05}(2,3)=9.55$，$F_{0.01}(1,3)=34.12$，显然可以得到三个因素的重要性顺序是 $A>C>B$。最优生产条件是 $A_3B_0C_1$，其中 B_0 为任选水平。

3. 拟因素法

拟因素法与拟水平法秉承了一条思路，但是拟因素法中需要对水平数较少的正交表进行改造，使之能容纳更多水平数的因素。

1）表的改造

拟因素法所用正交表需要特殊的改造，这里以用得较多的二水平正交表为例进行改造。对二水平正交表 $L_{16}(2^{15})$ 的第 2 列、第 3 列按照以下规则将其改造成可容纳三个水平的列。

1　1 ⟶ 1
2　2 ⟶ 2
1　2 ⟶ 2
2　1 ⟶ 3

还可以按照相同的规则将该表的第 4 列、第 5 列等也改造成三个水平的列。

2）正交试验设计

首先需要进行表头设计。在已经改造好的表中，需要注意，第 2、第 3 列的交互作用列为第 1 列，第 4、第 5 列的交互作用列也为第 1 列。这种情况下第 1 列不能排入其他因素或交互作用，必须赋闲。通常在二水平正交表中，将两列合并成一列后，这两列的交互作用列变成了赋闲列。在此类正交试验设计中，如果使改造后的正交表需要赋闲的列尽量少，可以提高正交表各列的使用效率。其他因素的表头设计与前述相同。

3）结果分析

对于拟因素法而言，结果的分析与普通的结果分析类似，只不过在计算离差平方和时，如果某因素所在列是由不同列合并而成的新列，那么该因素的离差平方和应为原列离差平方和之和。

【例 8.7】在低合金重轨钢成分设计中，指标为屈服强度，研究成分对屈服强度 σ_s 的影响。因素与水平如表 8-31 所示。

表 8-31　【例 8.7】低合金重轨钢成分设计试验因素与水平表

水平	因素				
	A	B	C	D	E
	钛（Ti）/%	钒（V）/%	碳（C）/%	硅（Si）/%	锰（Mn）/%
1	<0.03	0.04~0.08	0.05~0.58	0.48~0.58	0.65~0.75
2	0.04~0.08	0.09~0.13	0.61~0.69	0.70~0.80	0.95~1.05
3	0.10~0.14	0.14~0.18	0.72~0.78	0.90~1.00	

（1）表头设计。利用正交表 $L_{16}(2^{15})$ 进行正交试验设计。为了放下 A、B、C、D 四个三水平的因素，需要把 2、3，4、5，8、9，14、15 列分别按前述规则合并成一个新列。这时赋闲列仅有第 1 列，四个三水平的因素分别排在四个新列中，再将因素 E 排在第 7 列。

（2）试验设计方案如表 8-32 所示。

表 8-32 【例 8.7】低合金重轨钢成分设计试验方案

试验号	因素														
	1	2	3	4	5	6	7	8	9	10	11	12	13	14	15
		A		B			E		C					D	
1	1	1	1	1	1	1	1	1	1	1	1	1	1	1	1
2	1	1	1	1	1	1	1	2	2	2	2	2	2	2	2
3	1	1	1	2	2	2	2	1	1	1	1	2	2	2	2
4	1	1	1	2	2	2	2	2	2	2	2	1	1	1	1
5	1	2	2	1	1	2	2	1	1	2	2	1	1	2	2
6	1	2	2	1	1	2	2	2	2	1	1	2	2	1	1
7	1	2	2	2	2	1	1	1	1	2	2	2	2	1	1
8	1	2	2	2	2	1	1	2	2	1	1	1	1	2	2
9	2	1	2	1	2	1	2	1	2	1	2	1	2	1	2
10	2	1	2	1	2	1	2	2	1	2	1	2	1	2	1
11	2	1	2	2	1	2	1	1	2	1	2	2	1	2	1
12	2	1	2	2	1	2	1	2	1	2	1	1	2	1	2
13	2	2	1	1	2	2	1	1	2	2	1	1	2	2	1
14	2	2	1	1	2	2	1	2	1	1	2	2	1	1	2
15	2	2	1	2	1	1	2	1	2	2	1	2	1	1	2
16	2	2	1	2	1	1	2	2	1	1	2	1	2	2	1

将表 8-32 中的 2、3，4、5，8、9，14、15 列按照前述规则合并成新列便可以得到相应的正交试验方案。

（3）方差法结果分析。对于因素 E 按照普通的分析方法即可。对于因素 A、B、C、D 而言，在计算离差平方和时，需要用两个原列的离差平方和相加，例如 $S_A^2 = S_2^2 + S_3^2$，依次类推。空列便是误差列。需要特殊说明的是，赋闲列不能看作误差列，在计算时不能简单地将第一列视作误差，有关它的处理将在 8.3 节讲述。

8.3 混杂与混杂技巧

8.2 节讲到，在【例 8.7】中只有第一列为赋闲列，即因素 A、B、C、D 的原列的交互作用列（即 2×3、4×5、8×9、14×15）均为第 1 列，也就是说第一列有着上述四组交互作用的影响，这就是混杂现象。

在试验条件允许的条件下，应当尽量避免混杂现象的产生。但是实际试验中，想要减少混杂现象，可能就要选用更大的正交表进行试验设计，相应的试验次数会增加很多。如果受限于试验成本、试验时间或者其他客观因素，试验次数不能太多，这时我们需要有目的地让各因素产生混杂，让各试验点均匀散布在试验范围内，从而尽可能寻找到更好的生产条件。例如，对于七因素二水平考虑交互作用的试验，如果不允许有混杂现象，那么需要 $L_{32}(2^7)$ 正交表来设计正交试验，试验次数很多。如果试验的客观条件不允许这么多次的试验，这时可以根据实际混杂情况选取 $L_8(2^7)$ 正交表进行试验设计。这种明知会产生混杂现象但利用这种混杂进行试验设计以减少试验次数的方法叫作混杂技巧。混杂技巧充分使用了正交表的均匀分散性，将试验点尽可能分散到试验范围内以保证无论混杂如何影响试验也可能找到尽可能好的生产条件。在因素较多、水平在三个以上的试验中，混杂技巧的使用是比较行之有效的。尤其在试验周期较长、成本较高的情况下比较提倡混杂技巧，因为混杂技巧的使用可以大量较少试验次数同时还能较好地保证试验的有效性。当因素水平数较多时混杂现象可能是很难避免的，这时不能因为混杂的存在而在试验过程中束手束脚。实践证明，当水平数较多、交互作用较复杂时，即使存在混杂现象，正交试验的效果依然是不错的。所以在安排一些水平数较多的试验时可以暂不考虑混杂现象，先尽可能好地安排试验，如果试验结果出现了矛盾时再反过来分析有关混杂。

8.4 重复试验与重复取样的正交试验方差分析

8.4.1 重复试验的方差分析

在正交试验中，我们将空列视作误差列，但是常常会发生这样一种情况：正交试验设计时因素及其交互作用将所有列均占满，也就是没有空列，此时无法进行误差分析。为了分析误差，这时需要进行重复试验。重复试验不仅应用在没有空列的情况，有时即使尚有空列但是由于试验条件的限制，也会使用重复试验这一方法。重复试验在试验设计上并没有难点，但是在试验的方差分析上，重复试验与普通试验有些不同。对于各因素，重复试验下离差平方和公式为

$$S_i^2 = \frac{\mathrm{I}_C^2 + \mathrm{II}_C^2 + \mathrm{III}_C^2 + \cdots}{水平重复数 \times 试验重复数} - \frac{T^2}{数据总数}$$

总的试验误差分为空列误差和重复试验误差两项,前者记为 $S_{e_1}^2$,后者记为 $S_{e_2}^2$,总试验误差离差平方和为两项误差离差平方和之和

$$S_e^2 = S_{e_1}^2 + S_{e_2}^2, f_e = f_{e_1} + f_{e_2}$$

空列误差的离差平方和与前述公式相同,重复试验误差离差平方和公式为

$$S_{e_2}^2 = \sum_{i=1}^n \sum_{j=1}^m (y_{ij} - \bar{y}_i)^2 = \sum_{i=1}^n \sum_{j=1}^m y_{ij}^2 - \frac{1}{m}\sum_{i=1}^n (\sum_{j=1}^m y_{ij})^2$$

其中 n 表示正交表的行数,m 表示试验重复次数。$S_{e_2}^2$ 的自由度为

$$f_{e_2} = n(m-1)$$

【例 8.8】 某研究人员对当归芍药散进行抗老的试验研究。指标为芍药苷提取率,因素水平表如表 8-33 所示。

表 8-33 【例 8.8】当归芍药散提取工艺优化试验因素与水平表

水平	因素			
	A 加水量/倍	B 提取时间/h	C 提取次数	D 浸泡时间/min
1	10	1.5	1	40
2	8	0.5	2	60
3	6	1.0	3	20

(1)表头设计。本例不关注交互作用、混杂等现象,利用 $L_9(3^4)$ 正交表进行试验设计,表头设计如表 8-34 所示。

表 8-34 【例 8.8】当归芍药散提取工艺优化试验方案表头设计

列号	1	2	3	4
因素	A	B	C	D

(2)试验设计。将表头代入 $L_9(3^4)$ 正交表,可得本试验的试验方案,如表 8-35 所示。

表 8-35 【例 8.8】当归芍药散提取工艺优化试验方案设计

试验号	列号			
	1 A	2 B	3 C	4 D
1	1	1	1	1
2	1	2	2	2
3	1	3	3	3

续表

试验号	列号			
	1	2	3	4
	A	B	C	D
4	2	1	2	3
5	2	2	3	1
6	2	3	1	2
7	3	1	3	2
8	3	2	1	3
9	3	3	2	1

（3）试验结果分析。由于本试验没有空白列，也无历史资料提供经验误差，为了避免使用更大的正交表，故采用重复试验，估计试验误差。按表 8-33 重复试验后得到试验结果如表 8-36 所示。

表 8-36 【例 8.8】当归芍药散提取工艺优化试验结果计算表

试验号	提取率/%		结果/%
	Y_{i1}	Y_{i2}	
1	3.934	3.375	7.309
2	4.507	4.609	9.116
3	4.576	4.133	8.709
4	4.452	4.377	8.829
5	3.650	3.977	7.627
6	3.900	3.711	7.611
7	4.188	4.161	8.349
8	2.416	2.593	5.009
9	4.767	4.672	9.439

由于没有空白列，故直接以重复试验误差离差平方和作为总误差估计值，计算式如下：

$$S_e^2 = S_{e_2}^2 = \sum_{i=1}^{9}\sum_{j=1}^{2} y_{ij}^2 - \frac{1}{2}\sum_{i=1}^{9}(\sum_{j=1}^{2} y_{ij})^2$$

自由度

$$f_{e_2} = 9 \times (2-1) = 9$$

因素的离差平方和与普通试验相同，计算得本例方差分析表如表 8-37 所示。

表 8-37 【例 8.8】当归芍药散提取工艺优化试验方差分析表

来源	平方和	自由度	均方	F值
A	0.456	2	0.228	5.80
B	1.397	2	0.698	17.80
C	4.749	2	2.374	60.40
D	0.568	2	0.284	7.23
误差	0.354	9	0.039 3	
总和	7.778	17		

已知 $F_{0.01}(2,9)=8.02$，$F_{0.001}(2,9)=16.39$。由表 8-37 可知，因素 C、B 对指标影响非常显著，C、B 应取提取率高的水平，C 取 C_2，B 取 B_3；因素 D 和因素 A 按实际结果考虑到药材的润湿、吸水与能耗，D 取 D_1，A 取 A_2。故当归芍药散的最佳提取工艺为 $A_2B_3C_2D_1$，即加水 8 倍，浸泡 40 min，提取 2 次，每次 1 h。

8.4.2 重复取样的方差分析

重复取样是另一种提高试验可靠性的方法，这种方法可以在保证试验可靠性的同时尽可能节省试验成本。重复取样时误差的离差平方和计算公式与重复试验的计算公式并没有差别，但是要明确一点，重复取样的误差通常只是试验的测量误差，它并不是试验的整体误差。所以重复取样的误差通常会比试验整体误差要小些。原则上，重复取样的误差并不能检验各因素水平是否存在显著差异。但是可以证明：当利用重复取样的误差离差平方和 $S_{e_2}^2$ 去检验空列的离差平方和 $S_{e_1}^2$ 满足以下关系时可以认为重复取样误差与试验整体误差大体相当

$$F_{e_1}=\frac{S_{e_1}^2/f_{e_1}}{S_{e_2}^2/f_{e_2}}<F_\alpha(f_{e_1},f_{e_2})$$

为了提高检验的精度，将重复取样的误差和空列误差合并，作为总的误差平方和

$$S_e^2=S_{e_1}^2+S_{e_2}^2, f_e=f_{e_1}+f_{e_2}$$

【例 8.9】某厂过去对 SKH9 高速钢热处理没有经验，拟通过试验结合本单位的具体设备及技术条件，选择一组能满足要求的热处理工艺参数及金相组织的参考标准。

（1）考察指标。

回火后硬度：HRC=63～66；

热硬性：600℃回火后 HRC≥60；

金相组织：品粒度等级 3～5 级，过热等级≤2 级。

（2）因素及水平的选取如表 8-38 所示。

表 8-38　【例 8.9】SKH9 高速钢热处理试验因素与水平表

水平	因素		
	A	B	C
	淬火温度/℃	加热时间/s	回火温度/℃
1	1 190	8	540
2	1 220	12	560
3	1 250	15	580

注：回火时间为 1 小时，回火次数为 3 次，试棒尺寸为 $\Phi 15 \times 5$。

仅以回火温度后的硬度指标为例，选取 $L_9(3^4)$ 表进行正交试验设计，表头设计如表 8-39 所示。

表 8-39　【例 8.9】SKH9 高速钢热处理试验方案表头设计

列号	1	2	3	4
因素	A	B		C

数据的直观分析如表 8-40 所示。

表 8-40　【例 8.9】SKH9 高速钢热处理试验方案与结果

试验号	列号									平均值
	A	B		C	y'_{ij}（回火后硬度指标）-65					
	1	2	3	4	1	2	3	4	5	6	
1	1	1	1	1	1	1	1	1	1.5	0.5	1
2	1	2	2	2	-1	0	0.5	0	-0.5	0	-1/6
3	1	3	3	3	-1.5	-0.5	-1	0.5	-1	0.5	-1/2
4	2	1	2	3	0	-0.5	0	1	0	0.5	1/6
5	2	2	3	1	2	2	2	2	2	1.5	11.5/6
6	2	3	1	2	1	0	1	0	0.5	1	3.5/6
7	3	1	3	2	0.5	1.5	1.5	1	1.5	1.5	7.5/6
8	3	2	1	3	0.5	0	1	0.5	1	0	1/2
9	3	3	2	1	2	2	2.5	2.5	2	2	13/6
I	1/6	14.5/6	12.5/6	30.5/6						
II	16/6	13.5/6	13/6	10/6						
III	23.5/6	13.5/6	16/6	29.5/6						

各列离差平方和计算公式

$$S_i^2 = \frac{\mathrm{I}_C^2 + \mathrm{II}_C^2 + \mathrm{III}_C^2}{6 \times 3} - \frac{T^2}{6 \times 9}$$

特别地，空列误差为

$$S_i^2 = \frac{(12.5/6)^2 + (13/6)^2 + (16/6)^2}{6 \times 3} - \frac{(41.5/6)^2}{6 \times 9} = 0.011\,06, \quad f_{e_1} = 2$$

重复取样误差

$$S_{e_2}^2 = \sum_{i=1}^{9}\sum_{j=1}^{6} y_{ij}'^2 - \frac{1}{6}\sum_{i=1}^{9}\left(\sum_{j=1}^{6} y_{ij}'\right)^2 = 81.25 - 70.96 = 10.29, \quad f_{e_2} = 45$$

比较两类误差

$$F_{e_1} = \frac{S_{e_1}^2/f_{e_1}}{S_{e_2}^2/f_{e_2}} = 0.024\,1$$

$F_{0.05}$（2,45）=3.204，故此时不能合并这两类误差，即本例中不能利用重复取样的方法提高试验的可靠性。

如果本例中满足要求，则只需要合并两类误差后，采用与普通试验相同的方差分析方法便可以处理数据了。

8.5 直和法

在工业生产中，试验的影响因素非常多，同时又无法简单分辨出主要影响因素，这时如果简单地把所有因素都排在一张正交表上，必然会造成选用的正交表过大，试验次数过多，试验周期过长等问题。本节要介绍的直和法就是要解决这样的问题。

直和法的基本思想是将大型试验分段化。直和法先对一部分因素、水平进行正交试验，然后分析试验的结果为下一阶段试验提供信息，之后再安排下一阶段试验，最后对两阶段试验进行分析。

【例 8.10】泡沫聚乙烯电线的制造工艺研究中因素水平如表 8-41 所示，试验指标是电线的某种性能，数值越大越好。因素间除交互作用 $A \times B$ 必须考虑外，其余交互作用可以忽略。

表 8-41 【例 8.10】泡沫聚乙烯电线的制造工艺研究试验因素与水平表

水平	因素							
	A 螺杆转数	B 螺杆的类型	C 发泡剂用量	D 螺杆直径	E 机身温度/℃	F 长径比	G 螺杆与套筒的间隔	H 电线的牵引速度
1	20	甲	较少	现在的	140	2	现在的	20
2	26	乙	较多	稍细些	155	3	较大的	25
3	32				170			30

这是一个八因素试验,其中有三个因素为三水平,其余五个因素为二水平。本例可以使用 $L_{16}(2^{15})$ 正交表进行试验设计,但是为了减少试验的次数,可以采用两个 $L_8(2^7)$ 正交表来分批设计试验。首先介绍一下直和法的三个基本操作方式是减因素、减水平、复合因素。

(1) 减因素。因素比较多的情况下,通常先固定一部分因素进行第一批试验设计,等到第二批时再考虑原来固定因素的水平对试验的影响,这就是减因素。本例中先把 G 的水平固定在 1 水平上,即螺杆与套筒间隔取现在的。

(2) 减水平。虽然减去了一个因素,但是剩下的七个因素中仍有三个因素取三个水平、四个因素取两个水平,如果按照之前介绍的拟因素法或者拟水平法进行试验设计都不可避免地会导致试验次数过多。为此可以在第一批次试验设计中只考虑一部分水平,分析之后再将其中较优的水平与剩下的水平在第二批次试验时进行比较。本例中,A、E、H 三个因素虽然都有三个水平,但是在第一批次试验中均只考虑前两个水平,那么第一批次的试验就变成了一个七因素二水平的试验。

(3) 复合因素。复合因素是在有一部分信息的前提下可以对试验做化简的方法。如假定本例中 C_2 不劣于 C_1,D_2 不劣于 D_1,那么要考察的仅仅是 C_2 是否显著比 C_1 好、D_2 是否显著比 D_1 好。这时在第一批次的试验中,就将 C 和 D 的复合因素 CD(它的两个因素分别为 C_1D_1、C_2D_2)合并为一个复合因素。当第一批次的试验结果出来后,如果复合因素 CD 不显著,那么显然 C 和 D 都不显著,则第二批次的试验就不必再考虑 C 和 D 了;如果复合因素 CD 显著,那么第二批试验时候要再安排一次复合因素,只不过这次复合因素的两个水平分别是 C_1D_2、C_2D_1。这样处理后结合两次试验的结果就可以判断 C、D 各自的显著性了。

经过以上减因素、减水平、复合因素等三个步骤处理后就可以进行第一批正交试验设计了,现设计第一批试验表头、试验方案如表 8-42、表 8-43 所示。

表 8-42 【例 8.10】泡沫聚乙烯电线的制造工艺研究试验方案表头设计

列 号	1	2	3	4	5	6	7
因 素	A	B	A×B	(CD)	E	F	H

表 8-43 【例 8.10】泡沫聚乙烯电线的制造工艺研究试验设计

试验号	列 号						
	1	2	3	4	5	6	7
	A	B	A×B	(CD)	E	F	H
1	1	1	1	1 (C_1D_1)	1	1	1
2	1	1	1	2 (C_2D_2)	2	2	2

续表

试验号	列 号						
	1	2	3	4	5	6	7
	A	B	$A \times B$	(CD)	E	F	H
3	1	2	2	1	1	2	2
4	1	2	2	2	2	1	1
5	2	1	2	1	2	1	2
6	2	1	2	2	1	2	1
7	2	2	1	1	2	2	1
8	2	2	1	2	1	1	2

为保证试验的可靠性，每号试验重复三次。试验结果如表 8-44 所示。

表 8-44 【例 8.10】泡沫聚乙烯电线的制造工艺研究试验设计（第一批）

试验号	$y'_{ij}=y_{ij}$（试验指标）-35			结 果
	y'_{t1}	y'_{t2}	y'_{t3}	
1	-22	-20	-20	-62
2	-8	6	0	-2
3	-3	3	-5	-5
4	12	2	3	17
5	-9	-5	-17	-31
6	0	9	7	16
7	5	13	8	26
8	4	7	12	23

利用正交试验结果的方差分析法可得方差分析如表 8-45 所示。

表 8-45 【例 8.10】泡沫聚乙烯电线的制造工艺研究试验设计方差分析表

来 源	平方和	自由度	均 方	F 值
A	308	1	308	14.00
B	817	1	817	37.16
$A \times B$	6	1	6	0.27
(CD)	662	1	662	30.09
E	60	1	60	2.72
F	323	1	323	14.68
H	6	1	6	0.27
e_2	380	16	24	
e	392	18	22	

$F_{0.01}(1,18)=8.29$，$F_{0.1}(1,18)=3.01$，$F_{0.25}(1,18)=1.41$。显然可以看出 A、B、(CD)、F 这四个因素的影响是显著的，E 影响较小，而 $A \times B$ 与 H 的影响非常小，它们的均方甚至比误差均方还小，应当并入误差项。同时由试验结果可以发现：A_2 比 A_1 好，所以在第二批试验中应比较 A_2 与 A_3；复合因素高度显著，故第二批次试验还应安排 CD；E_2 比 E_1 要好，所以第二批次试验应将 E_2 与 E_3 相比较；F 高度显著，于是固定在较优的 2 水平上不变；H 在第一批次试验中因为影响较小，所以第二批次试验时取两差距更大的 1、3 两水平进行比较；最后在第一批次试验中固定的 G 因素在第二批次试验中应当予以考虑，同时 $A \times B$ 虽然在第一批次试验中并不显著，但是第二批次试验中不应该直接忽略，而是继续考察其显著性。

重新安排后的第二批正交试验的因素水平表如表 8-46 所示。

表 8-46 【例 8.10】泡沫聚乙烯电线的制造工艺研究试验第二批试验因素与水平表

水平	因素						
	A	B	CD	E	F	G	H
	螺杆转数	螺杆的类型		机身温度/℃	长径比	螺杆与套筒的间隔	电线的牵引速度
1	26	甲	C_1D_2	155		现在的	20
2	32	乙	C_2D_1	170	3	较大的	30

仍用 $L_8(2^7)$ 正交表进行试验设计，试验重复三次，表头设计、试验方案设计、试验结果及计算分析如表 8-47 和表 8-48 所示。

表 8-47 【例 8.10】泡沫聚乙烯电线的制造工艺研究试验设计

试验号	列号						
	1	2	3	4	5	6	7
	A	B	$A \times B$	(CD)	E	G	H
1	1	1	1	1	1	1	1
2	1	1	1	2	2	2	2
3	1	2	2	1	1	2	2
4	1	2	2	2	2	1	1
5	2	1	2	1	2	1	2
6	2	1	2	2	1	2	1
7	2	2	1	1	2	2	1
8	2	2	1	2	1	1	2

表8-48 【例8.10】泡沫聚乙烯电线的制造工艺研究试验设计（第二批）

试验号	$y'_{ij}=y_{ij}$（试验指标）-35			结　果
	y'_{i1}	y'_{i2}	y'_{i3}	
1	-2	4	-4	-2
2	11	8	15	34
3	4	7	12	23
4	23	20	26	69
5	6	9	12	27
6	11	8	14	33
7	14	11	17	42
8	15	11	20	46

两批次试验结束后就全部试验结果进行总结分析。将两批次试验的试验安排放在一张表上，会发现该表与 $L_{16}(2^{15})$ 正交表很相似，不难想到两个表之间应当有一定的对应关系。

其中，(FG)是由 F、G 两因素按如下规则合并而成的组合因素：

F　　　G ⟶ (FG)
1　　　1 ⟶ 1
1　　　2 ⟶ 2
2　　　2 ⟶ 3

现将两次试验试验结果列于一张总表上，进行计算，计算表如表8-49所示。

表8-49 【例8.10】泡沫聚乙烯电线的制造工艺研究试验结果计算表

试验号	$y'_{ij}=y_{ij}$（试验指标）-35			结　果
	y'_{i1}	y'_{i2}	y'_{i3}	
1	-22	-20	-20	-62
2	-8	6	0	-2
3	-3	3	-5	-5
4	12	2	3	17
5	-9	-5	-17	-31
6	0	9	7	16
7	5	13	8	26
8	4	7	12	23
9	-2	4	-4	-2
10	11	8	15	34
11	4	7	12	23
12	23	20	26	69
13	6	9	12	27
14	11	8	14	33
15	14	11	17	42
16	15	11	20	46

运用方差分析法，可以计算出方差分析表，如表 8-50 所示。

表 8-50　【例 8.10】泡沫聚乙烯电线的制造工艺研究试验设计方差分析表

来源	平方和	自由度	均方	F值
A	332	2	166	9.7
B	1 083	1	1 083	63.2
$A \times B$	48	2	24	1.4
C	990	1	990	57.8
D	24	1	24	1.4
E	276	2	138	8.1
F	323	1	323	18.8
G	2	1	2	
H	12	2	6	
$S_{e_2}^2$	586	32		
S_e^2	600	35		

查分布检验表可得，$F_{0.01}(1,35)=7.41$，$F_{0.01}(2,35)=5.27$。由此可知，A、B、C、E、F 高度显著，结合直观分析法确定最优生产条件为 $A_3B_2C_2D_0E_3F_2G_0H_0$。

8.6　直积法

在工业试验中，通常将因素分为两类：① 配方因素，原料配比等就是这类因素；② 工艺因素，加工方法、加工条件等就属于这类因素。在试验中，通常既要寻找更好的配方又要寻找适合于配方的工艺，这时就不得不考虑两类因素的交互作用。本节就要介绍针对此类场景应用的正交试验方法——直积法。

【例 8.11】提高某化工产品收率的试验。

（1）因素、水平的选择。本试验需要考察的因素及其对应的水平如表 8-51 所示。其中，A、B、C 为配方因素，D、E 为工艺因素。不考虑两类因素内部的交互作用，但是两类因素间的交互作用 $A \times D$、$A \times E$、$B \times D$、$B \times E$ 需要研究。

表 8-51 【例 8.11】提高某化工产品收率试验因素与水平表

水平	因素				
	A 两种原料总量	B 两种原料的克分子比	C 催化剂种类	D 反应时间	E 反应温度
1	A_1	1:1	甲	短	E_1
2	A_2	1:1.5	乙	长	E_2
3	A_3	1:2	丙		

（2）表头设计及试验设计。利用直积法设计本试验具体的做法如下：

首先利用 $L_9(3^4)$ 表进行表头设计。由表头设计得到九种配方，然后对 D、E 两因素进行表头设计，可得四种工艺。

九种配方，四种工艺，对于每一种配方都按规定的四种工艺条件进行四次试验，这样总共有 36 个试验，试验结果（试验结果 $y' = y - 80$，y 为产品收率）记录在表 8-52 中。

表 8-52 【例 8.11】提高某化工产品收率试验试验方案及试验结果

$L_9(3^4)$	A	B	C		1 1 1 1	2 1 2 2	3 2 1 2	4 2 2 1	$L_4(2^3)$
	1	2	3	4					1　D 2 3　E
1	1	1	1	1	−40	−40	−39	−30	
2	1	2	2	2	−4	−10	−8	0	
3	1	3	3	3	−3	−4	−19	−10	
4	2	1	2	3	−13	−15	−13	−7	
5	2	2	3	1	7	9	−5	3	
6	2	3	1	2	−3	−2	−5	−5	
7	3	1	3	2	−36	−35	−15	−21	
8	3	2	1	3	−6	−17	−7	−10	
9	3	3	2	1	−7	1	−15	−9	

试验结果的分析分四步进行。

（1）针对配方因素的试验结果分析。将四种生产条件下得到的试验结果看成重复试验的结果，可以得到表 8-53，即为针对试验配方因素的试验结果分析。

表 8-53 【例 8.11】提高某化工产品收率试验计算表 1

试验号	列 号								合 计
	A	B		C	y'_{ij}				
	1	2	3	4	1	2	3	4	
1	1	1	1	1	−40	−40	−39	−30	−150
2	1	2	2	2	−4	−10	−8	0	−22
3	1	3	3	3	−3	−4	−19	−10	−36
4	2	1	2	3	−13	−15	−13	−7	−48
5	2	2	3	1	7	9	−5	3	14
6	2	3	1	2	−3	−2	−5	−5	−15
7	3	1	3	2	−36	−35	−15	−21	−107
8	3	2	1	3	−6	−17	−7	−10	−40
9	3	3	2	1	−7	1	−15	−9	−30
I	−208	−305	−205	−166					
II	−49	−48	−100	−144					
III	−177	−81	−129	−124					

计算可得方差分析表如表 8-54 所示。

表 8-54 方差分析表 1

来 源	平 方 和	自 由 度
A	1 184.06	2
B	3 258.72	2
C	490.06	2
$S_e^2(1)$	73.56	2

表 8-54 中 $S_e^2(1)$ 为试验误差平方总和,它包含试验过程的所有误差,也叫一次误差平方和。

(2) 针对工艺因素的试验结果分析。与前一步相同,可以得到针对工艺因素的试验结果分析表,如表 8-55 所示。

表 8-55 【例 8.11】提高某化工产品收率试验计算表 2

试验号	列 号											合计
	D		E	y'_{ij}								
	1	2	3	1	2	3	4	5	6	7	8	9	
1	1	1	1	−41	−4	−3	−13	7	−3	−36	−6	−7	−106
2	1	2	2	−40	−10	−4	−15	9	−2	−35	−17	1	−113
3	2	1	2	−39	−8	−19	−13	−5	−5	−15	−7	−15	−126
4	2	2	1	−30	0	−10	−7	−3	−5	−21	−10	−9	−89
I	−219	−232	−195										
II	−215	−202	−239										

同样可得方差分析表如表 8-56 所示。

表 8-56　方差分析表 2

来　源	平方和	自由度
D	0.44	1
E	53.78	1
$S_e^2(2)$	25.00	1

表 8-56 中 $S_e^2(2)$ 是工艺过程的误差，其实质即为取样误差的一部分。

（3）两类因素的交互作用分析。分别计算可得 $A×D$、$B×D$、$A×E$、$B×E$ 的二元表，如表 8-57～表 8-60 所示。

表 8-57　$A×D$ 二元计算表

D	A			
	1	2	3	和
1	−102	−17	−100	−219
2	−106	−32	−77	−215
和	−208	−49	−177	−434

表 8-58　$B×D$ 二元计算表

D	B			
	1	2	3	和
1	−180	−21	−18	−219
2	−125	−27	−63	−215
和	−305	−48	−81	−434

表 8-59　$A×E$ 二元计算表

E	A			
	1	2	3	和
1	−88	−18	−89	−195
2	−120	−31	−88	−239
和	−208	−4	−177	−434

表 8-60　$B×E$ 二元计算表

E	B			
	1	2	3	和
1	−148	−10	−37	−195
2	−157	−38	−44	−239
和	−305	−48	−81	−434

按照交互作用平方和的一般计算公式可得交互作用方差分析表如表 8-61 所示。

表 8-61 交互作用方差分析

来源	平方和	自由度
A×D	63.72	2
B×D	423.39	2
A×E	45.72	2
B×E	22.39	2

（4）误差估计及显著性检验。首先计算总的变动平方和

$$S_T^2 = \sum_{i=1}^{9}\sum_{j=1}^{4} y_{ij}'^2 - \frac{T^2}{9\times 4} = 5991.89$$

$$f_T = 9\times 4 - 1 = 35$$

对于正交表 $L_9(3^4)$ 的总变动平方和为

$$S_T^2(1) = S_1^2(1) + S_2^2(1) + S_3^2(1) + S_4^2(1)$$

$$f_T = 8$$

所以二次误差为

$$S_{e_2}^2 = S_T^2 - (S_D^2 + S_E^2) - (S_{A\times D}^2 + S_{A\times E}^2 + S_{B\times D}^2 + S_{B\times E}^2) = 376.05$$

$$f_T = 38 - 5 - (1+1+2+2+2+2) = 17$$

原则上，要分别利用两张正交表的误差变动平方和去检验两张正交表的各因素，但是本例中满足以下公式

$$F = \frac{S_e^2(1)/f_e^{(1)}}{S_{e_2}^2/f_{e_2}} = \frac{73.56/2}{376.05/17} = 1.66 < F_{0.05}(2,17) = 3.59$$

结合前面介绍过的，重复取样的方差分析中满足这个公式说明 $S_e^2(1)$ 并不显著，所以 $S_{e_2}^2$、$S_e^2(1)$ 两误差是可以合并使用的，将两误差合并使用后可得到方差分析表如表 8-62 所示。

表 8-62 【例 8.11】提高某化工产品收率试验设计方差分析表

来源	平方和	自由度	均方	F 值
A	1 184.06	2	592.03	25.02
B	3 258.72	2	1 269.36	68.87
C	490.06	2	245.03	10.35
D	0.44	1	0.44	0.02
E	53.78	1	53.78	2.27
A×D	63.72	2	31.86	1.35
A×E	45.72	2	22.86	0.97

续表

来源	平方和	自由度	均方	F值
$B \times D$	423.39	2	211.70	8.95
$B \times E$	22.39	2	11.96	0.51
S_e^2	449.61	19	22.96	

查 F 检验表可知 $F_{0.01}(2,19)=5.93$，$F_{0.10}(1,19)=2.99$，$F_{0.25}(1,19)=1.41$。显著性检验后发现 A、C 两因素高度显著，结合直观分析法这两个因素都应该选取水平 2；E 因素部分显著，可在 1、2 两种水平选择；B 因素及 $B \times D$ 交互作用高度显著，由二元表可知 B_2D_1、B_2D_2、B_3D_1 三种组合水平效果较好，若要具体确定需进行后续试验。

8.7 正交试验设计的实际应用

正交试验设计在材料科学与工程中应用非常广泛，本节将介绍两个应用实例。

【例 8.12】钨基高密度合金是一种以钨为硬质相，以镍或者镍、铁等为黏结相构成的复合材料。传统钨基合金在穿透过程中不能形成良好的绝热剪切带，但是 W-Ni-Mn 系合金可以形成较好的绝热剪切带。现对高密度 W-Ni-Mn 系合金成分配比进行研究，因素水平表如表 8-63 所示。试验的指标为材料的相对密度和布氏硬度。

表 8-63　【例 8.12】W-Ni-mn 系合金成分配比试验因素与水平表

水平	因素			
	A	B	C	D
	Ni/g	Mn/g	Cu/g	Co/g
1	2	3	0.5	0
2	3	4	1.0	0.5
3	4	5	1.5	1.0

使用 $L_9(3^4)$ 正交表进行试验设计，将各因素填入表中各列即可，正交试验的试验设计及结果如表 8-64 所示。

表 8-64 【例 8.12】W-Ni-mn 系合金成分配比试验方案设计

试验号	列 号				相对密度/%	硬度/HBW
	1	2	3	4		
	A	B	C	D		
1	1	1	1	1	82.38	249.6
2	1	2	2	2	87.45	267.6
3	1	3	3	3	84.93	250.4
4	2	1	2	3	81.67	250.4
5	2	2	3	1	81.66	252.8
6	2	3	1	2	87.98	254.8
7	3	1	3	2	85.75	256.2
8	3	2	1	3	89.20	256.2
9	3	3	2	1	89.97	255.8

（1）相对密度结果分析。采用直观分析法对试验结果进行分析，表 8-65 给出了烧结后试样相对密度的分析结果。由极差可以看出，对试样相对密度影响最显著的是 Ni 和 Mn，影响较不明显的是 Cu 和 Co，优化方案为 $Ni_4Mn_3Cu_{0.5}Co_{0.5}$。

表 8-65 【例 8.12】W-Ni-mn 系合金成分配比试验试验结果分析

水 平	因 素			
	A	B	C	D
Ⅰ	245.6	262.88	259.56	254.01
Ⅱ	251.32	258.31	259.09	261.18
Ⅲ	264.92	249.80	252.34	255.80
k_1	84.92	87.63	86.52	84.67
k_2	83.77	86.10	86.36	87.06
k_3	88.31	83.27	84.11	85.27
R	4.54	4.36	2.41	2.39

图 8-3 为试样相对密度随合金元素含量的变化趋势。由图 8-3 可以看出，试样相对密度随着 Ni 含量的增加先略有降低后增加，这是因为 Ni 对 W 合金有活化烧结的作用，且 Ni 的含量应保证能形成足够多的液相以完成液相烧结。Mn 含量在 3~5 g 时，试样相对密度随着 Mn 含量的增加而降低，这是因为 Mn 的活性非常大，易于氧形成氧化物夹杂，使烧结致密变困难，导致合金中存在较大的孔。可以考虑继续减少 Mn 的含量做对照试验，还可以考虑改善 Mn 的性能，以降低其与氧的亲和力。Cu 含量在 0.5~1.5 g 时，Cu 含量越多，相对密度越低，这说明过多的 Cu 不利于烧结致密。Co 含量对试样相对密度的影响是先增加后降低，这是因为适量的 Co 可以改善

黏结相对 W 颗粒的浸润性，良好的浸润性对液相烧结是有利的，因此黏结相有较好的填充作用，可提高合金的相对密度。

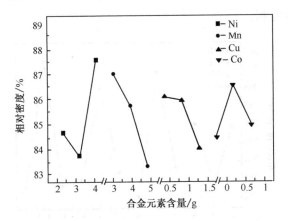

图 8-3　试样相对密度随合金元素含量的变化趋势

（2）布氏硬度结果分析。同样采用直观结果分析法对试验结果进行分析，结果如表 8-66 所示。由极差可以看出，对粉末冶金试样的布氏硬度影响最显著的是 Co 和 Mn，影响较不明显的是 Ni 和 Cu，优化方案为 $Ni_4Mn_4Cu_{1.0}Co_{0.5}$。

表 8-66　【例 8.12】W-Ni-mn 系合金成分配比试验试验结果分析

水　平	因　素			
	A	B	C	D
Ⅰ	767.6	756.2	760.6	758.2
Ⅱ	758.0	776.6	773.8	778.6
Ⅲ	768.2	761.0	759.4	757.0
k_1	255.9	252.1	253.5	252.7
k_2	252.7	258.9	257.9	259.5
k_3	256.1	253.7	253.1	252.3
R	3.4	6.8	4.8	7.2

图 8-4 为试样布氏硬度随合金元素含量的变化趋势。由图 8-4 可以看出，对于 Ni 的含量，较少或较多的 Ni 均有利于合金硬度的提高，这是因为适量的 Ni 能够提高合金的相对密度，进而提高合金硬度。对 Mn、Cu、Co 而言，适当的合金元素含量均有利于合金硬度的提高，这是因为 Mn 能影响氧和硫等杂质元素的分布。当合金中加入 Mn 时，氧和硫主要集中于锰的氧化物和硫化物中，很少再偏聚于 W 颗粒和黏结相之间的界面上，界面结合强度提高。Mn 对黏结相还有固溶强化的作用，阻碍位错运用，进一步提高硬度。但 W 在 Ni-Mn 黏结相中的溶解度低，过多的 Mn 不利于 W-Ni-Mn 合金性能的提高。Cu 的加入可有效地控制 W 在 Ni 中的溶解度，避免

WNi$_4$ 金属间化合物的生成。Co 可以部分取代 W，提高合金的机械性能，且能增强 Ni 与 W 的自由电子交互作用，改善 W 与黏结相的界面结合，因此适量的 Cu 和 Co 对提高合金的硬度有利。

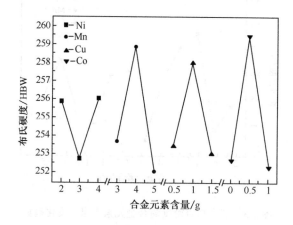

图 8-4 试样布氏硬度随合金元素含量的变化趋势

合金元素的含量对 W 合金性能的影响很大，现总结如下：

（1）Ni 对 W 合金相对密度的影响较大，对合金硬度的影响不明显。适当 Ni 的含量对提高合金相对密度有利。

（2）Mn 对 W 合金相对密度和硬度均有较大影响，适当降低 Mn 的含量有利于合金相对密度的提高，将 Mn 的含量控制在 4 g 左右能够得到较高的硬度。

（3）Cu 对 W 合金相对密度和硬度均无太大影响。

（4）Co 对 W 合金相对密度影响不大，对合金硬度影响较明显。将 Co 的含量控制在 0.5 g 附近能够获得较高的合金硬度。

【例 8.13】 粉末冶金材料性能提高的实质是获得良好的显微组织和减少孔隙、提高密度的过程，粉末冶金合金化是提高材料性能的有效方法之一。设计试验研究 Cu、Cr、Mn 对铁基粉末冶金材料显微组织、工艺和力学性能的影响，以获得影响材料组织性能主次关系的合金元素，为优化铁基粉末冶金材料的合金化工艺提供一定的参考依据。

（1）因素、水平的选择。根据文献报道和试探性试验的结果，选择影响组织性能的三个合金元素因素（Cu 含量、Cr 含量、Mn 含量）作为正交表的因素，每个因素选取四个水平。其中，Cu 含量分别为 1%、1.5%、2%、3%；Cr 含量分别为 0%、0.4%、0.8%、1.2%；Mn 含量分别为 0.3%、0.6%、0.9%、1.2%。因素水平表如表 8-67 所示。

表 8-67 【例 8.13】铁基粉末冶金材料成分配比试验因素与水平表

水平	因素		
	A Cu	B Cr	C Mn
1	1%	0%	0.3%
2	1.5%	0.4%	0.6%
3	2%	0.8%	0.9%
4	3%	1.2%	1.2%

（2）表头设计与试验安排。为减少试验次数并通过对三种合金元素的影响因素分析，选用 $L_{16}(4^5)$ 表进行正交设计，试验安排如表 8-68 所示。

表 8-68 【例 8.13】铁基粉末冶金材料成分配比试验方案

试验号	列号				
	A 1	B 2	C 3	4	5
1	1	1	1	1	1
2	1	2	2	2	2
3	1	3	3	3	3
4	1	4	4	4	4
5	2	1	2	3	4
6	2	2	1	4	3
7	2	3	4	1	2
8	2	4	3	1	1
9	3	1	3	4	2
10	3	2	4	3	1
11	3	3	1	2	4
12	3	4	2	1	3
13	4	1	4	2	3
14	4	2	3	1	4
15	4	3	2	4	1
16	4	4	1	3	2

根据正交表 $L_{16}(4^5)$，得到这 16 个试验方案，分别继续相关力学性能、工艺性能测试，得到正交试验性能结果如表 8-69 所示。

表 8-69 【例 8.13】铁基粉末冶金材料成分配比结果计算表

试验号	硬度/HRA	抗拉强度/MPa	冲击韧性/J·cm^{-2}
1	46.1	438.3	8.5
2	48.1	447.5	8.8
3	52.0	440.0	8.0
4	52.9	443.3	6.2

续表

试验号	硬度/HRA	抗拉强度/MPa	冲击韧性/J·cm^{-2}
5	52.1	511.3	9.3
6	52.2	489.0	6.1
7	51.7	485.0	5.2
8	54.0	521.0	6.4
9	52.4	529.0	8.1
10	53.7	538.0	5.7
11	54.0	586.0	8.6
12	53.3	582.5	7.6
13	55.2	563.0	8.8
14	54.7	586.3	9.0
15	54.5	577.5	8.1
16	56.9	621.5	7.9

（3）试验结果的直观分析。由表 8-69 可得极差分析计算表，如表 8-70 所示。

表 8-70　【例 8.13】铁基粉末冶金材料成分配比极差分析计算表

因素	硬度/HRA	抗拉强度/MPa	冲击韧性/J·cm^{-2}
Cu	5.5	142.5	1.70
Cr	2.8	29.4	1.65
Mn	1.4	24.2	1.98

由极差分析计算表可以得到：对于硬度而言，Cu 的影响最大，其次是 Cr，最后是 Mn；对于抗拉强度而言，依然是 Cu 的影响最大，Cr 其次，Mn 最后；但是对于抗拉强度而言，Cr、Mn 的重要性区别不大，具体重要性差别应当运用方差分析进一步确定；对于冲击韧性而言，Mn 的影响最大，其次是 Cu、Cr，同样 Cu、Cr 之间差别也需要运用方差分析才能确认。

（4）试验结果的方差分析。方差分析表计算如表 8.13 所示，请读者试着计算均方和自由度，并查询 F 分布检验表分析在置信水平 $\alpha = 0.05$ 条件下各水平的显著程度。

表 8-71　【例 8.13】铁基粉末冶金材料成分配比方差分析表

来源	硬度		抗拉强度		冲击韧性	
	均方	F 值	均方	F 值	均方	F 值
A	63.612 5	6.493 6	48 324.55	39.74	6.091 9	1.27
B	17.742 5	0.834 4	1 779.88	0.138 5	6.136 9	1.28
C	5.722 5	0.235 8	1 489.31	0.115 2	8.346 9	1.97

结论：

（1）铜对硬度和抗拉强度影响显著，铬、锰对冲击韧性影响显著。

（2）随着铜含量的增加，材料的表观硬度、抗拉强度和冲击韧性均提高。

（3）随着铬含量的增加，材料的表观硬度和抗拉强度提高，但材料的冲击韧性下降。

（4）随着锰含量的增加，材料表观硬度先下降后增加，材料的抗拉强度下降，材料的冲击韧性先上升后下降。

本章习题

8-1 什么情况下需要进行正交试验？正交试验的原理是什么？

8-2 正交试验设计的基本步骤有哪些？

8-3 正交试验的优点是什么？

8-4 正交试验常规分析方法中如何对正交试验结果进行分析？

8-5 正交表的自由度、因素的自由度和交互作用的自由度如何确定？

8-6 正交试验表选表必须遵循的一条原则及自由度的两条规定是什么？

8-7 安排水平数目不等的正交试验有哪些方法，各是如何使用的？

8-8 何谓因素的交互作用？考虑交互作用时，试验的安排、试验结果的分析与不考虑交互作用有何异同？

8-9 采用直接还原法制备超细铜粉的研究中，需要考察的影响因素有反应温度、Cu^{2+}与氨水质量比和$CuSO_4$溶液浓度，并通过初步试验确定的因素水平如表8-72所示。

表8-72 直接还原法制备超细铜粉

水　平	(A)溶液浓度/%	(B)Cu^{2+}与氨水质量比	(C)$CuSO_4$溶液浓度/g·mL^{-1}
1	70	1:0.1	0.125
2	80	1:0.5	0.5
3	90	1:1.5	1.0

试验指标有两个：① 转化率，越高越好；② 铜粉松密度，越小越好。用正交表 $L_9(3^4)$ 安排试验，将3个因素依次放在第1、第2、第3列上，不考虑因素间的交互作用，9次试验结果依次如下：

转化率（%）：40.26，40.46，61.79，60.15，73.97，91.31，73.52，91.31，73.52，87.19，97.26。

松密度（g/mL）：2.008，0.693，1.769，1.269，1.613，2.775，1.542，1.115，1.824。试用综合平衡法对结果进行分析，找出最好的试验方案。

8-10 某农科站进行品种试验，共有 4 个因素：A（品种）、B（氮肥量/kg）、C（氮、磷、钾肥比例）、D（规格）。因素 A 有四个水平，另外三个因素都有两个水平，具体数值如表 8-73 所示。试验指标是产量，数值越大越好。试验结果（产量/kg）依次为：195、205、220、225、210、215、185、190。试找出最好的试验方案。

表 8-73 农科站进行品种试验

水 平	A	B	C	D
1	甲	25	3:3:1	6×6
2	乙	30	2:1:2	7×7
3	丙			
4	丁			

8-11 在公路建设中为了试验一种土壤固化剂 NN 对某种土的固化稳定作用，对该种土按不同配比掺加水泥、石灰和固化剂 NN，其中水泥的掺加量为 3%、5%、7%；石灰的掺加量为 0%、10%、12%；NN 固化剂的掺加量为 0%、0.5%、1%，试验的目的是找到一个经济合理的方法提高土壤 7 天浸水抗压强度。试验安排和试验结果如表 8-74 所示，用方差分析方法分析试验结果。

表 8-74 某种土的固化稳定作用试验

试验号	1	2	3	4	试验结果
	水泥 A/%	石灰 B/%	NN 固化 C/%		7 天浸水抗压强度/MPa
1	(1)3	(1)0	(1)0.0	(1)	0.510
2	(1)3	(2)10	(2)0.5	(2)	1.366
3	(1)3	(3)12	(3)1.0	(3)	1.418
4	(2)5	(1)0	(2)0.5	(3)	0.815
5	(2)5	(2)10	(3)1.0	(1)	1.783
6	(2)5	(3)12	(1)0.0	(2)	1.838
7	(3)7	(1)0	(3)1.0	(2)	1.201
8	(3)7	(2)10	(1)0.0	(3)	1.994
9	(3)7	(3)12	(2)0.5	(1)	2.198

8-12 某化工厂生产一种化工产品，影响采纳率的 4 个主要因素是催化剂种类 A、反应时间 B、反应温度 C 和加碱量 D，每个因素都取两个水平。认为可能存在交互作用 $A \times B$ 和 $A \times C$。试验安排和试验结果如表 8-75 所示，找出好的生产方案，提高采收率。

表 8-75 化工产品试验

试验号	A	B	A×B	C	A×C		D	试验结果
	1	2	3	4	5	6	7	y
1	1	1	1	1	1	1	1	82
2	1	1	1	2	2	2	2	78
3	1	2	2	1	1	2	2	76
4	1	2	2	2	2	1	1	85
5	2	1	2	1	2	1	2	92
6	2	1	2	2	1	2	1	79
7	2	2	1	1	2	2	1	83
8	2	2	1	2	1	1	2	86

8-13 某正交试验考察 3 个二水平因素，用 $L_8(2^7)$ 正交表做重复试验，试验安排及试验结果如表 8-76 所示，试验指标 y 是望小特征，分析试验结果。

表 8-76 正交试验

试验号	A	B		C				试验结果		和
	1	2	3	4	5	6	7	y_{i1}	y_{i2}	y_i
1	1	1	1	1	1	1	1	1.5	1.7	3.2
2	1	1	1	2	2	2	2	1.0	1.2	2.2
3	1	2	2	1	1	2	2	2.5	2.2	4.7
4	1	2	2	2	2	1	1	2.5	2.5	5.0
5	2	1	2	1	2	1	2	1.5	1.8	3.3
6	2	1	2	2	1	2	1	1.5	2.0	3.5
7	2	2	1	1	2	2	1	1.8	1.5	3.3
8	2	2	1	2	1	1	2	1.9	2.6	4.5

8-14 某试验考察因素 A、B、C、D，选用表，将因素 A、B、C、D 依次排在第 1、2、3、4 列上，所得 9 个试验结果依次为：45.5、33.0、32.5、36.5、32.0、14.5、40.5、33.0、28.0。试用极差分析方法指出较优工艺条件及因素影响的主次。

8-15 某四种因素二水平试验，除考察因素 A、B、C、D 外，还需要考察 A×B，B×C，选用 $L_8(2^7)$ 表，将 A、B、C、D 依次排在第 1、2、4、5 列上，所得 8 个试验结果依次为：12.8、28.2、26.1、35.3、30.5、4.3、33.3、4.0。试用极差分析法指出因素（包括交互作用）的主次顺序及较优工艺条件。

8-16 为了提高某农药的收率进行正交试验设计。据生产经验知，影响收率的有 A、B、C、D 四因素，且 A 与 B 有交互作用，因素水平如表 8-77 所示，8 个试验结果是：86、95、91、94、91、96、83、88。试用方差分析法，找出最优工艺条件。

表 8-77 农药的收率正交试验

试验号	A	B	A×B	C			D	结果
	1	2	3	4	5	6	7	
1	1	1	1	1	1	1	1	86
2	1	1	1	2	2	2	2	95
3	1	2	2	1	1	2	2	91
4	1	2	2	2	2	1	1	94
5	2	1	2	1	2	1	2	91
6	2	1	2	2	1	2	1	96
7	2	2	1	1	2	2	1	83
8	2	2	1	2	1	1	2	88
I_j	366	368	352	351	361	359	359	
II_j	358	356	372	373	363	365	365	
R_j	8	12	20	22	2	6	6	
S_j	8	18	50	60.5	0.5	4.5	4.5	

8-17 某棉纺厂为了研究并条机的工艺参数对不匀率的影响,从而找出较优工艺条件进行生产,进行了三因素三水平试验,并条机的工艺参数如表 8-78 所示。由经验知各因素间交互作用可以忽略。选表 $L_9(3^4)$,将 A、B、C 依次排在第 1、第 2、第 3 列上。9 个试验结果依次为:21.5、21.3、19.8、22.6、21.4、19.7、22.8、20.4、20.0。试用极差分析法找出较优工艺条件。

表 8-78 并条机的工艺参数

试验号	A（罗拉加压）	B（后区牵伸）	C（后区隔距）
1	10×11×10（原工艺）	1.8（原工艺）	6（原工艺）
2	11×12×10	1.67	8
3	13×14×13	1.5	10

8-18 某造板厂进行胶压制造工艺的试验,以提高胶压的性能,因素及水平如表 8-79 所示。胶压板的性能指标采用综合评分的方法,分数越高越好,忽略因素间的交互作用,试用正交设计和极差分析确定各因素的最优水平及组合。

表 8-79 胶压制造工艺试验

试验号	(A) 压力/kPa	(B) 温度/℃	(C) 时间/min
1	810.60	95	9
2	1 013.25	90	12
3	1 114.58		
4	1 215.90		

8-19 某制药厂为提高某种药品的合成率,决定对缩合工序进行优化,因素水平表如表 8-80 所示,忽略因素间的交互作用,试用正交设计和极差分析确定各因素的最优水平及组合。

表 8-80 药品的合成率试验

试 验 号	(A) 温度/℃	(B) 甲醇钠量/mL	(C) 醛状态	(D) 缩合剂量/mL
1	35	3	固	0.9
2	25	5	液	1.2
3	45	4	液	1.5

8-20 为了提高某种产品的所得率,考察 A、B、C、D 四个因素,每个因素取 3 个水平,并且考虑交互作用 $A \times B$、$A \times C$、$A \times D$,试通过正交试验设计和方差分析确定较好的试验方案。

8-21 为提高烧结矿的质量,做下面的配料试验,各因素及其水平如表 8-81 所示。

表 8-81 提高某种产品得率试验

(单位:t)

试 验 号	A 精矿	B 生矿	C 焦粉	D 石灰	E 白云石	F 铁屑
1	8.0	5.0	0.8	2.0	1.0	0.5
2	9.5	4.0	0.9	3.0	0.5	1.0

反映质量好坏的试验指标为含铁量,越高越好。用正交表 $L_8(2^7)$ 安排试验。各因素依次放在正交表的 1~6 列上,8 次试验所得含铁量(%)依次为 50.9、47.1、51.4、51.8、54.3、49.8、51.5、51.3。试对结果进行极差分析,找出最优配料方案。

8-22 在梳棉机上纺黏棉混纱,为了提高质量,选了 3 个因素,每个因素有两个水平,3 个因素之间有一级交互作用。因素水平如表 8-82 所示。

表 8-82 纺黏棉混纱试验

试 验 号	A 金属针布	B 产量水平	C 速度
1	甲地产品	6kg	238r·min^{-1}
2	乙地产品	10kg	320r·min^{-1}

试验指标为棉结粒数,越小越好。用正交表 $L_8(2^7)$ 安排试验,8 次试验所得试验指标的结果依次为 0.30、0.35、0.20、0.30、0.15、0.40、0.50、0.15。试用极差分析法对结果进行分析。

8-23 苯酚合成工艺条件试验，各因素水平分别如下：

因素 A 反应温度：300 ℃、320 ℃；

因素 B 反应时间：20 min、30 min；

因素 C 压力：200 atm、300 atm（1 atm=101 325 Pa）；

因素 D 催化剂：甲、乙；

因素 E 加碱量：80 L、100 L。

试根据试验结果求出最佳工艺条件。

8-24 已知因素 A 和因素 B 是影响试验结果的两个主要因素。试验中 A 取 4 个水平，B 取 3 个水平，总试验次数为 12 次。经对试验结果计算，它们对应的离差平方和见表 8-83。

（1）试计算它们对应的均方及 F 值（列出计算过程）。

（2）将计算结果填入方差分析表（见表 8-83）中。

（3）应如何进行显著性检验？

表 8-83 苯酚合成工艺条件试验

差异源	SS	df	MS	F 值
A	5.29	3	1.76	40.6
B	2.22	2	1.11	25.6
误差	0.26	6	0.043 3	
总和	7.77	11		

8-25 某矿物浸出工艺，考虑反应温度 A，浸出剂初浓度 B 和浸出时间 C 为主要因素，以浸出率的大小为考虑工艺优劣的指标，其值越大越好。用 $L_9(3^4)$ 做试验，不考虑因素间的交互作用，试验方案和结果如表 8-84 所示，试用直观分析法确定因素的主次和优方案（表 8-84 中 k_i 为任一列上水平号为 i 时所对应的试验结果之和）。

表 8-84 矿物浸出工艺试验

试验号	（A）温度/℃	（B）浓度/mol·L^{-1}	（C）时间/min	空列	浸出率/%
1	（1）80	（1）3	（1）30	（1）	51
2	（1）80	（2）1	（2）60	（2）	71
3	（1）80	（3）2	（3）90	（3）	58
4	（2）70	（1）3	（2）60	（3）	82
5	（2）70	（2）1	（3）90	（1）	69
6	（2）70	（3）2	（1）30	（2）	59
7	（3）90	（1）3	（3）90	（2）	77

续表

试验号	(A)温度/℃	(B)浓度/mol·L^{-1}	(C)时间/min	空列	浸出率/%
8	(3) 90	(2) 1	(1) 30	(3)	85
9	(3) 90	(3) 2	(2) 60	(1)	84
k_1					
k_2					
k_3					
R					

8-26 某厂拟采用化学吸收法,用填料塔吸收废弃的 SO_2,为了使废气中 SO_2 的浓度达到排放标准,通过试验对吸收工艺条件进行了摸索,试验的因素与水平如表 8-85 所示。需要考虑交互作用 $A\times B$、$B\times C$。如果将 A、B、C 放在正交表 $L_8(2^7)$ 的第 1、第 2、第 4 列,试验结果(SO_2 摩尔分数/%)依次为:0.15、0.25、0.03、0.02、0.09、0.16、0.19、0.08。试进行方差分析($\alpha = 0.05$)。

表 8-85 吸收工艺条件试验

试验号	(A)碱浓度/%	(B)操作温度/℃	(C)填料种类
1	5	40	甲
2	10	20	乙

8-27 某化工厂为了处理含有毒性物质锌和镉的废水,预研沉淀试验条件,不考虑交互作用。用正交表 $L_8(4^1\times 2^4)$ 安排试验,得到考察指标的综合评分(百分制),因素 A、B、C、D 依次放在第 1、第 2、第 3、第 4 列,试验结果 y_i($i=1,2,\cdots,8$)如表 8-86 所示,试用方差分析确定各因素的最优水平及组合。

表 8-86 沉淀试验

试验号	(A)pH值	(B)凝聚剂	(C)沉淀剂	(D)废水浓度
1	7~8	加	NaOH	稀
2	8~9	不加	Na_2CO_3	浓
3	9~10			
4	10~11			

第 9 章

均匀设计

9.1 均匀设计简介

在科学研究与工业生产试验中,试验设计安排妥当与否,直接影响研究进度与效果,因此经常需要为进行各种试验寻找最佳设计参数,从而优化生产条件。发达国家把试验设计誉为"工程师的钥匙""工程的催化剂"。

"全面试验""优选法""正交设计"等都是广泛应用于多因素、多水平试验的有效设计方法,在实际工作中取得了一系列成就,试验次数比全面试验次数大大地减少。但是随着科技工作的深入发展,多因素、多水平的试验越来越多。用上述方法安排的试验次数仍然过多,有时甚至是不可能的。实际上,当要考察的多因素水平数大于 5 时,人们就望而生畏了。对于周期长、费用高的试验项目就更加不适用了。人们迫切希望能有一种试验次数更少的适合多因素、多水平试验的新设计方法——均匀设计。

均匀设计是继 20 世纪 60 年代华罗庚教授倡导、普及的优选法和我国数理统计学者在国内普及推广的正交法之后,由中国科学院应用数学所方开泰教授和王元院士于 1978 年提出的一种试验设计方法。均匀设计是统计试验设计的方法之一,它与正交设计、最优设计、旋转设计、稳健设计和贝叶斯设计等相辅相成。

我国数学家方开泰和王元将数论与多元统计相结合,在正交设计的基础上,创造出一种新的适用于多因素、多水平试验的设计方法。他们指出,正交设计具有"均匀分散,整齐可比"的特点。但是,正交设计为了照顾"整齐可比"性,对任意两因素,它必须是全面试验,每个因素的各水平必须有重复,这样试验点在其试验范围内,并不能做到充分地"均匀分散";为了达到"整齐可比"性,试验点就必须比较多。若舍弃"整齐可比"性,让试验点在其范围内,充分地"均匀分散",这样每个试验点就可以有更好的代表性,试验点的数目也可能较正交设计大幅度减少。这种单纯地从"均匀分散"性出发的试验设计法,方开泰和王元称之为均匀设计。

试验设计就是如何在试验域内最有效地选择试验点,通过试验得到响应的观测值,然后进行数据分析求得达到最优响应值的试验条件。因此,试验设计的目标,就是要用最少的试验取得关于系统尽可能充分的信息。均匀设计即可以较好地实现这一目标,尤其对多因素、多水平的试验。

与正交设计相比较,均匀设计有以下优点。

(1) 均匀设计使得试验次数大大减少,每个因素的每个水平只做一次试验,试验次数与水平数相等,而正交设计安排的试验次数是水平数平方的整数倍。均匀设计能够自动将各试验因素分为重要与次要,并将因素按重要性排序,同时过程数字化,可通过计算机对结果与因素条件进行界定与预报(如天气预报),进而控制各因素。

(2) 因素的水平可以适当调整,避免高档次水平或低档次水平相遇,以防止试验中发生意外或反应速度太慢。尤其适合在反应剧烈的情况下考察工艺条件。

(3) 利用电子计算机处理试验数据,可方便、准确、快速地求得定量的回归方程式。便于分析各因素对试验结果的影响,可以定量地预报优化条件及优化结果的区间估计。

均匀设计也存在一些缺点。由于均匀设计是非正交设计,所以它不可能估计出方差分析模型中的主效应和交互效应,但是它可以估出回归模型中因素的主效应和交互效应。另外,值得注意的是,在具体的试验设计中,不可以一味地只图少的试验次数。除非有很好的前期工作基础和丰富的经验,否则不要企图通过做很少的试验就可达到试验目的,因为试验结果的处理一般需要采用回归分析方法完成,过少的试验次数很可能导致无法建立有效的模型,也就不能对问题进行深入的分析和研究,最终使试验和研究停留在表面化的水平上。一般情况下建议试验的次数取因素数的 3~5 倍为好。

9.2 均匀设计的基本思想

均匀设计的数学原理是数论中的一致分布理论,此方法借鉴了"近似分析中的数论方法"这一领域的研究成果，将数论和多元统计相结合，属于伪蒙特卡罗方法的范畴。均匀设计只考虑试验点在试验范围内均匀散布，挑选试验代表点的出发点是"均匀分散"，而不考虑"整齐可比"，它可保证试验点具有均匀分布的统计特性，可使每个因素的每个水平做一次且仅做一次试验，任两个因素的试验点出现在平面的格子点上，每行每列有且仅有一个试验点。它着重在试验范围内考虑试验点均匀散布以求通过最少的试验来获得最多的信息，因而其试验次数比正交设计明显减少，使均匀设计特别适合于多因素多水平的试验和系统模型完全未知的情况。例如，当试验中有 m 个因素，每个因素有 n 个水平时，如果进行全面试验，共有 n^m 种组合，正交设计是从这些组合中挑选出 n^2 个试验，而均匀设计利用数论中的一致分布理论选取 n 个点试验，而且应用数论方法使试验点在积分范围内散布得十分均匀，并使分布点离被积函数的各种值充分接近，因此便于计算机统计建模。如某项试验影响因素有 5 个，水平数为 10 个，则全面试验次数为 10^5 次，正交设计是做 10^2 次，而均匀设计只做 10 次，可见其优越性非常突出。近几年来，均匀设计理论研究突飞猛进，对均匀设计和其他试验设计的关联和结合（如与正交设计进行了均匀性、最优性比较研究）得出在大多数情况下，特别是模型比较复杂时，均匀设计试验次数少、均匀性好，并对非线性模型有较好的估计；对线性模型，均匀设计也有较好的均匀性和较少的试验次数，比正交设计有较好的估计；虽然均匀设计失去了正交设计的整齐可比性，但在选点方面比正交设计有更大的灵活性，也就是说，它更加注重了均匀性。利用均匀设计可以选到偏差更小的点，更重要的是，试验次数由 n^2 减到 n，从而在实践中大大降低了成本。从经济和优化两个角度衡量，均匀设计确实有其优越性。实践中如因素多水平数多，而要求试验次数少的设计，一般用均匀设计来安排试验；因素多水平数少时一般采用正交设计。有时，可以将正交设计和均匀设计结合起来使用。有研究对均匀设计经济效益评估数理模型进行了探讨，并与全面试验、正交设计进行了比较；也有研究对均匀设计的优良性进行了探索，指出还有待进一步发掘，对均匀性本身也还有很多数学背景值得进一步研究；还有研究推荐利用模糊理论与均匀设计结合，建立模糊集合数据群，再通过因素与水平选择，建立模糊模拟均匀设计表，进行数据统计分析、调优，反向推断。这种模糊理论—均匀设计—统计调优的有机结合在某些项目的反设计中有广阔的应用前景，对应用中的一些问题，如因素与水平的选择、模型的建立提出了很好的建议。模型未知（包括部分模型已知）时，进行适当的重复试验有助于模型识别，尤其当随机误差很大时，没有适当的重复试验，很难得到可靠的结论。

均匀设计试验法是基于试验点在整个试验范围内均匀分散的一种试验设计方法。

当所研究的因素和水平数较多时，均匀设计试验法比其他试验设计方法（如正交试验设计等）所需要的试验次数显著减少。例如，安排一个3因素，每因素各取5个水平的试验，用正交设计需做25次试验，而用均匀设计法做5次就可以，即试验次数与水平数相同。当各因素的水平数均增到6个时，正交设计法的试验次数将从25次增加到36次，而均匀设计法只增加1次，这是均匀设计的最大特点。由于均匀设计试验的结果没有整齐可比性，数据的处理相对复杂一些，要借助微机进行回归分析，求出各因素与指标间的定量回归方程，再通过优化处理技术求出试验的最佳条件。

正交设计法是从全面试验中挑选部分试验点进行试验。它在挑选试验点时有两个特点，即均匀分散、整齐可比。"均匀分散"使试验点具有代表性，"整齐可比"可便于试验的数据分析。然而，为了照顾"整齐可比"，试验点就不能充分地"均匀分散"，且试验点的数目就会比较多（试验次数随水平数的平方而增加）。"均匀设计"方法的思路是去掉"整齐可比"的要求，通过提高试验点"均匀分散"的程度，使试验点具有更好的代表性，使用较少的试验获得较多的信息。

均匀设计沿用近30年来发展起来的"回归设计"方法，运用控制论中的"黑箱"思想，把整个过程看作一个"黑箱"，对参与试验的因素 $x_1, x_2, \cdots, x_n$ 运用均匀设计法安排试验，并作为系统的输入参数，而把试验指标（结果）Y 作为输出参数，如图9-1所示。

图9-1　试验因素（输入）与试验指标（输出）系统

在数学上可把输出参数 Y 与输入参数 x_i （$i=1,2,\cdots,n$）的关系用函数式表示为 $Y=f(x_1,x_2,\cdots,x_n)$。

对不同的系统可根据理论或凭经验进行函数模型假设，然后根据试验结果运用回归分析等方法确定模型中的系数，具体计算时可使用国内外现已广泛流行的统计软件 SAS、Minitab、Mathematics、MATLAB、SPSS 等在计算机上进行。

不同系统函数模型的形式及复杂程度可能相差很大，线性模型是最简单也是较常用的一种，但在现实中往往有其局限性，尤其是当输入参数取值范围较大时，正如几何中曲线在局部可用直线段近似表示，在较大范围内用直线段表示就会有较大的偏差。当线性模型假设失效时，可以考虑多项式模型（2 次的或更高次的），还可以考虑非多项式模型。任何模型假设都必须通过试验进行检验和评价以确定取舍。利用建立的回归模型，可估计各因素的主效应和交互效应，还可进行预测、预报等。

【例 9.1】无粮上浆是纺织工业的一项重要改革，用化学原料代替淀粉，可以节省大批粮食。羧甲基纤维素钠（CMC-Na）就是一种代替淀粉的化学原料。为了寻找 CMC-Na 的最佳生产条件,考察有关的 3 个因素：碱化时间 A(min),烧碱浓度 B(^{0}Be′)和醚化时间 C（min）。它们的变化范围选择为

碱化时间 A（min）：120～180

烧碱浓度 B（^{0}Be′）：25～29

醚化时间 C（min）：90～150

由于时间变化范围较大，取 5 个水平来考察。将上述三个因素的考察范围平均分成五个水平，列入表 9-1 内。

表 9-1 因素水平表

水平	因素				
	1	2	3	4	5
A/min	120	135	150	165	180
B/^{0}Be′	25	26	27	28	29
C/min	90	105	120	135	150

（1）全面试验：每一个因素的每一个水平彼此都有组合在一起试验的机会。如用组合 $A_iB_jC_k$（$i,j,k=1,2,3,4,5$）表示当因素 A 取 A_i 水平、B 取 B_j 水平、C 取 C_k 水平时所做的试验，这样共需做 5^3=125 次试验。

全面试验的优点是全面、仔细、结论精确；其缺点是试验次数太多。如果有 m 个因素，各有 $l_1,l_2,\cdots,l_m$ 个水平时，则试验次数为 $l_1,l_2,\cdots,l_m$。若 $l_1=l_2=\cdots=l_m$ 时，则为 l^m。显然对于多因素、多水平的试验是不可取的，在实践中甚至不可能做到。

（2）正交试验：一种直观而自然的想法是在全面试验中挑选出最具代表性的试验点做试验，既可减少试验次数，又可达到既定目的。关键是要解决如何选择最有代表性的试验点的问题。

由均匀设计的思想产生了一类正交表，它可以帮助我们挑选试验点。如表 9-2 所示是一个正交表，代号为 "L" 表示正交表；下标的 "25" 表示共有 25 行（相当于试验次数）；括号内的 "5" 表示该表由 1～5 自然数组成（相当于每个因素都有 5

个水平);"6"表示有 6 列(最多可安排 6 个因素)。每个正交表都用类似的符号表示。常用的正交表还有 $L_4(2^3)$、$L_8(2^7)$、$L_9(3^4)$、$L_{16}(2^{15})$、$L_{16}(4^5)$、$L_{27}(3^{13})$、$L_{32}(2^{31})$、$L_{25}(5^6)$ 等。正交试验方案如表 9-3 所示。

表 9-2 正交表 $L_{25}(5^6)$

列	行					
	1	2	3	4	5	6
1	1	1	1	1	1	1
2	1	2	2	2	2	2
3	1	3	3	3	3	3
4	1	4	4	4	4	4
5	1	5	5	5	5	5
6	2	1	2	3	4	5
7	2	2	3	4	5	1
8	2	3	4	5	1	2
9	2	4	5	1	2	3
10	2	5	1	2	3	4
11	3	1	3	5	2	4
12	3	2	4	1	3	5
13	3	3	5	2	4	1
14	3	4	1	3	5	2
15	3	5	2	4	1	3
16	4	1	4	2	5	3
17	4	2	5	3	1	4
18	4	3	1	4	2	5
19	4	4	2	5	3	1
20	4	5	3	1	4	2
21	5	1	5	4	3	2
22	5	2	1	5	4	3
23	5	3	2	1	5	4
24	5	4	3	2	1	5
25	5	5	4	3	2	1

表 9-3 正交试验方案

试验号	条件因素		
	1(A)/min	2(B)/°Be′	3(C)/min
1	1(120)	1(25)	1(90)
2	1(120)	2(26)	2(105)
3	1(120)	3(27)	3(120)
4	1(120)	4(28)	4(135)
5	1(120)	5(29)	5(150)
6	2(135)	1(25)	2(105)

续表

试验号	条件因素		
	1（A）/min	2（B）/°Be′	3（C）/min
7	2（135）	2（26）	3（120）
8	2（135）	3（27）	4（135）
9	2（135）	4（28）	5（150）
10	2（135）	5（29）	1（90）
11	3（150）	1（25）	3（120）
12	3（150）	2（26）	4（135）
13	3（150）	3（27）	5（150）
14	3（150）	4（28）	1（90）
15	3（150）	5（29）	2（105）
16	4（165）	1（25）	4（135）
17	4（165）	2（26）	5（150）
18	4（165）	3（27）	1（90）
19	4（165）	4（28）	2（105）
20	4（165）	5（29）	3（120）
21	5（180）	1（25）	5（150）
22	5（180）	2（26）	1（90）
23	5（180）	3（27）	2（105）
24	5（180）	4（28）	3（120）
25	5（180）	5（29）	4（135）

经过20多年的发展和推广，均匀设计法已广泛应用于材料、化工、医药、生物、食品、军事工程、电子、社会经济等诸多领域，并取得了显著的社会和经济效益。

9.3 试验的安排

对于【例9.1】，用正交表设计试验的大体步骤如下：

（1）选择合适的正交表。此例是三因素、五水平试验，用$L_{25}(5^6)$较合适。

（2）将A、B、C三因素放到$L_{25}(5^6)$任意三列的表头上，例如放在前三列上。

（3）把A、B、C对应的三列中放入具体的水平，如表9-2所示，则25次试验的条件就清楚了，试验方案也就安排好了。

正交表$L_{25}(5^6)$从全面试验的125个试验点中挑选了25个试验点，这些试验点的特征是：

（1）对任意两个因素而言，这 25 次试验都是全面试验。这样就可以保持全面试验的一些优点，并使试验有可比性。

（2）任一因素各水平试验的重复数都是相等的（此例每水平都重复 5 次）。

（3）对绝大部分正交表而言，各列是完全等价的。即此例用的是前三列，若用第 1、第 2、第 4 列三列或用第 4、第 5、第 6 列三列（六列中任取三列），其试验效果是一样的。

概括而言，对每个因素每个水平都是一视同仁，挑选的试验点在其试验范围内有"均匀分散，整齐可比"的特性，可以用较少的试验点来考察众多的因素。

由正交表的这三个特点容易看出，试验次数是水平数平方的整数倍。因此，正交设计只适用于水平不太多（一般≤5）的多因素试验。当水平较多时，试验次数也是很可观的，如 11 个水平的多因素试验，至少要做到 $11^2=121$ 次试验。而多因素、多水平的试验是经常遇到的，特别是周期长、费用高的多因素、多水平试验，应用正交设计法就更加不适用了。人们迫切需要一种试验次数更少的新的试验设计方法，来满足客观实际上的要求。均匀设计法就是为了解决这一类问题而产生的。

上面说过，正交试验有"均匀分散，整齐可比"的特点。"均匀分散"性使试验点均衡地分布在试验范围内，让每个试验点有充分的代表性。因此，即使在正交表中各列都排满的情况下，也能得到满意的结果。"整齐可比"性使试验结果的分析十分方便，可以估计各因素对指标的影响，找出事物变化的主要矛盾。但是，为了照顾到"整齐可比"性，对任意两个因素它必须是全面试验，每个因素的各水平必须有重复，这样做的结果是，试验点在其试验范围内并不能做到充分"均匀分散"；为了达到"整齐可比"性，试验点的数目就必须比较多。若舍弃"整齐可比"性，让试验点在其试验范围内充分地"均匀分散"，这样每个试验点就可以有更好的代表性。试验点的数目也可以较正交设计大幅度地减少。这种单纯地从"均匀分散"性出发的试验设计方法称为均匀设计。

均匀设计表安排试验的步骤和正交设计很相似，但也有一些不同之处。通常有以下步骤。

（1）明确试验目的，确定试验指标。若考察的指标有多个则一般需要对指标进行综合分析。

（2）选择试验因素。根据专业知识和实际经验进行试验因素的选择，一般选择对试验指标影响较大的因素进行试验。

（3）确定因素水平。根据试验条件和以往的实践经验，首先确定各因素的取值范围，然后在此范围内设置适当的水平，组成因素水平表。

(4) 选择均匀设计表，排布因素水平。这是均匀设计很关键的一步，一般根据试验的因素数、水平数来选择合适的均匀设计表。由于均匀设计试验结果多采用多元回归分析法，在选表时还应注意均匀设计表的试验次数与回归分析的关系。

(5) 进行表头设计。根据试验的因素数和该均匀设计表对应的使用表，将各因素安排在均匀设计表相应的列中，如果是混合水平的均匀设计表，则可省去表头设计这一步。需要指出的是，均匀设计表中的空列，既不能安排交互作用，也不能用来估计试验误差，所以在分析试验结果时不用列出。

(6) 明确试验方案，进行试验操作。试验方案的确定与正交试验设计类似。

(7) 试验结果统计分析。由于均匀设计表没有整齐可比性，试验结果不能用方差分析法，可采用直观分析法和回归分析方法。

建议采用回归分析方法对试验结果进行分析进而发现优化的试验条件。依试验目的和支持条件的不同也可采用直观分析法法取得最好的试验条件（不再进行数据的分析处理）。

① 直观分析法：如果试验只是为了寻找一个可行的试验方案或确定适宜的试验范围，就可以采用此法直接对所有得到的几个试验结果进行比较，从中挑出试验指标最好的试验点。由于均匀设计的试验点分布均匀，用上述方法找到的试验点一般距离最佳试验点也不会很远，所以该方法是一种非常有效的方法。从已做的试验点中挑一个指标值最好的试验点，用该点对应的因素水平组合作为较优工艺条件，该法主要用于缺乏计算工具的场合。

② 回归分析法：在条件允许的情况下，均匀设计的结果分析最好采用回归分析法。均匀设计的回归分析一般为多元回归分析，计算量很大，一般需借助相关的计算机软件进行分析计算。通过回归分析，可得到反映各试验因素与试验指标关系的回归方程；可根据标准回归系数的绝对值大小，得出各试验因素对试验指标影响的主次顺序；由回归方程的极值点，可求得最优工艺条件。通常采用线性回归或步回归的方法。

(8) 优化条件的试验验证。通过回归分析方法计算得出的优化试验条件一般需要进行优化试验条件的实际试验验证（可进一步修正回归模型）。

(9) 缩小试验范围进行更精确的试验，寻找更好的试验条件，直至达到试验目的为止。

对于【例 9.1】而言，应用三种不同的试验设计法安排试验，得到三种不同的方案。比较三者的结果，就可以一目了然地看出均匀设计法的优点了，如表 9-4 所示。

表 9-4 三种试验设计法比较

试验设计方案	试验次数	
	3 因素 5 水平	S 因素 q 水平
全面试验	$5^3=125$	q^S
正交设计	$5^2=25$	$n \cdot q^2$
均匀设计	$5^1=5$	q

【例 9.2】在阿魏酸的合成工艺考察中，为了提高产量，选取了原料配比（A）、吡啶量（B）和反应时间（C）三个因素，各取了 7 个水平。

原料配比（A）：1.0，1.4，1.8，2.2，2.6，3.0，3.4；

吡啶量（B/mL）：10，13，16，19，22，25，28；

反应时间（C/h）：0.5，1.0，1.5，2.0，2.5，3.0，3.5。

根据因素和水平，选取均匀设计表 $U_7(7^4)$ 或 $U_7^*(7^4)$。由它们的使用表中可查，当 $S=3$ 时，两个表的偏差分别为 0.372 1 和 0.213 2，故应当选用 $U_7^*(7^4)$ 来安排该试验，其试验方案如表 9-5 所示。该方案是将 A、B、C 分别放在 $U_7^*(7^4)$ 表的后 3 列而获得的。

表 9-5 制备阿魏酸的试验方案 $U_7^*(7^4)$ 和结果

编　号	配比（A）	吡啶量（B）	反应时间（C）	收率（Y）
1	1.0（1）	13（2）	1.5（3）	0.330
2	1.4（2）	19（4）	3.0（6）	0.336
3	1.8（3）	25（6）	1.0（2）	0.294
4	2.2（4）	10（1）	2.5（5）	0.476
5	2.6（5）	16（3）	0.5（1）	0.209
6	3.0（6）	22（5）	2.0（4）	0.451
7	3.4（7）	28（7）	3.5（7）	0.482

本试验也可以使用 $U_7(7^6)$ 均匀设计表，试验方案列于表 9-6。根据试验方案进行试验，其收率（Y）列于表 9-6 中的最后一列，其中以第 7 号试验为最好，其工艺条件为配比 3.4，吡啶量 28mL，反应时间 3.5h。

表 9-6 制备阿魏酸的试验方案 $U_7(7^6)$ 和结果

编　号	配比（A）	吡啶量（B）	反应时间（C）	收率（Y）
1	1.0（1）	13（2）	1.5（3）	0.330
2	1.4（2）	19（4）	3.0（6）	0.336
3	1.8（3）	25（6）	1.0（2）	0.294
4	2.2（4）	10（1）	2.5（5）	0.476

续表

编 号	配比（A）	吡啶量（B）	反应时间（C）	收率（Y）
5	2.6（5）	16（3）	0.5（1）	0.209
6	3.0（6）	22（5）	2.0（4）	0.451
7	3.4（7）	28（7）	3.5（7）	0.482

混料设计又叫单纯形设计，其试验区域为单纯形。与上述回归设计中提出的单纯形格子法、单纯形重心法及对称单纯形设计法等相比较，混料均匀设计的试验点设置更具代表性和灵活性，而且所需的试验点数较少，与每个因子的水平数 n 一致。

无磷浓缩加酶洗衣粉一般是由 AEO-9、1Z-12、纯碱、4A 沸石、泡花碱、元明粉、PAA、复合酶、CMC、荧光增白剂 VBL、香精等十几种原料混配而成的。在进行新产品开发和性能改进的研究时，配方师往往是在这些原料各自通常的用量范围内进行调整、试验。其中某些原料的用量及其变化范围都很小，对产品性能（本例中指去污力）的影响也甚微，比如 CMC、增白剂 VBL、香精，把它们的用量也作为因子进行研究的意义不大。为了合理简化研究过程，事先在设计方案时就不予考虑，保持通常用量不变，依次为 1.4%、0.12%和 0.02%。另外，元明粉在洗衣粉中的作用是调整粉体流动性，同时降低成本（填充料），其用量虽然较大，但对去污力的影响也不大，因此本试验对其用量亦不做考虑，根据设计配方点的其他原料组成，再补充至 100%（余量）。

在上述简化考虑的基础上，选取 AEO-9、PAA、LZ-12、4A 沸石、复合酶、泡花碱和纯碱七种主要原料的用量（%）为考察影响因素，选择它们各自在洗衣粉中的用量范围为试验范围，并将各自的用量范围平分设置成 8 个水平，然后进行试验的均匀设计。具体的试验范围和水平如表 9-7 所示。

表 9-7 洗衣粉主要原料用量范围及水平设置

考察因素（代号）	AE09（x_1）	PAA（x_2）	LZ-12（x_3）	4A 沸石（x_4）	复合酶（x_5）	泡花碱（x_6）	纯碱（x_7）
1	11	1.5	0.5	9	0.35	20	7
2	12	2	1	10	0.4	22	8
3	13	2.5	1.5	11	0.42	24	9
4	14	3	2	12	0.5	26	10
5	15	3.5	2.5	13	0.55	28	11
6	16	4	3	14	0.6	30	12
7	17	4.5	3.5	15	0.65	32	13
8	18	5	4	16	0.7	34	14

按照均匀试验设计的方法，选用 $U_{16}^*(16^{12})$ 均匀设计表及其使用表来安排上述七因子八水平试验，并将 $U_{16}^*(16^{12})$ 表中的水平进行如下变换（拟水平）1、2-Ⅰ，3、4-Ⅱ，5、6-Ⅰ，7、8-Ⅴ，9、10-Ⅴ，11、12-Ⅵ，13、14-Ⅵ，15、16-Ⅵ，如表 9-8、表 9-9 所示。

表9-8 均匀设计表 $U_{16}^*(16^{12})$

	1	2	3	4	5	6	7	8	9	10	11	12
1	1	2	4	5	6	8	9	10	13	14	15	16
2	2	4	8	10	12	16	1	3	9	11	13	15
3	3	6	12	15	1	7	10	13	5	8	11	14
4	4	8	16	3	7	15	2	6	1	5	9	13
5	5	10	3	8	13	6	11	16	14	2	7	12
6	6	12	7	13	2	14	3	9	10	16	5	11
7	7	14	11	1	8	5	12	2	6	13	3	10
8	8	16	15	6	14	13	4	12	2	10	1	9
9	9	1	2	11	3	4	13	5	15	7	16	8
10	10	3	6	16	9	13	5	15	11	4	14	7
11	11	5	10	4	15	3	14	8	7	1	12	6
12	12	7	14	9	4	12	6	1	3	15	10	5
13	13	9	1	14	10	2	15	11	16	12	8	4
14	14	11	5	2	16	10	7	4	12	9	6	3
15	15	13	9	4	5	1	16	14	8	6	4	2
16	16	15	13	12	11	9	8	7	4	3	2	1

表9-9 $U_{16}^*(16^{12})$ 使用表

因子数	列 号						
7	1	2	3	6	9	11	12

均匀设计试验方案配方（用量%）及结果如表 9-10 所示。

表9-10 均匀设计试验方案配方（用量%）及结果

因子列号	x_1 1	x_2 2	x_3 3	x_4 6	x_5 9	x_6 11	x_7 12	试验结果（Y） 去污力比值
1	11	1.5	1	12	0.65	34	14	1.3
2	11	2	2	16	0.55	32	14	1.5
3	12	2.5	3	12	0.45	30	13	1.4
4	12	3	4	16	0.35	28	13	1.2
5	13	3.5	1	11	0.65	26	12	1.6
6	13	4	2	15	0.55	24	12	1.7
7	14	4.5	3	11	0.45	22	11	1.4
8	14	5	4	14	0.35	20	11	1.3
9	15	1.5	0.5	10	0.7	34	10	1.4

续表

因子列号	x_1 1	x_2 2	x_3 3	x_4 6	x_5 9	x_6 11	x_7 12	试验结果（Y）去污力比值
10	15	2	1.5	14	0.6	32	10	1.7
11	16	2.5	2.5	10	0.5	30	9	1.6
12	16	3	3.5	14	0.4	28	9	1.5
13	17	3.5	0.5	9	0.7	26	8	1.5
14	17	4	1.5	13	0.6	24	8	1.3
15	18	4.5	2.5	9	0.5	22	7	1.6
16	18	5	3.5	13	0.4	20	7	1.5

由高等数学理论和建模经验得知，对于这种配方产品的性能与其原料用量间的数学关系

$$y = f(x_1, x_2, x_3, \cdots, x_N, \cdots)$$

可以用一个 k 次多项式逼近进行数据拟合。一般情况下，用二次多项式已足够说明问题。因此对于上述 7 种主要组分组成的洗衣粉，其去污力（Y）与成分（x_i）间的关系可以表示为

$$Y = \beta_0 + \sum \beta_i x_i + \sum\sum \beta_{ij} x_i x_j + \sum \beta_{ij} x_i^2 + e \ (e\text{ 为随机误差})$$

如果有足够的试验数据，采用多元逐步回归分析方法就可以建立起其回归方程

$$Y = \beta_0 + \sum \beta_i x_i + \sum\sum \beta_{ij} x_i x_j + \sum \beta_{ij} x_i^2$$

将表 9-8 中的试验数据输入计算机中，按给定的运算程序进行逐步回归分析，筛选影响因素，最后得到以下回归模型

$$Y = 1.312 - 0.1422 x_3 + 0.6244 x_3 x_5 - 0.0076 x_3 x_7$$

该模型显著性统计检验（方差分析）结果如表 9-11 所示。

表 9-11 方差分析表

来源	平方和	自由度	均方	F
总和	0.999 988	15		
回归	0.451 486	3	0.150 495	3.293
剩余	0.548 502	12	0	

给定的置信度为 1.51，相关系数 0.671 9。显然，3.293>1.51，该模型具有一定的可信度。

按照上述数学计算，洗衣粉配方中，上述七种主要原料里，AEO-9、PAA、4A 沸石和泡花碱的用量多少对洗衣粉去污力比值大小的影响也不是主要因素，因此它

们的用量可以根据生产成本的控制要求、洗衣粉的视比重、颗粒度、流动性等外观指标进行调整。对于 LZ-12、复合酶纯碱用量的优化，利用约束条件下 n 维方程的极值调优法，求出在其合理的约束条件下洗衣粉去污力比值取得极大值（或最大值）的用量为

$$Y=f(x_3=4，x_5=0.7，x_7=7)=2.278\ 72$$

显然，该组成点位于约束条件区域的边界上。

为了验证该优化点，把这七种原料 AEO-9、PAA、LZ-12、4A 沸石、复合酶、泡花碱、纯碱的用量，依次选取为 16%、2%、4%、14%、7.25%、7%。CMC、VBL 和香精仍取为 1.4%、0.12%和 0.02%，元明粉用量补充为 30%。混配合格后检测其去污力比值，结果为 1.92，远远高于原试验方案中 16 个点的结果，与模型预测值 2.278 72 基本接近。由此，可以说该模型式对本体系的洗衣粉去污力性能有一定的预见性。

9.4 均匀设计的分析

均匀设计是试验点在整个试验范围内均匀散布的情况下，从均匀性角度出发提出的一种试验设计方法。均匀设计只考虑试验点在试验范围内充分"均匀散布"而不考虑"整齐可比"，因此试验的结果没有正交试验结果的整齐可比性，所以试验结果的分析处理不能用方差分析法，而通常采用直接分析法和回归分析法（包括最小二乘回归分析法和偏最小二乘回归分析法）。

9.4.1 直接分析法

如果试验目的只是寻找一个可行的试验方案或确定适宜的试验范围，就可以采用此法直接对试验所得到的结果进行对比分析，从中挑选出试验指标最好的试验点。由于均匀试验设计的点分布均匀，用上述方法找到的试验点一般离最佳试验点也不会很远，所以该法是一个非常有效的方法。由于均匀设计的试验次数相对较少，因而在多数场合下不能直接从试验中找到满意的试验条件，需要通过回归分析寻找最优试验条件。

9.4.2 最小二乘回归分析法

回归分析是均匀设计数据分析的主要手段。由于均匀分析的出发点是建立多因素寻优模型，因此如考虑多因素互作、模型最优化的实际需要，最基本的要求是根据均匀设计试验结果建立二次多项式回归方程模型。若试验设计有 m 个因素 $x_1, x_2, \cdots, x_m$，当观察指标为 y 时，其二次多项式回归模型为

$$y = \beta_0 + \sum_{i=1}^{m} \beta_i x_i + \sum_{i=1}^{m} \beta_{ii} x_i^2 + \sum_{i<j} \beta_{ij} x_i x_j + \varepsilon$$

式中，β_0、β_i、β_{ii} 和 β_{ij} 为回归系数，ε 为随机误差。从上述回归模型可以看到，除了常数项 β_0 以外，方程有 $m(m+3)/2$ 项，若使回归系数的估计有可能，必要条件为试验次数

$$n > 1 + m(m+3)/2$$

当 m 较大时，通常不能满足这个必要条件。目前一般的做法是采用逐步回归分析技术，从二次多项式方程中选择方差贡献显著的因素或因素组合，删除不显著（重要）的因素或因素组合，建立含部分变量的回归方程模型。

对均匀设计结果采用回归分析时，一般先使用多元线性回归，如果线性回归的效果不够好则使用多项式回归。当因素之间存在交互作用时应该采用含有交叉项的多项式回归，通常采用二次多项式回归。做回归分析时要使用因素的实际数值建立回归方程。设在一个试验中有 p 个因子 $x_1, x_2, \cdots, x_p$。若只考虑 y 关于 $x_1, x_2, \cdots, x_p$ 的线性关系，则可用多元线性回归方法建立回归方程，并对每一系数进行显著性检验，然后逐个删去不显著的变量，直到所有系数显著为止。若考虑 y 关于 $x_1, x_2, \cdots, x_p$ 的二次回归，除每一变量的线性项外，还要考虑其二次项、变量项的乘积项，那么回归系数就有 $2p + \dfrac{p}{2} + 1 = \dfrac{(p+1)(p+2)}{2}$，当 $p=6$ 时，回归系数有 28 个，超过试验次数 $n=17$，这时只能用逐步回归方法从中选出显著的项建立回归方程。

通常采用的回归分析是最小二乘回归分析法，通过分析可以得到以下几点。

（1）得到反映各试验因素与试验指标关系的回归方程。

（2）根据标准回归系数绝对值大小或显著水平的大小，得到试验因素对试验指标影响的主次顺序和影响的显著性程度。

（3）根据方程的极值点得到最优工艺条件。

9.4.3 偏最小二乘回归分析法

传统的回归分析基于最小二乘的多元线性回归、逐步回归分析方法。但是，从实际操作和应用来看，有几个问题：一是分析时多数自变量是组合变量，它们之间存在严重的多重共线性，这会使得分析结果很不稳定，以致有时某个因素是否选入对回归方程产生很大的影响，使建模者左右为难；二是选中的自变量有时与所希望的有较大出入，从专业知识方面认为是重要的变量往往落选，特别是有时单相关非常显著的变量落选，使我们很难信服地接受这样的"最优"回归模型；三是所建立的回归方程模型有些因素的回归系数符号反常，这与专业背景不符合；四是在配方均匀设计试验并考查外界影响因素时，配方成分是不能随意去掉。从上述 4 个问题可以看出，传统的基于最小二乘的多元线性回归、逐步回归分析方法不能完全适应均匀设计数据建模的需要。偏最小二乘回归分析方法，这一从应用领域提出的新的多元数据分析技术在近 10 多年来得到了迅速发展。偏最小二乘法可以有效地克服目前回归建模的许多实际问题，如上面提到的样本容量小于变量个数时进行回归建模，以及多个因变量对多个自变量的同时回归分析等一般最小二乘回归分析方法无法解决的问题。

偏最小二乘回归分析，最初用于研究多解释变量和多个反应变量的定量关系，即在解释变量空间和反应变量空间分别寻找某些线性组合（潜变量），并使得两个变量空间的协方差最大。如用 $X_{n\times m}$ 表示解释变量，用 $Y_{n\times k}$ 表示反应变量，这里 n 是样本个数，m 是解释变量（自变量）的个数，k 是反应变量（因变量）的个数。PLS 的目的是将数据集投影到一系列的潜变量 t_j 和 u_j（$i=1,2,\cdots,A$），这里 A 是潜变量的个数。然后在 t_j 和 u_j 之间建立回归方程

$$u_j = b_j t_j + e_j$$

这里的 e_j 是误差向量，b_j 是未知参数，且 b_j 可通过公式 $\hat{b}_j = t_j^T u_j$ 进行估计。其中 t_j 和 u_j 满足：① 最大可能地包含数据表 X 和 Y 的信息；② 相关程度最大。

潜变量可通过公式 $t_j = X_j q_j$ 和 $u_j = Y_j q_j$ 计算得到。这里变量 p_j 和 q_j 是使潜变量 t_j 和 u_j 的协方差最大（潜变量 t_j 和 u_j 相关程度达最大）时的权重系数。

$$X_{j+1} = X_j - t_j P_j^T, \quad p_j = X_j^T t_j / (t_j^T t_j)$$
$$Y_{j+1} = Y_j - b_j t_j q_j^T, \quad q_j = X_j^T t_j / (t_j^T t_j)$$

设 $\hat{u}_j = \hat{b}_j t_j$ 是 u_j 的预报值，这时矩阵 X 和 Y 可以分解成如下外积形式

$$X = \sum_{j=1}^{A} t_i P_j^T + E, \quad Y = \sum_{j=1}^{A} \hat{u}_j q_j^T + F$$

式中，E 和 F 是提取 A 对潜变量后矩阵 X 和 Y 的残差。

在偏最小二乘回归分析过程中，每对潜变量 t_j 和 u_j（$j=1,2,\cdots,A$）在迭代过程中依次被提取，然后计算提取后的残差，并对每一步的残差再继续进行分析，直至根据某种准则确定提取潜变量的对数（A）。

确定要提取的潜变量对数一般需要应用预测残差平方和 PRESS，即在每一步分别计算去掉 1 个样本点后反应变量预测估计值和实际观测值的残差平方和

$$\text{PRESS}_{(j)} = \sum_{k}^{1} \sum_{i}^{n} \left(y_{ik} - \hat{y}_{k(j)(-i)}\right)^2$$

偏最小二乘回归分析是一种新型的多元统计数据分析方法，它于 1983 年由伍德（S. Wold）和阿巴诺（C. Albano）等人首次提出。近几十年来，它在理论及应用方面都得到了迅速发展。偏最小二乘回归分析集多元线性回归分析、典型相关分析和主成分分析的基本功能为"一体"，由于偏最小二乘回归在建模的同时实现了数据结构的简化，因此可以在二维平面上对多维数据的特性进行观察，这使得可以在偏最小二乘回归分析中对各个因素的影响进行分析。在一次偏最小二乘回归分析计算后，不但可以得到多因变量对多自变量的回归模型，而且可以在二维平面上直接观察两组变量之间的相关关系和样本点间的相似结构。这种高维数据多个层面的可视见性，可以使数据系统的分析内容更加丰富，同时又可以对所建立的回归模型给予许多更详细深入的实际解释。此外，偏最小二乘方法适应多因变量对多自变量的回归建模分析，比对逐个因变量做多元回归更加有效，其结论更加可靠，整体性更强。偏最小二乘回归分析的这些将非模型方式的数据认识性分析方法和优化模型方法集中起来的特点及多因变量建模功能正适合均匀设计试验结果数据分析和优化模型的建立。

【例 9.3】在淀粉接枝丙烯制备高吸水性树脂的试验中，为提高树脂吸盐水的能力，考察了丙烯酸用量（x_1）、引发剂用量（x_2）、丙烯酸中和度（x_3）和甲醛用量（x_4）四个因素，每个因素取 9 个水平，如表 9-12 所示。

表 9-12 淀粉接枝丙烯制备高吸水性树脂试验的因素水平表

水 平	丙烯酸用量 x_1/mL	引发剂用量 x_2/%	丙烯酸中和度 x_3/mL	甲醛用量 x_4/mL
1	12.0	0.3	48.0	0.20
2	14.5	0.4	53.5	0.35
3	17.0	0.5	59.0	0.50
4	19.5	0.6	64.5	0.65
5	22.0	0.7	70.0	0.80
6	24.5	0.8	75.5	0.95
7	27.0	0.9	81.0	1.10
8	29.5	1.0	86.5	1.25
9	32.0	1.1	92.0	1.40

【解】 根据因素和水平，可以选取均匀设计表 $U_9^*(9^4)$ 或者 $U_9(9^4)$。由它们的使用表可以发现，均匀设计表 $U_9^*(9^4)$ 最多只能安排 3 个因素，因此选 $U_9(9^4)$ 安排试验。根 $U_9(9^4)$ 使用表，将 x_1、x_2、x_3 和 x_4 分别放在第 1、第 2、第 3、第 5 列，试验方案如表 9-13 所示。

表 9-13 淀粉接枝丙烯制备高吸水性树脂试验的试验方案

水 平	x_1/mL	x_2/%	x_3/mL	x_4/mL	吸盐水倍率 y/%
1	12.0	0.3	64.5	1.25	34
2	14.5	0.4	86.5	1.10	42
3	17.0	0.5	59.0	0.95	40
4	19.5	0.6	81.0	0.80	45
5	22.0	0.7	53.5	0.65	55
6	24.5	0.8	75.5	0.50	59
7	27.0	0.9	48.0	0.35	60
8	29.5	1.0	70.0	0.20	61
9	32.0	1.1	92.0	1.40	63

如果采用直观分析法，9 号试验所得产品的吸盐水能力最强，可以将 9 号试验对应的条件作为较好的工艺条件。

如果对上述试验结果进行回归分析，得到的回归方程为
$$y=18.585+1.644x_1-11.667x_2+0.101x_3-3.333x_4$$

该回归方程 $R^2=0.986$，分差分析结果如表 9-14 所示，可见所求的回归方程非常显著，该回归方程是可信的。

表 9-14 方差分析

回归分析	df	SS	MS	F	显著性 F
	4	919	229.75	70.692 31	0.000 578 254
残差	4	13	3.25		
总计	8	932			

由回归方程可以看出：x_1 和 x_3 的系数为正，表明试验指标随之增加而增加；x_2 和 x_4 的系数为负，表明试验指标随之增加而减小。因此，确定优方案时，前者的取值应偏上限，后者取下限，即丙烯酸 32mL，引发剂 0.3%，丙烯酸中和度 92%，甲醛 0.20mL。将其代入回归方程，$y=76.3$。这结果好于 9 号试验结果，但需要验证试验。

为了判断各因素的主次顺序，对各因素进行 t 检验，结果如表 9-15 所示，比较各因素的 P 值就可以大致看出各个因素对因素变量作用的重要性。可见因素主次顺

序为：$x_1>x_2>x_3>x_4$，即丙烯酸用量>引发剂用量>丙烯酸中和度>甲醛用量。

表9-15　各因素的 t 检验结果

因　素	系　数	标准误差	t 统计量	P 值
截距	18.584	3.704	5.017	0.007
x_1	1.644	0.126 7	12.980	0.000 2
x_2	−11.667	3.167	−3.684	0.021 1
x_3	0.101	0.057 6	1.754	0.154 3
x_4	−3.333	2.111	−1.579	0.189 6

为了得到更好的结果，可对上述工艺条件进一步考察，x_1 和 x_3 可以取更大一点，x_2 和 x_4 取更小一点，也许会得到更优的试验方案。

9.5　均匀设计表的构造

目前，均匀设计表多使用好格子点法、遗传算法、贪婪算法、门限接受法等来构造。

遗传算法是模拟达尔文生物进化论的自然选择和遗传学机制的生物进化过程的计算模型，是一种通过模拟自然进化过程搜索最优解的方法。遗传算法是从代表问题可能潜在解集的一个种群开始的，而一个种群则由经过基因编码的一定数目个体组成。每个个体实际上是染色体带有特征的实体。染色体作为遗传物质的主要载体，即多个基因的集合，其内部表现（基因型）是某种基因组合，它决定了个体形状的外部表现，如黑头发的特征是由染色体中控制这一特征的某种基因组合决定的。因此，在一开始需要实现从表现型到基因型的映射即编码工作。由于仿照基因编码的工作很复杂，研究中往往进行简化，如二进制编码，初代种群产生之后，按照适者生存和优胜劣汰的原理，逐代演化产生出越来越好的近似解，在每一代根据问题域中个体的适应度大小选择个体，并借助自然遗传学的遗传算子进行组合交叉和变异，产生出代表新解集的种群。这个过程将导致种群像自然进化一样的后生代种群比前代更加适应于环境，末代种群中的最优个体经过解码，可以作为问题近似最优解。

贪婪算法是一种对某些求最优解问题的更简单、更快速的设计技术。用贪婪法设计算法的特点是一步一步地进行，常以当前情况为基础根据某个优化测度作最优选择,而不考虑各种可能的整体情况,省去了为找最优解要穷尽所有可能而必须耗费的大量时间,采用自顶向下,以迭代的方法做出相继的贪心选择,每做一次贪心选择就将所求问题简化为一个规模更小的子问题,通过每一步贪心选择,可得到问题的一个最优解,虽然每一步上都要保证能获得局部最优解,但由此产生的全局解有时不一定是最优的。

贪婪算法是一种改进了的分级处理方法,其核心是根据题意选取一种量度标准,然后将这多个输入排成这种量度标准所要求的顺序,按这种顺序一次输入一个量。如果这个输入和当前已构成在这种量度意义下的部分最佳解加在一起不能产生一个可行解,则不把此输入加到这部分解中。这种能够得到某种量度意义下最优解的分级处理方法称为贪婪算法。

对于一个给定的问题,往往可能有好几种量度标准。初看起来,这些量度标准似乎都是可取的,但实际上,用其中的大多数量度标准做贪婪处理所得到该量度意义下的最优解并不是问题的最优解,而是次优解。因此,选择能产生问题最优解的最优量度标准是使用贪婪算法的核心。

一般情况下,要选出最优量度标准并不是一件容易的事,但对某问题能选择出最优量度标准后,用贪婪算法求解则特别有效。最优解可以通过一系列局部最优的选择即贪婪选择来达到,根据当前状态做出在当前看来是最好的选择,即局部最优解选择,然后再去解做出这个选择后产生的相应的子问题。每做一次贪婪选择就将所求问题简化为一个规模更小的子问题,最终可得到问题的一个整体最优解。

科学试验通常涉及若干因素,且每个因素有若干的水平。一般来说,采用多种参数水平组合进行多次试验可为问题的解决提供足够的信息。但是,基于现实方面的诸多考虑,试验次数不能无限制的增加。于是,如何在有限的试验次数中获取足够信息的问题就摆在面前。均匀设计的提出即为了应对此类问题。其做法是从整个设计空间"均匀"地抽取有限的试验点,使试验点具有均匀分布的统计特征,比传统的试验设计方法具有更好的稳健性。

试验设计表"均匀性"的度量通常用"偏差"来进行。在同因素同水平的设计表中,均匀设计表具有最低的偏差和最高的均匀性。于是,在已知因素和水平的前提下,均匀设计表的构造或计算问题就是在整个设计空间中找到偏差值最低表格的优化问题。但是,随着试验因素个数和水平个数的增加,设计空间会迅速增大,最终成为一个困难的问题。同时,传统的优化方法容易使得在整个空间的搜索陷入"局部最优解"而无法达到"全局最优解"。针对这个问题,一些新的优化算法如模拟退火法等被提出,其中门限接受法作为对模拟退火法的一种改进,被证明是一种行之有效的算法。

利用门限接受法解决均匀设计表生成的问题,首先需要确定以下几个要素:① 目标函数的选取;② 门限序列的确定;③ 初始设计表格的生成;④ 局部邻表的生成规则;⑤ 接受准则和停止准则。

图 9-2 表示的是门限接受法的一般流程,其中 x_2 表示整个设计空间,x^c 表示当前设计,J 表示单个门限的使用次数,I 表示使用门限的个数,T 表示使用中的门限,$f(x)$ 即目标函数。可见,与一般的优化算法不同,门限接受法的接受准则为 $\Delta f \leqslant T$,其中在最后一次循环之前 $T>0$。这也就意味着,即使新表的均匀性低于旧表,旧表仍有可能被替代。这样做的好处是可以避免陷入"局部最优"中的最优解。门限 T 来自一个门限序列,通常是一个从大到小的数列,最后一个值为 0。在整个搜索过程中,门限被从大到小选取,最后才变成 0。如果一开始就设为 0,那么在找到第一个局部最优解的时候搜索就停止了。需要注意的是,即使是门限接受法也无法保证最后找到的解是全局最优解,因此最终输出的表格严格意义上并不能成为均匀设计表,但其均匀性已经足够高,有些甚至可以达到相应偏差的下限,对实际应用不会造成太大影响。

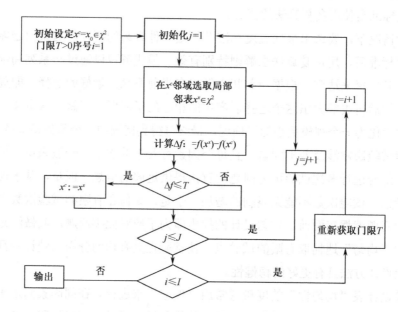

图 9-2 门限接受法生成均匀设计表的流程图

1) 初始设计表格的生成

通过门限接受法得到的设计表并不是严格意义上的均匀设计表,而是具有良好均匀性的"近似均匀设计表"。因此,为了进一步减少计算次数,可以将搜索区域从整个试验设计空间缩小到部分均匀性较好的设计表构成的集合,如 U 型设计表。

定义在一个 $n \times s$ 的矩阵 U 中,若每一列的元素均从序列 1,2,…,q 中取值,且每个值均出现相同的 n/q 次,那么 U 可称为对称 U 型设计表,记为 $U(n; q^s)$。通

常可将 U 中每个元素均遵循规则 $f: l \rightarrow (2l-1)/q$，$l = 1, 2, \cdots, q$ 进行转化，转化后的矩阵 $\tilde{U}(n; q^s)$。

初始设计表可从转化后的 U 型设计中选取。由于没有有效的证据证明初始表格的均匀性会对最终表格造成影响，在选取过程中可以尽量采取简化原则，或者利用计算机随机生成。

2) 目标函数的选取

一般来说，若利用函数 $f(X)$ 来度量 X 的均匀性（或偏差），则其必须满足以下3个条件。

（1）X 中发生行互换或者列互换时，$f(X)$ 保持不变；

（2）X 中相互对称的元素各水平取值互换时，$f(X)$ 保持不变；

（3）将 X 投射到更低维度，$f(X)$ 仍可以计算其均匀性。

在伪蒙特卡罗方法中经常用星 L_P-偏差来计算偏差，但是星 L_P-偏差并不满足上述 3 个条件。因此，可以利用其变形环绕 L_2-偏差，简称 WD_2。若单位超立方 C^s 表示整个试验设计空间，其中 n 个试验点构成 $P = (x_{k1}, \cdots, x_{ks})$，$k = 1, 2, \cdots, n$，那么 P 的 WD_2-值为

$$[WD_2(P)]^2 = -\left(\frac{4}{3}\right)^s + \frac{1}{n}\left(\frac{3}{2}\right)^s + \frac{2}{n^2}\sum_{i=1}^{n-1}\sum_{j=i+1}^{n}\prod_{k=1}^{s}\left[\frac{3}{2} - |x_{ik} - x_{jk}|\left(1 - |x_{ik} - x_{jk}|\right)\right]$$

WD_2 不仅满足上述三个条件，更重要的是，可以比较容易得到 WD_2 的下限值，这对之后评估近似均匀设计表有重要意义。当 q 为偶数时，设计 $U(n; q^s)$ 的 WD_2-值的理论下限为

$$L_{\text{even}} = -\left(\frac{4}{3}\right)^s + \frac{1}{n}\left(\frac{3}{2}\right)^s +$$
$$\frac{n-1}{n}\left(\frac{3}{2}\right)^{\frac{s(n-q)}{q(n-1)}}\left(\frac{5}{4}\right)^{\frac{sn}{q(n-1)}}\left(\frac{3}{2} - \frac{2(2q-2)}{4q^2}\right)^{\frac{2sn}{q(n-1)}}\left(\frac{3}{2} - \frac{(q-2)(q+2)}{4q^2}\right)^{\frac{2sn}{q(n-1)}}$$

当 q 为奇数时，理论下限为

$$L_{\text{even}} = -\left(\frac{4}{3}\right)^s + \frac{1}{n}\left(\frac{3}{2}\right)^s +$$
$$\frac{n-1}{n}\left(\frac{3}{2}\right)^{\frac{s(n-q)}{q(n-1)}}\left(\frac{3}{2} - \frac{2(2q-2)}{4q^2}\right)^{\frac{2sn}{q(n-1)}}\left(\frac{3}{2} - \frac{(q-1)(q+1)}{4q^2}\right)^{\frac{2sn}{q(n-1)}}$$

需要指出的是，WD_2-值能达到理论下限的设计表并不一定存在。如果搜索过程中发现设计表的 WD_2-值达到了对应下限，那么搜索过程可以立即停止，此设计表即为严格意义上的均匀设计表。但是，更多情况下 WD_2-值的理论下限是作为评估最终

表格均匀性的一个手段。

3) 局部邻表的生成

在搜索过程中，需要不断地计算当前设计表的局部邻表，用两者 WD_2-值之差与当前门限进行比较，从而决定是否将当前设计替换为邻表。局部邻表的生成需要满足以下两个条件。

（1）新生成的表格仍为 U 型设计表；

（2）生成过程不宜太复杂，否则会浪费大量计算资源。

4) 门限序列的生成

门限序列中的数值从左到右依次减小，最终变为 0。在每一次循环中，当前表格与其邻表的 WD_2-值之差与当前门限进行比较，从而决定是否替换，在经过 J 次循环后，当前门限在门限序列中向右取下一个值，以此类推。门限序列的生成没有固定的规则，但一般来说，所有门限值的选取必须大小适中，并且门限序列的长度应随着试验因素和水平个数的增加而有所增长。

图 9-3 表示对一次优化过程中邻表 WD_2-值的追踪，其中试验次数 n=25，因素个数 s=10，水平数 q=5，可见收敛过程迅速而平稳。

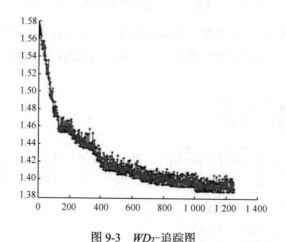

图 9-3　WD_2-追踪图

5) 均匀设计表的评估

至此，可以利用算法程序对特定试验次数 n、因素个数 s 及水平数 q 的试验生成相应的近似均匀设计表。由于可以比较容易地得到 WD_2-值的理论下限，因此可以对已经生成的表格进行一定程度的评估。随着计算机技术的不断发展，一些困难问题逐渐可以利用"全局搜索"的方式找到全局最优解，但是在计算资源仍旧紧缺的情况下，利用门限接受法等方法避免落入局部最优从而得到更好的局部最优解仍不失为一种好的替代方法。

9.5.1 均匀设计表的结构

观察 $U_5(5^4)$ 和 $U_9(5^6)$ 表，可以直观地看到：

（1）U_5 为五行四列表，U_9 为九行六列表。由均匀设计的特点，可知表中的行数体现了水平数，即试验次数，表中的列数是最多可供选择的列数。

（2）若令 n 表示水平数和试验次数，表中第一列的数字有明显的规律：按自然数的顺序由 1 排到 n。第一行的数字对 U_5 表来讲，也有明显的规律：按自然数顺序由 1 排到 $n-1$（此时 $n=5$ 为素数）；但是，U_9 表有些不同，没有 3 和 6 两个数字（此时 $n=9$ 为一般奇数）。

（3）无论是 U_5 表还是 U_9 表，表中任一列的 n 个数字没有重复。

问题是：对试验次数是 n 的均匀设计表，应该有几列？表中的数字究竟是按什么规律产生的？怎样寻求一种法则，完成均匀设计表的构造呢？

9.5.2 同余运算规则

为了使均匀设计表中任一列的 n 个数字没有重复，且和因素的水平数 n 一致起来，在此定义如下的同余运算规则

$$ba \equiv c \pmod{n}$$

式中，$c = \begin{cases} ba, & ba < n \\ ba - kn, & ba \geq n \end{cases}$，其中 k 为正整数，使得 $0 < ba - kn \leq n$。

记 $(a, n)=1$ 表示 a 与 n 的最大公约数是 1。

【例9.4】$n=5$，$a=2$，b 取 1，2，3，4，5，时，按同余规则有 $1 \cdot a=1 \times 2=2$，$2 \cdot a=2 \times 2=4$，$3 \cdot a=3 \times 2-5=1$，$4 \cdot a=4 \times 2-5=3$，$5 \cdot a=5 \times 2-5=5$，（mod 5）得出 1~5 不同的 5 个自然数。

【例9.5】$n=9$，$a=2$，b 取 1，2，3，4，5，6，7，8，9 时，按同余规则有 $1 \cdot a=1 \times 2=2$，$2 \cdot a=2 \times 2=4$，$3 \cdot a=3 \times 2=6$，$4 \cdot a=4 \times 2=8$，$5 \cdot a=5 \times 2-9=1$，$6 \cdot a=6 \times 2-9=3$，$7 \cdot a=7 \times 2-9=5$，$8 \cdot a=8 \times 2-9=7$，$9 \cdot a=9 \times 2-9=9$（mod 9）得出 1~9 不同的 9 个自然数。

【例9.6】$n=9$，$a=3$，b 取 1~9 的自然数时，按同余规则有 $1 \cdot a=1 \times 3=3$，$2 \cdot a=2 \times 3=6$，$3 \cdot a=3 \times 3=9$，$4 \cdot a=4 \times 3-9=3$，$5 \cdot a=5 \times 3-9=6$，$6 \cdot a=6 \times 3-9=9$，$7 \cdot a=7 \times 3-2 \times 9=3$，$8 \cdot a=8 \times 3-2 \times 9=6$，$9 \cdot a=9 \times 3-2 \times 9=9$（mod 9）只得出 3、6、9 三个不同的自然数。

【例9.4】、【例9.5】因满足（2，5）=1、（2，9）=1，按同余规则产生了1~n不同的 n 个自然数。【例9.6】中，因（3，9）=3≠1，所以只得到3、6、9三个自然数，得不出其余6个数字。同样，数6也是如此，故 U_9 表中只有6列，而 U_5 表中为4列。

一般情况下，若水平数为 n，a 为小于 n 的某一自然数，且满足（a，n）=1时，可以保证：$1 \cdot a$，$2 \cdot a$，$3 \cdot a$，…，na（mod n），是 n 个不同的自然数。因此，为了保证 U_a 表中任一列是 n 个不同的自然数，对第一行的某一数，应满足条件（a，n）=1，再按同余运算规则即可得出该列上 n 个不同的自然数。

9.5.3 构造均匀设计表的规则

综上所述，构造均匀设计表应遵循以下规则（此处只讨论水平数 n 为奇数时的情况，n 为偶数时的均匀设计表一般可由奇数表获得）。

（1）U_n 表的第一列是1，2，3，…，n，U_n 表的第一行由一切小于 n 的自然数 a_i 组成，且满足（a_i，n）=1。

（2）U_n 表的第 i 列第 j 个元素为

$$U_{ij}=j \cdot a_i \pmod{n}$$

其中 a_i 为第 i 列的第一个元素，$i=1,2,\cdots,m$（$m<n$），$j=1,2,\cdots,n$。

【例9.7】按上述规则构造 U_5 表。

$n=5$，第一行满足（a_i，5）=1，且小于5的自然数有1、2、3、4四个数，故此表应有四列，按规则（2）可分别产生各列数值如下：

第一列 $a_1=1$，有 1×1=1，2×1=2，3×1=3，4×1=4，5×1=5（mod 5）

第二列 $a_2=2$，有 1×2=1，2×2=4，3×2=6-5=1，4×2=8-5=3，5×2=10-5=5（mod 5）

第三列 $a_3=3$，有 1×3=3，2×3=6-5=1，3×3=9-5=4，4×3=12-2×5=2，5×3=15-2×5=5（mod 5）

第四列 $a_4=4$，有 1×4=4，2×4=8-5=3，3×4=12-2×5=2，4×4=16-3×5=1，5×4=20-3×5=5（mod 5）

【例9.8】按上述规则 U_7 构造表。

$n=7$，第一行满足（a_i，7）=1，且小于7的自然数有1、2、3、4、5、6六个数，故此表应有六列，按规则（2）可分别产生各列数值如下：

第一列 $a_1=1$，有 1×1=1，2×1=2，3×1=3，4×1=4，5×1=5，6×1=6，7×1=7（mod 7）

第二列 $a_2=2$，有 1×2=1，2×2=4，3×2=6，4×2=8-7=1，5×2=10-7=3，6×2=12-7=5，

$7\times2=14-7=7$（mod 7）

第三列 $a_3=3$，有 $1\times3=3$，$2\times3=6$，$3\times3=9-7=2$，$4\times3=12-7=5$，$5\times3=15-2\times7=1$，$6\times3=18-2\times7=4$，$7\times3=21-2\times7=7$（mod 7）

第四列 $a_4=4$，有 $1\times4=4$，$2\times4=8-7=1$，$3\times4=12-7=5$，$4\times4=16-2\times7=2$，$5\times4=20-2\times7=6$，$6\times4=24-3\times7=3$，$7\times4=28-3\times7=7$（mod 7）

第五列 $a_5=5$，有 $1\times5=5$，$2\times5=10-7=3$，$3\times5=15-2\times7=1$，$4\times5=20-2\times7=6$，$5\times5=25-3\times7=4$，$6\times5=30-4\times7=2$，$7\times5=35-4\times7=7$（mod 7）

第六列 $a_6=6$，有 $1\times6=6$，$2\times6=12-7=5$，$3\times6=18-2\times7=4$，$4\times6=24-3\times7=3$，$5\times6=30-4\times7=2$，$6\times6=36-5\times7=1$，$7\times6=42-5\times7=7$（mod 7）

于是得到 $U_7(7^6)$ 表。如表9-16所示。

表9-16 $U_7(7^6)$ 表

列	行					
1	1	2	3	4	5	6
2	2	4	6	1	3	5
3	3	6	2	5	1	4
4	4	1	5	2	6	3
5	5	3	1	6	4	2
6	6	5	4	3	2	1
7	7	7	7	7	7	7

【例9.9】按上述规则构造 U_9 表。

$n=9$，第一行满足 $(a_i, 9)=1$，且小于9的自然数有1、2、4、5、7、8六个数，故此表应有六列，按规则（2）可分别产生各列数值如下：

第一列 $a_1=1$，有 $1\times1=1$，$2\times1=2$，$3\times1=3$，$4\times1=4$，$5\times1=5$，$6\times1=6$，$7\times1=7$，$8\times1=8$，$9\times1=9$（mod 9）

第二列 $a_2=2$，有 $1\times2=1$，$2\times2=4$，$3\times2=6$，$4\times2=8$，$5\times2=10-9=1$，$6\times2=12-9=3$，$7\times2=14-9=5$，$8\times2=16-9=7$，$9\times2=18-9=9$（mod 9）

第三列 $a_3=4$，有 $1\times3=4$，$2\times4=8$，$3\times4=12-9=3$，$4\times4=16-9=7$，$5\times4=20-2\times9=2$，$6\times4=24-2\times9=6$，$7\times4=28-3\times9=1$，$8\times4=32-3\times9=5$，$9\times4=36-3\times9=9$（mod 9）

第四列 $a_5=5$，有 $1\times5=5$，$2\times5=10-9=1$，$3\times5=15-9=6$，$4\times5=20-2\times9=2$，$5\times5=25-2\times9=7$、$6\times5=30-3\times9=3$，$7\times5=35-3\times9=8$，$8\times5=40-4\times9=4$，$9\times5=45-4\times9=9$（mod 9）

第五列 $a_5=7$，有 $1\times7=7$，$2\times7=14-9=5$，$3\times7=21-2\times9=3$，$4\times7=28-3\times9=1$，$5\times7=35-3\times9=8$，$6\times7=42-4\times9=6$，$7\times7=49-5\times9=4$，$8\times7=56-6\times9=2$，$9\times7=63-6\times9=4$（mod 9）

第六列 $a_6=8$，有 $1×8=8$，$2×8=16-9=7$，$3×8=24-2×9=6$，$4×8=32-3×9=5$，$5×8=40-4×9=4$，$6×8=48-5×9=3$，$7×8=56-6×9=2$，$8×8=64-7×9=1$，$9×8=72-7×9=9$（mod 9）

于是得到与表 9-16 完全一致的 $U_9(9^6)$ 表。

注 1：若令 $a_i=1$，则 U 表的第一列也符合规则（2）产生规律。

注 2：如果 n 为素数，则符合 $(a_i, n)=1$ 的不大于 n 的自然数为 $1, 2, \cdots, n-1$。表明 n 为素数时，相应 U_n 表有 $n-1$ 列。U_5 表有 $(5-1)$ 列，U_7 表 $(7-1)$ 列。

注 3：当 $n=p^l$ 时，其中 p 为素数，l 为正整数，则相应的 U_n 表的列数为

$$p^l \cdot \left(1-\frac{l}{p}\right) = n \cdot \left(1-\frac{l}{p}\right)$$

例如，U_9 表中，此处 $p=3$，$l=2$，因此 U_9 表中有 $9 \cdot (1-1/3)=6$ 列。

注 4：因为任一正整数均可分解为素因子的连乘积，当 $n = p_1^{l_1} \cdot p_2^{l_2} \cdots p_m^{l_m}$ 时，其中 $p_1, p_2, \cdots, p_m$ 为不相同的素数，$l_1, l_2, \cdots, l_m$ 为正整数，则相应的 U_n 表有

$$n \cdot \left(1-\frac{l}{p_1}\right) \cdot \left(1-\frac{l}{p_2}\right) \cdots \left(1-\frac{l}{p_m}\right)$$

列。例如，$n=6=2^1×3^1$，此处 $p_1=2$，$p_2=3$，$l_1=l_2=1$，则 U_6 表有 $6 \times \left(1-\frac{1}{2}\right) \times \left(1-\frac{1}{3}\right) = 2$ 列。

这说明当 n 为偶数时，也采用对奇数的办法造表，得到的列数较少。在均匀设计表中，U_6 表是将 $U_7(7^6)$ 表的最后一行划去而形成的，因此有 6 列。所以偶数的均匀设计表一般要从奇数的均匀设计表划去最后一行来获得。

通过以上说明可以清楚地知道各种 U_n 表为什么有那么多的列数，且只有当 n 为素数时，才能达到 $n-1$ 列，其余情况均少于 $n-1$ 列，这就是素数的优点。

9.6 应用均匀设计表的注意事项

均匀设计法在诞生、发展和广泛应用过程中有以下几个鲜明的特点。

（1）均匀设计法的诞生是应国防科研实践的需求，由我国科学家潜心研究开发的，其来自实践，又应用于实践，实践促进研究，研究又进一步指导实践，理论研究与实践应用相辅相成，互为依存、互相促进，创造更大效益。

（2）1994 年成立了中国数学会均匀设计分会，国防科学技术工业委员会将均匀设计法的推广应用纳入"八五"国防科技成果重点项目推广计划，有力地推动了均

匀设计法的发展。

（3）均匀设计法的理论研究和推广应用也得益于各部门领导的支持及专家与广大科技工作者科学求实、积极不懈地努力。

（4）学会与各地区、各部门相结合，开发均匀设计软件，摄制推广录像片，进行技术培训和学术交流，推动了均匀设计法的理论研究和应用实践。

均匀设计正是由于上述的理论与实践结合、领导与群众结合、专家与广大科技工作者结合、行政组织与学会结合，不断发展、完善，不断拓展新的应用领域，为增强我国的经济实力和国防科技的发展做出了很大贡献。今后，应进一步发挥学会组织和各地区、各部门的力量，调动各方面的积极性，充分利用互联网的优势，相互支持、密切协同，有组织、有计划地使均匀设计的理论研究与实践应用取得更大的发展，为国民经济和国防现代化做出更大的贡献。

均匀设计是一种最新的试验设计法，它在各领域中的应用实例很多，在应用均匀设计表安排试验方案时，应该注意以下一些问题。

（1）当所研究的因素和水平数目较多时，均匀设计试验法比其他试验设计方法所需的试验次数更少，但不可过分追求少的试验次数，除非有很好的前期工作基础和丰富的经验，否则不要企图通过做很少的试验就可达到试验目的，因为试验结果的处理一般需要采用回归分析方法完成，过少的试验次数很可能导致无法建立有效的模型，也就不能对问题进行深入的分析和研究，最终使试验和研究停留在表面化的水平上（无法建立有效的模型，只能采用直接观察法选择最佳结果）。一般情况下，建议试验的次数取因素数的 3~5 倍为好。

（2）优先选用表进行试验设计。通常情况下表的均匀性要好于 U_n 表，其试验点布点均匀，代表性强，更容易揭示出试验的规律，而且在各因素水平序号和实际水平值顺序一致的情况还可避免因各因素最大水平值相遇所带来的试验过于剧烈或过于缓慢而无法控制的问题。

（3）对于所确定的优化试验条件的评价，一方面要看此条件下指标结果的好坏；另一方面要考虑试验条件是否合理可行的问题，要权衡利弊，力求达到用最小的付出获取最大收益的效果。

【例 9.10】环戊酮的 2-羟甲基化的均匀设计法

$$\text{环戊酮} + HCHO \xrightarrow{K_2CO_3} \text{2-羟甲基环戊酮}$$

这是制备 2-羟甲基环戊酮的常用方法之一。根据文献调研及初步预试验结果，确定考察的因素及范围如下：

A——环酮：甲醛（mol/mol）：1～5.4；

B——反应温度（℃）：5～60；

C——反应时间（h）：1～6.5；

D——碱量（1mol/L 碳酸钾水溶液，mL）：15～70。

将各因素的考察范围平均分成 12 个水平，列入表 9-17 中。

表 9-17　因素水平表

因素	水平											
	1	2	3	4	5	6	7	8	9	10	11	12
A	1.0	1.4	1.8	2.2	2.6	3.0	3.4	3.8	4.2	4.6	5.0	5.4
B	5	10	15	20	25	30	35	40	45	50	55	60
C	1.0	1.5	2.0	2.5	3.0	3.5	4.0	4.5	5.0	5.5	6.0	6.5
D	15	20	25	30	35	40	45	50	55	60	65	70

选择 $U_{13}(13^{12})$ 表，根据其使用表的规定，选取其中的第 1、第 6、第 8、第 10 列，同时将最后一行去掉，组成 $U_{12}(12^4)$ 表。把 A、B、C、D 四因素分别放在 $U_{12}(12^4)$ 表的四列上面，将对应的各因素的各水平填入表内，试验方案就安排好了，如表 9-18 所示。按照表 9-18 中安排的条件进行试验，将每个试验号的结果列入表 9-18 右侧的收率栏目内。

表 9-18　$U_{12}(12^4)$ 均匀设计试验方案及收率

试验号	条件因素				收率/%
	A	B	C	D	
1	1 (1.0)	6 (30)	8 (4.5)	10 (60)	2.20
2	2 (1.4)	12 (60)	3 (2.0)	7 (45)	2.83
3	3 (1.8)	5 (25)	11 (6.0)	4 (30)	6.20
4	4 (2.2)	11 (55)	6 (3.5)	1 (15)	10.49
5	5 (2.6)	4 (20)	1 (1.0)	11 (65)	4.20
6	6 (3.0)	10 (50)	9 (5.0)	8 (50)	9.87
7	7 (3.4)	3 (15)	4 (2.5)	5 (35)	10.22
8	8 (3.8)	9 (45)	12 (6.5)	2 (20)	24.24
9	9 (4.2)	2 (10)	7 (4.0)	12 (70)	9.88
10	10 (4.6)	8 (40)	2 (1.5)	9 (55)	13.27
11	11 (5.0)	1 (5)	10 (5.5)	6 (40)	12.43
12	12 (5.4)	7 (35)	5 (3.0)	3 (25)	27.77

注：每个试验号重复三次（偏差<3%），取平均值。

利用 BASIC 语言编制多元线性回归程序，在 Apple-II 型微机上，将表 9-18 中各因素的各水平对收率进行回归分析，得到回归方程如下：

$$y=-3.200+4.500A+0.118B+0.600C-0.146D \tag{9-1}$$

$$R=0.928\ 1,\ F=10.88,\ S=4.354,\ N=12$$

从回归方程式（9-1）中，可以看出 A、B、C 越大，y 越大；D 越小，y 越大。即在所考察的范围内，反应物的配比越大，时间越长，温度越高，收率越高；而碱溶液的用量越小，收率越高。分析所考察范围内各因素的水平，按回归方程式选择最佳反应条件，即 $A=5.4$，$B=60$，$C=6.5$，$D=15$。将优化条件代入回归方程式（9-1），得

$$\hat{y}=29.89$$

即计算的优化号收率为 29.89%。

因为 y 的区间估计为

$$y = \hat{y} \pm U_\alpha \cdot S \tag{9-2}$$

$\alpha=0.01$ 时查表得 $U_\alpha=2.5758$，代入 y 的区间式（9-2）中，得 $y=29.89\pm11.23$，即在最佳条件下安排试验，收率 y 的范围是 18.66%～41.22%。

按优化条件进行试验，实际收率为 34.54%。比文献报道的结果高 16% 以上，试验值在估计范围之内，且较前 12 个试验号的收率都高。

上述实例，若用正交设计法进行考察，至少要做 $12^2=144$ 个试验号数据，按每个数据重复三次计算，要做 432 次试验；用均匀设计法，只需 12 个试验号数据，36 次试验就完成了，由此可见均匀设计的优越性。

9.6.1　如何确定各因素的考察范围

在上面讲的实例中，最后求得一个定量的回归方程（9-1）。该方程中，A、B、C 项前的系数为正值，D 项前的系数为负值。所以，优化条件是，在考察范围内 A、B、C 取最大值，D 取最小值。这样做的结果，预测的优化值和试验结果都很好，较前 12 个试验号的收率均有较大提高。但是，各因素均取极值时，不得不考虑：若将 A、B、C 的取值范围再扩大一些，D 的取值再缩小一些，是否会得到更好的结果呢？

因此，对上述反应的工艺条件考察有必要继续进行下去，将各因素的考察范围再扩展一些，求得更好的结果。

为避免重复考察，需要在进行均匀设计之前，将各因素的考察范围确定好。

【例 9.11】均匀设计在 L-亮氨酸发酵中的应用。

这是一个应用均匀设计法，优化 L-亮氨酸产生菌 R19 发酵培养基配方的实例。根据文献调研及预试验结果，将要考察的因素及其范围确定如下：

A——磷酸二氢钾（%）：0.05～0.35；

B——磷酸氢二钾（%）：0.00～0.30；

C——硫酸镁（%）：0.020～0.050。

将 A、B、C 三因素的考察范围平均分成 7 个水平，列入表 9-19 内。

表 9-19 因素水平表

因素	水平						
	1	2	3	4	5	6	7
A	0.05	0.10	0.15	0.20	0.25	0.30	0.35
B	0.00	0.05	0.10	0.15	0.20	0.25	0.30
C	0.020	0.025	0.030	0.035	0.040	0.045	0.050

选择 $U_7(7^6)$ 表，根据其使用表的规定，选择其中的第 1、第 2、第 3 列组成 $U_7(7^3)$ 表。把 A、B、C 三因素分别放在 $U_7(7^3)$ 表的三列上面，将对应各因素的各水平填入表内，试验方案就安排好了，如表 9-20 所示。按照表 9-20 中安排的条件配制培养基，每个试验号装 3 个摇瓶，分别进行三个批号的摇瓶试验，将三批 9 个摇瓶的结果平均，得到每个试验号的结果值填入表 9-20 后面的结果栏目内。

表 9-20 $U_7(7^3)$ 均匀设计试验方案及结果

试验号	条件因素			结果/mg·mL^{-1}
	A	B	C	
1	1 (0.05)	2 (0.05)	3 (0.030)	11.60
2	2 (0.10)	4 (0.15)	6 (0.045)	10.30
3	3 (0.15)	6 (0.25)	2 (0.025)	9.70
4	4 (0.20)	1 (0.00)	5 (0.040)	9.20
5	5 (0.25)	3 (0.10)	1 (0.020)	8.40
6	6 (0.30)	5 (0.20)	4 (0.035)	8.10
7	7 (0.35)	7 (0.30)	7 (0.050)	5.70

利用 BASIC 语言编制多元逐步回归程序，在计算机上进行多元逐步回归处理，得如下回归方程式

$$y=8.14-1.34A+3.79B+247.6C-18.46B^2-3\,845.9C^2 \qquad (9\text{-}3)$$

$$R=1, F=6\,585.46, S=0.025, N=7$$

从方程式（9-3）中可以看出，A 项前的系数为负值；B 和 C 均有一极大值，分别为 0.103 和 0.032。因此，可选择 A=0.05，B=0.10，C=0.030 为优化条件。代入方程式（9-3）中，得

$$\hat{y}=11.63$$

按照优化条件安排试验，优化号的实际结果为 y=12.37，与预测值比较接近，比前 7 个试验号的结果都好。

在上述实例中，B、C 的优化条件没有选择极值，其值恰好落在考察范围中间。说明因素的考察范围选得比较合适，从而避免了重复考察的麻烦。

9.6.2 如何使水平少的因素与水平多的因素相适应

下面讨论水平少的因素如何与水平多的因素相结合安排试验方案的问题。

【例 9.12】 益肤酰胺合成路线的研究。

根据文献调研及预试验结果,确定如下考察的因素及其范围:

A——水杨酸(氨醚)(mol/mol):0.5~1.5;

B——反应时间(h):1.5~7.0;

C——PCl_3用量(mL):1.0~3.5。

将因素 B 等分成 12 个水平,因素 A、C 不便等分成 12 个水平,只均分成 6 个水平,各循环一次拟合成 12 个水平,列入表 9-21 内。

表 9-21 因素水平表

因素	水平											
	1	2	3	4	5	6	7	8	9	10	11	12
A	1.3	1.5	0.5	1.7	0.9	1.1	1.3	1.5	0.5	0.7	0.9	1.1
B	1.5	2.0	2.5	3.0	3.5	4.0	4.5	5.0	5.5	6.0	6.5	7.0
C	1.0	1.5	2.0	2.5	3.0	3.5	1.0	1.5	1.5	2.5	3.0	3.5

注:A 的水平已经调整过了。

选择 $U_{12}(12^3)$ 表。把 A、B、C 三因素分别放在 $U_{12}(12^3)$ 表的三列上,将对应各因素的各水平填入表内,试验方案就安排好了,如表 9-22 所示。

表 9-22 $U_{12}(12^3)$ 均匀设计试验方案及收率

试验号	条件因素			收率/%
	A	B	C	
1	1 (1.3)	3 (2.5)	4 (2.5)	0.395
2	2 (1.5)	6 (4.0)	8 (1.5)	0.315
3	3 (0.5)	9 (5.5)	12 (3.5)	0.075
4	4 (0.7)	12 (7.0)	3 (2.0)	0.162
5	5 (0.96)	2 (2.0)	7 (1.0)	0.197
6	6 (1.1)	5 (3.5)	11 (3.0)	0.352
7	7 (1.3)	8 (5.0)	5 (1.5)	0.283
8	8 (1.5)	11 (0.5)	6 (3.5)	0.309
9	9 (0.5)	1 (1.5)	10 (2.5)	0.118
10	10 (0.7)	4 (3.0)	1 (1.0)	0.276
11	11 (0.9)	7 (4.5)	5 (3.0)	0.119
12	12 (1.1)	10 (6.0)	9 (2.0)	0.409

注:每个试验号重复 3 次(偏差<3%,取平均值)。

按照表 9-22 安排的条件进行试验,将每个试验号的结果列入表 9-22 中收率栏目内。利用 BASIC 语言编制多元回归程序,在 Apple-II 型微机上,将表 9-22 中各因素的各水平对收率进行回归处理,得到回归方程式如下:

$$y=7.79\times10^{-3}+8.66\times10^{-2}B-3.99\times10^{-3}B^2+9.53\times10^{-2}AC-2.62\times10^{-2}BC \quad (9\text{-}4)$$

$$R=0.842, \ F=4.82, \ S=0.090\,5, \ N=12$$

根据方程式(9-4),结合实践经验及专业知识,应用尝试法,选择优化条件为:$A=15$,$B=4.0$,$C=2.0$,代入式(9-3)中,得

$$\hat{y}=0.369\,9$$

因为 $y=\hat{y}\pm U_\alpha\cdot S$,查 U 表得 $U_\alpha=1.96$,代入得优化号结果的区间估计为:$y=0.369\,9\pm0.17$,即在优化条件下安排试验,结果在 19.25%～54.73%。实际上优化号的收率为 42.60%,在预测范围内,比上述 12 个试验号的收率都高。

9.6.3 划分因素水平时要注意的问题

上面介绍的例 9.12 中,因素 C 为 PCl_3 的用量(mL),考察范围是 1.0～3.5。每个水平的间隔为 0.5 mL,这个间隔很小。该例中,用移液管量取 PCl_3,以保证量取的量的精度。若用小量筒来量取,其相对误差就会增大,就不会有好结果。另外,温度的量度、固体物料的称量等,都要考虑到相对误差不能太大,以保证均匀设计的均匀性及试验数据回归处理的顺利进行。

若将反应温度-25～-10 ℃,取间隔为 3 ℃,划分成 6 个水平,则所得数据无法进行回归分析。因为反应时用干冰和丙酮的混合物做外浴,用手动装置来调节温度控制,很难保证温度稳定在某一点上。因而使对反应结果影响很大的因素——温度在水平的划分上产生了很大的误差,导致应用均匀设计考察工艺条件的失败。该反应若在半导体冷阱中进行,温度间隔再大一点,用自动化仪表调控温度,可能会取得成功。

还有一例,用感量是 0.1 g 的天平称量固体物料,由于物料的间隔太小(间隔为 1 g),相对误差太大,结果也使得试验数据无法进行回归分析,导致应用均匀设计考查工艺条件失败。该实例若改用精密度更高些(如感量为 0.01 g 或 0.001 g)的天平称量物料,结果可能会好一些。

总之,在划分因素的水平时,既要考虑到实际需要,又要照顾到在实践中是否能保证试验的误差比较小。这就是应用均匀设计优化试验条件的一般程序里"根据实际需要和可能,划分各因素的水平数"的含义。这个问题,看似简单,实则很重要。

许多失败的教训,都是忽视了这一点造成的。

9.6.4 没有电子计算机时应用均匀设计考察工艺条件

【例9.13】甲酰天冬酸酐的制备工艺考察

$$Asp \xrightarrow{HCOOH, \ Ac_2O} HCO-Asp-O$$

根据文献调研及预试验结果,将考察的因素及其范确定如下:

A——反应时间(h):2~7;

B——反应温度(t):45~70;

C——配料比(mol/mol):2.0~2.5;

D——加料时间(h):0~2.5。

将各因素的考察范围平均分成6个水平,列入表9-23内。

表9-23 因素水平表

因素	水平					
	1	2	3	4	5	6
A	2	3	4	5	6	7
B	45	50	55	60	65	70
C	2.0	2.1	2.2	2.3	2.4	2.5
D	0	0.5	1.0	1.5	2.0	2.5

选择 $U_7(7^6)$ 表,根据其使用表的规定,选取其中的1、2、3、6列,同时去掉最后一行,组成 $U_6(6^4)$ 表的4列上面,将 A、B、C、D 四因素分别放在 $U_6(6^4)$ 表的4列上面,将对应的各因素的各水平填入表内,试验方案就安排好了,如表9-24所示。

表9-24 $U_6(6^4)$ 均匀设计试验方案及收率

试验号	条件因素				收率/%
	A	B	C	D	
1	1 (2)	2 (50)	32.2	62.5	85.5*
2	2 (3)	4 (60)	62.5	52.0	89.5
3	3 (4)	6 (70)	22.1	41.5	81.5
4	4 (5)	1 (45)	52.4	31.0	95.2
5	5 (6)	3 (55)	12.0	50.5	75.6**
6	6 (7)	5 (65)	43.3	10.0	88.4

注:*采用HPLC定量,收率为三次试验均值;**两次试验平均值。

按照表9-24中安排的条件进行试验,将每个试验号的结果列入表9-24右侧的收率栏目内。

利用 BASIC 语言编制多元逐步回归程序，在计算机上，将表 9-24 中各因素的各水平对收率进行回归处理，得到回归方程式如下：

$$y=137.66+0.035B^2-4.2B+31.19C \tag{9-5}$$

$$R=0.977\ 9,\ F=14.6,\ S=2.248,\ N=6$$

分析式（9-5）可以看出式中没有 A 项和 D 项，表明反应时间和加料时间在考察范围内的改变对收率影响甚微，可以忽略不计；在考察范围内，任取一水平作优化条件即可。C 项的系数为正值，应取最大值。综合考虑 B 项和 B^2 项，在考察范围内，取值越小，对收率的负影响越小。根据实践经验选择：$A=5, B=45, C=2.5, D=1.0$，为优化条件。代入式（9-5）中，得 $\hat{y}=97.5$。

按照优化条件安排试验，优化号的实际收率为 95.5%，与预测值很接近，比前 6 个试验号的收率都高。

从表 9-25 中可以看出，若没有计算机可利用，可以从表中选择最佳的试验号第 4 号的条件为优化条件。其结果同根据回归方程式（9-4）选择的优化条件及优化号的收率均相差很小，如表 9-25 所示。

表 9-25　试验号 4 和优化号的比较

试验号	条件因素				收率/%
	A	B	C	D	
4	5	45	2.4	1.0	95.2
优化号	5	45	2.5	1.0	95.5

从以上比较中可以知道，如果试验目的是寻找一个优化条件，但又缺少计算工具，这时可以从所有的试验号中，挑选一个指标最优的作为"优化号"。该号相应的试验条件即欲寻找的优化条件。这种做法建立在试验点均匀分布的基础上。由于均匀设计的特点是安排的试验点得到充分均匀分散。因此，试验点中最佳的工艺条件，距离试验范围内的最优工艺条件不会很远。这种处理方法看起来很粗糙，但是大量实践证明，这样做是有效的，很实用。

9.6.5　试验次数为奇数时的均匀试验设计表的问题

均匀试验设计表中，所有试验次数为奇数的表的最后一行，各因素都是高水平，各个因素的数值可能都是最大值或最小值。如果不注意这个问题，在某些试验中，比如在化学反应试验中，可能会出现反应十分剧烈，反应速度特别快，导致根本无法进行正常操作，甚至会发生意外的情况；也可能出现反应太慢，甚至不起反应而得不到试验结果的情况。避免发生这些情况的对策之一是在因素水平表排列顺序不变的条件下，将均匀设计表中某些列从上到下的水平号码做适当调整，也就是将原来最后一个水平与第一个水平衔接起来，组成一个封闭圈，然后从任意一处开始定为第一水平，按原方向或相反方向排出第二水平、第三水平等；对策之二是改变因素水平的排列顺序。

9.7 均匀设计表的使用表的产生

只有均匀设计表，尚不能直接使用，它们只是具体使用时根据均匀性原则选择布点的基础。如对 n 行 m 列的均匀设计表 U，均匀设计表中的各列是不等价的，若安排 s 个因素 $X_1, X_2, X_3, \cdots, X_s$，$(s<m)$ 的试验，应该选择表中的哪列安排试验方案呢？特别是若用通常的回归模型分析试验结果时，对表中给出的列数实际上不能全部安排上。因此，使用均匀设计表安排不同因素的试验时，应给出具体的使用表。

9.7.1 均匀设计中安排因素的限制

分析数据时，均匀设计表 $U_n = (U_{ij})_{\max}$ 中的 U_{ij}（第 j 个因素的第 i 个水平数），相当于回归模型中的 X_{ij}（第 j 个因素的第 i 次观测值），通常要求 U_n 满秩。U 表的列之间是线性相关的。例如 U_5 表，将其中的 1、2 列分别加到 4、3 列后立得结论；对 U_9 表，若将其中的 1、2、3 列分别加到 6、5、4 列上也是如此。这个结论带有普遍性。上海师范大学的丁元等人在题为"均匀设计统计优良初探"的文章中，证明对任意一张均匀设计表 $U_n(n^m)$，若采用通常的回归分析处理试验数据，至多只能安排 $(m/2)+1$ 因素。因此，就统计分析而言，若给出各种大于 $(m/2)+1$ 列的使用表是没有什么实用价值的。

9.7.2 $U_n(nm)$ 使用表的布点原则

设 n 为试验次数，m 为 U_n 表中的列数，现有 s 个因素（$s \leqslant m$），各有 n 个水平。应该选择 U_n 表中的哪列安排试验呢？或者说怎样产生 s 个因素的使用表呢？

若采用通常回归分析法处理数据，均匀设计表所能安排的因素个数限制在 $(m/2)+1$ 以内。仍就一般情况（$s \leqslant m$），仅从布点均匀的原则出发，讨论使用表的产生。

令 $a_1, a_2, \cdots, a_s$；$b_1, b_2, \cdots, b_s$ 为两组正整数，且 $a_i \neq a_j$，$b_i \neq b_j$，$i \neq j$
$(a_i, n) = (b_i, n) = 1$，$i, j = 1, 2, \cdots, s$

按照均匀设计表构成规则可以分别产生 U_n 表的两个 s 列。问题是这两个 s 列，哪一个均匀性更好一些。通过理论推导证明，就是比较下式

$$f(a_1, a_2, \cdots, a_s) = \frac{1}{n} \sum_{k=1}^{n} \prod_{v=1}^{s} \left[1 - \frac{2}{\pi} \ln \left(2 \sin \pi \frac{a_{vk}}{n+1} \right) \right]$$

$$f(b_1, b_2, \cdots, b_s) = \frac{1}{n} \sum_{k=1}^{n} \prod_{v=1}^{s} \left[1 - \frac{2}{\pi} \ln \left(2 \sin \pi \frac{b_{vk}}{n+1} \right) \right]$$
(9-6)

式中，$a_{vk} \equiv ka_v$；$b_{vk} \equiv kb_v \pmod{n}$（$v = 1, 2, \cdots, s$）

如果 $f(a_1, a_2, \cdots, a_s) < f(b_1, b_2, \cdots, b_s)$，就是说由 $a_1, a_2, \cdots, a_s$ 组成的 s 列，比由 $b_1, b_2, \cdots, b_s$ 组成的 s 列更均匀。

设满足条件 $(a_i, n) = 1$ 的自然数 a_i 有 m 个，则在 m 个中任取 s 个的可能有 $\binom{m}{s}$ 个。所谓均匀性原则，就是由这 $\binom{m}{s}$ 个 s 列中选择其中使 $f(a_1, a_2, \cdots, a_s)$ 达到极小的组合，用它来安排试验方案。不失一般性总可令 $a_i = 1$，否则可改变试验次序使 $a_i = 1$，即一定要包含 U_n 表中的第一列。这时只需要比较 $(s-1)^{m-1}$ 种情况，可以节省许多计算量。就是说为了得到 s 个因素的使用表，在 m 个满足 $(a_i, n) = 1$（$i = 1, 2, \cdots, m$）的自然数 a_i 中，按均匀性原则挑选出 s 个，其中 $a_1 = 1$。按下式布点即得使用表。

$$P_n(k) = (ka_1, ka_2, \cdots, ka_s) \pmod{n} \quad (9\text{-}7)$$

式中，$k = 1, 2, \cdots, n$。

例如：$n = 5$，$s = 3$ 时，按上述均匀性原则，选择 $a_1 = 1$，$a_2 = 2$，$a_3 = 4$，由式（9-7）可得

$P_5(1) = (1, 2, 4) \pmod{5}$

$P_5(2) = (2, 4, 3) \pmod{5}$

$P_5(3) = (3, 1, 2) \pmod{5}$

$P_5(4) = (4, 3, 1) \pmod{5}$

$P_5(5) = (5, 5, 5) \pmod{5}$

这正是 $U_5(5^4)$ 表的 1、2、4 列。因此，在 $U_5(5^4)$ 的使用表中，当因素数为 3 时，列号取 1、2、4。

9.7.3 水平数为素数时使用表的产生

当 n 较大时，可以放在 U_n 表中第一行的数字往往很多，特别是当 n 为素数时，

U_n 表有 $n-1$ 列。如果 $n=31$，可放在 U_{31} 表中第一行的数字有 $1,2,\cdots,30$，共计 30 个。为了得到因素为 15 的使用表，按上所述，就要比较 $(14^{29})=77\,558\,760$ 种可能，计算量实在太大了。于是在 n 为素数的情况下，采用另外一种布点原则。

因为素数有许多好的性质，在讨论布点原则之前，先看两个例子。

【例 9.14】设素数 $n=11$，小于 11 的自然数 $a=2$。按同余规则有：

$2^1 \equiv 2$，$2^2 \equiv 4$，$2^3 \equiv 8$，$2^4 \equiv 5$，$2^5 \equiv 10$，$2^6 \equiv 9$，$2^7 \equiv 7$，$2^8 \equiv 3$，$2^9 \equiv 6$，

$$2^{10} \equiv 1 \pmod{11} \tag{9-8}$$

结果在同余的意义下正好产生 $n-1$ 个小于 n 的不同数字。

9.7.4 水平数为非素数时使用表的产生

令 p 为素数，n 为水平数，当 $n = p-1$ 时，采用下式布点

$$P_n(k) = (k, ka^1, ka^2, \cdots, ka^{s-1}) \pmod{n} \tag{9-9}$$

式中，$k = 1, 2, \cdots, n$。

其中 $0 < a < p$，s 为因素数，a 对 p 的次数（$\geq s$）。也就是说，利用素数 p 的 $U_p(p^s)$ 表，划去最后一行，即得 $n = p-1$ 的 $U_n(n^s)$ 表。经验证明，对相当多的 $n = p-1$，用布点式（9-9）造出 U_n 表比用式（9-7）造的表，不仅列数多，而且点分布得更均匀。因此，布点式（9-9）是值得推荐的。

n 为素数 p 时，用布点式（9-8）所选择的 a，再用布点式（9-9）造表，就可得到 $n = p-1$ 的均匀设计表。因此，实际上给出了 $n=4$，5，6，7，10，11，12，13，16，17，18，19，22，23，28，29，30，31 的均匀设计表。

均匀设计表在使用时，是非常方便的。因为大于 17 而小 31 的均匀设计表不常使用，故没有列出来。需要时可以方便地利用表 9-26～表 9-28 及布点式（9-7）～式（9-9）随时造出来。

表 9-26 a 对素数 n 的次数及原根个数

n	a																					原根个数
	2	3	4	5	6	7	8	9	10	11	12	13	14	15	16	17	18	19	20	21	22	
5	4	4	2																			2
7	3	6	3	6	2																	2
11	10	5	5	5	10	10	10	5	2													3
13	12	3	6	4	12	12	4	3	6	12	2											3
17	8	16	4	16	16	16	8	16	16	16	4	16	8	2								8

续表

表 9-27 素数 p 及 p-1 的均匀设计表 之前的续表

n	2	3	4	5	6	7	8	9	10	11	12	13	14	15	16	17	18	19	20	21	22	原根个数
19	18	18	9	9	9	3	6	9	18	3	6	18	18	18	9	9	2					6
23	11	11	11	22	11	22	11	11	22	22	11	11	22	22	22	22	22	22	22	2		10
29	28	28	14	14	14	7	28	14	28	28	4	4	28	7	4	28	28	7	28	14		12
31	5	30	5	3	6	15	5	15	15	30	30	30	10	10	5	30	15	15	15	30	30	8

表 9-27 素数 p 及 p-1 的均匀设计表

p	2	3	4	5	6	7	8	9	10	11	12	13	14	15	16	17	18	19	20	21
5	2	2	2																	
7	3	3	3	3	3															
11	7	7	7	7	7	7	7	7	7											
13	5	4	6	6	6	6	6	6	6	6	6									
17	10	10	10	10	10	10	10	10	10	10	10	10	10	10	10					
19	8	8	14	14	14	14	14	14	14	14	14	14	14	14	14	14	14			
23	7	17	17	17	17	15	15	15	15	15	7	7	7	7	7	7	7	7	7	7
29	12	9	16	16	16	16	8	8	8	8	8	14	14	14	8	8	8	8	8	8
31	12	22	22	12	12	12	12	12	12	12	12	22	22	22	22	22	22	22	12	12

表 9-28 n 和 n-1 的均匀设计表

p	2	3	4	5	6	7	8	9	10	11	12	13	14	15	16	17	18	19	20
9	4	4,7	4	4	4														
			7	7	7														
			2	2	2														
				5	5														
					8														
11	4,7	4	4	2	2														
		7	7	4	4														
		13	13	7	7														
15			2	11	11														
				14	14														
					13														
13	4,10	4	4	4	4	2	2	2	2,4										
		10	10	10	10	5	4	4	4	5,8									
		13	16	13	13	8	5	5	5	10									
			19	16	16	10	8	8	8	11,13									
				19	19	11	10	10	10	16									
					20	17	11	11	11	17									
						19	17	16	16	19									
							19	17	17	20									
								19	19										
25	11	11	11	11	4	9	8	8	8	8	8	8	8	8	8	8	8	8	8
27	8	8	20	20	20	16	16	16	20	5	5	20	20	20	5	5	5		

9.7.5 如何选择均匀设计表及安排试验方案

在实际中，如何选择合适的均匀设计表，主要是由试验中要考察的因素个数决定的。例如，若因素数是 6，想尽量减少试验次数，则根据前面所叙述过的关系式：$m/2+1$ 为 $U_n(n^m)$ 的使用表中最多能安排的因素个数。

令 $m/2+1=6$，解得 $m=10$，因为对素数来讲 $n=m+1$，所以 $n=11$。选择 $U_{11}(11^{10})$ 表可使试验次数最少。再根据其使用表的规定，选择其中的 1、2、3、5、7、10 列组成 $U_{11}(11^6)$ 表。将各因素均分成 11 个水平，填入 $U_{11}(11^6)$ 表中，试验方案就安排好了。

因素数是 3 个，$m/2+1=3$，$m=4$，$n=m+1$，$n=5$，故选择 $U_5(5^4)$ 表可以使试验次数最少。再根据 $U_5(5^4)$ 的使用表的规定，选择其中的 1、2、4 列组成 $U_5(5^4)$ 表；将 A、B、C 三因素的考察范围平均分成 5 个水平；把 A、B、C 三因素分别放在 $U_5(5^4)$ 表的各列上；同时把各因素对应的各水平填入表 $U_5(5^4)$ 中，试验方案就安排好了。

若因素为 5，则 $m/2+1=5$，$m=8$，$n=m+1=9$，不是素数，所以没有 $U_9(9^8)$ 表，只有 $U_9(9^6)$ 表，而 $U_9(9^6)$ 表的使用表只能安排 4 个因素。因此，该例还得选用 $U_{11}(11^{10})$ 表或者由该表衍生出来的 $U_{10}(10^{10})$ 表。然后根据该表使用表的规定选择其中的 1、2、3、5、7 列组成 $U_{11}(11^5)$ 或 $U_{10}(10^5)$ 表。再将各因素的考察范围平均分成 11 个或 10 个水平，分别对应地填入表内即成。

但是，这里要特别注意，为了便于试验结果数据的统计处理，试验次数一定不要小于因素数的两倍。这就是说如果是 3 因素的问题，必须选用 $U_6(6^6)$ 表或者是 n 大于 6 以上的均匀设计表，做 6 次以上的试验。因为有些多元统计程序在试验次数小于因素数的 2 倍时，就不能进行数据处理。此外，试验次数太少，获得的相关信息量也太少，不利于数据处理工作的进行。一般数学家都要求样本数（即试验次数）要大于因素数的 3~4 倍才行。

根据因素数决定了均匀设计表以后，因素的水平就好解决了，它是根据各因素的考察范围来确定的。若考察范围较大，在试验中又能做得到，可以将水平数分成上述 $U_n(n^m)$ 表中确定的 n 个水平。若考察的范围较小，不易分成 n 个水平时，可以采用正交设计中拟水平的方式，将水平数少者重复（或循环）一次或几次达到 n 个水平即可。

对于【例 9.1】而言，若想考察得仔细一些，碱化时间间隔为 10 min，醚化时间间隔为 10 min，因素水平表可如表 9-29 所示。

表 9-29 因素水平表一

因素	水平						
	1	2	3	4	5	6	7
A	120	130	140	150	160	170	180
B	24	25	26	27	28	29	30
C	105	115	125	135	145	155	165

因而可选择 $U_7(7^6)$ 表的 1、2、3 列组成 $U_7(7^3)$ 表以此表来安排试验方案。当然也可以利用相应的 $U_6(6^3)$ 表安排试验方案，此时因素水平表则如表 9-30 所示。

表 9-30 因素水平表二

因素	水平					
	1	2	3	4	5	6
A	120	130	140	150	160	170
B	25	26	27	28	29	30
C	105	115	125	135	145	155

如果想再仔细一些，碱化和醚化的时间间隔为 5 min。可将 A、C 分成 10 水平，B 仍保留 5 水平，重复一次成 10 水平，则因素水平表如表 9-31 所示。

表 9-31 因素水平表三

因素	水平					
	1	2	3	4	5	6
A	120	130	140	150	160	170
B	25	26	27	28	29	30
C	105	115	125	135	145	155

选择 $U_{10}(10^{10})$ 表 [由 $U_{11}(11^{10})$ 表划去最后一行得到，其使用表仍为 $U_{11}(11^{10})$ 的使用表]，由其中的 1、5、7 列组成 $U_{10}(10^3)$ 表来安排试验方案。

在化学试验中，为了避免高档次水平或低档次水平相遇，以防反应太剧烈发生意外或反应速度太慢甚至不起反应，可以通过适当地调整因素的水平数达到上述目的。具体做法是将原来的各水平按顺序头尾相接，形成一个闭合的环。然后，任选一水平为第一水平，按顺时针或逆时针方向，依次重新排列水平的序号，以保证达到上述目的。下面举一个 7 水平的例子来说明。

图 9-4 中圆圈内的序号是原来的序号，圆圈外的序号是经过调整后的新序号。带*者是新选定的第一水平（可以根据需要任意选定）。总之，可以根据试验的要求和可能，灵活地选择合适的均匀设计表来安排试验方案。

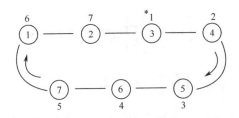

图 9-4　7 水平闭合环

9.8 配方均匀设计

配方均匀设计在化工、橡胶、食品、材料工业等领域中十分重要，设某产品有 s 种原料 $M_1, M_2, \cdots, M_s$，它们在产品中的百分比分别记作 $X_1, X_2, \cdots, X_s$。显然 $X_i>0$ 且 $\sum X_i=1$，欲寻找最佳配方，需要做配方均匀试验或混料试验。常见的方法包括单纯形格子点设计、单纯形重心设计、轴设计等，这些设计有以下两个问题。

（1）试验点在试验范围 T_s 内分布不十分均匀。

（2）在试验边界上有太多的试验点。众所周知，在化学试验中，若有 s 种成分，如果缺少一种或多种，则或者不起化学反应，或者生成另外一种产品。

为了克服上述两个缺点，王元、方开泰建议用均匀设计的思想来做配方设计，产生了配方均匀设计。

9.8.1 配方均匀设计过程

s 种原料的试验范围是单纯形 T_s，设打算比较 n 种不同的配方，这些配方对应 T_s 中 n 个点，配方均匀设计的思想就是使这 n 个点在 T_s 中散布尽可能均匀，其设计方案可用以下步骤获得。

（1）给定 s 和 n，根据附录的使用表查到生成向量（$h_1, h_2, \cdots, h_{s-1}$，并由这个生成向量产生均匀设计表 $U_n^*(n^{s-1})$ 或 $U_n(n^{s-1})$，用 q_{ki} 记 $U_n^*(n^{s-1})$ 或 $U_n(n^{s-1})$ 中的元素。

（2）对每个 i，计算

$$c_{ki} = \frac{2q_{ki}-1}{2n}, \quad k=1, 2, \cdots, n \qquad (9\text{-}10)$$

（3）计算

$$\begin{cases} x_{ki} = \left(1 - c_{ki}^{\frac{1}{s-i}}\right) \prod_{j=1}^{i-1} c_{ki}^{\frac{1}{s-i}}, & i = 1, 2, \cdots, s-1 \\ x_{ks} = \prod_{j=1}^{s-1} c_{ki}^{\frac{1}{s-j}}, & k = 1, 2, \cdots, n \end{cases}$$

由 $\{x_{ki}\}$ 就给出了对应 n、s 的配方均匀设计，并用记号 $UM_n(n^s)$ 示之。

表 9-32 给出了 $n=11$、$s=3$ 时产生 $UM_{11}(11^3)$ 的过程，这时式（9-10）有以下简单形式。

$$\begin{cases} x_{k1} = 1 - \sqrt{c_{k1}} \\ x_{k2} = \sqrt{c_{k1}}\left(1 - c_{k2}\right) \\ x_{k3} = \sqrt{c_{k1}} c_{k2} \end{cases} \quad (9\text{-}11)$$

表 9-32 $UM_{11}(11^3)$ 及其生成过程

编号	C_1	C_2	X_1	X_2	X_3
1	1/22	13/22	0.787	0.087	0.126
2	3/22	5/33	0.631	0.285	0.084
3	5/22	19/22	0.523	0.065	0.412
4	7/22	11/22	0.436	0.282	0.282
5	9/22	3/33	0.360	0.552	0.087
6	11/22	17/22	0.293	0.161	0.546
7	13/22	9/22	0.231	0.454	0.314
8	15/22	1/22	0.174	0.788	0.038
9	17/22	15/22	0.121	0.280	0.599
10	19/22	7/22	0.071	0.634	0.296
11	21/22	21/22	0.023	0.044	0.993

式（9-10）可以用递推方法以节省计算量，其算法如下：

（1）令 $g_{ks}=1$，$g_{k0}=0$，$k=1,2,\cdots,n$；

（2）递推计算 $g_{kj} = g_{k,j} + 1 c_{kj}^{1/j}$，$j=s-1, s-2, \cdots, 2, 1$；

（3）计算 $x_{kj} = \sqrt{g_{kj} - g_{k,j+1}}$，$j=1,\cdots,s$，$k=1,2,\cdots,n$。

则 $\{x_{ki}\}$ 即为所求，用这个算法便于编写计算程序。

由于编写产生 $UM_n(n^s)$ 表的程序极其简单，因此无须列出各种配方均匀设计表。

用配方均匀设计安排好试验后，根据试验的目的，获得反应变量 Y 的值 $\{Y_i\}$。然后进行回归分析：当因素间没有交互作用时，用线性模型；当因素间有交互作用时用二次型回归模型，或其他非线性回归模型。

【例 9.15】在一个新材料研制中，选择了主要三种金属的含量 X_1、X_2、X_3 作为因素。根据允许的实验条件和精度的要求，选择了 $UM_{15}(15^3)$ 表来安排试验，其试验方案和 Y 值列于表 9-33。由于 $X_1+X_2+X_3=1$，故表 9-33 中仅仅列出 X_1 和 X_2。利用二次型回归模型和逐步回归最终选定回归方程为

$$\hat{Y} = 10.09 + 0.797X_1 - 3.454X_1^2 - 2.673X_2^2 + 0.888X_1X_2$$

相应地，$R=0.90$，$\sigma=0.289$。由于 $X_1+X_2+X_3=1$，回归方程中仅有 X_1 和 X_2 出现，看到 X_1 和 X_2 有交互作用。有关寻求最优配方的内容不再详尽叙述。

表 9-33 试验方案和结果

编 号	X_1	X_2	Y	编 号	X_1	X_2	Y
1	0.817	0.055	8.508	9	0.247	0.326	9.809
2	0.684	0.179	9.464	10	0.204	0.557	9.732
3	0.592	0.340	9.935	11	0.163	0.809	8.933
4	0.517	0.048	9.400	12	0.124	0.204	9.971
5	0.452	0.210	10.680	13	0.087	0.456	9.881
6	0.394	0.384	9.748	14	0.051	0.727	8.892
7	0.342	0.592	9.698	15	0.017	0.033	10.139
8	0.293	0.118	10.238				

9.8.2 有约束的配方均匀设计

上面讨论的配方设计对各个因素是一视同仁的，但是在许多配方中，有些成分的含量很大，有些则很小，这种配方称为有约束的配方，这时需要用到有约束的配方均匀设计。

设在一配方中有 s 个成分 $X_1, X_2, \cdots, X_s$，它们有约束条件如下：

$$\begin{cases} X_1 + X_2 + \cdots + X_s = 1 \\ a_i \leqslant X_i \leqslant b_i, \quad i = 1, 2, \cdots, s \end{cases} \quad (9\text{-}12)$$

当某个因子 X_j 没有约束时，相应的 $a_j=0$，$b_j=1$。

【例 9.16】若一配方有三个成分 X_1、X_2 和 X_3，它们目前按 70%、20%、10% 组成配方，为了提高质量，希望寻求新的配比，这时希望设计一个试验，使

$$\begin{cases} 0.6 \leqslant X_1 \leqslant 0.8 \\ 0.15 \leqslant X_2 \leqslant 0.25 \\ 0.05 \leqslant X_3 \leqslant 0.15 \\ X_1 + X_2 + X_3 = 1 \end{cases}$$

这时如何用均匀设计来给出试验方案呢？

本例由于 X_1 的含量较高，可以将 X_2 和 X_3 在试验范围内按独立变量的均匀设计

去选表，然后用 $X_1=1-X_2-X_3$ 给出 X_1 的比例，若 X_2 和 X_3 都在试验范围内取 11 个水平，并用 $U_{11}^*(11^2)$ 来安排 X_2 和 X_3，该方案并不十分理想，因为 X_1 只有三个水平：0.64，0.70，0.76。若选用 $U_{11}(11^2)$ 表，其试验方案列于表 9-34，这时不仅 X_2 和 X_3 有 11 水平，X_1 也有 11 水平。

表 9-34　$U_{11}(11^2)$ 之试验方案

编号	X_1	X_2	X_3
1	0.74	0.15	0.11
2	0.77	0.16	0.07
3	0.69	0.17	0.14
4	0.72	0.18	0.10
5	0.75	0.19	0.06
6	0.67	0.20	0.13
7	0.70	0.21	0.09
8	0.73	0.22	0.05
9	0.65	0.23	0.12
10	0.68	0.24	0.08
11	0.60	0.25	0.15

上述的两个方案重点在考虑 X_2 和 X_3，而 X_1 似乎是一种"陪衬"，不得已而变之，且 X_1 的变化范围和原设计并不十分吻合，故这种方法所设计的试验均匀性有时不一定很好。能否将 X_1、X_2、X_s 同时来考虑，其中没有一个是陪衬呢？目前尚没有特别好的方法，仍以【例 9.16】来讨论，令 $\{(c_{k1},c_{k2}), k=1,2,\cdots,n\}$ 为 C^2 中的一组分散均匀的点集，由变换式（9-12）可获得单纯形 T_3 上的一组点因此，$\{(c_{k1},c_{k2})\}$ 应满足约束式（9-12），即

$$\begin{cases} 0.6 \leq 1-\sqrt{c_{k1}} \leq 0.8 \\ 0.15 \leq \sqrt{c_{k1}}(1-c_{k2}) \leq 0.25 \\ 0.05 \leq \sqrt{c_{k1}}\,c_{k2} \leq 0.15 \end{cases}$$

上式的约束成为

$$\begin{cases} 0.04 \leq c_{k1} \leq 0.16 \\ 1-\dfrac{0.25}{\sqrt{c_{k1}}} \leq c_{k2} \leq 1-\dfrac{0.15}{\sqrt{c_{k1}}} \\ \dfrac{0.05}{\sqrt{c_{k1}}} \leq c_{k2} \leq \dfrac{0.05}{\sqrt{c_{k1}}} \end{cases}$$

不难求得，区域 D 落于矩形 $R=[0.04，0.16]\times[1/6，0.5]$ 之中，于是若在矩形 R 中

给出一个均匀设计，其中落在 D 的点可以视为在 D 上的一个均匀设计，然后再利用式（9-12）便可获得要求的均匀设计方案。

设取 $n=21$，应当用 $U_{21}^*(21^2)$ 的第 1 和第 5 列，由它们生成的均匀设计（见表 9-35 前两列）再通过变换变到单位正方体中（见表 9-35 第 3、第 4 列），记变换后的点为 $\{(c_{k1}, c_{k2}),\ k=1,2,\cdots,21\}$，其次将这些点通过线性变换到矩形 R 上去，其变换为

$$c_{k1}^* = 0.04 + (0.16 - 0.04)c_{k1}$$
$$c_{k2}^* = \frac{1}{6} + \left(0.5 - \frac{1}{6}\right)c_{k2},\ k=1,2,\cdots,21$$

表 9-35 $U_n^*(11^2)$ 之试验方案

编 号	X_1	X_2	X_3
1	0.76	0.15	0.09
2	0.70	0.16	0.14
3	0.76	0.17	0.07
4	0.70	0.18	0.12
5	0.76	0.19	0.05
6	0.70	0.20	0.10
7	0.64	0.21	0.15
8	0.70	0.22	0.08
9	0.64	0.23	0.13
10	0.70	0.24	0.06
11	0.64	0.25	0.11

它们的值列于表 9-36 的最后两列，其中在试验点编号上加了"*"的表示该点落在区域 D 内，未加"*"的表示落在 D 外。编号为 4、6、7、8、9、10、11、13、16、18 的点落在 D 内，由这些点通过变换获得落在规定区域的 10 个试验点，它们列在表 9-37 中。用上述方法所获得的试验方案布点均匀，但试验数不易预先确定。例如若希望做 12 次试验，用上述方法只能获得 10 个试验的配方，为此，可以尝试开始时 $n>21$，比如 $n=24$，再用类似办法看看最后有多少个点落在 D 之中，该方法已经纳入中国均匀设计学会所推荐的软件包中。

表 9-36 有限制的配方设计

编 号	1	5	c_1	c_2	c_1^*	c_2^*
1	1	13	0.023 8	0.595 2	0.042 9	0.365 1
2	2	4	0.071 4	0.166 7	0.048 6	0.222 2
3	3	17	0.119 0	0.785 7	0.054 3	0.428 6
4*	4	8	0.166 7	0.357 1	0.060 0	0.258 7

续表

编 号	1	5	c_1	c_2	c_1^*	c_2^*
5	5	21	0.214 3	0.976 2	0.065 7	0.492 1
6*	6	12	0.261 9	0.547 6	0.071 4	0.349 2
7*	7	3	0.309 5	0.119 0	0.077 1	0.206 3
8*	8	16	0.357 1	0.738 1	0.082 9	0.412 7
9*	9	7	0.404 8	0.309 5	0.088 6	0.269 8
10*	10	20	0.452 4	0.928 6	0.094 3	0.476 2
11*	11	11	0.500 0	0.500 0	0.100 0	0.333 3
12	12	2	0.547 6	0.071 4	0.105 7	0.190 5
13*	13	15	0.595 2	0.690 5	0.111 4	0.396 8
14	14	6	0.642 9	0.261 9	0.117 1	0.254 0
15	15	19	0.690 5	0.881 0	0.122 9	0.460 3
16*	16	10	0.738 1	0.452 4	0.128 6	0.317 5
17	17	1	0.785 7	0.023 8	0.134 3	0.174 6
18*	18	14	0.833 3	0.642 9	0.140 0	0.381 0
19	19	5	0.881 0	0.214 3	0.145 7	0.238 1
20	20	18	0.928 6	0.833 3	0.151 4	0.444 4
21	21	9	0.976 2	0.404 8	0.157 1	0.301 6

表 9-37 试验方案

编 号	X_1	X_2	X_3
1	0.755 1	0.175 0	0.070 0
2	0.732 7	0.173 9	0.093 3
3	0.722 3	0.220 4	0.057 3
4	0.711 2	0.169 1	0.118 8
5	0.702 4	0.217 3	0.080 3
6	0.692 9	0.160 8	0.146 2
7	0.683 8	0.210 8	0.105 4
8	0.666 2	0.201 3	0.132 5
9	0.641 4	0.244 7	0.113 8
10	0.625 8	0.231 6	0.142 5

9.9 均匀设计在材料科学与工程中的应用

均匀设计在国防科技和国民经济的诸多领域，如航天、电子、船舶、石油、化工、冶金、机械、汽车、建筑、纺织、食品、农业、医药、微生物等（系统设计、质量控制、提高收率、材料工艺、医药配方、农业新品种培育等）都得到了广泛应用，并取得了显著经济效益和社会效益。目前，均匀设计已扩展到社会经济领域，在社会调查、社会经济现象的预测分析、经济效益评估、技术开发、科技成果转化等方面都取得了很好的应用效果，相信未来在政治、经济、管理、规律探索、项目调研、市场预测、技术分析、成果评价、决策咨询等方面也将会有更广阔的应用前景。

9.9.1 均匀设计在混凝土胶凝材料强度确定中的应用

在混凝土配合比设计中，需要知道水泥胶砂 28 d 抗压强度和粉煤灰及粒化高炉矿渣的影响系数，水泥胶砂 28 d 抗压强度可实测，而粉煤灰和粒化高炉矿渣的影响系数的确定只是按照规范经验选取，且取值范围比较宽，给实际应用造成较大的困扰和麻烦。但是在配合比的设计中每个配合比的胶凝材料组成又有较大的变化，实测胶凝材料 28 d 胶砂强度只能做有限的几种不同组分掺量，不能穷举所有情况，因此希望建立一个方程式，针对任意不同的组分可以计算出胶凝材料 28 d 的实际抗压强度值。这种情况下，需要通过较少的试验反映任何不同组分掺量胶材的抗压强度，这就需要用到一些试验设计方法。一般使用较多的是正交设计和均匀设计，由于目前的混凝土配合比中胶凝材料的组成一般只是水泥、粉煤灰和矿渣粉，知道了粉煤灰和矿渣粉的掺量，相当于也知道了水泥的掺量，因此只需要考察粉煤灰和矿渣粉两个因素。根据实际使用中的经验并从成本考虑，粉煤灰和矿渣粉的掺量都可以取 5%、10%、15%、20%、25%、30%、35%、40%、45%、50%这几种掺量甚至更多，当然要确保必须有水泥的量。这属于一个典型的 2 因素 10 水平的试验方案，而正交试验设计适用于多因素水平较少的情况，因此考虑使用均匀试验设计。

1）试验材料

水泥：新丰越堡厂鸿丰牌 P.II 52.5R 水泥，技术指标如表 9-38 所示。

表 9-38 新丰越堡厂鸿丰牌 P.II 52.5R 水泥的技术指标

标准稠度/%	初凝/min	终凝/min	3 d 抗压/MPa	3 d 抗折/MPa	28 d 抗压/MPa	28 d 抗折/MPa
26.2	135	203	36.2	8.6	60.5	9.8

煤灰：沙角电厂 II 级 F 类沙电牌粉煤灰，细度 23%。

需水量比：100%，28 d 活性 72%。

矿渣粉：首钢 S95 级，28 d 活性 100%。

2) 试验方案及试验结果

（1）试验水平数。

根据实际情况，选取几种常用的粉煤灰和矿渣粉用量，同时考虑经济性，使用双掺技术，因此粉煤灰和矿渣粉的掺量分别都不取到0%，确定水平数如表9-39所示。

表9-39 确定水平数

水 平	粉煤灰用量/%	矿粉用量/%
1	5	5
2	10	10
3	15	15
4	20	20
5	25	25
6	30	30
7	35	35
8	40	40
9	45	45
10	50	50

（2）选用均匀设计表 $U^*10(10^8)$，根据2因素，选用第1列和第6列，如表9-40所示。

表9-40 $U^*10(10^8)$

序 号	粉煤灰用量 x_1		矿粉用量 x_2	
1	5%	(1)	35%	(7)
2	10%	(2)	15%	(3)
3	15%	(3)	50%	(10)
4	20%	(4)	30%	(6)
5	25%	(5)	10%	(2)
6	30%	(6)	45%	(9)
7	35%	(7)	25%	(5)
8	40%	(8)	5%	(1)
9	45%	(9)	40%	(8)
10	50%	(10)	20%	(4)

（3）确定试验方案及试验结果，如表9-41所示。

表9-41 试验方案及试验结果

序 号	水泥/g	粉煤灰 x_1	矿粉 x_2	28 d 强度 y/MPa
1	270.0	22.5	157.5	58.7
2	337.5	45	67.5	56.1
3	157.5	67.5	225.0	52.4

续表

序号	水泥/g	粉煤灰 x_1	矿粉 x_2	28 d 强度 y/MPa
4	225.0	90.0	135.0	47.6
5	292.5	112.5	45.0	48.1
6	112.5	135.0	202.5	43.6
7	180.0	157.5	112.5	43.0
8	247.5	180.0	22.5	39.5
9	67.5	202.5	180.0	33.2
10	135.0	225.0	90.0	31.7

（4）回归分析，如表 9-42～表 9-44 所示。

表 9-42　回归分析统计结果

回归统计	
线性回归系数	0.992 214 113
可决系数	0.984 488 846
修正后的可决系数	0.980 057 088
标准误差	1.274 325 218
观测值	10

表 9-43　回归分析结果

回归分析	df	SS	MS	F	显著性 F
	2	721.481 7	360.740 8	222.144 082 5	0.000 000 46
残差	7	11.367 33	1.623 905		
总计	9	732.849			

表 9-44　回归分析结果

	系数	标准误差	t 统计量	假定值	低于 95%	高于 95%
截距	63.323 333 33	1.284 901	49.282 67	0.000 000 000 37	60.285 025 95	66.361 640 72
x_1	−59.969 696 97	2.863 833	−20.940 4	0.000 000 142.39	−66.741 585 83	−53.197 808 11
x_2	−5.242 424 242	2.863 833	−1.830 56	0.109 854 784	−12.014 313 1	1.529 466 461 7

（5）确定回归方程：$y=63.323-59.970x_1-5.242x_2$。

相关性 $R=0.992$，$F<0.01$，F 统计量为 222.144，显著性水平 0.05 时，查 F 检验表知 $F_{0.05(2, 7)}=4.74$，说明回归方程非常显著。进行 t 检验，x_1 对应的假定值小于 0.01，说明 x_1 即粉煤灰掺量对试验结果影响非常显著，x_2 的假定值大于 0.05，说明 x_2 即矿渣粉掺量对试验结果影响不显著，可以将 x_2 的回归系数去掉划入残差，以简化回归方程；同时可以确定因素的影响性 $x_1<x_2$，该结论也符合实际的情况，矿渣粉的活性 100%，相当于可以等量取代水泥，而达到和水泥一样的效果。另外，考

虑该方程已经非常简单，保留 x_2 的回归系数，使方程式的结果更趋准确；观察到 x_1、x_2 为 0 时，即不掺粉煤灰和矿渣粉，此时方程式的值为 63.323，它的物理意义应该是水泥的 28 d 实际胶砂强度，这也与试验结果非常接近。

根据以上分析，使用均匀设计得到的该回归方程非常显著，可以用来指导实际生产，特别在配合比设计的时候，当确定好各种原材料的品种和规格后，可以根据不同强度等级的混凝土使用不同掺量的粉煤灰和矿渣粉比较准确找到其胶凝材料的 28 d 强度，极大简便了混凝土配合比设计，同时又有较高的精准度。当然，如果水泥等原材料的品种和规格变化了，或是其本身的一些性能发生了变化，要重新做试验进行回归分析，重新得到回归方程式，这是其应用不足的地方。其实在实际生产中，可以建立水泥等各原材料性能与混凝土强度的回归方程，若其中的某些指标变化时，不需要重新设计配合比，只需要在原来的配合比上进行小幅度的调整来满足生产。

9.9.2 均匀设计在新型摩阻材料研制中的应用

随着汽车工业的迅速发展，人们环保意识不断提高，不但对用作安全配件的刹车片——摩阻材料的需求量大大增加，而且对其性能和环境友好性提出更高要求。石棉摩阻材料引起的粉尘有致癌的风险，且在较高温度下易发生衰退，将会被无石棉摩阻材料所取代。碳纤维具有高强、高模、高耐热性、优良的热传导性，特别是单位面积吸收功率大，且密度小，是增强效果最好的石棉代用品。碳纤维增强摩阻材料是一种新型的无石棉摩阻材料，具有广阔的应用前景。

为了优化聚丙烯腈基碳纤维配方，山东大学何东新等在约束条件下，统筹兼顾新型摩阻材料中各材质要素，用均匀设计法进行配方优化设计，可减少试验次数，体现出均匀试验设计在处理多因素问题上的优越性。从试验效果上来看，产品达到 GB 5763—98 的性能要求。

在聚丙烯腈基碳纤维中含有改性酚醛树脂（X_1）、丁腈橡胶粉（X_2）、钢纤维（X_3）、硅灰石（X_4）、高岭土（X_5）、碳酸钙（X_6）、碳纤维及助剂（X_7）、填料重晶石，如表 9-45 所示。

表 9-45　原材料的使用情况

原材料	符号	用量范围（质量分数）/%
改性酚醛树脂	X_1	13～19
丁腈橡胶粉	X_2	7～12
钢纤维	X_3	7～10
硅灰石	X_4	15～26

续表

原材料	符号	用量范围（质量分数）/%
高岭土	X_5	16~26
碳酸钙	X_6	6~11
碳纤维及助剂	X_7	6
填料重晶石	X_8	添至100

以原材料为因素，则有 7 个变量，因此应在均匀设计使用表中选取有 7 个列的使用表，还要遵循尽量减少试验次数的原则，所以选取了 $U_{12}^*(12^{10})$ 表（见表 9-46）及相应的使用表（见表 9-47）。

表 9-46　$U_{12}^*(12^{10})$

配方	1	2	3	4	5	6	7	8	9	10
1	1	2	3	4	5	6	8	9	10	12
2	2	4	6	8	10	12	3	5	7	11
3	3	6	9	12	2	5	11	1	4	10
4	4	8	12	3	7	11	6	10	1	9
5	5	10	2	7	12	4	1	6	11	8
6	6	12	5	11	4	10	9	2	8	7
7	7	1	8	2	9	3	4	11	5	6
8	8	3	11	6	1	9	12	7	2	5
9	9	5	1	10	6	2	7	3	12	4
10	10	7	4	1	11	8	2	12	9	3
11	11	9	7	5	3	1	10	8	6	2
12	12	11	10	9	8	7	5	4	3	1

表 9-47　$U_{12}^*(12^{10})$ 使用表

因素数 s	列号	偏差 D
2	1, 5	0.116 3
3	1, 6, 9	0.183 8
4	1, 6, 7, 9	0.223 3
5	1, 3, 4, 8, 10	0.227 2
6	1, 2, 6, 7, 8, 9	0.267 0
7	1, 2, 6, 7, 8, 9, 10	0.276 8

据此，可确定因素在相应水平的用量，如表 9-48 所示，其中 X_7 的质量分数是固定值 6%。

表 9-48　因素及其在相应水平的用量（质量分数）

（单位：%）

水平	因素					
	橡胶粉 X_1	钢纤维 X_2	硅灰石 X_3	高岭土 X_4	碳酸钙 X_5	橡胶粉 X_6
1	13	7	7	15	16	6
2	15	7	8	17	18	7
3	17	8	9	19	20	8
4	19	8	10	21	22	9

续表

水平	因素					
	橡胶粉 X_1	钢纤维 X_2	硅灰石 X_3	高岭土 X_4	碳酸钙 X_5	橡胶粉 X_6
5	13	9	7	23	24	10
6	15	9	8	25	26	11
7	17	10	9	15	16	6
8	19	10	10	17	18	7
9	13	11	7	19	20	8
10	15	11	8	21	22	9
11	17	12	9	23	24	10
12	19	12	10	25	26	11

配方试验方案如表 9-49 所示。

表 9-49 配方试验方案（质量分数）

（单位：%）

配方	X_1	X_2	X_3	X_4	X_5	X_6	X_7	X_8
1	13	7	8	17	20	9	6	20
2	15	8	10	19	24	6	6	12
3	17	9	7	23	16	9	6	13
4	19	10	9	25	22	6	6	3
5	13	11	10	15	26	10	6	9
6	15	12	8	19	18	7	6	15
7	17	7	9	21	24	10	6	6
8	19	8	7	25	16	7	6	12
9	13	9	8	15	20	11	6	18
10	15	10	10	17	26	8	6	8
11	17	11	7	21	18	11	6	9
12	19	12	9	23	22	8	6	1

按配方比例称料→混料→预烘→热压→脱模→后处理→试片。预烘工艺参数：温度 85 ℃，时间 20 min；热压工艺参数：压力 20～30 MPa，模温 160～180 ℃，保压时间 3.0 min/mm；后处理工艺参数：温度(150±5)℃，时间 4 h。用 D-MS 定速式摩擦试验机，分别测出各试样在 100 ℃、150 ℃、200 ℃、250 ℃、300 ℃、100 ℃下的摩擦学试验数据，如表 9-50 所示。

表 9-50 试验结果

配方	性能	100℃	150℃	200℃	250℃	300℃	100℃
1	摩擦系数	0.452	0.436	0.426	0.374	0.228	0.376
	磨损率/$10^{-7}\text{cm}^3 \cdot (\text{cm} \cdot \text{N})^{-1}$	0.158	0.213	0.322	0.548	1.051	0.180
2	摩擦系数	0.53	0.46	0.37	0.25	0.054	0.42
	磨损率/$10^{-7}\text{cm}^3 \cdot (\text{cm} \cdot \text{N})^{-1}$	0.157	0.241	0.543	0.832	2.852	0.193

续表

配方	性能	100℃	150℃	200℃	250℃	300℃	100℃
3	摩擦系数	0.376	0.46	0.434	0.344	0.206	0.398
	磨损率/$10^{-7}cm^3 \cdot (cm \cdot N)^{-1}$	0.130	0.129	0.256	0.448	0.862	0.124
4	摩擦系数	0.4	0.45	0.432	0.25	0.198	0.424
	磨损率/$10^{-7}cm^3 \cdot (cm \cdot N)^{-1}$	0.145 8	0.153 5	0.270 8	0.593 6	0.678 8	0.123 5
5	摩擦系数	0.48	0.50	0.472	0.36	0.212	0.4
	磨损率/$10^{-7}cm^3 \cdot (cm \cdot N)^{-1}$	0.128	0.160	0.269	0.492	0.832	0.156
6	摩擦系数	0.44	0.496	0.446	0.388	0.22	0.41
	磨损率/$10^{-7}cm^3 \cdot (cm \cdot N)^{-1}$	0.110	0.137	0.217	0.400	1.00	0.129
7	摩擦系数	0.4	0.452	0.462	0.374	0.184	0.412
	磨损率/$10^{-7}cm^3 \cdot (cm \cdot N)^{-1}$	0.136	0.187	0.251	0.437	1.054	0.143
8	摩擦系数	0.452	0.49	0.414	0.312	0.18	0.4
	磨损率/$10^{-7}cm^3 \cdot (cm \cdot N)^{-1}$	0.112	0.145	0.283	0.489	0.938	0.129
9	摩擦系数	0.42	0.486	0.436	0.42	0.26	0.42
	磨损率/$10^{-7}cm^3 \cdot (cm \cdot N)^{-1}$	0.107	0.149	0.237	0.364	1.058	0.140
10	摩擦系数	0.404	0.422	0.46	0.412	0.244	0.408
	磨损率/$10^{-7}cm^3 \cdot (cm \cdot N)^{-1}$	0.177	0.212	0.239	0.392	0.757	0.143
11	摩擦系数	0.406	0.472	0.474	0.376	0.204	0.41
	磨损率/$10^{-7}cm^3 \cdot (cm \cdot N)^{-1}$	0.101	0.146	0.205	0.367	0.850	0.144
12	摩擦系数	0.472	0.476	0.48	0.3	0.184	0.44
	磨损率/$10^{-7}cm^3 \cdot (cm \cdot N)^{-1}$	0.122	0.140	0.173	0.439	0.902	0.120

比较上面的 12 个配方，可看到：随温度升高，磨损率增大；摩擦系数在 100～200℃趋于平稳；温度继续升高，则表现出明显地降低。从摩擦系数的离散分布状况看，9 号和 10 号配方较好；但从磨损率的离散分布状况看，4 号和 10 号配方较好。结合实际使用的制动平稳性和安全性，在磨损率差别较小的情况下，应优先考虑摩擦系数的大小。所以综合考虑这 12 个配方，以 9 号配方较好。就摩擦学性能而言，该配方产品达到 GB 5763—98 中 3 类的性能要求（即中、重型车鼓式制动器用摩阻材料）。

由于是在实验室条件下对所制备的摩阻材料进行研究，因此依据 GB 5763—98，侧重于摩阻材料的摩擦系数和磨损率。从原材料的选取、混合到摩擦磨损试验前标准尺寸试片的制得，中间经历一系列工序，应当说每一步的不恰当都会对最终材料的摩擦磨损性能造成影响。而从大的方面来讲，影响最终材料摩擦磨损性能的因素有两种：内部因素和外部因素。这一系列的工序是每一次配方都必须具有的，且为外部因素。复合成摩阻材料的诸多原材料为内部因素，虽然作用不同，但仍有起决定作用的原材料：基体胶粘剂、增强材料（如纤维含量）和橡塑比（即树脂与胶粉之比）等。

由此可见，均匀设计法用于摩擦材料配方设计，能显著提高试验效率、降低试验费用、缩短试验周期。均匀设计获得的试验数据，由于不具备正交试验的整齐可比性，必须采用多元回归分析或逐步回归分析的方法来进行数据处理。在设定优化条件后可得到相应的优化配方及性能指数。研制的无石棉摩擦材料具有较好的抗高温衰退性和高温制动效率。

9.9.3 均匀设计在新型胶凝材料配比确定中的应用

1. 试验设计

此次试验的目的是寻求新型凝材料的最佳配比，考虑到砂浆浓度和灰砂比对其材料的配比选择影响不大，在此确定胶砂比为1:8，砂浆浓度为68%。4种新型凝材料合计为胶砂比当中的"胶"，一种新型凝材料的质量可以用其他3种来表示，所以试验因素确定为1、2、3三种新型凝材料，各因素分别取9个水平。均匀设计方案由DPS3.0数据处理系统产生，具体试验安排情况如表9-51所示。

表9-51 均匀设计方案

组号	因素1	因素2	因素3	组号	因素1	因素2	因素3
1	1	6	7	6	6	7	1
2	2	2	2	7	7	1	6
3	3	9	4	8	8	3	9
4	4	8	8	9	9	4	3
5	5	5	5				

2. 试件制备及结果

根据试验规程，每组进行3次试验，共制备9组试件。模具采用规格为7.07 cm×7.07 cm×7.07 cm 的三联盒，按照均匀设计的试验方案进行充填砂浆配制，并浇注到三联盒中，放入养护箱进行养护，龄期28 d。每次取3个试块进行抗压强度试验，取平均值作为该组试块的胶结强度值，试验结果如表9-52所示。

表9-52 胶结充填强度试验结果

序号	X_1/%	X_2/%	X_3/%	X_4/%	28 d 单轴抗压强度 Y/MPa
1	0	3.5	16	80.5	3.35
2	0.5	1.5	11	87	2.76
3	1	5	13	81	2.72

续表

序号	X_1/%	X_2/%	X_3/%	X_4/%	28 d 单轴抗压强度 Y/MPa
4	1.5	4.5	17	77	3.17
5	2	3	14	81	3.38
6	2.5	4	10	83.5	2.62
7	3	1	15	81	3.14
8	3.5	2	18	76.5	2.97
9	4	2.5	12	81.5	3.22

3. 回归分析

实践证明，在均匀设计过程中，回归分析是一种十分有效的数据分析手段，它能揭示变量之间的相互关系。均匀设计的数据分析要借助于回归分析，要用到线性回归模型、二次回归模型、非线性模型。

利用 DPS 数据分析软件，对表 9-52 的试验数据进行二次多项式逐步回归分析，其数学模型为选取使方程的相关系数 R 最接近 1、显著水平 p 值最小的变量组合，构建如下方程

$$Y=-11.570\,4-1.187\,6X_3+0.032\,7X_1^2-0.012\,8X_3^2+0.000\,4X_4^2+0.226\,7X_1X_2$$
$$-0.019\,2X_1X_3+0.026\,6X_3X_4$$

由 $p=0.012\,4<0.05$，所建立的回归方程可以使用；相关系数 R 接近 1，回归模型的拟合精度高。回归模型预测结果与实测结果的比较如表 9-53 所示。由表 9-53 可以看出，28 d 抗压强度的最大误差为 0.08%。

表 9-53 实验室实测与回归方程预测精度比较

样本	观测值	拟合值	拟合误差	样本	观测值	拟合值	拟合误差
1	3.350 00	3.350 54	−0.000 54	6	2.620 00	2.619 42	0.000 58
2	2.760 00	2.760 06	−0.000 06	7	3.140 00	3.137 51	0.002 49
3	2.720 00	2.721 15	−0.001 15	8	2.970 00	2.972 01	−0.002 01
4	3.170 00	3.167 38	0.002 62	9	3.220 00	3.219 87	0.000 13
5	3.380 00	3.382 07	−0.002 07				

最优化的目标设定为最大抗压强度。将上面获得的回归方程取最大化变换，利用 MATLAB 优化工具箱中的 Fmincon 函数，得到新型胶凝材料充填体抗压强度最优的材料配比组合是 1 号胶凝材料 4.0%，2 号胶凝材料 3.5%，3 号胶凝材料 14.4%，4 号胶凝材料 78.1%，28 d 胶结充填体抗压强度为 3.66 MPa。

上述试验中，在新型胶凝材料的配方中引入均匀试验设计方法，按照均匀试验设计原理设计了均匀性非常好的计算方案，利用 DPS、MATLAB 等软件建立了以充填体抗压强度为目标函数的回归方程，且求出了新型胶凝材料的最优配比组合。

9.9.4 均匀设计在泡沫轻质材料研制中的应用

泡沫轻质材料是一种应用于岩土工程的新型材料，由于其质量轻，施工方便，可现场浇筑，能够节省投资。泡沫轻质材料的主要成分为水泥、泡沫剂、水和砂或粉煤灰等其他材料。另外，考虑气泡的稳定性及封闭性，材料中加少量的膨润土。

1. 试验方案

根据均匀设计法，试验的因素是这种材料的成分：水泥、膨润土、砂和泡沫剂，所加水量的多少按照满足稠度要求时的含水量。试验结果如表 9-54 所示。

表 9-54 轻质材料均匀设计试验结果

编号	水泥/kg	膨润土/kg	砂/kg	水/kg	砂灰比	泡沫/mL	湿密度/$g \cdot m^{-3}$	含气量/%	抗压强度/MPa
1	150	5	419	174	2.8	1.9	0.75	0.62	0.213
2	154	7.5	532	185	3.5	1.5	0.88	0.56	0.202
3	260	6.5	476	218	1.8	1.9	0.96	0.52	0.886
4	220	8.5	541	203	2.5	1.1	0.97	0.52	0.839
5	152	2.9	457	167	3	1.5	0.78	0.61	0.31
6	239	7.4	414	182	1.7	1.8	0.84	0.58	0.58
7	216	3.1	486	183	2.3	1.3	0.89	0.57	0.672
8	380	9.7	447	231	1.2	1.6	1.07	0.48	1.97
9	263	2.9	438	178	1.7	2	0.88	0.57	0.819
10	200	4.2	421	177	2.1	1.3	0.8	0.6	0.44
11	367	3.1	441	230	1.2	1.8	1.04	0.49	1.649
12	295	5.1	477	196	1.6	1.1	0.97	0.53	1.132

2. 多元非线性回归及配方优化

根据表 9-54 中试验结果，将配方规范为每方中的成分含量后进行多元回归分析。利用 MINITAB 软件进行计算机处理根据试验结果得回归关系

$$Y=2.23+0.264X_1-140X_2+0.279X_3-328X_4-5.02X_5+895X_1X_2+3.2X_1X_2-10.7X_1X_5$$

由方差分析得出，水泥对强度的影响最为显著，比较显著的是湿密度、膨润土和水泥与砂的交互作用，泡沫剂和水泥与土的交互作用为显著，而砂和水泥与湿密

度的交互作用为不显著。

回归关系式的建立，不仅是为了寻求各组分含量与强度的关系，而且要通过回归关系式预测未知的配方强度并求解最优配方。所谓轻质材料的最优配方是根据实际工程需要而定，有三种情况：① 当密度满足要求时，强度应尽量高；② 当强度满足要求时，密度尽可能低；③ 当强度、密度满足要求时，水泥含量尽量少，节省投资。配方优化的思路是，将要求最高或最低的项作为因变量，其他项作为自变量进行回归，所得回归方程作为目标函数，把满足工程要求的量，作为定值代入方程，然后进行优化计算。对目标函数寻优，确定混料中各成分最佳含量。

3. 试验结果

泡沫轻质材料是一种复杂材料，由于材料组分较多，对强度的影响因素复杂，若做全面试验，因试验点太多造成人力物力的浪费，而采用均匀设计方法，可以只做少量的试验。采用多元非线性回归模型对泡沫轻质材料的均匀设计试验成果进行非线性拟合，可得出各种组分与强度之间的回归关系式，从而分析出试验因素的主效应和因素间的交互效应。

9.9.5 超声速电弧喷涂 Ti-Al 合金涂层结合强度与其工艺参数之间的关系

影响电弧喷涂涂层结合强度的因素主要有喷涂电压、喷涂电流、喷涂距离、喷涂压力、基体粗化程度等。如果电压太小，喷涂颗粒的尺寸大；电压太大，则涂层的沉积效率下降，且喷涂粒子的氧化现象加剧，从而对涂层的结合强度产生不利的影响。电流与电压乘积的大小决定了喷涂过程中的实时功率，它代表着电弧的温度，决定了丝材的熔融程度及喷涂颗粒的大小。功率太小，喷涂颗粒的尺寸变大；功率太大则影响涂层的沉积效率，喷涂粒子的氧化加剧，影响着粒子与基体金属的结合，进而影响涂层的结合强度。而喷涂距离太小，会增大基体金属的温度，产生较大的热应力，对涂层的结合强度有不利的影响；喷涂距离太大，增大喷涂粒子的氧化，使涂层中的氧化物和氮化物的数量增大，同样会对涂层的结合强度产生不良影响。因此，采用喷涂电压、喷涂电流和喷涂距离为均匀设计的因素，结合喷涂设备的特点，各因素的水平值拟取为 6 个。均匀设计表选择 $U_6(6^4)$，选其中 1、2、3 三列安排试验，其方差值为 0.265 6。各因素的水平值如表 9-55 所示，所形成的试验设计表如表 9-56 所示。

表 9-55 试验因素的水平值

试验因素	水 平 值					
喷涂电压/V	1(20)	2(26)	3(29)	4(42)	5(35)	6(38)
喷涂电流/A	1(20)	2(40)	3(60)	4(80)	5(100)	6(120)
喷涂距离 D/cm	1(5)	2(10)	3(15)	4(20)	5(25)	6(30)

表 9-56 试验设计方案和试验结果

试验号	喷涂电压/V	喷涂电流/A	喷涂距离 D/cm	涂层结合强度/MPa
1	1(20)	2(40)	3(15)	22.69
2	2(26)	4(80)	6(30)	20.01
3	3(29)	6(120)	2(10)	25.97
4	4(32)	1(20)	5(25)	18.91
5	5(35)	3(60)	1(5)	27.55
6	6(38)	5(100)	4(20)	27.47

考虑到喷涂电压、电流和距离本身及其交互因素对涂层结合强度的影响，采用逐步回归模型进行数据的分析和处理。结果如下：

$$\sigma_b = 20.885 + 0.048\,95I + 0.003\,265VI - 0.000\,792I^2 - 0.007\,2D^2$$

在铝基表面超声速电弧喷涂 Ti-Al 合金涂层的工艺因素中，喷涂电压、喷涂电流和喷涂距离对涂层的结合强度均有影响，并且电压和电流之间存在交互作用。其中喷涂距离对结合强度的影响最大，呈二次非线性递减趋势；其次是喷涂电压，其对涂层结合强度的影响为线性递增规律；而喷涂电流对涂层结合强度的影响因受喷涂电压的制约呈二次抛物线规律变化。最佳喷涂工艺参数为：喷涂电压为 38 V，喷涂电流 100 A，喷涂距离为 5 cm。

9.9.6 均匀设计在其他领域中的应用

1. 均匀设计在国内医药中的应用

近年来，均匀设计法在中药制剂的提取工艺、成型工艺等方面的应用迅速增加，并开始运用于方剂、药物配制的研究。专家指出，均匀设计有助于深入认识"方证"，进一步加深对中医的理解。目前国内均匀设计在中药方面的应用主要在以下两个方面。

（1）单味中药提取工艺研究：采用均匀设计试验，以三七总皂苷的含量作为考察指标，考察了五个因素对三七总皂苷提取率的影响，优选出合理提取工艺。此外，优选侧柏叶中槲皮苷的提取纯化工艺的研究、优化黄柏提取工艺的研究、优化鱼腥草口服液制备工艺的研究等,均使用了此方法。

(2)复方制剂提取工艺研究:第二军医大学科研员建立用超临界流体萃取技术和毛细血管气相色谱在线联用技术测定中成药裨益肠丸中的有效成分补骨脂素和异补骨脂素含量。

2. 均匀设计在航天军事方面的应用

方开泰和王元共同创立的均匀设计法,采用 5 因素水平,仅仅做了 31 次试验,其效果接近于 2 800 多万次的全面试验。这是均匀设计在国防科研领域的首次应用。接下来航天事业成果依然显著,航天工业总公司某研究院应用均匀设计法开展了推进剂与燃气发生剂的配方研究、贮存与老化性能的研究。

均匀设计在军事方面应用广泛,瓦尔德在 1943—1945 年开创了"序贯设计"这一统计学分支,主要为了适应当时战争时期验收军需品的需求,序贯设计是一种更有效的抽样技术。2011 年周永道、方开泰结合均匀设计、数论和序贯设计方法,很好地解决了军事问题中单位圆覆盖问题。

3. 均匀设计在抽样调查方面的应用

中国的人口普查人约每十年才做一次,人口普查工作包括对人口普查资料的搜集、数据汇总、资料评价、分析研究、编辑出版等全部过程,是当今世界各国广泛采用的搜集人口资料的一种最基本的科学方法,是提供全国基本人口数据的主要来源。如果在两次人口普查数据之间进行百分之一抽样,抽取一些感兴趣的研究对象作为因素水平,就会用到均匀设计的方法。传统的抽样问卷调查可以使用分层抽样、分块抽样及系统抽样等方法,分层抽样中使用比例选取样本。如果在使用分层抽样的时候想考虑多因素水平之间的相互作用或影响,用均匀试验设计方法效果显著。

4. 均匀设计在交通运输方面的应用

与正交设计相比,均匀设计用在城市间交通模型选择至少有两方面的优点:① 均匀设计的层次较少,可以降低建模的成本;② 均匀设计能够简单地掌握具有不同水平数的因素,均匀设计尤其适用于真实模型很复杂并且非线性、模型的形式未知或者因子数和水平数很大的情况。

5. 均匀设计在物流方面的应用

均匀试验设计方法选取最优的需求方案,把不确定的需求看成离散概率分布,并应用两阶段随即规划法用于解决需求不确定的供应链建模问题。均匀设计方法可以尝试用在多变量、需求确定及连续型随机概率分布供应链问题中。

王元和方开泰开创的均匀设计理论，得到了国内外各领域广泛的应用和认可。均匀设计有两个研究和应用领域：计算机试验和模型未知的有试验误差的试验。其中，计算机试验中模型已知，但是比较复杂，直接研究有一定困难，可通过均匀设计来寻求一个近似模型。模型未知的有试验误差的试验中，可通过均匀设计来估计模型。国外对这两个方向的研究是分开进行的，其实两个方向在试验设计和建模方法上有很多共性，均匀设计正是联系两个方向的桥梁。总体来说，均匀设计应用越来越广泛、理论越来越成熟，是中国学者对世界的贡献。

本章习题

9-1 某酒厂在啤酒生产过程中进行某项试验，选择的因素有底水和吸氨时间，均取 9 个水平，如表 9-57 所示。试验考核的指标 y 为吸氨量。

表 9-57 吸氨试验因素水平表

水 平	底水/mL	吸氨时间/min
1	136.5	170
2	137.0	180
3	137.5	190
4	138.0	200
5	138.5	210
6	139.0	220
7	139.5	230
8	140.0	240
9	140.5	250

9-2 在发酵法生产肌苷中，培养液由葡萄糖、酵母粉、玉米浆、尿素、硫酸铵等成分组成。通过均匀试验确定最佳培养基方案，使肌苷含量最大。

9-3 试用均匀设计法选择石墨炉原子吸收分光光度法测定的工作条件，使得吸光度值最大。已知影响吸光度的主要因素有灰化温度、灰化时间、原子化温度和原子化时间。

附录

附表 A-1 格拉布斯临界检验值表

n	α		n	α	
	0.05	0.01		0.05	0.01
3	1.15	1.16	17	2.48	2.78
4	1.46	1.49	18	2.50	2.82
5	1.67	1.75	19	2.53	2.85
6	1.82	1.94	20	2.56	2.88
7	1.94	2.10	21	2.58	2.91
8	2.03	2.22	22	2.60	2.94
9	2.11	2.32	23	2.62	2.96
10	2.18	2.41	24	2.64	2.99
11	2.23	2.48	25	2.66	3.01
12	2.28	2.55	26	2.74	3.10
13	2.33	2.61	27	2.81	3.18
14	2.37	2.66	28	2.87	3.24
15	2.41	2.70	29	2.96	3.34
16	2.44	2.75	30	3.17	3.59

附表 A-2 狄克松准则统计量与临界值

n	$x_{(1)}$	$x_{(n)}$	$D(n,\alpha)$	
			$\alpha = 0.01$	$\alpha = 0.05$
3			0.988	9.941
4			0.889	0.765
5	$D_{10} = \dfrac{x_{(1)} - x_{(2)}}{x_{(1)} - x_{(n)}}$	$D'_{10} = \dfrac{x_{(n)} - x_{(n-1)}}{x_{(n)} - x_{(1)}}$	0.780	0.642
6			0.698	0.560
7			0.637	0.507
8			0.683	0.554
9	$D_{11} = \dfrac{x_{(1)} - x_{(2)}}{x_{(1)} - x_{(n-1)}}$	$D'_{11} = \dfrac{x_{(n)} - x_{(n-1)}}{x_{(n)} - x_{(2)}}$	0.635	0.512
10			0.597	0.477
11			0.679	0.576
12	$D_{21} = \dfrac{x_{(1)} - x_{(3)}}{x_{(1)} - x_{(n-1)}}$	$D'_{21} = \dfrac{x_{(n)} - x_{(n-2)}}{x_{(n)} - x_{(2)}}$	0.642	0.546
13			0.615	0.521
14			0.641	0.546
15	$D_{22} = \dfrac{x_{(1)} - x_{(3)}}{x_{(1)} - x_{(n-2)}}$	$D'_{22} = \dfrac{x_{(n)} - x_{(n-2)}}{x_{(n)} - x_{(3)}}$	0.616	0.525
16			0.595	0.507

续表

n	$x_{(1)}$	$x_{(n)}$	$D(n,\alpha)$	
			$\alpha=0.01$	$\alpha=0.05$
17			0.577	0.490
18			0.561	0.475
19			0.547	0.462
20			0.535	0.450
21			0.524	0.440
22			0.514	0.430
23	$D_{22}=\dfrac{x_{(1)}-x_{(3)}}{x_{(1)}-x_{(n-2)}}$	$D'_{22}=\dfrac{x_{(n)}-x_{(n-2)}}{x_{(n)}-x_{(3)}}$	0.505	0.421
24			0.497	0.413
25			0.489	0.406
26			0.486	0.399
27			0.475	0.393
28			0.469	0.387
29			0.463	0.381
30			0.457	0.376

附表 A-3　正态分布积分表

$$\Phi(t)=\dfrac{1}{\sigma\sqrt{2\pi}}\int_0^t e^{-t^2/2}dt$$

t	$\Phi(t)$	t	$\Phi(t)$	t	$\Phi(t)$	t	$\Phi(t)$	t	$\Phi(t)$
0.00	0.000 0	0.75	0.273 4	1.50	0.433 2	2.50	0.493 8		
0.05	0.019 9	0.80	0.288 1	1.55	0.439 4	2.60	0.495 3		
0.10	0.039 8	0.85	0.302 3	1.60	0.445 2	2.70	0.496 5		
0.15	0.059 6	0.90	0.315 9	1.65	0.450 5	2.80	0.497 4		
0.20	0.079 3	0.95	0.328 9	1.70	0.455 4	2.90	0.498 1		
0.25	0.098 7	1.00	0.341 3	1.75	0.459 9	3.00	0.498 65		
0.30	0.117 9	1.05	0.353 1	1.80	0.464 1	3.20	0.499 31		
0.35	0.136 8	1.10	0.364 3	1.85	0.467 8	3.40	0.499 66		
0.40	0.155 4	1.15	0.374 0	1.90	0.471 3	3.60	0.499 841		
0.45	0.173 6	1.20	0.3849	1.95	0.474 4	3.80	0.499 928		
0.50	0.191 5	1.25	0.394 4	2.00	0.477 2	4.00	0.499 968		
0.55	0.208 8	1.30	0.403 2	2.10	0.482 1	4.50	0.499 997		
0.60	0.225 7	1.35	0.411 5	2.20	0.486 1	5.00	0.499 999 7		
0.65	0.242 2	1.40	0.419 2	2.30	0.489 3				
0.70	0.258 0	1.45	0.426 5	2.40	0.491 8				

附表 A-4　t 分布表

$P=(|t|\geq t_\alpha)=\alpha$ 值（v—自由度，α—显著性水平）

v	α			v	α		
	0.05	0.01	0.002 7		0.05	0.01	0.002 7
1	12.71	63.66	235.80	20	2.09	2.85	3.42
2	4.30	9.92	19.21	21	2.08	2.83	3.40
3	3.18	5.84	9.21	22	2.07	2.82	3.38
4	2.78	4.60	6.62	23	2.07	2.81	3.36
5	2.57	4.03	5.51	24	2.06	2.80	3.34
6	2.45	3.71	4.90	25	2.06	2.79	3.33
7	2.36	3.50	4.53	26	2.06	2.78	3.32
8	2.31	3.36	4.28	27	2.05	2.77	3.30
9	2.26	3.25	4.09	28	2.05	2.76	3.29
10	2.23	3.17	3.96	29	2.05	2.76	3.28
11	2.20	3.11	3.85	30	2.04	2.75	3.27
12	2.18	3.05	3.76	40	2.02	2.70	3.20
13	2.16	3.01	3.69	50	2.01	2.68	3.18
14	2.14	2.98	3.64	60	2.00	2.66	3.13
15	2.13	2.95	3.59	70	1.99	2.65	3.11
16	2.12	2.92	3.54	80	1.99	2.64	3.10
17	2.11	2.90	3.51	90	1.99	2.63	3.09
18	2.10	2.88	3.48	100	1.98	2.63	3.08
19	2.09	2.86	3.45	∞	1.96	2.58	3.00

附表 A-5　秩和临界值表

n_x	n_y	$\alpha=0.025$		$\alpha=0.05$		n_x	n_y	$\alpha=0.025$		$\alpha=0.05$	
		T_1	T_2	T_1	T_2			T_1	T_2	T_1	T_2
2	4			3	11	5	5	18	37	19	36
	5			3	13		6	19	41	20	40
	6	3	15	4	14		7	20	45	22	43
	7	3	17	4	16		8	21	49	23	47
	8	3	19	4	18		9	22	53	25	50
	9	3	21	4	20		10	24	56	26	54
	10	4	22	5	21	6	6	26	52	28	50
3	3			6	15		7	28	56	30	54
	4	6	18	7	17		8	29	61	32	58
	5	6	21	7	20		9	31	65	33	63
	6	7	23	8	22		10	33	69	35	67
	7	8	25	9	24	7	7	37	68	39	66
	8	8	28	9	27		8	39	73	41	71
	9	9	30	10	29		9	41	78	43	76
	10	9	33	11	31		10	43	83	46	80

续表

n_x	n_y	$\alpha=0.025$		$\alpha=0.05$		n_x	n_y	$\alpha=0.025$		$\alpha=0.05$	
		T_1	T_2	T_1	T_2			T_1	T_2	T_1	T_2
4	4	11	25	12	24	8	8	49	87	52	84
	5	12	28	13	27		9	51	93	54	90
	6	12	32	14	30		10	54	98	47	95
	7	13	35	15	33	9	9	63	108	66	105
	8	14	38	16	36		10	66	114	69	111
	9	15	41	17	39	10	10	79	131	83	127
	10	16	44	18	42						

附表 A-6 标准正态 u 分布双侧分位数表 ($u_{\alpha/2}$)

α	0.00	0.01	0.02	0.03	0.04	0.05	0.06	0.07	0.08	0.09
0.0	∞	2.575 829	2.326 348	2.170 090	2.053 749	1.959 964	1.880 794	1.811 911	1.750 688	1.695 398
0.1	1.644 854	1.598 193	1.554 774	1.514 012	1.475 791	1.439 531	1.405 072	1.372 204	1.340 755	1.310 579
0.2	1.281 552	1.253 565	1.226 528	1.200 359	1.174 987	1.150 349	1.126 391	1.103 063	1.080 319	1.058 122
0.3	1.036 433	1.015 222	0.994 458	0.974 114	0.954 165	0.934 589	0.915 365	0.896 473	0.877 896	0.859 617
0.4	0.841 621	0.823 894	0.806 421	0.789 192	0.772 193	0.755 415	0.738 847	0.722 479	0.706 303	0.690 309
0.5	0.674 490	0.658 838	0.643 345	0.628 006	0.612 813	0.597 760	0.582 841	0.568 051	0.553 385	0.538 836
0.6	0.524 401	0.510 073	0.495 859	0.481 727	0.467 699	0.453 762	0.439 913	0.426 148	0.412 463	0.398 855
0.7	0.385 320	0.371 856	0.358 459	0.345 125	0.331 853	0.318 639	0.305 481	0.292 375	0.279 319	0.266 311
0.8	0.253 347	0.240 426	0.227 545	0.214 702	0.201 893	0.189 113	0.176 374	0.163 658	0.150 969	0.138 304
0.9	0.125 661	0.113 039	0.100 434	0.087 845	0.075 270	0.062 707	0.050 154	0.037 608	0.025 069	0.012 533

α	0.001	0.000 1	0.000 01	0.000 001	0.000 000 1
$u_{\alpha/2}$	3.290 53	3.890 59	4.417 17	4.891 64	5.326 72

注：若需查单侧 u_α，仍按此表查，只需将 α 放大 1 倍。

附表 A-7 t 分布双侧分位数表

$$P\{|t|>t_{\alpha/2,\mathrm{df}}\}=\alpha$$

df	α					
	0.5	0.2	0.1	0.05	0.02	0.01
1	1.000 0	3.077 7	6.313 7	12.706 2	31.821 0	63.655 9
2	0.816 5	1.885 6	2.920 0	4.302 7	6.964 5	9.925 0
3	0.764 9	1.637 7	2.353 4	3.182 4	4.540 7	5.840 8
4	0.740 7	1.533 2	2.131 8	2.776 5	3.746 9	4.604 1
5	0.726 7	1.475 9	2.015 0	2.570 6	3.364 9	4.032 1
6	0.717 6	1.439 8	1.943 2	2.446 9	3.142 7	3.707 4
7	0.711 1	1.414 9	1.894 6	2.364 6	2.997 9	3.499 5
8	0.706 4	1.396 8	1.859 5	2.306 0	2.896 5	3.355 4
9	0.702 7	1.383 0	1.833 1	2.262 2	2.821 4	3.249 8
10	0.699 8	1.372 2	1.812 5	2.228 1	2.763 8	3.169 3
11	0.697 4	1.363 4	1.795 9	2.201 0	2.718 1	3.105 8

续表

df	α					
	0.5	0.2	0.1	0.05	0.02	0.01
12	0.695 5	1.356 2	1.782 3	2.178 8	2.681 0	3.054 5
13	0.693 8	1.350 2	1.770 9	2.160 4	2.650 3	3.012 3
14	0.692 4	1.345 0	1.761 3	2.144 8	2.624 5	2.976 8
15	0.691 2	1.340 6	1.753 1	2.131 5	2.602 5	2.946 7
16	0.690 1	1.336 8	1.745 9	2.119 9	2.583 5	2.920 8
17	0.689 2	1.333 4	1.739 6	2.109 8	2.566 9	2.898 2
18	0.688 4	1.330 4	1.734 1	2.100 9	2.552 4	2.878 4
19	0.687 6	1.327 7	1.729 1	2.093 0	2.539 5	2.860 9
20	0.687 0	1.325 3	1.724 7	2.086 0	2.528 0	2.845 3
21	0.686 4	1.323 2	1.720 7	2.079 6	2.517 6	2.831 4
22	0.685 8	1.321 2	1.717 1	2.073 9	2.508 3	2.818 8
23	0.682 3	1.319 5	1.713 9	2.068 7	2.499 9	2.807 3
24	0.684 8	1.317 8	1.710 9	2.063 9	2.492 2	2.797 0
25	0.684 4	1.316 3	1.708 1	2.059 5	2.485 1	2.787 4
26	0.684 0	1.315 0	1.705 6	2.055 5	2.478 6	2.778 7
27	0.693 7	1.313 7	1.703 3	2.051 8	2.472 7	2.770 7
28	0.683 4	1.312 5	1.701 1	2.048 4	2.467 1	2.763 3
29	0.683 0	1.311 4	1.699 1	2.045 2	2.462 0	2.756 4
30	0.682 8	1.310 4	1.697 3	2.042 3	2.457 3	2.750 0
40	0.680 7	1.303 1	1.683 9	2.021 1	2.423 3	2.704 5
50	0.679 4	1.298 7	1.675 9	2.008 6	2.403 3	2.677 8
60	0.678 6	1.295 8	1.670 6	2.000 3	2.390 1	2.660 3
80	0.677 6	1.292 2	1.664 1	1.990 1	2.373 9	2.638 7
100	0.677 0	1.290 1	1.660 2	1.984 0	2.364 2	2.625 9

注：若需查单侧值，仍按此表查，只需将 α 放大1倍。

附表 A-8 X^2 分布右侧分位数表

$$p\{X^2_{(df)} > X^2_{\alpha(df)}\} = \alpha$$

df	α										
	0.995	0.99	0.975	0.95	0.9	0.75	0.25	0.1	0.05	0.025	0.01	0.005
1	0.000	0.000	0.001	0.004	0.016	0.102	1.323	2.706	3.841	5.024	6.635	7.879
2	0.010	0.020	0.051	0.103	0.211	0.575	2.773	4.605	5.991	7.378	9.210	10.597
3	0.072	0.115	0.216	0.352	0.584	1.213	4.108	6.251	7.815	9.348	11.345	12.838
4	0.207	0.297	0.484	0.711	1.064	1.923	5.385	7.779	9.488	11.143	13.277	14.860
5	0.412	0.554	0.831	1.145	1.610	2.675	6.626	9.236	11.070	12.833	15.086	16.750
6	0.676	0.872	1.237	1.635	2.204	3.455	7.841	10.645	12.592	14.449	16.812	18.548
7	0.989	1.239	1.690	2.167	2.833	4.255	9.037	12.017	14.067	16.013	18.475	20.278
8	1.344	1.646	2.180	2.733	3.490	5.071	10.219	13.362	15.507	17.535	20.090	1.955
9	1.735	2.088	2.700	3.325	4.168	5.866	11.389	14.684	16.919	19.023	21.666	23.589

续表

df	α										
	0.995	0.99	0.975	0.95	0.9	0.75	0.25	0.1	0.05	0.025	0.01	0.005
10	2.156	2.558	3.247	3.940	4.865	6.737	12.549	15.987	18.307	20.483	23.209	25.188
11	2.603	3.053	3.816	4.575	5.578	7.584	13.701	17.275	19.675	21.920	24.725	26.757
12	3.074	3.571	4.404	5.226	6.304	8.438	14.845	18.549	21.026	23.337	26.217	28.300
13	3.565	4.107	5.009	5.892	7.042	9.299	15.984	19.812	22.362	24.736	27.688	29.819
14	4.075	4.660	5.629	6.571	7.790	10.165	17.117	21.064	23.685	26.119	29.141	31.319
15	4.601	5.229	6.262	7.261	8.547	11.037	18.245	22.307	24.996	27.488	30.578	32.801
16	5.142	5.812	6.908	7.962	9.312	11.912	19.369	23.542	26.296	28.845	32.000	34.267
17	5.697	6.408	7.564	8.672	10.085	12.792	20.489	24.769	27.587	30.191	33.409	35.718
18	6.265	7.015	8.231	9.390	10.865	13.675	21.605	25.989	28.869	31.526	34.805	37.156
19	6.844	7.633	8.907	10.117	11.651	14.562	22.718	27.204	30.144	32.852	36.191	38.582
20	7.434	8.260	9.591	10.851	12.443	15.424	23.828	28.412	31.410	34.170	37.566	39.997
21	8.034	8.897	10.283	11.591	13.240	16.344	24.939	29.615	32.671	35.479	38.932	41.401
22	8.643	9.542	10.982	12.338	14.041	17.240	26.039	30.812	33.924	36.781	40.289	42.796
23	9.260	10.196	11.689	13.091	14.848	18.137	27.141	32.007	35.172	38.076	41.638	44.181
24	9.886	10.856	12.401	13.848	15.659	19.037	28.241	33.196	36.415	39.364	42.980	45.559
25	10.520	11.524	13.120	14.611	16.473	19.939	29.339	34.382	37.652	40.646	44.314	46.928
26	11.160	12.198	13.844	15.379	17.292	20.843	30.435	35.563	38.885	41.923	45.642	48.290
27	11.808	12.879	14.573	16.151	18.114	21.749	31.528	36.741	40.113	43.195	46.963	49.645
28	12.461	13.565	15.308	16.928	18.939	22.657	32.620	37.916	41.337	44.461	48.278	50.993
29	13.121	14.256	16.047	17.708	19.768	23.567	33.711	39.087	42.557	45.722	49.588	52.336
30	13.787	14.953	16.791	18.493	20.599	24.478	34.800	40.256	43.773	46.979	50.892	53.672
31	14.458	15.655	17.539	19.281	21.434	25.390	35.887	41.422	44.985	48.232	52.191	55.003
32	15.134	16.362	18.291	20.072	22.271	26.304	36.973	42.585	46.194	49.480	53.486	56.328
33	15.815	17.074	19.047	20.867	23.110	27.219	38.058	43.745	47.400	50.725	54.775	57.648
34	16.501	17.789	19.806	21.664	23.952	28.136	39.141	44.903	48.602	51.966	56.061	58.964
35	17.192	18.509	20.569	22.465	24.797	29.054	40.223	46.059	49.802	53.203	57.342	60.275
36	17.887	19.233	21.336	23.269	25.643	29.973	41.304	47.212	50.998	54.437	58.619	61.581
37	18.586	19.960	22.106	24.075	26.492	30.893	42.383	48.363	52.192	55.668	59.893	62.883
38	19.289	20.691	22.878	24.884	27.343	31.815	43.462	49.513	53.384	56.896	61.162	64.181
39	19.996	21.426	23.654	25.695	28.196	32.737	44.539	50.660	54.572	58.120	62.428	65.476
40	20.707	22.164	24.433	26.509	29.051	33.660	45.616	51.805	55.758	59.342	63.691	66.766
41	21.421	22.906	25.215	27.326	29.907	34.585	46.692	52.949	56.942	60.561	64.950	68.053
42	22.138	23.650	25.999	28.144	30.765	35.510	47.766	54.090	58.124	61.777	66.206	69.336
43	22.859	24.398	26.785	28.965	31.625	36.436	48.840	55.230	59.304	62.990	67.459	70.616
44	23.584	25.148	27.575	29.787	32.487	37.363	49.913	56.369	60.481	64.201	68.710	71.893
45	24.311	25.901	28.366	30.612	33.350	38.291	50.985	57.505	61.656	65.410	69.957	73.166

附表 A-9　F 分布右侧分位数表 $p\{F_{(df_1,df_2)} > F_{\alpha(df_1,df_2)}\} = \alpha$

$\alpha=0.10$

df_2	\multicolumn{17}{c}{df_1}
	1	2	3	4	5	6	7	8	9	10	12	15	20	24	30	40	60	120	∞
1	39.86	49.50	53.59	55.83	57.24	58.20	58.91	59.44	59.86	60.19	60.71	61.22	61.74	62.00	62.26	62.53	62.79	63.06	63.33
2	8.53	9.00	9.16	9.24	9.29	9.33	9.35	9.37	9.38	9.39	9.41	9.42	9.44	9.45	9.46	9.47	9.47	9.48	9.49
3	5.54	5.46	5.39	5.34	5.31	5.28	5.27	5.25	5.24	5.23	5.22	5.20	5.18	5.18	5.17	5.16	5.15	5.14	5.13
4	4.54	4.32	4.19	4.11	4.05	4.01	3.98	3.95	3.94	3.92	3.90	3.87	3.84	3.83	3.82	3.80	3.79	3.78	3.76
5	4.06	3.78	3.62	3.52	3.45	3.40	3.37	3.34	3.32	3.30	3.27	3.24	3.21	3.19	3.17	3.16	3.14	3.12	3.10
6	3.78	3.46	3.29	3.18	3.11	3.05	3.01	2.98	2.96	2.94	2.90	2.87	2.84	2.82	2.80	2.78	2.76	2.74	2.72
7	3.59	3.26	3.07	2.96	2.88	2.83	2.78	2.75	2.72	2.70	2.67	2.63	2.59	2.58	2.56	2.54	2.51	2.49	2.47
8	3.46	3.11	2.92	2.81	2.73	2.67	2.62	2.59	2.56	2.54	2.50	2.46	2.42	2.40	2.38	2.36	2.34	2.32	2.29
9	3.36	3.01	2.81	2.69	2.61	2.55	2.51	2.47	2.44	2.42	2.38	2.34	2.30	2.28	2.25	2.23	2.21	2.18	2.16
10	3.29	2.92	2.73	2.61	2.52	2.46	2.41	2.38	2.35	2.32	2.28	2.24	2.20	2.18	2.16	2.13	2.11	2.08	2.06
11	3.23	2.86	2.66	2.54	2.45	2.39	2.34	2.30	2.27	2.25	2.21	2.17	2.12	2.10	2.08	2.05	2.03	2.00	1.97
12	3.18	2.81	2.61	2.48	2.39	2.33	2.28	2.24	2.21	2.19	2.15	2.10	2.06	2.04	2.01	1.99	1.96	1.93	1.90
13	3.14	2.76	2.56	2.43	2.35	2.28	2.23	2.20	2.16	2.14	2.10	2.05	2.01	1.98	1.96	1.93	1.90	1.88	1.85
14	3.10	2.73	2.52	2.39	2.31	2.24	2.19	2.15	2.12	2.10	2.05	2.01	1.96	1.94	1.91	1.89	1.86	1.83	1.80
15	3.07	2.70	2.49	2.36	2.27	2.21	2.16	2.12	2.09	2.06	2.02	1.97	1.92	1.90	1.87	1.85	1.82	1.79	1.76
16	3.05	2.67	2.46	2.33	2.24	2.18	2.13	2.09	2.06	2.03	1.99	1.94	1.89	1.87	1.84	1.81	1.78	1.75	1.72
17	3.03	2.64	2.44	2.31	2.22	2.15	2.10	2.06	2.03	2.00	1.96	1.91	1.86	1.84	1.81	1.78	1.75	1.72	1.69
18	3.01	2.62	2.42	2.29	2.20	2.13	2.08	2.04	2.00	1.98	1.93	1.89	1.84	1.81	1.78	1.75	1.72	1.69	1.66
19	2.99	2.61	2.40	2.27	2.18	2.11	2.06	2.02	1.98	1.96	1.91	1.86	1.81	1.79	1.76	1.73	1.70	1.67	1.63
20	2.97	2.59	2.38	2.25	2.16	2.09	2.04	2.00	1.96	1.94	1.89	1.84	1.79	1.77	1.74	1.71	1.68	1.64	1.61
21	2.96	2.57	2.36	2.23	2.14	2.08	2.02	1.98	1.95	1.92	1.87	1.83	1.78	1.75	1.72	1.69	1.66	1.62	1.59
22	2.95	2.56	2.35	2.22	2.13	2.06	2.01	1.97	1.93	1.90	1.86	1.81	1.76	1.73	1.70	1.67	1.64	1.60	1.57
23	2.94	2.55	2.34	2.21	2.11	1.05	1.99	1.95	1.92	1.89	1.84	1.80	1.74	1.72	1.69	1.66	1.62	1.59	1.55
24	2.93	2.54	2.33	2.19	2.10	2.04	1.98	1.94	1.91	1.88	1.83	1.78	1.73	1.70	1.67	1.64	1.61	1.57	1.53
25	2.92	2.53	2.32	2.18	2.09	2.02	1.97	1.93	1.89	1.87	1.82	1.77	1.72	1.69	1.66	1.63	1.59	1.56	1.52
26	2.91	2.52	2.31	2.17	2.08	2.01	1.96	1.92	1.88	1.86	1.81	1.76	1.71	1.68	1.65	1.61	1.58	1.54	1.50
27	2.90	2.51	2.30	2.17	2.07	2.00	1.95	1.91	1.87	1.85	1.80	1.75	1.70	1.67	1.64	1.60	1.57	1.53	1.49
28	2.89	2.50	2.29	2.16	2.06	2.00	1.94	1.90	1.87	1.84	1.79	1.74	1.69	1.66	1.63	1.59	1.56	1.52	1.48
29	2.89	2.50	2.28	2.15	2.06	1.99	1.93	1.89	1.86	1.83	1.78	1.73	1.68	1.65	1.62	1.58	1.55	1.51	1.47
30	2.88	2.49	2.28	2.14	2.05	1.98	1.93	1.88	1.85	1.82	1.77	1.72	1.67	1.64	1.61	1.57	1.54	1.50	1.46
40	2.84	2.44	2.23	2.09	2.00	1.93	1.87	1.83	1.79	1.76	1.71	1.66	1.61	1.57	1.54	1.51	1.47	1.42	1.38
60	2.79	2.39	2.18	2.04	1.95	1.87	1.82	1.77	1.74	1.71	1.66	1.60	1.54	1.51	1.48	1.44	1.40	1.35	1.29
120	2.75	2.35	2.13	1.99	1.90	1.82	1.77	1.72	1.68	1.65	1.60	1.55	1.48	1.45	1.41	1.37	1.32	1.26	1.19
∞	2.71	2.30	2.08	1.94	1.85	1.77	1.72	1.67	1.63	1.60	1.55	1.49	1.42	1.38	1.34	1.30	1.24	1.17	1.00

$\alpha=0.05$

df_2	\multicolumn{17}{c}{df_1}
	1	2	3	4	5	6	7	8	9	10	12	15	20	24	30	40	60	120	∞
1	161.4	199.5	215.7	224.6	230.2	234.0	236.8	238.9	240.5	241.9	243.9	245.9	248.0	249.1	250.1	251.1	252.2	253.3	254.3
2	18.51	19.00	19.16	19.25	19.30	19.33	19.35	19.37	19.38	19.40	19.41	19.43	19.45	19.45	19.46	19.47	19.48	19.49	19.50
3	10.13	9.55	9.28	9.12	9.01	8.94	8.89	8.85	8.81	8.79	8.74	8.70	8.66	8.64	8.62	8.59	8.57	8.55	8.53
4	7.71	6.94	6.59	6.39	6.26	6.16	6.09	6.04	6.00	5.96	5.91	5.86	5.80	5.77	5.75	5.72	5.69	5.66	5.63

续表

df_2	df_1																		
	1	2	3	4	5	6	7	8	9	10	12	15	20	24	30	40	60	120	∞
5	6.61	5.79	5.41	5.19	5.05	4.95	4.88	4.82	4.77	4.74	4.68	4.62	4.56	4.53	4.50	4.46	4.43	4.40	4.36
6	5.99	5.14	4.76	4.53	4.39	4.28	4.21	4.15	4.10	4.06	4.00	3.94	3.87	3.84	3.81	3.77	3.74	3.70	3.67
7	5.59	4.74	4.35	4.12	3.97	3.87	3.79	3.73	3.68	3.64	3.57	3.51	3.44	3.41	3.38	3.34	3.30	3.27	3.23
8	5.32	4.46	4.07	3.84	3.69	3.58	3.50	3.44	3.39	3.35	3.28	3.22	3.15	3.12	3.08	3.04	3.01	2.97	2.93
9	5.12	4.26	3.86	3.63	3.48	3.37	3.29	3.23	3.18	3.14	3.07	3.01	2.94	2.90	2.86	2.83	2.79	2.75	2.71
10	4.96	4.10	3.71	3.48	3.33	3.22	3.14	3.07	3.02	2.98	2.91	2.85	2.77	2.74	2.70	2.66	2.62	2.58	2.54
11	4.84	3.98	3.59	3.36	3.20	3.09	3.01	2.95	2.90	2.85	2.79	2.72	2.65	2.61	2.57	2.53	2.49	2.45	2.40
12	4.75	3.89	3.49	3.26	3.11	3.00	2.91	2.85	2.80	2.75	2.69	2.62	2.54	2.51	2.47	2.43	2.38	2.34	2.30
13	4.67	3.81	3.41	3.18	3.03	2.92	2.83	2.77	2.71	2.67	2.60	2.53	2.46	2.42	2.38	2.34	2.30	2.25	2.21
14	4.60	3.74	3.34	3.11	2.96	2.85	2.76	2.70	2.65	2.60	2.53	2.46	2.39	2.35	2.31	2.27	2.22	2.18	2.13
15	4.54	3.68	3.29	3.06	2.90	2.79	2.71	2.64	2.59	2.54	2.48	2.40	2.33	2.29	2.25	2.20	2.16	2.11	2.07
16	4.49	3.63	3.24	3.01	2.85	2.74	2.66	2.59	2.54	2.49	2.42	2.35	2.28	2.24	2.19	2.15	2.11	2.06	2.01
17	4.45	3.59	3.20	2.96	2.81	2.70	2.61	2.55	2.49	2.45	2.38	2.31	2.23	2.19	2.15	2.10	2.06	2.01	1.96
18	4.41	3.55	3.16	2.93	2.77	2.66	2.58	2.51	2.46	2.41	2.34	2.27	2.19	2.15	2.11	2.06	2.02	1.97	1.92
19	4.38	3.52	3.13	2.90	2.74	2.63	2.54	2.48	2.42	2.38	2.31	2.23	2.16	2.11	2.07	2.03	1.98	1.93	1.88
20	4.35	3.49	3.10	2.87	2.71	2.60	2.51	2.45	2.39	2.35	2.28	2.20	2.12	2.08	2.04	1.99	1.95	1.90	1.84
21	4.32	3.47	3.07	2.84	2.68	2.57	2.49	2.42	2.37	2.32	2.25	2.18	2.10	2.05	2.01	1.96	1.92	1.87	1.81
22	4.30	3.44	3.05	2.82	2.66	2.55	2.46	2.40	2.34	2.30	2.23	2.15	2.07	2.03	1.98	1.94	1.89	1.84	1.78
23	4.28	3.42	3.03	2.80	2.64	2.53	2.44	2.37	2.32	2.27	2.20	2.13	2.05	2.01	1.96	1.91	1.86	1.81	1.76
24	4.26	3.40	3.01	2.78	2.62	2.51	2.42	2.36	2.30	2.25	2.18	2.11	2.03	1.98	1.94	1.89	1.84	1.79	1.73
25	4.24	3.39	2.99	2.76	2.60	2.49	2.40	2.34	2.28	2.24	2.16	2.09	2.01	1.96	1.92	1.87	1.82	1.77	1.71
26	4.23	3.37	2.98	2.74	2.59	2.47	2.39	2.32	2.27	2.22	2.15	2.07	1.99	1.95	1.90	1.85	1.80	1.75	1.69
27	4.21	3.35	2.96	2.73	2.57	2.46	2.37	2.31	2.25	2.20	2.13	2.06	1.97	1.93	1.88	1.84	1.79	1.73	1.67
28	4.20	3.34	2.95	2.71	2.56	2.45	2.36	2.29	2.24	2.19	2.12	2.04	1.96	1.91	1.87	1.82	1.77	1.71	1.65
29	4.18	3.33	2.93	2.70	2.55	2.43	2.35	2.28	2.22	2.18	2.10	2.03	1.94	1.90	1.85	1.81	1.75	1.70	1.64
30	4.17	3.32	2.92	2.69	2.53	2.42	2.33	2.27	2.21	2.16	2.09	2.01	1.93	1.89	1.84	1.79	1.74	1.68	1.62
40	4.08	3.23	2.84	2.61	2.45	2.34	2.25	2.18	2.12	2.08	2.00	1.92	1.84	1.79	1.74	1.69	1.64	1.58	1.51
60	4.00	3.15	2.76	2.53	2.37	2.25	2.17	2.10	2.04	1.99	1.92	1.84	1.75	1.70	1.65	1.59	1.53	1.47	1.39
120	3.92	3.07	2.68	2.45	2.29	2.17	2.09	2.02	1.96	1.91	1.83	1.75	1.66	1.61	1.55	1.50	1.43	1.35	1.25
∞	3.84	3.00	2.60	2.37	2.21	2.10	2.01	1.94	1.88	1.83	1.75	1.67	1.57	1.52	1.46	1.39	1.32	1.22	1.00

$\alpha=0.025$

df_2	df_1																		
	1	2	3	4	5	6	7	8	9	10	12	15	20	24	30	40	60	120	∞
1	647.8	799.5	864.2	899.6	921.8	937.1	948.2	956.7	963.3	968.6	976.7	984.9	993.1	997.2	1001	1006	1010	1014	1018
2	38.51	39.00	39.17	39.25	39.30	39.33	39.36	39.37	39.39	39.40	39.41	39.43	39.45	39.46	39.46	39.47	39.48	39.40	39.50
3	17.44	16.04	15.44	15.10	14.88	14.73	14.62	14.54	14.47	14.42	14.34	14.25	14.17	14.12	14.08	14.04	13.99	13.95	13.90
4	12.22	10.65	9.98	9.60	9.36	9.20	9.07	8.98	8.90	8.84	8.75	8.66	8.56	8.51	8.46	8.41	8.36	8.31	8.26
5	10.01	8.43	7.76	7.39	7.15	6.98	6.85	6.76	6.68	6.62	6.52	6.43	6.33	6.28	6.23	6.18	6.12	6.07	6.02
6	8.81	7.26	6.60	6.23	5.99	5.82	5.70	5.60	5.52	5.46	5.37	5.27	5.17	5.12	5.07	5.01	4.96	4.90	4.85
7	8.07	6.54	5.89	5.52	5.29	5.12	4.99	4.90	4.82	4.76	4.67	4.57	4.47	4.42	4.36	4.31	4.25	4.20	4.14
8	7.57	6.06	5.42	5.05	4.82	4.65	4.53	4.43	4.36	4.30	4.20	4.10	4.00	3.95	3.89	3.84	3.78	3.73	3.67
9	7.21	5.71	5.08	4.72	4.48	4.23	4.20	4.10	4.03	3.96	3.87	3.77	3.67	3.61	3.56	3.51	3.45	3.39	3.33

续表

df_2	df_1																	
	1	2	3	4	5	6	7	8	9	10	12	15	20	24	30	40	60	120	∞
10	6.94	5.46	4.83	4.47	4.24	4.07	3.95	3.85	3.78	3.72	3.62	3.52	3.42	3.37	3.31	3.26	3.20	3.14	3.08
11	6.72	5.26	4.63	4.28	4.04	3.88	3.76	3.66	3.59	3.53	3.43	3.33	3.23	3.17	3.12	3.06	3.00	2.94	2.88
12	6.55	5.10	4.47	4.12	3.89	3.73	3.61	3.51	3.44	3.37	3.28	3.18	3.07	3.02	2.96	2.91	2.85	2.79	2.72
13	6.41	4.97	4.35	4.00	3.77	3.60	3.48	3.39	3.31	3.25	3.15	3.05	2.95	2.89	2.84	2.78	2.72	2.66	2.60
14	6.30	4.86	4.24	3.89	3.66	3.50	3.38	3.29	3.21	3.15	3.05	2.95	2.84	2.79	2.73	2.67	2.61	2.55	2.49
15	6.20	4.77	4.15	3.80	3.58	3.41	3.29	3.20	3.12	3.06	2.96	2.86	2.76	2.70	2.64	2.59	2.52	2.46	2.40
16	6.12	4.69	4.08	3.73	3.50	3.34	3.22	3.12	3.05	2.99	2.89	2.79	2.68	2.63	2.57	2.51	2.45	2.38	2.32
17	6.04	4.62	4.01	3.66	3.44	3.28	3.26	3.06	2.98	2.92	2.82	2.72	2.62	2.56	2.50	2.44	2.38	2.32	2.25
18	5.98	4.56	3.95	3.61	3.38	3.22	3.10	3.01	2.93	2.87	2.77	2.67	2.56	2.50	2.44	2.38	2.32	2.26	2.19
19	5.92	4.51	3.90	3.56	3.33	3.17	3.05	2.96	2.88	2.82	2.72	2.62	2.51	2.45	2.39	2.33	2.27	2.20	2.13
20	5.87	4.46	3.86	3.51	3.29	3.13	3.01	2.91	2.84	2.77	2.68	2.57	2.46	2.41	2.35	2.29	2.22	2.16	2.09
21	5.83	4.42	3.82	3.48	3.25	3.09	2.97	2.87	2.80	2.73	2.64	2.53	2.42	2.37	2.31	2.25	2.18	2.11	2.04
22	5.79	4.38	3.78	3.44	3.22	3.05	2.73	2.84	2.76	2.70	2.60	2.50	2.39	2.33	2.27	2.21	2.14	2.08	2.00
23	5.75	4.35	3.75	3.41	3.18	3.02	2.90	2.81	2.73	2.67	2.57	2.47	2.36	2.30	2.24	2.18	2.11	2.04	1.97
24	5.72	4.32	3.72	3.38	3.15	2.99	2.87	2.78	2.70	2.64	2.54	2.44	2.33	2.27	2.21	2.15	2.08	2.01	1.94
25	5.69	4.29	3.69	3.35	3.13	2.97	2.85	2.75	2.68	2.61	2.51	2.41	2.30	2.24	2.18	2.12	2.05	1.98	1.91
26	5.66	4.27	3.67	3.33	3.10	2.94	2.82	2.73	2.65	2.59	2.49	2.39	2.28	2.22	2.16	2.09	2.03	1.95	1.88
27	5.63	4.24	3.65	3.31	3.08	2.92	2.80	2.71	2.63	2.57	2.47	2.36	2.25	2.19	2.13	2.07	2.00	1.93	1.85
28	5.61	4.22	3.63	3.29	3.06	2.90	2.78	2.69	2.61	2.55	2.45	2.34	2.23	2.17	2.11	2.05	1.98	1.91	1.83
29	5.59	4.20	3.61	3.27	3.04	2.88	2.76	2.67	2.59	2.53	2.43	2.32	2.21	2.15	2.09	2.03	1.96	1.89	1.81
30	5.57	4.18	3.59	3.25	3.03	2.87	2.75	2.65	2.57	2.51	2.41	2.31	2.20	2.14	2.07	2.01	1.94	1.87	1.79
40	5.42	4.05	3.46	3.13	3.90	2.74	2.62	2.53	2.45	2.39	2.29	2.18	2.07	2.01	1.94	1.88	1.80	1.72	1.64
60	5.29	3.93	3.34	3.01	2.79	2.63	2.51	2.41	2.33	2.27	3.17	2.06	1.94	1.88	1.82	1.74	1.67	1.58	1.48
120	5.15	3.80	3.23	2.89	2.67	2.52	2.39	2.30	2.22	2.16	2.05	1.94	1.82	1.76	1.69	1.61	1.53	1.43	1.31
∞	5.02	3.69	3.12	2.79	2.57	2.41	2.29	2.19	2.11	2.05	1.94	1.83	1.71	1.64	1.57	1.48	1.39	1.27	1.00

$\alpha=0.01$

df_2	df_1																	
	1	2	3	4	5	6	7	8	9	10	12	15	20	24	30	40	60	120	∞
1	4 052	4 999.5	5 403	5 625	5 764	5 859	5 928	5 982	6 022	6 056	6 106	6 157	6 209	6 235	6 261	6 287	6 313	6 339	6 366
2	98.50	99.00	99.17	99.25	99.30	99.33	99.36	99.37	99.39	99.40	99.42	99.43	99.45	99.46	99.47	99.47	99.48	99.49	99.50
3	34.12	30.82	29.46	28.71	28.24	27.91	27.67	27.49	27.35	27.23	27.05	26.87	26.69	26.60	26.50	26.41	26.32	26.22	26.13
4	21.20	18.00	16.69	15.98	15.52	15.21	14.98	14.80	14.66	14.55	14.37	24.20	14.02	13.93	13.84	13.75	13.65	13.56	313.46
5	16.26	13.27	12.06	11.39	10.97	10.67	10.46	10.29	10.16	10.05	9.89	9.72	9.55	9.47	9.38	9.29	9.20	9.11	9.02
6	13.75	10.93	9.78	9.15	8.75	8.47	8.26	8.10	7.98	7.87	7.72	7.56	7.40	7.31	7.23	7.14	7.06	6.97	6.88
7	12.25	9.55	8.45	7.85	7.46	7.19	6.99	6.84	6.72	6.62	6.47	6.31	6.16	6.07	5.99	5.91	5.82	5.74	5.65
8	11.26	8.65	7.59	7.01	6.63	6.37	6.18	6.03	5.91	5.81	5.67	5.52	5.36	5.28	5.20	5.12	5.03	4.95	4.86
9	10.56	8.02	6.99	6.42	6.06	5.80	5.61	5.47	5.35	5.26	5.11	4.96	4.81	4.73	4.65	4.57	4.48	4.40	4.31
10	10.04	7.56	6.55	5.99	5.64	5.39	5.20	5.06	4.94	4.85	4.71	4.56	4.41	4.33	4.25	4.17	4.08	4.00	3.91
11	9.65	7.21	6.22	5.67	5.32	5.07	4.89	4.74	4.63	4.54	4.40	4.25	4.10	4.02	3.94	3.86	3.78	3.69	3.60
12	9.33	6.93	5.95	5.41	5.06	4.82	4.64	4.50	4.39	4.30	4.16	4.01	3.86	3.78	3.70	3.62	3.54	3.45	3.36
13	9.07	6.70	5.74	5.21	4.86	4.62	4.44	4.30	4.19	4.10	3.96	3.82	3.66	3.59	3.51	3.43	3.34	3.25	3.17
14	8.86	6.51	5.56	5.04	4.69	4.46	4.28	4.14	4.03	3.94	3.80	3.66	3.51	3.43	3.35	3.27	3.18	3.09	3.00

续表

df_2	df_1																	
	1	2	3	4	5	6	7	8	9	10	12	15	20	24	30	40	60	120	∞
15	8.68	6.36	5.42	4.89	4.56	4.32	4.14	4.00	3.89	3.80	3.67	3.52	3.37	3.29	3.21	3.13	3.05	2.96	2.87
16	8.53	6.23	5.29	4.77	4.44	4.20	4.03	3.89	3.78	3.69	3.55	3.41	3.26	3.18	3.10	3.02	2.93	2.84	2.75
17	8.40	6.11	5.18	4.67	4.34	4.10	3.93	3.79	3.68	3.59	3.46	3.31	3.16	3.08	3.00	2.92	2.83	2.75	2.65
18	8.29	6.01	5.09	4.58	4.25	4.01	3.84	3.71	3.60	3.51	3.37	3.23	3.08	3.00	2.92	2.84	2.75	2.66	2.57
19	8.18	5.93	5.01	4.50	4.17	3.94	3.77	3.63	3.52	3.43	3.30	3.15	3.00	2.92	2.84	2.76	2.67	2.58	2.49
20	8.10	5.85	4.94	4.43	4.10	3.87	3.70	3.56	3.46	3.37	3.23	3.09	2.94	2.86	2.78	2.69	2.61	2.52	2.42
21	8.02	5.78	4.87	4.37	4.04	3.81	3.64	3.51	3.40	3.31	3.17	3.03	2.88	2.80	2.72	2.64	2.55	2.46	2.36
22	7.95	5.72	4.82	4.31	3.99	3.76	3.59	3.45	3.35	3.26	3.12	2.98	2.83	2.75	2.67	2.58	2.50	2.40	2.31
23	7.88	5.66	4.76	4.26	3.94	3.71	3.54	3.41	3.30	3.21	3.07	2.93	2.78	2.70	2.62	2.54	2.45	2.35	2.26
24	7.82	5.61	4.72	4.22	3.90	3.67	3.50	3.36	3.26	3.17	3.03	2.89	2.74	2.66	2.58	2.49	2.40	2.31	2.21
25	7.77	5.57	4.68	4.18	3.85	3.63	3.46	3.32	3.22	3.13	2.99	2.85	2.70	2.62	2.54	2.45	2.36	2.27	2.17
26	7.72	5.53	4.64	4.14	3.82	3.59	3.42	3.29	3.18	3.09	2.96	2.81	2.66	2.58	2.50	2.42	2.33	2.23	2.13
27	7.68	5.49	4.60	4.11	3.78	3.56	3.39	3.26	3.15	3.06	2.93	2.78	2.63	2.55	2.47	2.38	2.29	2.20	2.10
28	7.64	5.45	4.57	4.07	3.75	3.53	3.36	3.23	3.12	3.03	2.90	2.75	2.60	2.52	2.44	2.35	2.26	2.17	2.06
29	7.60	5.42	4.54	4.04	3.73	3.50	3.33	3.20	3.09	3.00	2.87	2.73	2.57	2.49	2.41	2.33	2.23	2.14	2.03
30	7.56	5.39	4.51	4.02	3.70	3.47	3.30	3.17	3.07	2.98	2.84	2.70	2.55	2.47	2.39	2.30	2.21	2.11	2.01
40	7.31	5.18	4.31	3.83	3.51	3.29	3.12	2.99	2.89	2.80	2.66	2.52	2.37	2.29	2.20	2.11	2.02	1.92	1.80
60	7.08	4.98	4.13	3.65	3.34	3.12	2.95	2.82	2.72	2.63	2.50	2.35	2.20	2.12	2.03	1.94	1.84	1.73	1.60
120	6.85	4.79	3.95	3.48	3.17	2.96	2.79	2.66	2.56	2.47	2.34	2.19	2.03	1.95	1.86	1.76	1.66	1.53	1.38
∞	6.63	4.61	3.78	3.32	3.02	2.80	2.64	2.51	2.41	2.32	2.18	2.04	1.88	1.79	1.70	1.59	1.47	1.32	1.00

$\alpha=0.005$

df_2	df_1																	
	1	2	3	4	5	6	7	8	9	10	12	15	20	24	30	40	60	120	∞
1	16 211	20 000	21 615	22 500	23 056	23 437	23 715	23 925	24 091	24 224	24 426	24 630	24 836	24 940	25 044	25 148	35 253	25 359	25 465
2	198.5	199.0	199.2	199.2	199.3	199.3	199.4	199.4	199.4	199.4	199.4	199.4	199.4	199.5	199.5	199.5	199.5	199.5	199.5
3	55.55	49.80	47.47	46.19	45.39	44.84	44.43	44.13	43.88	43.69	43.39	43.08	42.78	42.62	42.47	42.31	42.15	41.99	41.83
4	31.33	26.28	24.26	23.15	22.46	21.97	21.62	21.35	21.14	20.97	20.70	20.44	20.17	20.03	19.89	19.75	19.61	19.47	19.32
5	22.78	18.31	16.53	15.56	14.94	14.51	14.20	13.96	13.77	13.62	13.38	13.15	12.90	12.78	12.66	12.53	12.40	12.27	12.14
6	18.63	14.54	12.92	12.03	11.46	11.07	10.79	10.57	10.39	10.25	10.03	9.81	9.59	9.47	9.36	9.24	9.12	9.00	8.88
7	16.24	12.40	10.88	10.05	9.52	9.16	8.89	8.68	8.51	8.38	8.18	7.97	7.75	7.65	7.53	7.42	7.31	7.19	7.08
8	14.69	11.04	9.60	8.81	8.30	7.95	7.69	7.50	7.34	7.21	7.01	6.81	6.61	6.50	6.40	6.29	6.18	6.06	5.95
9	13.61	10.11	8.72	7.96	7.47	7.13	6.88	6.69	6.54	6.42	6.23	6.03	5.83	5.73	5.62	5.52	5.41	5.30	5.19
10	12.83	9.43	8.08	7.34	6.87	6.54	6.30	6.12	5.97	5.85	5.66	5.47	5.27	5.17	5.07	4.97	4.86	4.75	4.64
11	12.23	8.91	7.60	6.88	6.42	6.10	5.86	5.68	5.54	5.42	5.24	5.05	4.86	4.76	4.65	4.55	4.44	4.34	4.23
12	11.75	8.51	7.23	6.52	6.07	5.76	5.52	5.35	5.20	5.09	4.91	4.72	4.53	4.43	4.33	4.23	4.12	4.01	3.90
13	11.37	8.19	6.93	6.23	5.79	5.48	5.25	5.08	4.94	4.82	4.64	4.46	4.27	4.17	4.07	3.97	3.87	3.76	3.65
14	11.06	7.92	6.68	6.00	5.56	5.26	5.03	4.86	4.72	4.60	4.43	4.25	4.06	3.96	3.86	3.76	3.66	3.55	3.44
15	10.80	7.70	6.48	5.80	5.37	5.07	4.85	4.67	4.54	4.42	4.25	4.07	3.88	3.79	3.69	3.58	3.48	3.37	3.26
16	10.58	7.51	6.30	5.64	5.21	4.91	4.69	4.52	4.38	4.27	4.10	3.92	3.73	3.64	3.54	3.44	3.33	3.22	3.11
17	10.38	7.35	6.16	5.50	5.07	4.78	4.56	4.39	4.25	4.14	3.97	3.79	3.61	3.51	3.41	3.31	3.21	3.10	2.98
18	10.22	7.21	6.03	5.37	4.96	4.66	4.44	4.28	4.14	4.03	3.86	3.68	3.50	3.40	3.30	3.20	3.10	2.99	2.87
19	10.07	7.09	5.92	5.27	7.85	4.56	4.34	4.18	4.04	3.93	3.76	3.59	3.40	3.31	3.21	3.11	3.00	2.89	2.78

续表

df_2	df_1																		
	1	2	3	4	5	6	7	8	9	10	12	15	20	24	30	40	60	120	∞
20	9.94	6.99	5.82	5.17	4.76	4.47	4.26	4.09	3.96	3.85	3.68	3.50	3.32	3.22	3.12	3.02	2.92	2.81	2.69
21	9.83	6.89	5.73	5.09	4.68	4.39	4.18	4.01	3.88	3.77	3.60	3.43	3.24	3.15	3.05	2.95	2.84	2.73	2.61
22	9.73	6.81	5.65	5.02	4.61	4.32	4.11	3.94	3.81	3.70	3.54	3.36	3.18	3.08	2.98	2.88	2.77	2.66	2.55
23	9.63	6.73	5.58	4.95	4.54	4.26	4.05	3.88	3.75	3.64	3.47	3.30	3.12	3.02	2.92	2.82	2.71	2.60	2.48
24	9.55	6.66	5.52	4.89	4.49	4.20	3.99	3.83	3.69	3.59	3.42	3.25	3.06	2.97	2.87	2.77	2.66	2.55	2.43
25	9.48	6.60	5.46	4.84	4.43	4.15	3.94	3.78	3.64	3.54	3.37	3.20	3.01	2.92	2.82	2.72	2.61	2.50	2.38
26	9.41	6.54	5.41	4.79	4.38	4.10	3.89	3.73	3.60	3.49	3.33	3.15	2.97	2.87	2.77	2.67	2.56	2.45	2.33
27	9.34	6.49	5.36	4.74	4.34	4.06	3.85	3.69	3.56	3.45	3.28	3.11	2.93	2.83	2.73	2.63	2.52	2.41	2.29
28	9.28	6.44	5.32	4.70	4.30	4.02	3.81	3.65	3.52	3.41	3.25	3.07	2.89	2.79	2.69	2.59	2.48	2.37	2.25
29	9.23	6.40	5.28	4.66	4.26	3.98	3.77	3.61	3.48	3.38	3.21	3.04	2.86	2.76	2.66	2.56	2.45	2.33	2.21
30	9.18	6.35	5.24	4.62	4.23	3.95	3.74	3.58	3.45	3.34	3.18	3.01	2.82	2.73	2.63	2.52	2.42	2.30	2.18
40	8.83	6.07	4.98	4.37	3.99	3.71	3.51	3.35	3.22	3.12	2.95	2.78	2.60	2.50	2.40	2.30	2.18	2.06	1.93
60	8.49	5.79	4.73	4.14	3.76	3.49	3.29	3.13	3.01	2.90	2.74	2.57	2.39	2.29	2.19	2.08	1.96	1.83	1.69
120	8.18	5.54	4.50	3.92	3.55	3.28	3.09	2.93	2.81	2.71	2.54	2.37	2.19	2.09	1.98	1.87	1.75	1.61	1.43
∞	7.88	5.30	4.28	3.72	3.35	3.09	2.90	2.74	2.62	2.52	2.36	2.19	2.00	1.90	1.79	1.67	1.53	1.36	1.00

$\alpha=0.001$

df_2	df_1																		
	1	2	3	4	5	6	7	8	9	10	12	15	20	24	30	40	60	120	∞
1	4053+	5000+	5404+	5625+	5764+	5859+	5929+	5981+	6023+	6056+	6107+	6158+	6209+	6235+	6261+	6287+	6313+	6340+	6366+
2	998.5	999.0	999.2	999.2	999.3	999.3	999.4	999.4	999.4	999.4	999.4	999.4	999.4	999.5	999.5	999.5	999.5	999.5	999.5
3	167.0	148.5	141.1	137.1	134.6	132.8	131.6	130.6	129.9	129.2	128.3	127.4	126.4	125.9	125.4	125.0	124.5	124.0	123.5
4	74.14	61.25	56.18	53.44	51.71	50.53	49.66	49.00	48.47	48.05	47.41	46.76	46.10	45.77	45.43	45.09	44.75	44.40	44.05
5	47.18	37.12	33.20	31.09	27.75	28.84	28.16	27.64	27.24	26.92	26.42	25.91	25.39	25.14	24.87	24.60	24.33	24.06	23.79
6	35.51	27.00	23.70	21.92	20.81	20.03	19.46	19.03	18.69	18.41	17.99	17.56	17.12	16.89	16.67	16.44	16.21	15.99	15.75
7	29.25	21.69	18.77	17.19	16.21	15.52	15.02	14.63	14.33	14.08	13.71	13.32	12.93	12.73	12.53	12.33	12.12	11.91	11.70
8	25.42	18.49	15.83	14.39	13.49	12.86	12.40	12.04	11.77	11.54	11.19	10.84	10.48	10.30	10.11	9.92	9.73	9.53	9.33
9	22.86	16.39	13.90	12.56	11.71	11.13	10.70	10.37	10.11	9.89	9.57	9.24	8.90	8.72	8.55	8.37	8.19	8.00	7.80
10	21.04	14.91	12.55	11.28	10.48	9.92	9.52	9.20	8.96	8.75	8.45	8.13	7.80	7.64	7.47	7.30	7.12	6.94	6.76
11	19.69	13.81	11.56	10.35	9.58	9.05	8.66	8.35	8.12	7.92	7.63	7.32	7.01	6.85	6.68	6.52	6.35	6.17	6.00
12	18.64	12.97	10.80	9.63	8.89	8.38	8.00	7.71	7.48	7.29	7.00	6.71	6.40	6.25	6.09	5.93	5.76	5.59	5.42
13	17.81	12.31	10.21	9.07	8.35	7.86	7.49	7.21	6.98	6.80	6.52	6.23	5.93	5.78	5.63	5.47	5.30	5.14	4.97
14	17.14	11.78	9.73	8.62	7.92	7.43	7.08	6.80	6.58	6.40	6.13	5.85	5.56	5.41	5.25	5.10	4.94	4.77	4.60
15	16.59	11.34	9.34	8.25	7.57	7.09	6.74	6.47	6.26	6.08	5.81	5.54	5.25	5.10	4.95	4.80	4.64	4.47	4.31
16	16.12	10.97	9.00	7.94	7.27	6.81	6.46	6.19	5.98	5.81	5.55	5.27	4.99	4.85	4.70	4.54	4.39	4.23	4.06
17	15.72	10.36	8.73	7.68	7.02	6.56	6.22	5.96	5.75	5.58	5.32	5.05	4.78	4.63	4.48	4.33	4.18	4.02	3.85
18	15.38	10.39	8.49	7.46	6.81	6.35	6.02	5.76	5.56	5.39	5.13	4.87	4.59	4.45	4.30	4.15	4.00	3.84	3.67
19	15.08	10.16	8.28	7.26	6.62	6.18	5.85	5.59	5.39	5.22	4.97	4.70	4.43	4.29	4.14	3.99	3.84	3.68	3.51
20	14.82	9.95	8.10	7.10	6.46	6.02	5.69	5.44	5.24	5.08	4.82	4.56	4.29	4.15	4.00	3.86	3.70	3.54	3.38
21	14.59	9.77	7.94	6.95	6.32	5.88	5.56	5.31	5.11	4.95	4.70	4.44	4.17	4.03	3.88	3.74	3.58	3.42	3.26
22	14.38	9.61	7.80	6.81	6.19	5.76	5.44	5.19	4.98	4.83	4.58	4.33	4.06	3.92	3.78	3.63	3.48	3.32	3.15
23	14.19	9.47	7.67	6.69	6.08	5.65	5.33	5.09	4.89	4.73	4.48	4.23	3.96	3.82	3.68	3.53	3.38	3.22	3.05
24	14.03	9.34	7.55	6.59	5.98	5.55	5.23	4.99	4.80	4.64	4.39	4.14	3.87	3.74	3.59	3.45	3.29	3.14	2.97

续表

df_2	df_1																	
	1	2	3	4	5	6	7	8	9	10	12	15	20	24	30	40	60	120	∞
25	13.88	9.22	7.45	6.49	5.88	5.46	5.15	4.91	4.71	4.56	4.31	4.06	3.79	3.66	3.52	3.37	3.22	3.06	2.89
26	13.74	9.12	7.36	6.41	5.80	5.38	5.07	4.83	4.64	4.48	4.24	3.99	3.72	3.59	3.44	3.30	3.15	2.99	2.82
27	13.61	9.02	7.27	6.33	5.73	5.31	5.00	4.76	4.57	4.41	4.17	3.92	3.66	3.52	3.38	3.23	3.08	2.92	2.75
28	13.50	8.93	7.19	6.25	5.66	5.24	4.93	4.69	4.50	4.35	4.11	3.86	3.60	3.46	3.32	3.18	3.02	2.86	2.69
29	13.39	8.85	7.12	6.19	5.59	5.18	4.87	4.64	4.45	4.29	4.05	3.80	3.54	3.41	3.27	3.12	2.97	2.81	2.64
30	13.29	8.77	7.05	6.12	5.53	5.12	4.82	4.58	4.39	14.24	4.00	3.75	3.49	3.36	3.22	3.07	2.92	2.76	2.59
40	12.61	8.25	6.60	5.70	5.13	4.73	4.44	4.21	4.02	3.87	3.64	3.40	3.15	3.01	2.87	2.73	2.57	2.41	2.23
60	11.97	7.76	6.17	5.31	4.76	4.37	4.09	3.87	3.69	3.54	3.31	3.08	2.83	2.69	2.55	2.41	2.25	2.08	1.89
120	11.38	7.32	5.79	4.95	4.42	4.04	3.77	3.55	3.38	3.24	3.02	2.78	2.53	2.40	2.26	2.11	1.95	1.76	1.54
∞	10.83	6.91	5.42	4.62	4.10	3.74	3.47	3.27	3.10	2.96	2.74	2.51	2.27	2.13	1.99	1.84	1.66	1.45	1.00

注：+表示要将所列数乘以100。

参考文献

[1] 傅珏生，等. 实验设计与分析 [M]．6 版. 北京：人民邮电出版社，2008．

[2] 栾军. 试验设计的技术与方法[M]. 上海：上海交通大学出版社，1987．

[3] 迟全勃. 试验设计与统计分析[M]. 重庆：重庆大学出版社，2015．

[4] 李传常. 高岭土制备聚合氯化铝的研究[D]. 长沙：中南大学，2009．

[5] 邱轶兵. 试验设计与数据处理[M]. 合肥：中国科学技术大学出版社，2008．

[6] 苏均和. 试验设计[M]. 上海：上海财经大学出版社，2005．

[7] 曾昭钧，均匀设计及其应用[M]. 北京：中国医药科技出版社，2005．

[8] 茆诗松，试验设计[M]. 北京：中国统计出版社，2004．

[9] 张新平，等. 材料工程实验设计及数据处理[M]. 北京：国防工业出版社，2013．

[10] 潘丽军，等. 试验设计与数据处理[M]. 南京：东南大学出版社，2008．

[11] 王元，等. 数学大辞典[M]. 北京：科学出版社，2010．

[12] 方开泰. 均匀设计与均匀设计表[M]. 北京：科学出版社，1994．

[13] 茆诗松，等. 回归分析及其试验设计[M]. 上海：华东师范大学出版社，1981．

[14] 刘毅华，朱国念. 均匀设计在 ELISA 分析方法条件优化实验中的应用[J]. 农药学学报，2018，10（4）．

[15] 林月怡. 偏最小二乘回归分析在均匀设计试验建模分析中的应用[J]. 数理统计与管理，2005，25（5）．

[16] 张成军. 实验设计与数据处理[M]. 北京：化学工业出版社，2009．

[17] 方开泰. 均匀实验设计的理论、方法和应用——历史回顾[J]. 数理统计与管理，2004，23（3）．

[18] 程敬丽，郑敏楼，建晴. 常见的试验优化设计方法对比[J]. 实验室研究与探索，2012：9-10．

[19] 张国秋，王文璇. 均匀试验设计方法应用综述[J]. 数理统计与管理，2013：90-98．

[20] 姚钟尧. 回归分析法在均匀设计数据分析中的地位[J]. 特种橡胶制品, 1998.

[21] 方开泰. 均匀设计及其应用[J]. 数理统计与管理, 1994: 61-63.

[22] 马金萍, 郜珍. 均匀设计在多目标抽样调查中的应用[J]. 统计与决策, 2018: 64-65.

[23] 赵奕殊. 均匀设计表及其使用表的构造[J]. 战术导弹技术, 1998（4）.

[24] 曹慧荣, 张宝雷, 冯志芳. 构造均匀设计表的随机优化算法比较研究[J]. 科学技术与工程, 2008（24）.

[25] 成佳辉, 张庆华, 张士林, 等. 均匀实验设计及智能可视化优化软件合成某产品的应用[J]. 化工生产与技术, 2011（6）.

[26] 方开泰. 均匀设计及其应用（Ⅲ）[J]. 数理统计与管理, 1994（3）.

[27] 王浩宇. 利用门限接受法生成均匀设计表[J]. 广州大学学报（自然科学版）, 2016, 15（1）: 32-35.

[28] 徐静安, 彭东辉. 均匀设计应用案例解读[J]. 上海化工, 2016, 41（10）: 13-18.

[29] 曹慧荣, 张宝雷, 冯志芳. 构造均匀设计表的随机优化算法比较研究[J]. 科学技术与工程, 2008, 8（24）: 6569-6571.

[30] 赵奕殊. 均匀设计表及其使用表的构造[J]. 战术导弹技术, 1998（4）.

[31] 成佳辉, 张庆华, 张士林, 等. 均匀实验设计及智能可视化优化软件合成某产品的应用[J]. 化工生产与技术, 2011（6）.

[32] 赵选民. 试验设计方法[M]. 北京: 科学出版社, 2006.

[33] 车剑飞, 宋晔, 陆怡平, 等. 吉法祥均匀设计在摩擦材料配方设计中的应用[J]. 南京理工大学学报, 1999.

[34] 李辉. 均匀设计在混凝土胶凝材料强度确定中的应用[J]. 广东建材, 2015.

[35] 肖生苓, 曹斌. 基于均匀设计法的木质复合包装材料试验方案[J]. 实验室研究与探索, 2012, 31（4）: 12-15.

[36] 魏微, 高谦. 均匀设计法在新型胶凝材料配合比研制上的应用[J]. 矿业研究与开发, 2012, 32（6）: 29-30, 56.

[37] 车剑飞, 宋晔, 陆怡平, 等. 均匀设计在摩擦材料配方设计中的应用[J]. 南京理工大学学报, 1999（3）: 61-64.

[38] 陈华, 李辉, 董朔, 等. 基于均匀设计优化制备特殊钢尾渣泡沫混凝土[J]. 非金属矿, 2017, 40（2）: 50-54.

[39] 张小平, 刘艳华, 张小蒙, 等. 泡沫轻质材料试验研究的均匀设计方法及配方优

化[J]. 岩土力学，2004（8）：1323-1326.

[40] 张国秋,王文璇. 均匀试验设计方法应用综述[J]. 数理统计与管理,2013(1):89-99.

[41] 张新平，封善飞，洪祥挺. 材料工程实验设计及数据处理[M]. 北京：国防工业出版社，2013.

[42] 钱政. 误差理论与数据处理[M]. 北京：科学出版社，2013.

[43] 郑少华. 试验设计与数据处理[M]. 北京：中国建材工业出版社，2004.

[44] 吴石林. 误差分析与数据处理[M]. 北京：清华大学出版社，2010.

[45] 费业泰. 误差理论与数据处理[M]. 北京：机械工业出版社，2010.

[46] 李云雁. 试验设计与数据处理[M]. 北京：化学工业出版社，2008.

[47] 贾沛璋. 误差分析与数据处理[M]. 北京：国防工业出版社，1992.

[48] 赵特伟. 试验数据的整理与分析[M]. 北京：中国铁道出版社，1981.

[49] 栾军. 试验设计的技术与方法[M]. 上海：上海交通大学出版社，1987.

[50] 罗鹏飞，张文明. 随机信号分析与处理[M]. 北京：清华大学出版社，2006.

[51] 张强. 随机信号分析的工程应用[M]. 北京：国防工业出版社，2009.

[52] 沙定国. 误差分析与测量不确定度评定[M]. 北京：中国计量出版社，2003.

[53] 徐向宏，何明珠. 试验设计与 Design-Expert，SPSS 应用[M]. 北京：科学出版社，2010.

[54] 王玉顺. 试验设计与统计分析 SAS 实践教程[M]. 西安：西安电子科技大学出版社，2015.

[55] 任露泉. 试验设计及其优化[M]. 北京：科学出版社，2009.

[56] 王岩,隋思涟. 试验设计与 MATLAB 数据分析[M]. 北京:清华大学出版社,2012.

[57] 李云雁，胡传荣. 试验设计与数据处理[M]. 北京：化学工业出版社，2008.

[58] 洪伟. 试验设计与统计分析[M]. 北京：中国农业出版社，2009.

[59] 邱铁兵. 试验设计与数据处理[M]. 北京：中国科学技术大学出版社.

[60] 郑少华，姜奉华. 试验设计与数据处理[M]. 北京：中国建材工业出版社，2004.

[61] 陈魁. 试验设计与分析[M]. 北京：清华大学出版社.

[62] 苏均和. 试验设计[M]. 上海：立信会计出版社，1995.

[63] 马成良，等. 现代试验设计优化方法及应用[M]. 郑州：郑州大学出版社，2007.

[64] 吴有炜. 试验设计与数据处理[M]. 苏州：苏州大学出版社，2002.

[65] 金益. 试验设计与统计分析[M]. 北京：中国农业出版社，2007.

[66] 贾俊平. 统计学[M]. 北京：中国人民出版社，2014：249-258.

[67] 郑珍远. 统计学[M]. 北京：机械工业出版社，2014.

[68] 邓正林. 统计学[M]. 北京：北京大学出版社，2015.

[69] 王万中，茆诗松. 试验的设计与分析[M]. 华东师范大学出版社，1997.

[70] 袁志发，负海燕. 试验设计与分析[M]. 2版. 中国农业出版社，2007.

[71] 杨小勇. 方差分析法浅析——单因素的方差分析[J]. 实验科学与技术，2013，11（1）：41-43.

[72] 陈雄新. 用Excel建模做基于样本统计量的单因素方差分析法[J]. 湖南生态科学学报，2016，3（2）：28-31.

[73] 陈悦，魏巍巍. 基于实例分析的单因素方差探究[J]. 产业与科技论坛，2015，14（15）：71-72.

[74] 田兵. 单因素方差分析的数学模型及其应用[J]. 阴山学刊，2013，27（2）：24-27.

[75] 刑航. 单因素方差分析的应用[J]. 职大学报，2004，4：18-20.

[76] 茆诗松. 概率论与数理统计教程[M]. 2版. 高等教育出版社，2011.

[77] 戴金辉，袁靖. 单因素方差分析与多元线性回归分析检验方法的比较[J]. 统计与决策，2016（9）：23-26.

[78] 黄创绵，蔡汝山. 单因素方差分析方法在环境试验中的应用[J]. 电子产品可靠性与环境试验，2010，28（6）：21-26.

[79] 王苗苗. 双因素方差分析模型的构建与应用[D]. 郑州：河南财经大学，2015.

[80] 杨小勇. 双因素无重复的方差分析法[D]. 茂名：广东石油化工学院，2014.

[81] 王石青. 不等重复双因素试验额方差分析[D]. 郑州：华北水电学院，1992.

[82] 辛益军. 方差分析与试验设计[M]. 北京：中国财政经济出版社，2001.

[83] 戴金辉，韩存. 双因素方差分析方法的比较[J]. 统计与决策，2018（4）：30-33.

[84] 王苗苗. 双因素方差分析模型的构建及应用[J]. 决策与统计，2015（18）：72-75.

[85] 盛骤，谢式千，潘承毅. 概率论与数理统计[M]. 2版. 北京：高等教育出版社，1989.

[86] 华东师范大学数学系. 概率论与数理统计教程[M]. 北京：高等教育出版社，1983.

[87] 汪冬华. 多元统计分析与SPSS应用[M]. 上海：华东理工大学出版，2010.

[88] 王慧，李阳平. 基于多元方差分析的我国中部六省新型工业化水平差异性研究[J]. 科技管理研究，2013.

[89] 邱天，白晓静，郑茜予，等. 多元指数加权移动平均主元分析的微小故障检测[J]. 控制理论与应用，2014（1）.

[90] 张高勋，田益祥，李秋敏. 多元非线性期权定价模型及实证分析[J]. 系统管理学报，

2014（2）.

[91] 王静媛. 基于多元统计过程控制的空分过程故障诊断[D]. 浙江：浙江大学，2010.

[92] 吴传生. 概率论与数理统计[M]. 北京：高等教育出版社，2007.

[93] 陈魁. 应用概率统计[M]. 北京：清华大学出版社，2002.

[94] 刘刚，殷那，王吉波，等. 基于交互作用的双因素无重复试验的方差分析与设计[J]. 辽宁师范大学学报（自然科学版），2009，32（3）：284-288.

[95] 王石青. 不等重复双因素试验的方差分析[J]. 郑州轻工业学院学报，1992（1）：79-84.

[96] 朱明德. 方差分析与试验设计[M]. 湖北科学技术出版社，1989.

[97] 潘伟，张珍花. 双因子等重复试验的方差分析在实证中的应用[J]. 统计与决策，2007（19）：19-21.

[98] 高惠璇. 应用多元统计分析[M]. 北京：北京大学出版社，2005.

[99] 高惠璇. 使用统计方法与 SAS 系统[M]. 北京：北京大学出版社，2001.

[100] 何晓群. 多元统计分析[M]. 2版. 北京：中国人民大学出版社，2008.

[101] 何晓群. 应用回归分析[M]. 2版. 北京：中国人民大学出版社，2007.

[102] 薛毅编. 统计建模与 R 软件[M]. 北京：清华大学出版社，2007.

[103] 辛益军. 方差分析与实验设计[M]. 北京：中国财政经济出版社，2001.

[104] 郭海强，康素明，曲波，等. 两因素重复测量资料的方差分析及其 SAS 程序实现[J]. 中国医科大学学报，2005（4）：323-331.

[105] 范国兵. 概率论与数理统计[M]. 长沙：湖南大学出版社，2015：223-232.

[106] 杨益民. 两因素等重复试验方差分析在大气质量分析中的应用[J]. 中国环境监测，1995（1）：35-37.

[107] 王苗苗. 双因素方差分析模型的构建及应用[J]. 统计与决策，2015（18）：72-75.

[108] 王艳，张大庆，郭良栋，等. 工程数学[M]. 北京：北京理工大学出版社，2016.

[109] 电子科技大学应用数学系. 概率论与数理统计[M]. 成都：电子科技大学出版社，1999.

[110] 邵崇斌，徐钊. 概率论与数理统计[M]. 北京：中国农业出版社，2007.

[111] 张忠明. 材料科学中的试验设计与分析[M]. 北京：机械工业出版社，2012.

[112] 许双安，姚宜斌，孔建，等. 一种建立回归模型的新方法[J]. 大地测量与地球动力学，2010，30（4）：117-121.

[113] 王黎明，陈颖，杨楠. 应用回归分析[M]. 上海：复旦大学出版社，2008.

[114] 贾俊平,何晓群,金勇进. 统计学[M]. 北京:中国人民大学出版社,2015.

[115] 何晓群,刘文卿. 应用回归分析[M]. 北京:中国人民大学出版社,2015.

[116] 周纪芗. 回归分析[M]. 上海:华东师范大学出版社,1993.

[117] 方开泰. 实用回归分析[M]. 北京:科学出版社,1988.

[118] 王黎明,陈颖,杨楠. 应用回归分析[M]. 上海:复旦大学出版社,2008.

[119] 吴贤毅,武萍. 回归分析[M]. 北京:清华大学出版社,2016.

[120] 郭超祖,等. 医用数理统计方法[M]. 人民卫生出版社,1988.

[121] 朱志强,钱晓刚. 多元线性回归分析[J]. 耕作与栽培,1987,17(1):1008-2239.

[122] 李云雁,胡传荣. 试验设计与数据处理[M]. 北京:化学工业出版社,2017.

[123] 陈立宇,张秀成. 试验设计与数据处理[M]. 西安:西北大学出版社,2014.

[124] 张慧琴,薛永飞. 最优多元线性回归的应用分析. 河南纺织高等专科学校学报,2005,17(3):1008-8385.

[125] 农业大词典编辑委员会. 农业大词典[M]. 北京:中国农业出版社,1998.

[126] 王翔朴,王营通,李珏声. 卫生学大辞典[M]. 青岛:青岛出版社,2000.

[127] 任若恩,等. 经济计量学教程[M]. 北京:北京大学出版社,1989.

[128] 威廉·H. 格林. 经济计量分析[M]. 北京:中国社会科学出版社,1998.

[129] 宋娜. 多元Logistic分布及其参数估计[D]. 北京:北京工业大学,2007.

[130] 李云雁,胡传荣. 试验设计与数据处理[M]. 北京:化学工业出版社,2017.

[131] 夏凌翔. 应用层次分析法建立最优心理结构的探讨[J]. 心理科学进展,2003.

[132] 刘清. Rough集及Rough推理[M]. 北京:科学出版社,2001.

[133] 张文修,吴伟志,梁吉业,等. 粗糙集理论与方法[M]. 北京:科学出版社,2001.

[134] 刘普寅,等. 模糊理论及其应用[M]. 长沙:国防科技大学出版社,2000.

[135] 胥喆,舒清态,杨凯博,等. 基于非线性混合效应的高山松林生物量模型研究[J]. 江西农业大学学报,2017,39(1):101-110.

[136] 邵全琴,杨海军,刘纪远,等. 基于树木年轮信息的江西千烟洲人工林碳蓄积分析[J]. 地理学报,2009,64(1):69-83.

[137] 王雪军,孙玉军. 基于遥感地学模型的辽宁省森林生物量和碳储量估测[J]. 林业资源管理,2011(1):100-105.

[138] 王黎明,陈颖,杨楠. 应用回归分析[M]. 上海:复旦大学出版社,2008.

[139] 王静龙,梁小筠,王黎明. 数据、模型与决策简明教程[M]. 上海:复旦大学出版

社，2012.

[140] 冯力. 回归分析方法原理及 SPSS 实际操作[M]. 北京：中国金融出版社，2004.

[141] 唐年胜，李会琼. 应用回归分析[M]. 北京：科学出版社，2014.

[142] 蔡瑶. 人民币国际化的问题研究[J]. 中国商论，2016（28）.

[143] 陈永胜，宋立新. 多元回归建模以及 SPSS 软件求解[J]. 通化师范学院学报，2007（12）.

[144] 宋兆鸿，等. 现代教育测量[M]. 北京：教育科学出版社，1986.

[145] 马立平. 现代统计分析方法的学与用：多元线性回归分析[J]. 北京统计，2000，(10).

[146] 梁邦助. 多元统计分析在教学质量评价中的应用[J]. 天津工业大学学报，2003，(3).

[147] 董跃娴，孙禅振，沈文华，等. 影响高校教师教学质量的多元线性回归分析与思考[M]. 高等农业教育，2009：36-39.

[148] 林嘉喜，王惠星，钟珍. 人民币汇率的影响因素——基于多元线性回归分析[M]. 中国商论，2017：36-37.

[149] 任若恩，等. 经济计量学教程[M]. 北京：北京大学出版社，1989.

[150] 何大卫. 用指示变 t 进行两直线回归方程的比较[J]. 中国卫生统计，1992，9（4）：242.

[151] 郑德如. 回归分析和相关分析[M]. 上海：上海人民出版社，1984.

[152] 张启锐. 实用回归分析[M]. 北京：地质出版社，1988.

[153] 何晓群，等. 应用回归分析[M]. 3 版. 北京：中国人民大学出版社，2011.

[154] 何晓群. 回归分析与经济数据建模[M]. 北京：中国人民大学出版社，1997.

[155] 林彬. 多元线性回归分析及其应用[J]. 中国科技信息，2010，36（5）：10-12.

[156] 韩萍. 近代回归分析及其应用[J]. 新疆师范大学学报自然科学版，2007，20（2）：12-16.

[157] 韩中庚. 数学建模方法及其应用[M]. 北京：高等教育出版社，2009.

[158] 时景荣，罗传义，张晓东. 多元线性回归的简便方法[J]. 吉林化工学院报，2010，36（5）：10-13.

[159] 何映平. 试验设计与分析[M]. 北京：化学工业出版社，2012.

[160] 李云雁，胡传荣. 试验设计与数据处理[M]. 北京：化学工业出版社，2005.

[161] 张震，张德聪. 实验设计与数据评价[M]. 广州：华南理工大学出版社，2014.

[162] 谢宇. 回归分析[M]. 北京：社会科学文献出版社，2013.

[163] 范晓玲. 教育统计学与 SPSS[M]. 长沙：湖南师范大学出版社，2005.

[164] 李云雁，胡传荣. 试验设计与数据处理[M]. 北京：化学工业出版社，2005.

[165] 谢宇. 回归分析[M]. 北京：社会科学文献出版社，2013.

[166] 何映平. 试验设计与分析[M]. 北京：化学工业出版社，2013.

[167] 张震，张德聪. 实验设计与数据评价[M]. 广州：华南理工大学出版社，2014.

[168] 马立平. 回归分析[M]. 北京：机械工业出版社，2014.

[169] 金光. 数据分析与建模方法[M]. 北京：国防工业出版社，2013.

[170] 田胜元，等. 实验设计与数据处理[M]. 北京：中国建筑工业出版社，1988.

[171] 罗洪群，王青华，董春副. 市场调查与预测[M]. 北京：清华大学出版社，2016.

[172] 李云雁，胡传荣. 试验设计与数据处理[M]. 北京：化学工业出版社，2005.

[173] 王穗辉. 误差理论与测量平差[M]. 上海：同济大学出版社，2010.

[174] 刘文卿. 实验设计[M]. 北京：清华大学出版社，2005.

[175] 孙源，肖生苓，冯亮，等. 单因素实验设计在缓存包装材料制备中的应用[J]. 森林工程，2014，30（5）：50-52.

[176] 李春燕，成浩，杨晓丽，等. 单因素实验设计在茶多酚水提取工艺研究中的应用[J]. 昭通师范高等专科学校学报，2015（5）：11-13.

[177] 蒙哥马利 D.C. 实验设计与分析[M]. 汪仁官，陈荣昭，译. 北京：中国统计出版社，1998.